物联网工程专业系列教材

NB-IoT 技术详解与行业应用

解运洲 著

科学出版社

北京

内 容 简 介

NB-IoT 技术的诞生承载着全球电信运营商对物联网生态体系的变革。NB-IoT 技术具有广覆盖、低功耗、低成本、大连接等特点，定位于运营商级、基于授权频谱的低速率物联网市场，可被广泛应用在不同的物联网垂直应用领域，并就此开启智能连接的新时代。

NB-IoT 产业已经是全球化趋势，受到了全球物联网产业链的普遍关注。本书的目的是让读者更好地理解 NB-IoT 技术，掌握 NB-IoT 全产业链体系架构，并清晰认识 NB-IoT 适用的物联网垂直应用领域。

本书适合 NB-IoT 产业链从业人员从全局角度掌握 NB-IoT 技术带来的突破性革命，适合高等院校物联网工程专业作为教材使用，也适合对物联网感兴趣的读者参考阅读。

图书在版编目(CIP)数据

NB-IoT 技术详解与行业应用/解运洲著. —北京：科学出版社，2017

ISBN 978-7-03-052702-8

Ⅰ.①N… Ⅱ.①解… Ⅲ.①互联网络-应用-教材②智能技术-应用-教材 Ⅳ.①TP393.4②TP18

中国版本图书馆 CIP 数据核字（2017）第 087655 号

责任编辑：赵丽欣 / 责任校对：王万红
责任印制：吕春珉 / 封面设计：蒋宏工作室

科 学 出 版 社 出版
北京东黄城根北街 16 号
邮政编码：100717
http://www.sciencep.com

三河市骏杰印刷有限公司印刷
科学出版社发行 各地新华书店经销
*
2017 年 5 月第 一 版 开本：889×1194 1/16
2018 年 6 月第 三 次印刷 印张：21 3/4
字数：436 000
定价：98.00 元

（如有印装质量问题，我社负责调换〈骏杰〉）
销售部电话 010-62136230 编辑部电话 010-62135763-2010

编 委 会

传统的 2G/3G/4G 网络是以个人用户为主，主要是面向"人"的网络；随着物联网应用的快速发展，即将到来的万物互联时代需要有面向"物"的网络来满足大容量、广覆盖、低功耗的需求。为了更好地满足客户需求，解决基于非授权频谱的缺陷，应对其他低功耗广域网技术的竞争和挑战，基于 3GPP 的授权频段蜂窝物联网技术为全球运营商提供了有效的解决方案。

——陈维　中国移动通信有限公司研究院首席科学家

3GPP 聚集全球产业链的优势制定了蜂窝物联网的国际标准，电信运营商、通信芯片商、通信设备商为之倾注了大量的技术和精力，目的是希望打造一套让全球物联网产业链普遍接受的蜂窝网络通信协议标准，全面推进物联网产业。尤其是 NB-IoT 技术，很好地针对物联网 LPWAN 应用场景在部署过程中遇到的困难，提出了合适的解决方案，非常适合广泛的低功耗广覆盖要求的物联网行业，包括远程抄表、智能停车、路灯管理、可穿戴设备、共享单车、环境保护、农业控制等。在白色家电、eHealth 等多种连接场景下，NB-IoT 技术具备替代某些短距无线通信技术的趋势。

——蒋旺成　华为技术有限公司 Marketing 与解决方案部副总裁

NB-IoT 技术为移动物联网设备的特殊需求量身定制，解决了功耗、网络覆盖、网络容量、设备成本、体积、生命周期等原来制约物联网行业发展的诸多瓶颈问题，变不可能成为可能，是实现万物互联的关键技术，必将激发物联网应用的爆发式增长。NB-IoT 模块遵循严苛的质量标准，可广泛应用于智能抄表、智慧城市、安防监控、环境监测、智能家居、远程医疗、人物跟踪、智慧农业等物联网行业。NB-IoT 模块是芯片商和终端商之间的纽带，为物联网产业链铺路搭桥！

——钱鹏鹤　上海移远通信技术股份有限公司董事长

随着无线通信的发展，各种智能设备都需要无线通信，嵌入在各种终端设备的无线通信模块，给消费者或被管理设备带来了随时随地连接网络的可能。无线上网本、工控机、车载导航、广告机、电纸书、会议电话等，在为消费者提供基本功能的同时也提供了便捷的网络连接。

——王琨　龙尚科技（上海）有限公司董事长

NB-IoT 的诞生代表了移动通信行业在广覆盖低功耗物联网通信技术方面达成了一致，在全球运营商及产业链的大力投入下将会使移动物联网由理想变成现实，其意义并非只是一个新兴行业的快速发展，而会对人类社会的运作产生本质性的改变。在现今全球气候变暖与人口爆炸的时代，如何通过物联网让世界运作得更有效率并节省更多资源以保护我们的地球，有待大家共同努力。

——傅宜康　联发科技股份有限公司

物联网并不是一个新的概念，近几年来智能硬件和网络能力的全面提升，尤其是窄带物联网标准的逐渐完善，带来引爆物联网大发展的一个新的契机。然而，物联网不仅仅是一场技术的创新，同样也是一场应用实践与商业模式的系统创新。由于技术的发展，面对以垂直行业、家庭和个人消费者等不同领域的智慧物联需求，产生了全新的海量应用，企业要抓住这个浪潮，就需要以更加开放的姿态和更多的协作来共同构建新的生态系统。感谢 NB-IoT 产业联盟为推动窄带物联网的发展所做的巨大努力！高通公司在无线技术和智能硬件具有多年的优势，并一直致力于推动产业内的协作和创新，这为未来物联网发展提供了更多的可能。

——郭鹏 高通无线半导体技术有限公司业务发展总监

通信技术日新月异，高等院校通信专业学生的培养也需要与时俱进。学生对平时基础课程里学到的调制解调、编码解码、纠错码等技术总是囫囵吞枣、不明就里。本书非常详实地阐述了 NB-IoT 的技术优势以及在日常生活中的广泛应用，可以作为高等院校通信专业类学生的学习参考，本书对学生明白通信原理和实际应用的有效结合具有重要的参考价值。

——骆兴芳 江西师范大学教授

智能家电的目的是为消费者提供人性化的便利，不是带来使用的烦躁，因此无感的应用场景才是智能家电的至高境界。家电企业在增加智能化功能的同时，目的是提升产品档次、掌握设备的工作状况、搜集设备的使用大数据，进而提高产品质量和服务水平。目前大多数的智能家电采用 WiFi 连接，除了智能电视的连接率超过 70%之外，其他像空调、冰箱、洗衣机的连接率不足 5%。厂家辛辛苦苦增加的智能功能，到消费者手里变成了没多大用的多余功能。不仅没有带来便利性，反而增加了消费者的使用门槛，进而与厂家的初衷背道而驰。NB-IoT 技术的优势给智能家电企业带来了曙光，尤其是白色家电的智能化管理，在消费者不需要无线配置的情况下，既可以通过手机便捷控制，又可以让厂家真正掌握自己产品的全生命工作周期。

——刘卫东 海信集团有限公司 首席科学家

工业互联网正处于人们关注的风口，工业互联的基础是物联网，万物互联互通使得制造过程得以全面数字化、可视化，进而实现基于工业大数据的智能化。除了传统的工业数据采集技术之外，新型智能传感、综合感知技术应该是首先需要突破的领域，而数据的传输要伴其同行。在广域范围实现低成本的、可靠的、具备可接受的实时性的数据传输一直是制造业所期待的，NB-IoT 技术在工业制造领域应用的广阔前景值得期待。

——丛力群 上海宝信软件股份有限公司 技术总监

运营商在部署物联网应用的时候，需要沿用个人通信领域的管理体制。对于物联网 SIM 卡，仍然需要对所有的责任主体进行实名认证。比如，配备 SIM 卡的可穿戴智能设备和智能家居的规模将会大比例增长，未来很多智能设备终端会倾向使用运营商的网络部署。但挑战也随之而来，原有的物联网接入方式成本昂贵、过程复杂，NB-IoT 给消费者一个很好的期待，大家可以用一种便捷管理的方式将新设备连接到物联网。

——季勇威 上海阿岗昆信息科技有限公司 总经理

智能硬件的品类非常多，日常用的有衣服、鞋子、杯子、自行车等，健康类的有血压计、血糖仪，防止老人小孩走失的有跟踪器，还有狗联网、牛联网、羊联网、鸽子网等。一方面终端体积越来越小，另一方面又需要较长的工作时间，以及没有边界的网络覆盖，这些都是 NB-IoT 的技术优势可以充分发挥的场景。

——孙斌　上海承开物联科技有限公司　总经理

NB-IoT 是为万物互联量身定制的网络通信协议。不同于 2G/3G/4G 等陆地公众通信网络的通信场景需求以及因此而设计的位置管理、信道管理等的信令和业务逻辑限定，NB-IoT 网络和终端有着独特的续航能力和覆盖穿透能力。这两个从量变到质变的基因突变能力使得物联网的场景和业务拥有了无限想象的空间。NB-IoT 对于物联网，就像电网有了 220V 电压、50Hz 频率等统一技术参数才能让数不清的电器接入并应用起来一样，必将带来智能时代物联网的真正爆发。

——胡宪华　广东沅朋网络科技有限公司　总经理

在远程抄表发展的 20 多年历程中，技术人员绞尽脑汁在各种相互矛盾的指标之间寻找平衡点，包括通信距离和终端功耗、数据速率和传输带宽、承载容量和节点成本、网络结构和工作可靠、产品体积和天线设计等等。远程抄表就像一壶即将烧开的水，唯独缺少关键的一把火。NB-IoT 技术采用共享基站的创新理念、吸收先进的调制解调技术、实现即装即用的便捷应用，必将推进远程抄表的遍地开花，夯实表计行业的大数据基础。

——雷兆军　深圳市华奥通通信技术有限公司　董事长

低功耗广域网技术给物联网的行业应用提供了充足的弹药，芯片集成度越来越高，通信模块使用越来越简单，面向服务的应用搭建也没有太多的门槛，留给物联网行业应用的创新只有服务的理解深度。NB-IoT 的低功耗、低成本等特性带来了物联网无线通信方式的革命。许多目前 2G、4G 和现有 LPRF 技术无法满足的物联网应用，在 NB-IoT 技术下取得很好的平衡点，给物联网打了一针强心剂。

——陈凯　利尔达科技集团股份有限责任公司　副总裁

目前大多数的智能可穿戴设备是通过蓝牙或 GPRS 进行通信，使用不是很方便，并且尺寸稍大、功耗也大。可穿戴设备的基本需求是超低功耗、超小尺寸、独立使用和超低成本。NB-IoT 的技术特点能很好地解决这些问题，让可穿戴设备真正具备低功耗和作为独立终端使用。NB-IoT 不断演进的带宽和网络定位等技术，能够让智能手表、智能手环和定位跟踪等可穿戴产品焕发新的生机，巨大的消费市场和快速的产品迭代也可以促进 NB-IoT 技术的快速发展。

——俞文杰　上海欧孚通信技术有限公司　总经理

智慧社区的功能在不断叠加，大多数人的理解是 O2O 上门服务，但对于和谐社区的管理诉求来说，防止老人小孩的走丢、防止宠物狗的丢失、防止自行车被盗、社区智能门禁、智能门锁等，这些是居民的基本诉求，体现了社区管理人员和第三方运营服务的创新。

——周伟　猎熊座安全技术（上海）有限公司　总经理

NB-IoT 技术将开启广袤的物联网应用市场空间，而以物联网为推力的网络攻击也在快速升级。对此我们必须采用新的安全应对策略，既要从整体物联生态上统筹规划实现体系安全，面对海量的感知、智能终端接入物联网络，更需要采用能化境入微的终端安全保护，同时实现安全的可视化和可度量。我们要使每一个端点都连接起来，更要让每一个端点都安全起来。

——卢佐华　梆梆安全研究院　院长

农业是一个传统而又不可缺少的产业。长期以来，农民一直过着面朝黄土背朝天的生活，困扰农业发展的头号难题是如何节本增效。物联网、大数据等新技术的规模化应用，为现代农业的启航提供了强有力的支撑。物联网技术在农业应用推广过程中面临着区域面积广、网络覆盖差、环境恶劣多变、供电体系缺乏、传感器种类繁多、施工部署维护难等特色，而 NB-IoT 技术的低功耗、低成本特点可以更好地助力农业物联网实现大规模的商业应用，让更多的农民和合作社分享新技术带来的成果。一会儿天上，一会儿水下，一会儿刮风，一会儿下雨，没有金刚钻，不揽瓷器活！

——朱轶锋　上海农业信息有限公司　总经理

NB-IoT 在分享经济大住宿领域的典型场景就是智能门锁、智能水表、智能电表的应用，这是运营分享住宿的核心场景。传统的联网方式如 WiFi/LAN/Zigbee 等，需要另行添加网关，网络配置复杂，对工程部署要求太高，而且在出现故障之后，需要专业的工程师进行故障判断，增加了售后成本。NB-IoT 的出现，其低功耗、信号覆盖宽等特点，可帮助智能门锁摆脱网关并且直接联网，从而大大降低运营成本、提升管理效率和用户体验，从而帮助分享住宿行业实现腾飞。

——方敏　厦门分享云科技有限公司　创始人

当一个新技术出现在人们的视野并被业界认可时，就会有"好事者"不辞劳顿、伏案疾书，编写一本针对该技术的书籍，力求为读者展现全面并且翔实的内容。

《NB-IoT 技术详解与行业应用》就是近期我看到的这样一本书。

首先，我必须对作者解运洲先生对新技术的敏锐捕捉力和未来应用的准确理解力表示钦佩。解先生作为"中国 NB-IoT 产业联盟"的秘书长，在繁忙的工作之余，通过自己对物联网技术的研究总结以及与行业精英交流的积累，在短期内形成了这样一本能够将读者引入 NB-IoT 最新知识海洋的入门之书，读者可快速获得对 NB-IoT 这一新技术及其应用快速、准确、全面的理解。

其次，随着 4G 移动通信市场的平稳增长，以及 5G 对物联网领域的布局，在 3GPP 组织成员的共同努力下，NB-IoT 这一崭新技术已在全球市场获得了充分的发展契机，业界普遍认为其可以促进物联网应用的市场爆发。

众所周知，有望弥补物联网碎片化缺陷的 NB-IoT 技术，已在各国政府、企业的引领下形成了完备的产业链。对于读者来说，不管是了解 NB-IoT 技术，还是出于别的诉求，特别需要一本能够深入浅出的书籍来解读其关键技术、标准化进展、应用前景等。

总而言之，NB-IoT 是一种基于蜂窝网络的窄带物联网技术，聚焦了低功耗广域网，支持物联网设备在广域网的蜂窝数据连接，可直接部署于 LTE 网络，可降低部署成本和平滑升级，具有广覆盖、低功耗、低成本、大连接等特点。

尽管我知道在一本书的序里很难将其全面概括，我还是得提一下物联网在各个垂直行业应用领域的前景。普遍相信，物联网最大的生命力在于给行业带来巨大的变革和创新，推动经济的快速发展。由于行业的复杂性和需求的多变性，这本书尽可能地给出了较为详细的展望，而这一切多是行业精英们的亲历所为，这就显得尤其可贵了。

最后，我很赞成作者的观点，本书"让 NB-IoT 技术引领者理解物联网垂直应用领域的诉求，让富有创新精神的物联网行业真正掌握 NB-IoT 技术的独特魅力"。

北京邮电大学教授

网络与交换技术国家重点实验室主任

张　平

前　言

什么是互联网？什么是物联网？什么又是窄带物联网？它们之间的区别又是什么？

当很多人问这些问题的时候，我觉得自己无法用简短的话语描述清楚。机械性的描述，感觉太生硬，不容易理解，还不如让对方去百度。在不断的回答和反思之后，我发现有一些表达方式比较容易被接受。由此我萌生了一个念头，让读者通过浅显易懂的阅读方式，从全局的视角来理解什么是物联网，并真正体会到 NB-IoT（Narrow Band-Internet of Things，窄带物联网）技术对物联网时代带来的格局改变。

互联网是从人性的角度出发，贯穿着为人的服务。我们要分析欧美人和亚洲人的区别，但几乎不会分析北方人和南方人的区别；我们要分析 70 后、80 后、00 后等不同年龄段的区别，但几乎不分析北京人和上海人的区别。门户、社交、游戏、网购、包括智能手机等，都是从人性的角度出发，为全球各地提供统一的应用和服务。

物联网是从物体的角度出发，具备典型的垂直行业特性，同时也具备天然的排他性。每一个物联网垂直应用都具备非常鲜明的行业特性和地域特性，比如交通、医疗、安防、工业、环保、农业等，行业之间完全可以没有交互；还有，在北京试点成功的物联网应用，在别的城市未必可以复制。这就是为什么很多人说物联网经过这几年的发展，好像还没有产生巨无霸的龙头企业。

有些人说物联网是政府的项目工程。说实在话，目前政府的各个委办局离开了互联网，都不知道该如何办公了，再过几年，各委办局离开了物联网，也将不知道如何办公。在物联网发展的初期阶段，需要政府进行引导和布局行业的应用，这和智慧城市的管理一脉相承；但随着整个行业的发展，政府项目的比重在逐步降低，市场化行为和企业为了自身管理需求的物联网项目正在日益增长。

NB-IoT 的全称是 Narrow Band-Internet of Things，是基于蜂窝网络的窄带物联网技术，聚焦于低功耗广域网，支持物联网设备在广域网的蜂窝数据连接，可直接部署于 LTE 网络，可降低部署成本和实现平滑升级，是一种可在全球范围内广泛应用的新兴技术，具有广覆盖、低功耗、低成本、大连接等特点。

NB-IoT 的诞生并非偶然，其寄托着电信行业对物联网市场的憧憬。近 10 年来，由于传统的 2G/3G/4G 网络并不能满足物联网设备低功耗、低成本的要求，大部分物联网设备在连接时主要使用 WiFi、蓝牙等免费技术，电信运营商很难从中获利。截至 2016 年，全球物联网终端超过 40 亿台，但接入运营商移动网络的终端只有 2 亿左右，运营商在物联网市场占比不足 5%。

物联网技术不仅能够改善人们的生活，还能给行业带来巨大的变革与创新，推动经济的快速发展。随着智能交通、智慧医疗、远程抄表、智能家居、智能制造、可穿戴设备等物联网终端的大规模应用，越来越多的工作和生活都需要通过智能终端来解决。对此，高密度的连接和降低终端成本的需求也变得越来越迫切，必须要有新的技术来满足这样的诉求。

现如今，全球无线通信技术发展得如火如荼，从 2G、3G 到 LTE 技术，都围绕着手机的功能，目的是解决以人为中心的移动通信需求，数据速率越来越高、通话质量越来越好、响应速度越来越快。但随着物联网应用的扩展和技术的突破，无线通信技术的发展将趋向于两极分化。

M2M 设备长期以来采用的都是和手机通信基本一致的通信制式，在没有其他选择的情况下，基于运营商的蜂窝网络是 M2M 最直接、投入最少的连接方式。然而，手机通信和 M2M 通信的需求毕竟有很大不同。M2M 设备为了适应垂直行业应用的不同特性，对功耗要求、数据速率、网络覆盖、成本价格等都会有所不同。

例如，在车联网方面，汽车终将是一个大型的移动通信终端，需要兼具安全、娱乐等多种功能，对数据传输速率、带宽要求都比较高。与传统手机相比，车联网的一个重要诉求就是实时性，尤其是未来的无人驾驶时代，实时通信的响应速度将是决定性的因素。而对于远程抄表、智能停车、风力发电、铁塔监控等需求，对数据的实时性及传输速率带宽等方面的要求则非常低。

在物联网的各种垂直行业应用中，低功耗广域网的占比非常大，高达 60% 以上。窄带物联网有望结束过去物联网垂直行业应用碎片化的现象。进入 4G 时代以后，M2M 与智能手机的通信协议逐渐分离，针对不同的应用场景，出现了不同的无线通信方式。业界正在探索适用于低功耗广域网的物联网无线通信技术，包括 NB-IoT、eMTC、LTE-Cat1、LoRa 等技术。

对于 M2M 模块厂家，首先面临的难题就是和各种 LTE 的频段及 CAT 的竞争。LTE 虽然是全球统一的国际标准，具备非常多的优势，也一直在实施版本演进以用来适应时代的变化。但是，LTE 的频段设计纷繁复杂，产品开发难度太大，终端成本的降价幅度并不理想。

目前，如果使用 WiFi 或蓝牙技术支撑低功耗广域网的行业应用，大多只适用于室内环境，并且必须使用中继器进行传输，功耗是最大的瓶颈。对于大数据量传输的终端，如高清摄像头，通常采用光纤通信。对于很多小数据量传输的终端，可以接入 2G、3G、4G 网络，但难以满足低功耗、低成本的诉求。

以智能家居为例，应用场景可区分为两种，一种是为消费者提供服务，另一种是为企业提供服务。WiFi 技术更适合于为消费者提供服务，广域网更适合于为企业提供服务。这是因为企业的诉求是大范围的网络覆盖及连续的大数据搜集，而 WiFi 路由器通常不受企业控制，依赖消费者是否打开或关闭。

NB-IoT 技术具有广覆盖、低功耗、低成本、大联接等特点，基于运营商的授权频谱，可广泛应用于不同的物联网垂直行业应用领域。NB-IoT 技术由 LTE 网络架构演进，使用现有的授权频谱，对信息的安全性和可靠性都进行了较大的提升，并且减少了许多不必要的干扰问题。

从另外一个角度看，值得关注的是运营商网络的生命周期。在 M2M 初期，没人会想到 GPRS 有一天会消失，而到现在，每一代蜂窝网络的生命周期都越来越短。NB-IoT 的一个重要驱动力来源于 2G、3G 的退网，过去运营商的 2G、3G 网络主要服务于语音，现如今语音业务转向采用 VoLTE 技术，运营商倾向于重耕这些宝贵的频谱资源，挖掘具备更大价值的数据通信和物联网应用。

预计到 2020 年，M2M 市场将会出现 500 亿的设备终端，除去蓝牙、WiFi 等无线连接，基于蜂窝网的物联网终端数量将达到 200 亿。如果 M2M 设备全部占用与手机网络相同的资源，跟着手机从 2G、3G、4G 向 5G 进行演变，那么庞大的物联网终端数量势必会压垮现有的蜂窝网络。就算不断地加大网络建设投入，也应对不了如此快速的 M2M 市场增量。

3GPP 在 2015 年 9 月确立 NB-IoT 为窄带蜂窝物联网的唯一标准，于 2016 年 6 月实施 3GPP Rel-13

的冻结，速度之快令业内刮目相看。NB-IoT 技术优势主要体现在如下几个方面。

- 广覆盖：NB-IoT 技术与 GPRS 或 LTE 相比，最大链路预算提升了 20dB，相当于提升了 100 倍，即使在地下车库、地下室、地下管道等普通无线网络信号难以到达的地方也容易覆盖到。
- 低功耗：NB-IoT 技术可以让设备一直在线，但是通过减少不必要的信令、更长的寻呼周期及终端进入 PSM 状态等机制来达到省电的目的，有些场景的电池供电可以高达 10 年之久。
- 低成本：低速率、低功耗、低带宽可以带来终端的低复杂度，便于终端轻松实现低成本。同时，NB-IoT 基于蜂窝网络，可直接部署于现有的 LTE 网络，运营商部署成本也比较低。
- 大连接：NB-IoT 基站的单扇区可支持超过 5 万个用户终端与核心网的连接，比现有 2G、3G、4G 移动网络有 50～100 倍的用户容量提升。
- 授权频谱：NB-IoT 可直接部署于 LTE 网络，也可以利用 2G、3G 的频谱重耕来部署，无论是数据安全和建网成本，还是在产业链和网络覆盖，相对于非授权频谱都具有很强的优越性。
- 安全性：继承 4G 网络安全的能力，支持双向鉴权和空口严格的加密机制，确保 UE 在发送接收数据时的空口安全性。

事实上，NB-IoT 产业已经是全球化趋势，受到了全球物联网产业链的普遍关注，如下图所示。

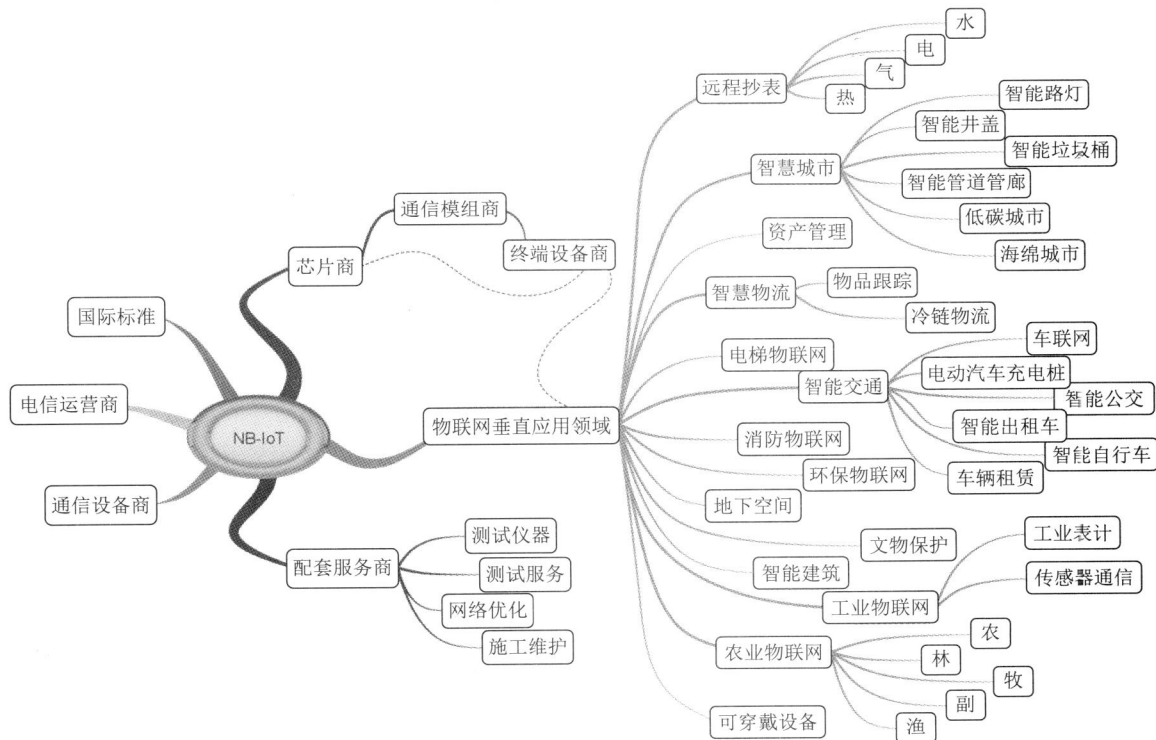

NB-IOT 产业链

物联网产业链的从业者众多，但相对单纯。离客户较远的包括电信运营商、通信设备商、芯片商、通信模组商、配套服务商等。他们和最终客户距离较远，利润率相对较低，但通过规模效应比较容易形成巨无霸产业。离客户较近的是各种各样的物联网垂直应用服务商，广泛活跃在远程抄表、智慧城市、资产管理、智慧物流、电梯物联网、智能交通、消防物联网、环保物联网、地下空间、智能建筑、工业物联网、农业物联网、可穿戴设备等领域。他们对最终客户贴身服务，利润率相对较高，但受物联网典型的排他性因素影响，较难形成巨无霸企业。

中国市场是全球物联网从业者的大市场，将会是第一个实现大规模覆盖的国家。中国拥有一批物联网垂直应用的领军企业，上下游产业链合作趋势强烈。

本书争取利用浅显易懂的方式进行科学的阐述，让读者不至于感到枯燥无味，从事标准制定的人员可以了解物联网行业需求什么，从事应用开发的人员可以了解 NB-IoT 技术的优势和发展脉络，从事平台开发的人员可以清楚需要提炼的共性模块，管理人员可以清楚行业格局的大势所趋，学生可以深入掌握贴近市场的需求。本书的结构如下。

第 1 篇：物联网概述，用浅显易懂的方式来介绍什么是物联网，什么是低功耗广域网。

第 2 篇：NB-IoT 概述及其关键技术，用于了解 NB-IoT 的发展历程和关键技术特点。

第 3 篇：NB-IoT 标准体系，用于掌握 NB-IoT 物理层、层 2、层 3 的国际标准体系架构。

第 4 篇：NB-IoT 网络部署和产品设计，用于掌握 NB-IoT 的网络体系架构、产品设计等。

第 5 篇：NB-IoT 产品测试，用于掌握 NB-IoT 网络测试、终端测试、认证测试等内容。

第 6 篇：NB-IoT 版本演进，用于了解 NB-IoT Rel-13 标准体系及后续的版本演进目标。

第 7 篇：NB-IoT 应用领域，用于掌握适合 NB-IoT 技术应用的物联网垂直应用领域特点。

本书由中国 NB-IOT 产业联盟组织编写。该联盟旨在促进产业链健康、快速、可持续发展，打造端到端的全产业链生态环境，扩大移动运营商网络在物联网领域创新和应用，鼓励运营商和设备商合作建立 NB-IoT 开放实验室，为创新及应用提供开发和测试环境，加速技术创新和市场化。

在本书的编著过程中，著者非常荣幸地采访了物联网领域的很多专家，包括 3GPP NB-IoT 标准提案人、教授、学者、企业家、工程师，以及热衷参与中国 NB-IoT 产业联盟活动的众多积极分子。在此，感谢各位同仁对本书的大力支持。

NB-IoT 物理层是非常关键的章节，孙霏菲、刘铮、孙英等在本部分给予了大力支持和帮助。NB-IoT 网络接口协议方面周晓星做了大量工作。孙菲菲撰写了 NB-IoT R14 版本增强和 5G 版本演进，孙英和熊健翔提供了 NB-IoT R13 版本标准体系，陈正磊提供了芯片方面的内容，甘文涛提供了电池方面的内容，芮亚楠提供了 FOTA 方面的内容，李世喆对部分标准进行了翻译，李文耀提供了标准规范和网络方面的内容，李亚春、张志敏提供了终端产品方面的内容，孙延明、杨开迷提供了通信模块方面的内容，王佐龙提供了运营商商业模式的内容，沈洲、王震军、郑学锋提供了网络方面的内容，于力、吴慧敏、熊健翔提供了测试环节的内容，周伟提供了物联网安全方面的内容，于海、岳童、周亦成对书稿进行了校验。全书统一由解运洲进行编写。

本书积极寻求创新方式，力求为读者呈现一本有价值的专业书籍，为 NB-IoT 技术在物联网领域的开疆拓土提供思想的翅膀！

物观穹宇，联括万物，在创新的道路上，我们从未停止过脚步。

我们以仁为恩，砥砺前行，我们愿意与您携手，一同见证 NB-IoT 技术在物联网领域大放异彩！

解运洲

2016 年 10 月

目　　录

第 1 篇　物联网概述与认识

物联网，
没有你想象中的那么复杂，
也没有你想象中的那么简单。
它就在你我的身边，
影响和改变着我们的生活！

物联网（Internet of Things，IoT）是通过部署具有一定感知、计算、执行和通信能力的各种设备，获得物理世界的信息，通过网络实现信息的传输、协同和处理，从而实现人与物、物与物之间信息交换的互联的网络。

第1章 物联网概述

最近几年，人们经常在各种场合听到物联网、"互联网+"、智慧城市、智能家居、可穿戴智能设备、机器人、车联网、云计算、大数据等术语，或者在网络上经常看到物联网。那么，物联网、"互联网+"等术语到底有什么具体含义呢？

其实，当信息化、工业化发展到一定程度时，智能化水平也相应提高，人们现在就是要把人、物、信息进行有效的连接，实现更加有效的社会联动效应。

可以连接到网络上的设备包括移动设备、可穿戴设备、家用电器、医疗设备、工业传感器、监控摄像头、汽车等。它们所创造并分享的数据将会给人们的工作和生活带来一场新的信息革命。人们将可以利用来自物联网的信息来加深对世界及自己生活的了解，并且做出更加合适的决定。与此同时，联网设备也将把目前许多工作，如监视、管理和维修等需要人力的工作自动化。物联网、大数据、人工智能这三大技术之间的合作将会在世界上创造出一个巨大的智能机器网络，在不需人力介入的情况下实现巨量的商业交易。

1.1 正确认识物联网

物联网的定义有很多种，比较科学的理解是，物联网是通过部署具有一定感知、计算、执行和通信能力的各种设备，获得物理世界的信息，通过网络实现信息的传输、协同和处理，从而实现人与物、物与物之间信息交换的互联的网络。

物联网具备三个主要的特征，首先是感知，最好是全面感知；然后进行传输，并且是可靠传输；最后进行处理，超级境界就是智能处理。这三个环节缺一不可。物联网的三个主要特征如图1.1所示。

图 1.1
物联网的三个
主要特征

全面感知 → 可靠传输 → 智能处理

全面感知就是利用传感器、射频识别（Radio Frequency Identification，RFID）电子标签、二维码、摄像头等能够随时随地获取物体的各种信息。**可靠传输**就是通过各种电信网络和互联网的融合，将感知的各种信息进行实时准确的传递。**智能处理**就是利用云计算、数据挖掘等智能计算技术，及时地对海量的数据和信息进行分析和处理，对物体实施智能化的管理。

物联网的体系架构如图 1.2 所示，所有的物联网应用都脱离不了这个体系架构。

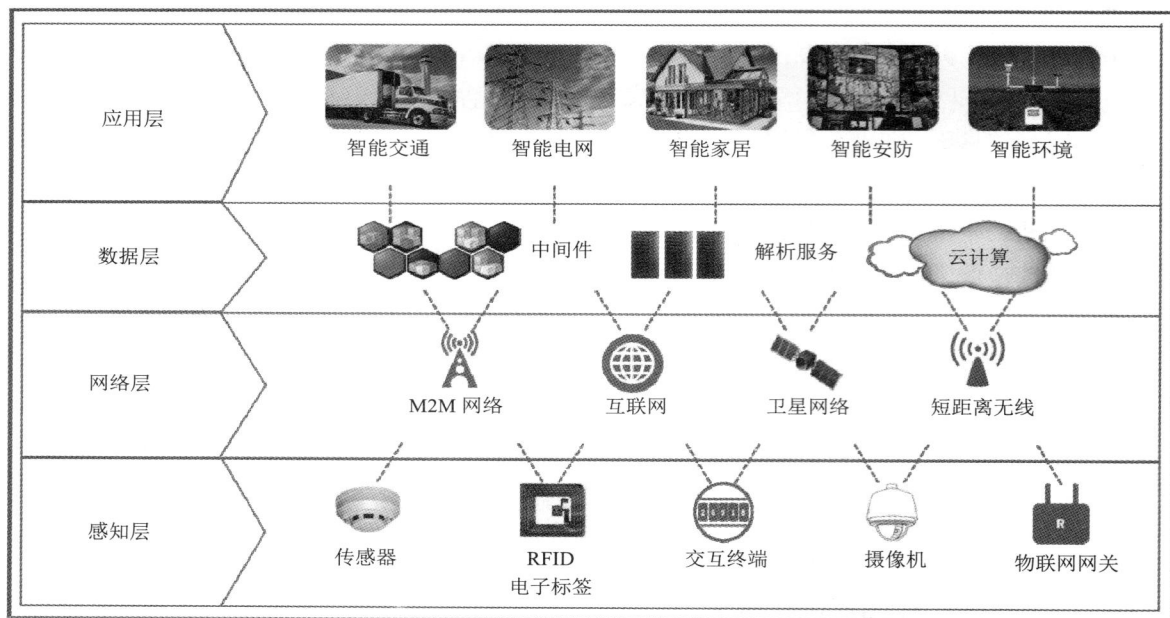

应用层	智能交通	智能电网	智能家居	智能安防	智能环境
数据层		中间件	解析服务		云计算
网络层	M2M 网络	互联网	卫星网络		短距离无线
感知层	传感器	RFID 电子标签	交互终端	摄像机	物联网网关

图 1.2 物联网的体系架构

下面结合物联网的三个主要特征，即全面感知、可靠传输、智能处理，来理解物联网的体系架构。

对于感知层，包括各种各样的传感器，有物理的、化学的、微机电系统（Micro Electro Mechanical System，MEMS）等，以及各种频段的 RFID 电子标签、一维码、二维码、摄像头等，通过智能终端的形式出现在工厂、家庭、地下、野外等各种场合，用来感知世界的存在，就像人的眼睛和皮肤一样。

由于传感器感知到的信号人类是看不懂的，因此需要把这些信息传输到后台服务器进行解析。这中间就必须要利用网络进行传输，有各种各样的网络，如 M2M、互联网、卫星通信、短距离无线等。

物联网终端会产生大量的数据，当后台服务器收集到这些信息后，对数据进行挖掘、分析和展示，把它翻译成人类可以看得懂的图表数据。

最后通过图形化的展示手段，形成各种各样垂直应用领域的物联网管理平台，如智能交通、智能电网、智能家居、智能安防、智能环境等。

下面通过一个案例来直观理解什么是真正的物联网。

在过去，如图 1.3 所示，农民伯伯要种地，如一块玉米地，基本上是靠天气决定收成的。这里面有 3 个角色，一块地、一个农民，还有天气的变化。

图 1.3
物联网理解（一）

当技术发展到一定程度，农民伯伯又不想由天气决定收成时，怎么办呢？此时，他要根据玉米的生长环境，自主决定什么时候要浇水。他也不用去农田里，而是在家里通过计算机就可以远程操作阀门进行灌溉，这就大大提高了生产效率，如图 1.4 所示。当然，这只能称为远程控制，是物联网的雏形，并不是真正的物联网。

图 1.4
物联网理解（二）

下面来设想这样的场景，同样是农民伯伯种玉米，他在农田里装了很多传感器，有降雨量、土壤温湿度、风速、风向、光照、病虫害等传感器，通过无线传输把采集到的数据发送到云平台。当云平台根据这些数据判断农田需要浇水了，就可以远程自动控制阀门进行浇水，如图 1.5 所示。

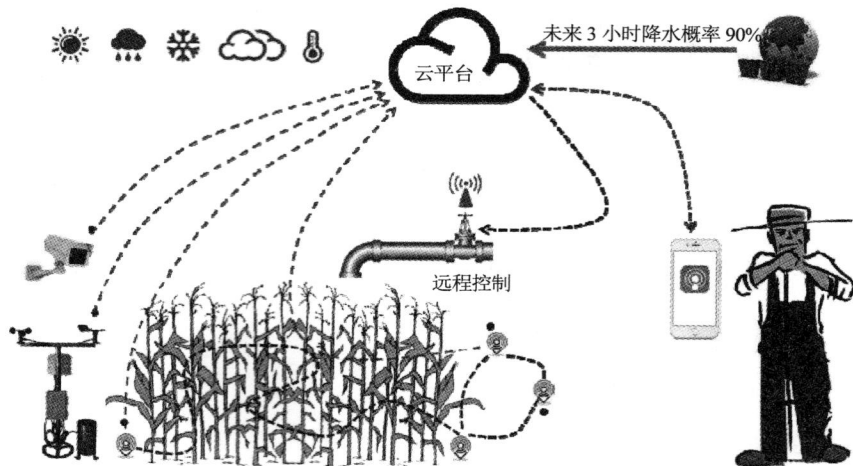

图 1.5
物联网理解 (三)

当云平台从 Internet 上得知未来 3 小时内的降水概率是 90%时，它就不会执行浇水动作。同时，农民伯伯的智能手机会告诉他实际发生的情况。当然，如果他必须浇水，也可以通过手机软件进行干预。这才是真正的物联网技术应用。

物联网需要很多关键技术，包括传感器技术、RFID 技术、无线网络技术、互联互通技术、智能处理技术、中间件支撑技术、行业应用技术等。其中传感是前提，计算是核心，安全是保障，网络是基础，应用服务是牵引。

1.2　物联网体系的划分方式

物联网是一系列技术的综合应用，可以渗透到多个行业领域，就像互联网一样，可以作为传统产业的技术支撑手段。

为了更好地理解和使用物联网，我们需要根据物联网的特点，把物联网进行合理的划分。

1. 物联网领域的划分方式

表 1.1 是针对物联网领域的划分方式。

从垂直行业领域的角度进行划分，物联网领域可以包括智慧城市、智慧社区、智能家居、可穿戴智能设备等行业应用。这种划分方法体现了人与城市的相互融合，智慧城市关注的是公共基础设施的管理和服务。城市由多个社区组成，社区是整个城市的"神经末梢"，担负着很多具体可落实的社会功能。而每个社区由多个家庭组成，家庭安全、便捷的智能化手段，又是人们的生活港湾。最终，所有的智慧化应用都会体现到人的角度，如用得最多的就是智能手机和可穿戴智能设备。

表 1.1　物联网领域的划分方式

划分方式	内容		
物联网领域	垂直行业领域		
	应用行业领域		
	应用场景		
	物联网技术领域	传感器	
		标签识别	
		通信技术	
	物联网服务领域		
	物联网制造领域		

从应用行业领域划分，物联网领域包含了各行各业，一些已经大规模使用物联网技术的领域包括交通、医疗、电力、安防、环境、旅游、物流、能源、工业、农业、移动支付、食品安全等。除此之外，物联网还有很多应用领域，并且随着时代的变化而变化。

另外，根据应用场景来划分，物联网领域包括智慧社区、智慧商圈、智慧园区、智慧医院、智能酒店、智慧校园、智能工厂、智慧政府等。

物联网技术包含多种领域，如传感器、标签识别和通信技术，另外关于软件设计、大数据、云计算等，暂不列入本书讨论的范畴。

目前市面上在售的传感器种类有两万多种，一些常见的传感器包括 MEMS、CMOS 图像传感器、PM2.5 一类的气体传感器、温湿度传感器、化学传感器等。

智能手机几乎是被传感器包围着的，包括摄像头、触摸屏、麦克风、全球定位系统（Global Positioning System，GPS）定位、环境光传感器、接近传感器、加速度传感器、陀螺仪、数字罗盘、气压传感器、温湿度传感器、指纹识别传感器、眼球扫描传感器、悬浮操控传感器、3D 触觉传感器、近距离无线通信（Near Field Communication，NFC）等。所以说，智能手机是物联网时代的先锋。

人们给物体贴上标签是为了识别。目前常用的标签包括一维码、二维码、彩码、RFID 电子标签等，用得比较多的标签是一维码，如超市物品包装上的条码。二维码的信息量比一维码大很多，再加上智能手机摄像头的发展，二维码的应用也越来越多。彩码，俗称三维码，可以设计成不同的造型和颜色。对于 RFID 电子标签，有低频、高频、超高频、甚高频的区分，同时还有有源、无源、抗金属、生物电子标签、NFC 等演变应用。

通信技术是物联网必不可少的通信手段，就是要把传感器采集到的数据安全传输到后台服务器。在不同的场景需要不同的通信技术，如在长距离通信方面，可以依赖运营商的网络，利用 M2M 技术来实现通信的功能，包括 GPRS、3G、4G、NB-IoT 等技术。在短距离通信方面，常用的技术包括 WiFi、蓝牙、ZigBee、433MHz 等技术手段。另外，还有有线通信、互联网、卫星通信、超声波、雷达通信、可见光通信、声波通信等。

2. 物联网中服务行业的划分方式

物联网中服务行业的划分方式如表 1.2 所示。

表 1.2 物联网中服务行业的划分方式

划分方式	内容		
物联网的服务行业	物联网应用服务业		行业服务
			公共服务
			支撑性服务
	物联网应用基础设施服务		云计算
			数据中心
			数据存储
			基础设施组件
	物联网软件开发和应用集成服务业		系统集成
			基础软件
			中间件
			智能信息处理
	物联网网络服务业		M2M 通信服务
			专网通信服务

物联网应用服务业是物联网技术在各个领域的应用，主要包括行业服务、公共服务、支撑性服务，提供交通、医疗、电网、物流等行业应用的解决方案与咨询服务。

由于通过网络传输得到的海量数据资源需要处理，因此需要云计算、数据中心、数据存储、基础设施组件等物联网应用基础设施服务。

物联网软件开发和应用集成服务业，包括系统集成、基础软件、中间件、智能信息处理等服务。

物联网网络服务业需要借助各种网络，包括互联网、M2M 网络、WiFi、蓝牙、ZigBee 等网络，这些都属于网络通信服务。

3. 物联网中制造行业的划分方式

物联网中制造行业的划分方式如表 1.3 所示。

表 1.3 物联网中制造行业的划分方式

划分方式	内容	
物联网的制造行业	物联网感知层制造行业	传感器
		电子标签
		智能仪器仪表
	物联网终端制造行业	网络通信设备
		计算机相关设备
		数据存储服务
		基础设施组件
	物联网基础支撑行业	集成电路
		嵌入式系统
		新能源
		新材料

物联网需要硬件的支撑，在感知层方面，包含传感器、电子标签、物联网专用设备、智能仪器仪表等。

物联网终端制造行业包括网络通信设备、计算机相关设备、数据存储服务器、基础设施组件等。

物联网基础支撑行业离不开其他领域的发展，包括集成电路、嵌入式系统、新能源、新材料等。

1.3　物联网的入口概念

目前，互联网公司都在不遗余力地抢占流量入口，资本和技术围绕着互联网入口在不断进行竞争。互联网入口大多数是基于智能手机的各种应用程序（Application，APP），典型的应用是微信和淘宝，它们在人们日常生活中的入口占比极高。

对于物联网应用而言，抢占物联网终端的网络入口则是决定其成败的关键，它直接决定了数据的连接和占有能力，并影响着大数据业务的应用深度和控制能力。所以，人们一般通过网络入口实现物联网数据的交互和业务应用，从而实现物联网应用的价值。

在移动互联网领域，智能手机承载着面向不同入口的应用，众多的入口对应着一个终端。在物联网领域，应用入口变得非常简单，基本上是一个入口对应单一的终端。例如，实现环保监测的工业网关、智能家居场景中的家庭网关、远程抄表的 M2M 模块等，都充分体现了物联网面向各行业的应用需要依靠有单一应用深度的智能终端来实现。

物联网应用的入口其实在于终端，谁接入终端，谁就能掌控物联网的入口。因此，物联网公司、互联网公司和运营商等都想通过物联网技术来连接海量的物联网终端设备，通过场景化的物联网垂直应用，根据时间、地点等不同的条件动态改变服务模式，为不同的用户提供个性化业务。

例如，在智能停车场应用场景中，不仅要实现车位空闲状态的发布，还需要实现车位查询、预定、导航、移动支付和停车场管理等功能，这需要由能力强大的开放平台来实现应用的协同融合，支撑场景智能化的物联网应用。虽然每个终端的数据量很小，但通过搜集海量终端的信息，就会形成行业需要的大数据和人工智能等需求。

物联网作为一种新兴的技术力量，与以往每次重大的科技进步带动社会生活方式的巨变一样，其发展必渗透并影响着制度、经济、社会等各个层面，给当下的生产方式、生活方式及人们的生存方式带来影响、冲击，甚至颠覆。

1.4　物联网连接管理平台

对于物联网垂直应用的行业客户而言，他们不仅是使用移动网络连接，而且要把移动网络连接作为其应用场景或者最终产品的一部分，需要对移动网络连接的全生命周期进行自主的管理，根据生产、物流、销售等不同环节的情况，对连接的状态进行管理。

连接管理平台（Connectivity Management Platform，CMP）以自管理门户结合开放应用程序编程接口（Application Programming Interface，API）的方式向行业用户提供物联网连接管理服务，便于行业客户将物联网连接管理平台与自身的业务系统进行有效的整合。根据运营商的实践经验来看，大部分运营商为了满足行业应用和企业客户对物联网连接的灵活管理诉求，一般采用完全独立的专用物联网连接管理平台，包括专用的物联网核心网络系统，向行业用户提供与个人通信服务完全不同的连接管理功能，包括流量套餐、计费规则、专用码号、专用接入点名称（Access Point Name，APN）、物联网业务流程等，并以统一门户和 API 的方式提供给物联网用户使用。

物联网连接管理平台经历了 3 个发展阶段，具体如下：

第一阶段，物联网应用由于其自身业务的需求向运营商购买连接，并且要求运营商进行特定连接管理功能的开放，再与自身业务系统进行整合。这种方式缺乏统一的接口方式，当面对多个运营商时具备很大的集成和维护难度，并且由于不同网络的差异性，最终的效果往往无法满足业务的诉求。

第二阶段，运营商为了在物联网连接服务市场中占据优势，开始采用统一的物联网连接管理平台，向企业客户提供统一的管理门户和 API，根据行业应用的物联网连接管理需求，搭建专门的物联网连接管理平台。由于功能完备的专用平台的出现，行业需求得到了较好满足，但是运营商独立进行专有物联网连接管理平台的建设，不仅周期太长，而且投入很大，并且无法解决行业客户跨运营商进行全球连接统一管理的需求。

第三阶段，越来越多的运营商在连接管理平台方面选择采用第三方通用连接管理平台，或者采用自建平台和第三方平台相结合的方式。同时，运营商之间结成战略联盟，通过广泛合作来满足用户全球化物联网部署和统一管理的需求，从而在市场竞争中获取优势。对于用户而言，使用一个平台就可以进行全球化统一管理。由于全球化物联网连接管理服务是跨运营商运营的，无法通过单一运营商的自有物联网连接管理平台实现，并且运营商之间的多对多平台整合难度极大，第三方物联网管理平台成为主流运营商倾向的合作选择。

综上所述，在物联网连接管理平台方面，运营商根据自身物联网连接业务的体量，可以直接选择第三方合作平台，也可以采用搭建自有平台叠加第三方平台的策略。在这种趋势下，越来越多的运营商开始选择采用多平台战略，以满足物联网行业用户的全球化统一连接管理诉求。

1.5　物联网业务使能平台

业务使能平台（Application Enablement Platform，AEP）集合物联网行业应用场景中的通用能力（如数据管理），并且提供快捷的终端连接和丰富的业务开发环境，使行业应用能够以较低的成本和更快的速度来实现物联网的应用场景。物联网业务使能平台一般包括终端集成、数据管理、协议适配、安全连接、应用开发工具等物联网通用功能。

物联网业务使能平台可实现在统一平台支撑下的多种不同物联网应用场景，管理跨行业多种物联网终端，是整个物联网领域中数据聚合、能力聚合、资源聚合的核心。

掌握了物联网业务使能平台就相当于掌控了物联网生态系统的话语权。特别是对于电信运营商而言，通过物联网业务使能平台可以将业务范围从广域网络和移动网络的范畴扩展到其他物联网连接场景，从而进入更广阔的市场空间。

物联网业务使能平台与物联网连接管理平台有着本质的不同。物联网业务使能平台是物联网业务数据的处理枢纽，是物联网业务过程中的一环。物联网连接管理平台不涉及物联网业务数据，专注于对连接管道的智能化管理。二者在物联网整体框架中处于截然不同的位置，因此物联网业务使能平台与物联网连接管理平台是两个不同的平台，可以独立使用，也可以相互配合，共同为行业客户提供专业的服务。

一般来看，目前物联网使能平台主要有以下两种模式。

1. 物联网云平台服务

目前已经有很多互联网公司对客户提供基于云服务的物联网业务使能平台，包括亚马逊、微软、腾讯、阿里巴巴等，部分运营商也向市场推出了其物联网业务使能平台。客户群主要以互联网公司、创新创业公司、中小企业为多。由于物联网业务使能平台主要负责处理终端设备采集到的数据，某些对数据比较敏感的大型行业客户会比较谨慎地选择基于公有云的物联网业务使能平台。

2. 物联网平台系统集成

物联网平台系统集成的服务模式主要体现在大型垂直行业应用领域，包括交通、能源、安防等行业。鉴于行业的应用体量和业务性质，比较合适的选择是采用专用可定制化的物联网业务使能平台。对于运营商而言，构建开放的物联网业务使能平台是向物联网价值上层体系进行拓展的关键战略步骤，也有利于向非移动网络物联网应用场景进行业务拓展，具有明显的战略意义。

物联网业务使能平台的建设涉及很多细节，要决定如何打造适合运营商的物联网业务使能平台，首先要制定清晰的战略定位，明确各个环节的需求，这包括如下内容。

（1）服务对象

平台的服务对象是少量的大型行业客户，还是大量的中小企业？针对不同的服务对象，平台的市场定位、功能定位、模式定位将会完全不同。若想在一个平台同时满足大型行业需求和中小企业需求，难度将会非常大，虽然可以兼顾，但需要有所侧重。

（2）市场目的

运营商需要明确平台建设的市场目的，一种是通过平台聚拢合作伙伴生态链，以支撑基础业务（包括连接管道、云基础设施、终端模组等）的发展；另外一种是通过平台进行大型行业物联网项目的建设，实现业务收入的大幅增长，以进入价值更高的物联网平台和应用服务领域。不同的市场目的，对物联网业务使能平台的功能特性要求也完全不同。

（3）优势定位

运营商所提供的物联网使能平台应充分体现运营商在网络资源、服务能力、品牌价值、渠道覆盖等方面的优势，打造运营商特色的物联网业务使能平台。只有运营商的物联网使能平台差异性需求非常明确，才有可能在市场竞争中脱颖而出。

（4）竞争选择

竞争选择即选择与哪些平台服务商进行竞争，选择与哪些平台服务商进行合作。物联网业务使能平台目前处于跨界竞争状态，选择竞争对手将是选择平台战略的重要组成部分，这取决于运营商对目标市场的定位、对自身优势的总结，以及对未来市场发展的判断。目前提供物联网业务使能平台服务的互联网公司、云平台公司、系统集成公司等都在各自领域具备强大的能力积累，运营商必须结合自身能力，寻找合适的合作伙伴，参与清晰的竞争，才能达到期望的市场成果。

（5）生态策略

物联网业务使能平台能否成功，最终取决于有多少终端和平台之间产生连接关系，取决于有多少行业应用基于平台进行构建，取决于有多少企业依赖平台进行业务发展。功能的先进性和完备性固然重要，但最终决定物联网业务使能平台成功的要素是生态系统的规模性、活跃性和成长性。若想打造具备核心竞争力的物联网生态系统，运营商需要在市场策略、销售策略、服务策略等多方面协同发力，最终才有机会占据物联网产业链的主导地位。

最终，对于上述方面的战略考虑，将最终体现为运营商物联网使能平台的功能集合。运营商物联网业务使能平台应在提供物联网通用功能的基础上，包含更强大的合作伙伴管理、数据规则、业务管理等功能，更加强调物联网生态体系的商业可运营性及如何实现安全性、开放性、可靠性及可管理的平台，而不仅仅是提供物联网连接的基础功能。

1.6 低功耗广域网技术

低功耗广域网（Low Power Wide Area Network，LPWAN）是面向物联网中远距离和低功耗的通信需求而演变出的一种物联网通信技术。LPWAN 技术的特点包括传输距离远、节点功耗低、网络结构简单、运行维护成本低。LPWAN 技术的出现填补了现有无线通信技术的空白，为物联网的更大规模发展奠定了坚实的基础。

如今，物联网领域的无线通信技术选择之多已经超乎想象。在一个平台上，不仅联网设备高速增长，同时，还对电池寿命和低数据速率提出了更高的要求，于是 LPWAN 技术被视为是支撑这一需求的核心要素。在 LPWAN 领域相继出现了多种无线通信的创新技术，使得这一领域的竞争愈演愈烈。

LoRa、SIGFOX 和 Ingenu 等技术已经有了很好的发展蓝图，它们致力于在公共事业领域建立一套全球可用的基于免授权频谱的标准。但是，在这一过程中，这些技术的普及也面临着巨大的障碍。来自蜂窝物联网技术的挑战，让这场本就很激烈的竞争更加激烈。

物联网的世界不可能仅有一个标准，短距离与长距离多种通信技术共存是最合理和最能解决问题的手段。物联网应用需要考虑许多因素，如节点成本、网络成本、电池寿命、数据传输速率、延迟、移动性、网络覆盖范围和部署类型等。可以说没有一种技术可以满足物联网所有应用场景的需求。无线网络技术划分如图 1.6 所示。

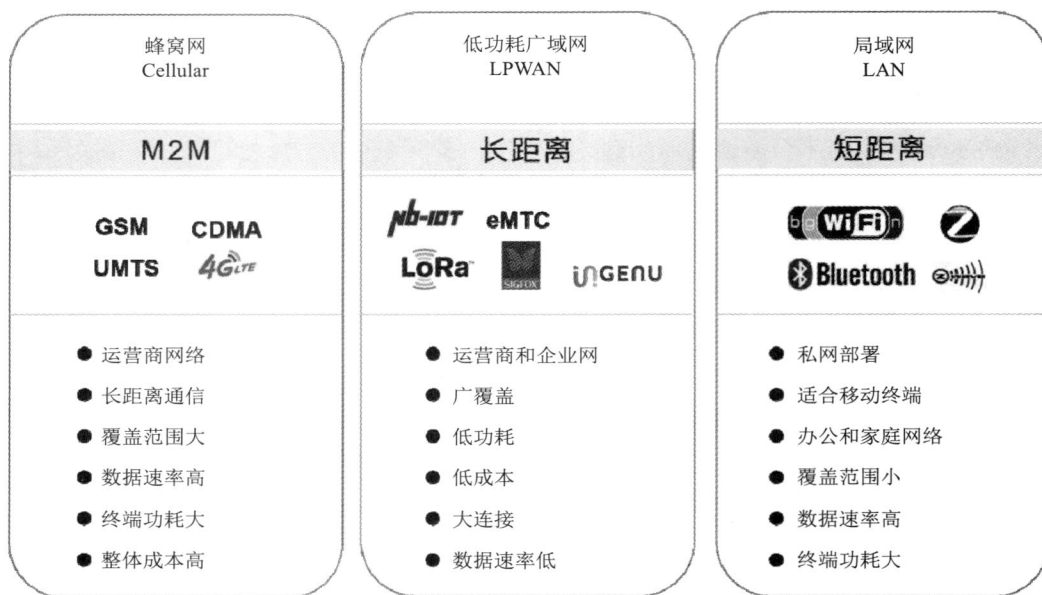

图 1.6
无线网络技术
划分

物联网通信技术种类繁多，从传输距离上区分，可分为以下两类：

① 短距离通信技术　代表技术有 WiFi、蓝牙、ZigBee、Z-Wave 等，目前已经非常成熟，并拥有各自适合的应用场景。

② 广域网通信技术　业界一般定义为 LPWAN，又分为如下两类。

- 工作在非授权频谱的技术，如 LoRa、SIGFOX 等，这类技术大多是非标准、自定义实现。
- 工作在授权频谱的技术，如全球移动通信系统（Global System for Mobile Communications，GSM）、通用移动通信系统（Universal Mobile Telecommunications System，UMTS）、LTE 等较成熟的蜂窝通信技术，以及最新的 NB-IoT 技术。

根据物联网垂直应用领域的发展需求，全球各大电信营运商倾向于支持 3GPP 所提出的 NB-IoT 技术，由于其使用授权频谱，并且可以在现有的蜂窝网络上快速部署 NB-IoT，对运营商而言可以节省部署成本和快速整合现有的 LTE 网络，是全球大多数电信运营商的中意之选，具有广阔的商业价值。

LPWAN 的发展，让运营商、产品制造商、服务提供商等看到了新的市场发展机会，纷纷搭建平台、连接产品、拓展应用，试图在新的物联网应用领域里先人一步并取得商机。目前，参与 LPWAN 市场的六大实体包括移动网络运营商（Mobile Network Operators）、非移动网络运营商（Non-mobile Network Operators）、系统集成商（Systems Integrators）、大型工业区和园区（Large Industrial Areas and Campuses）、产品制造商（Product Manufacturers）、传感器原始设备制造商（Sensor Original Equipment Manufacturer）。

物联网的消费模式和手机不一样。消费者愿意为手机支付更多的费用，也会经常更换手机。同时他们希望在价格不变的情况下得到更多的数据，互联网就变成了其数据的来源。而物联网的消费者只需要很少量的数据，同时每个数据的价值非常高，因此商业模式必须保证系统投入和持续运营可以得到商业回报。

影响企业决策的因素涉及物联网应用接入平台、平台解决方案、技术集成、物联网安全等多方面。所以，对于一些企业来说，比起选择使用何种 LPWAN 技术，采用哪种物联网解决方案反而更具挑战。下面介绍几种 LPWAN 技术。

1. eMTC 技术

eMTC 通过对 LTE 协议进行剪裁和优化以适应中低速物联网业务的需求，传输带宽是 1.4MHz。由于 eMTC 的基础设施是现成的，大部分 LTE 基站可以升级为支持 eMTC，因此对于运营商部署来说是没有障碍的，关键问题是如何降低芯片成本、UE 的研发成本和产业链使用成本。

相对 NB-IoT 而言，eMTC 只需 LTE 基站的软件升级即可完成商用部署。虽然，NB-IoT 在网络侧可实现大部分的复用，包括天线、远端射频模块（Remote Radio Unit，RRU）、室内基带处理单元（Building Baseband Unit，BBU）等，但商用准备的工作量还是大于 eMTC。

虽然在 3GPP 组织的设想中，eMTC 和 NB-IoT 可以相互补充，但是二者之间的界限并不十分清晰，NB-IoT 用户终端成本、功耗更低，而 eMTC 在移动性、语音、数据速率等方面具有一定优势。随着后续版本的演进，两项技术在 LPWAN 领域将会互相融合、互相补充，以提升用户体验。

2. LoRa 技术

LoRa 是 Semtech 公司定义的一种物理层调制方式，是基于非授权频谱的广域网通信技术。Semtech 控制着 LoRa 最主要的知识产权，芯片几乎是垄断供应，并成立了 LoRa 联盟。

LoRaWAN 是基于 LoRa 物理层协议而设计的介质访问控制（Media Access Control，MAC）层协议。LoRa 终端若想工作，必须要额外实现 LoRaWAN 定义的 MAC 层协议。

在企业级 LPWAN 项目中，较大的难题是 LoRa 基站的部署，并且需要运营商的网络进行广域网传输。LoRa 基站的部署受现场施工条件的限制，如现场可能没有电源供电，也可能不允许安装设备，或者没有运营商网络接入。在其网络部署边界区域，也许只有少量的用户终端（User Equipment，UE），但为了实现全部覆盖，必须增加基站部署，这些都会导致网络建设成本增加、施工困难、维护不易等问题。

下行链路低功耗是大部分 LPWAN 技术的难点。LoRa 有三种工作模式，其中 Class A 模式不支持下行通信，Class B 模式和 Class C 模式在开启下行通信之后将会显著提高 UE 的功耗。

在产品设计方面，LoRa 只负责 PHY（物理层）和 MAC 层的协议定义，LoRa 芯片只支持射频功能，需要通过增加一颗 MCU 来实现 LoRaWAN 协议，有时还需要增加一颗 MCU 来实现上层 APP 协议。上层 APP 协议的集成由终端开发公司来完成，其芯片和模组不会为可能存在的上层行业应用协议预留 Flash 空间。因此，终端开发公司的硬件和软件投入的成本都会更多。

LoRaWAN 使用免费的非授权频谱，采用异步通信协议。LoRa 和 LoRaWAN 协议在处理干扰、网络重叠、可伸缩性等方面具有自己的特性，但却不能提供像蜂窝网络一样的服务质量（Quality of Service，QoS）。

任何人都可以购买 LoRa 网关，并且自主组网，很多公司称之为私有网络。相对于全国性的部署，LoRa 更适合区域性的部署。如果 LoRaWAN 设备提供商提供服务，则用户可以自己建立基站来延续这种服务。

3. SIGFOX 技术

SIGFOX 工作在非授权频谱，在欧洲使用的频率是 868MHz，在美国使用的频率是 915MHz，但在中国这两个频率被作为授权频谱使用。

SIGFOX 是一个基于软件的通信解决方案，目标是成为全球物联网运营服务商，为智能电表、智能手表、洗衣机等提供传输少量数据的无线网络，与电信运营商合作来获得数据，再将数据转售给设备所属的公司。

SIGFOX 的基站建设比较困难，采用分销部署模式，在各个国家或地区寻找合作伙伴进行部署，如本地物联网运营商、广播电视公司等。因为这些合作伙伴都具备一定的无线背景或站点资源，所以能够帮助解决无线网络基站部署最大的瓶颈。

SIGFOX 基于无线电信号强度分析和深度学习技术，与传统的 GPS 跟踪不同，SIGFOX 定位技术在室内和室外都可以工作，不需要任何额外的硬件、软件或能源，实现较低成本的物联网定位服务，为世界各地的大量资产提供经济性很高的跟踪服务。

4. RPMA 技术

随机相位多址接入（Random Phase Multiple Access，RPMA）是 Ingenu 公司拥有的一项专利技术，工作在 2.4GHz 的非授权频谱，在全球都属于免费频段，可以实现全球漫游。

为了减少功耗，延长电池寿命，RPMA 在每个设备的接入点设置特殊的连接协议，在检查设备状态接收数据之后便会断开连接。其上行速率可达 624Kbit/s，下行速率可达 156Kbit/s，比 GPRS 和 SIGFOX 的速率更快一点。RPMA 的网络速率可调，当网速设置在 2Kbit/s 时，就非常适合大多数物联网设备。

在 RPMA 终端和基站的共同运作下，用户可以管理通信的容量、数据速率和范围，基站与在预定义时间框架内发送信号的终端节点保持同步，从时间框架起点采取随机延时，终端节点也根据接收到的信号强度选择发送的展频因子。

RPMA 的安全性包括双向认证、256 位加密和 16 字节的哈希函数。接入点在接收数据之后会对接收信号进行解展频、解交错、维特比译码，再执行循环冗余校验（Cyclic Redundancy Check，CRC）检查。随着网络使用率的提高，接入点可以命令终端节点降低它们的发送信号强度，以便减少它必须处理的节点数量。

5. NB-IoT 和 LoRa 的对比分析

关于物联网终端的功耗需要考虑两个重要的因素，即节点的电流消耗（峰值电流和平均电流）和协议内容。蜂窝网络的同步协议要求终端必须定期联网，具有较短的下行延迟。LoRaWAN 采用异步的 ALOHA 协议，需要定期地唤醒终端，终端可根据具体应用场景需求进行或长或短的休眠。

蜂窝网络的设计理念是为了提高频谱的利用率，相应地牺牲了节点成本和电池寿命。LoRaWAN 节点为了降低成本和延长电池寿命，在频谱利用率方面会有一定的欠缺。

终端节点工作的本质需求是网络的覆盖，对于 NB-IoT 来说一个明显的优势是可以通过升级现有的网络设施来提供网络部署。LoRa 产业链一个突出优点是每个环节的成员都掌握着自主性，可自行决定网络的部署范围。

任何人都可以安装和运行维护一个 LoRa 网络，若要支持漫游或移动性，则 LoRa 需要和不同的网络运营商签署不同的合同，另外，不同的运营商还有不同的 QoS 问题。LoRa 的活力在于开放性，但是缺陷也在于开放性，网络本身的碎片化必然导致移动性业务无法操作，安全性问题逐渐提上 LoRa 的议程，LoRa 还需要集成额外的安全解决方案来实现物联网的安全性，在这一点上基于运营商网络的技术具有天然的优势，即不需要额外的集成就具有极好的安全性。

NB-IoT 与 LoRa 很难看出哪个在技术上具备绝对的优势，两者之间最大的差别在于是否工作于授权频谱。由于存在干扰等问题，基于非授权频谱的产品仅用几天便会出现问题，授权与非授权频谱也成为了 NB-IoT 与 LoRa 技术未来发展的关键。

NB-IoT 和 LoRa 将会分别在运营级和企业级 LPWAN 领域大放异彩。两者之间是良性的竞争合作关系，以 NB-IoT 为代表的授权频谱和以 LoRa 为代表的非授权频谱将从各自优势出发，以互补形式来开展商用。

小结

物联网发展的早期以连接为主，让各种各样的智能终端接入网络并具备通信功能。因此，物联网若想实现规模化应用，首先是连接需求的大规模暴发。

物联网带来的最大变化是价值链和生态系统的变化，物联网不仅可以提高工作效率，加快市场投放进程，还可以加速生产过程的自动化。

不容忽视的是，内部管理和运营效率仍然是推动物联网部署的主要动因。物联网市场日趋成熟，覆盖范畴已超越其最初所关注的领域，开始逐步向其他领域延伸。越来越多的企业正在把物联网战略引入业务当中，作为有效的竞争手段之一。

NB-IoT 产业链的每个环节都有很多参与方，更多的是行业巨头在主导。LoRa 产业链上除了芯片环节高度集中外，其他环节也有非常多的参与方。由于 LoRa、SIGFOX 和 Ingenu 基于非授权频谱，接入门槛较低，未来也将出现更多的 LPWAN 竞争技术。

NB-IoT 的竞争产品在各自的领域都有一定的应用，因为物联网竞争的加剧，导致它们各自的应用范围有所交叉。是不是采用授权频谱、传输距离谁更远、功耗谁最低、网络部署谁更简单、成本谁更低、参与者谁最多、接入终端数量谁最大等，这些在未来几年的 LPWAN 技术实现过程中，将是永恒不变的话题。

总之，所有的 LPWAN 技术，其目标客户群体是完全一致的。

哪种技术更受青睐，取决于其技术本身的优势、产业链的开放程度，以及参与成员的规模。

第 2 篇　NB-IoT 概述及其关键技术

NB-IoT 技术的诞生并非偶然，它寄托着电信行业对物联网市场的憧憬。近 10 年来，由于传统 2G、3G、4G 网络并不能满足物联网设备广覆盖、低功耗、低成本、大连接等方面的要求，一直以来，大部分物联网设备在连接时主要使用 WiFi、蓝牙等免费技术，运营商很难从中获利。

2016 年 6 月，3GPP 确定 NB-IoT 作为标准化的物联网专有协议，这标志着全球电信运营商有了可运营的物联网专有协议。

对于电信运营商来说，要想维持自己作为主要连接管道的地位，就需要证明自己是 M2M 产业稳定并且值得信赖的合作伙伴。为了应对时代格局的变化，直面互联网巨头和物联网平台服务商对物联网领域的渗透，电信运营商正在重新思考自己在物联网领域的商业策略。

第 2 章　NB-IoT 概述

　　NB-IoT 是一种全新的基于蜂窝网络的窄带物联网技术，是 3GPP 组织定义的国际标准，可在全球范围内广泛部署，聚焦于低功耗广域网，基于授权频谱的运营，可直接部署于 LTE 网络，具备较低的部署成本和平滑升级能力。

　　NB-IoT 技术已经引起了整个通信产业链的广泛关注，并成为运营商角逐物联网市场的关键武器。由于物联网应用场景的移动化，蜂窝网络所承担的物联网连接的比例也将逐步提升。在物联网应用快速发展的过程中，运营商面临着前所未有的大连接机遇，但同时也面临着能否抓住机遇实现业务快速发展的挑战。

2.1　蜂窝物联网概述

　　从 1991 年 GSM 第一次完成部署开始，移动通信产业一直在稳步发展，伴随着不断增加的带宽和网络速度，直到 2014 年在巴塞罗那举行的世界移动通信大会对 5G 的官方公布。在此过程中，M2M 通信伴随移动通信产业的发展而茁壮成长。

　　在大规模连接上，由于需要连接的物联网设备太多，如果用现有的 LTE 网络去连接这些海量设备，将会导致网络过载，即使传输的数据量很小，信令流量也会令网络过载。

　　从 2015 年开始，移动通信行业内部普遍认同一个观点，即 LTE 技术的特点并不适合于物联网的行业应用，包括带宽需求大、流量开销大、较难快速降低的 LTE 芯片成本、流量服务成本高等。另外，由于 4G 网络比 2G、3G 网络具备更好的通信效果和运营效率，加之消费者对视频通话的诉求越来越高，因此，很多运营商正在积极考虑重新分配 2G、3G、4G 的频谱利用问题。

　　不管结果如何，移动通信产业已经产生了巨大的分支，物联网已经从根本上并且不可逆转地改变了移动通信的现状，同时产业链对技术演进和商业模式的创新要求也越来越高。

　　物联网的无线通信技术有很多种，从传输距离上区分，可以分为两类：一类是短距离无线通信技术，代表技术有 WiFi、蓝牙、ZigBee、Z-Wave 等；另一类是广域网通信技术，包括 GSM、UMTS、LTE 等较成熟的蜂窝网络通信技术，以及各种各样的 LPWAN 技术。

LPWAN 技术又分为两类：一类是工作在非授权频谱的技术，包括 LoRa、SIGFOX 等；另一类是工作在授权频谱的技术，包括 3GPP 组织定义的 NB-IoT、eMTC 国际标准。

蜂窝网络是一种移动通信架构，主要由移动终端、基站系统、网络系统组成。基站系统包括移动基站、无线收发设备、专用网络、无线数字设备等。基站系统可以看作无线网络与有线网络之间的转换器。

就像汽车行驶需要道路一样，人们使用的所有无线通信技术，都需要占用一定的频谱带宽。由于有商用价值的无线频谱是稀缺的并且具有排他性，因此需要合理的规划和使用。通常情况下，各国或地区的无线频谱都受到组织（如无线电管理委员会）的管理，可以认为是政府管控的一种战略资源。授权频谱是通过各国政府授权使用的收费频谱，非授权频谱是在符合无线电管理委员会的要求下免费使用的频谱。

通常，人们会见到很多通信制式的名词，其中：

第二代蜂窝移动通信系统有 GSM 和码分多址（Code Division Multiple Access，CDMA）两种通信方式。GSM 经过演进之后可以支持 GPRS 数据传输。

第三代蜂窝移动通信系统是 UMTS，包括宽带码分多址（Wideband Code Division Multipe Access，WCDMA）、CDMA2000、TD-CDMA。

第四代蜂窝移动通信系统是 LTE-Advanced 和 LTE-AdvancedPro，LTE 系统分为频分双工（Frequency Division Duplexing，FDD）和时分双工（Time Division Duplexing，TDD）。FDD 系统空口上下行采用成对的频段分别用来接收和发送数据，而 TDD 系统上下行则使用相同的频段在不同的时隙上收发数据。

在接入网侧，NB-IoT 是窄带物联网的简称，其在 3GPP 中的代表术语是 LTE CAT-NB1。eMTC 在 3GPP 中的代表术语是 LTE CAT-M1。

在核心网侧，蜂窝物联网（Cellular Internet of Things，CIoT）是指 3GPP 定义的物联网标准。根据 3GPP 对物联网业务模型的研究，CIoT 业务模型和传统 LTE 系统业务差别很大，为了更好地支持蜂窝物联网业务，系统架构也做了增强和改进。NB-IoT 是蜂窝物联网的研究重点之一，并于 2016 年 6 月正式成为 3GPP 国际标准。

2.2　3GPP 的组织结构

3GPP 成立于 1998 年 12 月，多个电信标准组织伙伴签署了《第三代伙伴计划协议》。3GPP 最初的工作范围是为第三代移动通信系统制定全球适用的技术规范和技术报告。3GPP 的组织结构如图 2.1 所示。

```
                        ┌──────────────┐
                        │   项目协调组   │
                        └──────┬───────┘
        ┌──────────────────────┼──────────────────────┐
  ┌───────────┐          ┌───────────┐          ┌───────────┐
  │  无线接入网  │          │  业务与系统  │          │ 核心网与终端 │
  └───────────┘          └───────────┘          └───────────┘
```

无线接入网	业务与系统	核心网与终端
WG1 Radio Layer 1 无线物理层	WG1 Services 业务	WG1 MW/CC/SM(Iu)
WG2 Radio Layer 2 & Layer 3 RR 无线层2和层3	WG2 Architecture 架构	WG3 Interworking with External Networks 内外网互通
WG3 Iub, Iuc, Iur & UTRAN GSM Req. 无线网络架构与接口	WG3 Security 安全	WG4 MAP/GTP/BCH/SS
WG4 Radio Performance & Protocol Aspects 射频性能	WG4 Codec 编解码	WG5 Open Services Access 开放业务接入
WG5 Mobile Terminal Conformance Test 移动终端一致性测试	WG5 Telecom Management 网管	WG6 Smart Gard Application Aspects 智能卡应用
WG6 Legacy RAN Radio and Protocol 传统基站射频和协议		

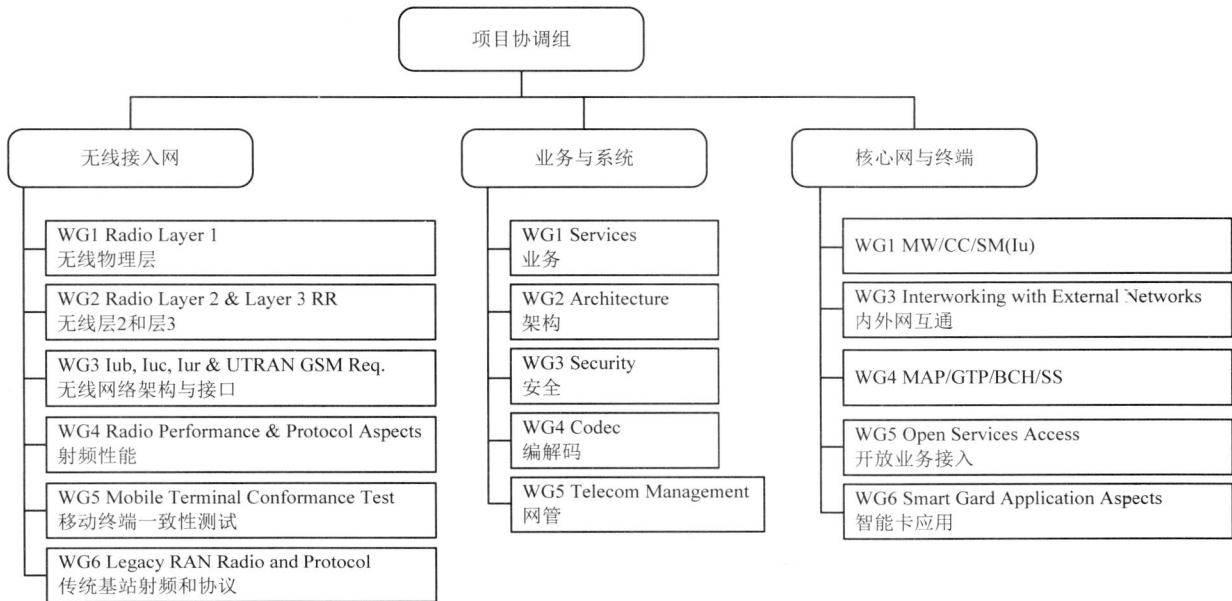

图 2.1　3GPP 的组织结构

在 3GPP 的组织结构中，最上面的是项目协调组（Project Coordination Group，PCG），由欧洲电信标准化协会（European Telecommunications Standards Institute，ETSI）、电信工业协会（Telecommunications Industry Association，TIA）、日本电信技术委员会（Telecommunications Technology Committee，TTC）、日本无线工业及商贸联合会（Association of Radio Industries and Businesses，ARIB）、韩国电信技术协会（Telecommunications Technology Association，TTA）、中国通信标准化协会（China Communications Standards Association，CCSA）共 6 个组织伙伴组成，并对技术规范组（Technical Specifications Groups，TSG）进行管理和协调。3GPP 共分为 3 个 TSG，分别为无线接入网（TSG RAN）、业务与系统（TSG SA）、核心网与终端（TSG CT）。每一个 TSG 下面又分为多个工作组，如无线接入网分为 6 个工作组，分别是无线物理层（RAN WG1）、无线层 2 和层 3（RAN WG2）、无线网络架构与接口（RAN WG3）、射频性能（RAN WG4）、移动终端一致性测试（RAN WG5）和传统基站射频和协议（RAN WG6）。

3GPP 制定的标准规范以 Release 作为版本进行管理，本书以 Rel-** 代表不同阶段的版本编号。3GPP 以项目的形式管理和开展工作，最常见的形式是 Study Item 和 Work Item。

用户终端类别（UE Category）是 3GPP 的一个重要术语，本书以 Cat.* 来表示不同的终端类别。类别用于定义用户终端的性能特征，如上行和下行数据的最大传输速率，以及对各种天线功能和调制方案的支持程度。

2.3　NB-IoT 的诞生历程

在 NB-IoT 提出之前，业界都非常认同未来物联网的发展趋势，M2M 通信前景也被 3GPP 组织视为标准生态壮大的重要机遇，而在物联网时代，具备广覆盖、低成本、低功耗、低速率、大连接等特点的 LPWAN 技术将扮演重要角色。

3GPP 一直在推动相关物联网无线通信技术的发展，并且主要致力于以下两个方向。

方向一：面对非 3GPP 技术的挑战，开展 GSM 技术的进一步演进和全新接入技术的研究。长期以来，电信运营商的物联网业务主要依靠成本低廉的 GPRS 模块，然而由于 LoRa、SIGFOX 等新技术的出现，GPRS 模块在成本、功耗和覆盖方面的传统优势受到威胁，于是在 2014 年 3 月的 GERAN62 号会议上 3GPP 提出成立新的研究项目 "FS_IoT_LC"，研究演进 GSM/EDGE 无线电接入网（GSM EDGE Radio Access Network，GERAN）系统和新接入系统的可行性，以支持更低复杂度、更低成本、更低功耗、更强覆盖等增强特性。NB-IoT 正是源于这个方向的全新接入技术。

方向二：考虑未来替代 2G、3G 物联网模块，研究低成本、演进的 LTE-MTC 技术。进入 LTE 及演进技术发展阶段后，3GPP 也定义了许多可适用物联网不同业务需求场景的终端类型，Rel-8 版本已定义不同速率的 Cat.1～Cat.5 的终端类型，在之后的版本演进中，在新定义支持高带宽、高速率的 Cat.6、Cat.9 等终端类型的同时，也新定义了更低成本、支持更低功耗的 Cat.0（Rel-12）终端类型。在 Cat.0 的基础上，2014 年 9 月的 RAN65 号会议中 3GPP 提出成立新的研究项目 "LTE_MTCe2_L1"，进一步研究更低成本、更低功耗、更强覆盖的 LTE-MTC 技术。

无线通信技术的发展时间节点如下：

1）2015 年 9 月，3GPP 正式启动 NB-IoT 标准工作立项。

2）2016 年 4 月，NB-IoT 物理层标准在 3GPP Rel-13 冻结。

3）2016 年 6 月，NB-IoT 核心标准在 3GPP Rel-13 冻结，确认 NB-IoT 作为标准化的物联网专有协议。

4）2016 年 9 月，3GPP 完成 NB-IoT 性能部分的标准制定。

5）2017 年 1 月，3GPP 完成 NB-IoT 一致性测试部分的标准制定。

标准化工作的完成使全球运营商有了基于标准化的物联网专有协议，同时也标志着 NB-IoT 进入规模化商用阶段。在 5G 商用前的窗口期和未来 5G 商用后的低成本、低速率市场，NB-IoT 将有很大的应用空间。

2.4　NB-IoT 的标准博弈

NB-IoT 技术源自电信运营商、通信设备商、芯片设计商的共同努力。早些时候，华为和沃达丰主导的是 NB-M2M 技术，高通主导的是 NB-OFDM 技术，之后，华为、沃达丰、高通等公司联合支持 NB-CIoT 技术。另外还有爱立信、中兴、三星、英特尔、MTK 等公司支持的 NB-LTE 技术。其中，NB-CIoT 和 NB-LTE 之间存在较大差异，终端无法平滑升级，一些非标准基站甚至面临退网风险。

通信标准的缺失一直是制约物联网发展的重要因素，只有统一的通信标准才能做到真正的便捷联网。3GPP 组织平衡了各方利益，从大局出发，把 NB-CIoT、NB-LTE 及其他成员提交的技术进行了广泛融合，最终达成一致并形成了 NB-IoT 国际标准。

NB-IoT 是 3GPP Rel-13 阶段 LTE 的一项重要增强技术，工作于授权频谱，是运营商级的物联网低功耗、广覆盖标准，主要解决物联网 UE 最后一公里的通信问题。

注意：目前只有 NB-IoT 名称作为国际标准使用，其他技术名称已经成为历史，NB-M2M、NB-OFDM、NB-LTE、NB-CIoT 已经不再使用。

2.5　NB-IoT 的业务模型

物联网的应用非常多样化。有些物联网终端数量巨大，并且是销售到全国甚至全球各地，其需要随时随地接入网络，如独立可穿戴设备、便携式医疗设备等。有些设备数量很少，分布范围广，通信数据量低，不一定在固定的位置工作，并且部署专网代价太大，如气象监测、环保设备、机械设备等。有些场景虽然设备数量很多，但分布相对集中，WiFi、蓝牙等局域网技术无法满足传输距离的要求，如公共设施、大型仓储、智能制造等。还有一些场景终端数量很少，但分布相对集中，对数据速率的要求多样化，不管什么通信技术，只要能联网即可。

根据不同应用模式下对通信方式的诉求，人们把物联网设备分为以下两类：

① 固定节点或高速移动　上行数据量大，对带宽要求较高，如车载娱乐、视频监控等。

② 固定节点或低速移动　数据量小，以设备上传数据到平台的形式为主，如智能抄表、环境监控、资产管理、独立可穿戴设备等。

NB-IoT 正是为了适应第二类的物联网设备而产生的。3GPP TR 45.820 定义的蜂窝物联网业务模型如表 2.1 所示。

表 2.1　蜂窝物联网业务模型

业务类别	适合的应用	上行数据规模	下行数据规模	发送频率
自动上报（MAR）异常上报	烟雾告警、智能仪表电源失效通知、闯入通知	20B	0B	每几个月甚至几年
自动上报（MAR）周期上报	智能水电气热表、智慧农业、智能环境	20～200B（超过 200B 也假定为 200B）	50%的上行数据的确认字符（ACK）为 0B	1 天（40%）、2 小时（40%）、1 小时（15%）、30 分钟（5%）
网络命令	开关、触发设备上报数据、请求读表数据	0～20B，50%情况请求上行响应	20B	1 天（40%）、2 小时（40%）、1 小时（15%）、30 分钟（5%）
软件升级/重配置模型	软件补丁升级	200～2000B（超过 2000 也假定为 2000B）	200～2000B（超过 2000 也假定为 2000B）	180 天

总体而言，NB-IoT 的小区具有以下两个明显特征：

- NB-IoT 用户面数据流量远远小于 LTE 用户面数据流量。
- 由于每个小区内 NB-IoT 的终端数量远远大于 LTE 系统的终端数量，因此控制面的建立和释放次数远远高于 LTE 系统，如无线资源控制（Radio Resource Control，RRC）连接建立、释放等。因此，从系统架构层面上，控制面和用户面的效率都需要针对 NB-IoT 做增强和优化。

2.6　NB-IoT 的商业模式

物联网的快速发展为运营商打开了巨大的市场发展空间，同时也提出了一系列的挑战。目前超过 70%的连接为非移动网络连接，运营商难以获取收入；又由于非授权频谱的低功耗、广覆盖技术的快速发展，也使得运营商的物联网业务增长面临压力。在整体物联网产业链中，通信连接部分的产业集中度较好，但是所占的价值比例较低。如何在复杂的竞争态势中保证运营商在物联网领域中获取最大化价值将成为全球运营商共同面对的挑战。

传统行业处于垄断地位的厂商可以进行掠夺性定价，卖方能力强大。但在物联网产业链中，所有物联网供应商面对的是各个传统行业，这些传统行业是物联网的需求方，也决定了需求的碎片化。强大的卖方垄断力量一般都有一个前提，即具备大量的需求并且需求一定程度的同质化，但传统行业有成千上万个非统一化的终端和应用。由于低功耗广域网络为物联网应用提供连接方案，因此即使拥有高度市场集中的某些环节，在大量碎片化应用面前仍无法形成垄断的卖方力量。

运营商已有的 QoS 保证、网络安全、电信级计费、大数据服务等领域继续保持行业优势，NB-IoT 网络可以让运营商加固物联网领域的业务服务能力，包括云服务提供、海量客户管理、物联网实名认证、系统总包集成、大客户高端定制服务等方面。

目前，全球主流运营商对于物联网的商业模式依然延续流量收费模式，这种模式主要适配当前物联网的典型应用，如车联网、可穿戴智能设备、智能 POS 机等，是以流量消费为主的业务模型。

低功耗广覆盖的应用虽然对物联网的商业模式有所涉及，但是并没有为其设计特有的商业模式，如远程抄表、资产跟踪等应用。由于这类业务上报周期长、数据流量可能长期为零，传统流量收费模式并不适用于这类低功耗、广覆盖的应用。

考虑物联网垂直应用领域的多样化，产业链中的电信运营商、服务运营商、设备制造商、创新企业等都在极力地对 NB-IoT 商业模式进行积极探索和创新，包括 NB-IoT 通信管道模式、NB-IoT 用户主导模式、NB-IoT 云平台模式和 NB-IoT 应用市场模式等。

（1）NB-IoT 通信管道模式

该商业模式中电信运营商占据主导地位，无论是业务的开发与推广，还是平台的建设与维护，都是以电信运营商为主力。例如，远程抄表、资产跟踪等物联网应用只有在需要读数或跟踪上报的时候产生流量。这类业务如果依然根据流量收费，大家都会觉得不合理。根据连接的设备数量向设备所有者进行收费也许可以更好地保护双方的利益。

（2）NB-IoT 用户主导模式

该商业模式由最终用户承担物联网平台的全部费用和整个服务体系的搭建。此类商业模式中，用户相对强势，是唯一的核心，但需要设备提供商、电信运营商、系统集成商、软件开发商等通力合作，形成一套完整的可运营解决方案交付给用户使用。用户购买软件、硬件系统，电信运营商通道和相关服务，再统一为客户或自身管理需求提供一致性的服务，此种模式常见于政府主导项目和企业主导项目。

（3）NB-IoT 云平台模式

该商业模式建立在云计算平台的基础之上，以用户服务为中心，根据已有的运营平台和业务能力，针对目标市场整合内外部资源，形成用户、厂家、其他市场参与者共同创造价值的网络商业模式。此商业模式可以基于分段的收费模式，即设备与云平台、云平台与垂直应用分别收费。此种模式将带动云平台、大数据、移动互联网等产业链的规模化发展。

（4）NB-IoT 应用市场模式

该商业模式类似苹果应用市场和安卓市场的方式，电信运营商建立物联网应用市场，从用户收费，与应用开发者分成，实现利益共享。电信运营商通过将自身硬件制造或软件开发领域的优势整合，如创造应用软件开发平台、与运营商和软件开发商合作等举措，形成一个综合的生态系统。这需要大量的应用开发者及广告商的参与，从而发掘甚至创造出新的赢利点，带动整个物联网产业的发展。

2.7　NB-IoT 的发展路径

物联网对无线通信的需求一直在变化，为满足不同物联网垂直应用领域的场景需求，逐步趋向于两极分化的演进方向。针对高速率、高带宽、实时性高的应用场景，是 4G、5G 针对以人为中心的主力发展方向；针对低速率、低带宽、实时性低的应用场景，则是 NB-IoT 技术主要施展的应用场合。

与较高速率和实时响应的物联网应用不同，NB-IoT 面向低速率、低功耗的物联网终端，更适合于广泛部署，在以智能抄表、智能停车、物品追踪、独立可穿戴智能设备、智能家居、智慧城市、智能制造等领域的应用场景将会大放异彩。

NB-IoT 的技术特性非常适合于物联网细分业务的发展场景，大规模的发展有待某些瓶颈问题的进一步解决，如通信模块成本和终端功耗必须进一步下降等问题。

随着 NB-IoT 商用网络的逐步规模部署，预计 NB-IoT 的商用价值在未来几年将逐渐显露出来。未来各类垂直行业的产业链能很快在实际网络上找到自身的物联网应用及商业模式，并推动跨行业协作和商业模式创新。

鉴于 NB-IoT 作为一个新标准、新技术，按照市场规律，NB-IoT 的商业化进程分为以下三个阶段。

第一阶段，市场供给大于客户需求，主要是树立典型应用示范工程。首先在需求强烈的重点城市进行规模化试点和商用化实验。此阶段重点对 NB-IoT 协议、核心网络性能等进行测试，同时验证商用芯片和终端模组的功能，打造应用服务的平台管理能力等，目标是实现电信运营商在 NB-IoT 初期阶段对产业链的整合。

第二阶段，市场供给和客户需求共同发力，扩展 NB-IoT 应用的范围。全国重点城市和重点区域将第一阶段试点的经验进一步推广，同时扩大垂直业务应用领域，挖掘 NB-IoT 技术适合的业务类型。在大规模运营 NB-IoT 的基础之上，着重考虑扩展平台层的功能，进行某些业务的大数据分析，探讨研究多种服务模式，为转型打下基础。

第三阶段，在以市场需求推动为主、产业成熟的阶段完成 NB-IoT 全网覆盖。基于统一的 NB-IoT 网络提供多种多样的个性化物联网垂直应用领域服务，在为客户提供优质网络的基础上提供更加优质的服务，大幅度提升运营收入，尤其是服务收入占比，真正实现运营商的成功转型。

小结

　　3GPP 为了适应物联网领域对无线通信的诉求，从 Rel-10 就开始讨论 M2M 通信，为未来的移动通信押注了许多全新的挑战，技术的演进将会引领物联网行业应用的创新。

　　同时，3GPP 也面临众多其他 LPWAN 技术的挑战，NB-IoT 的快速冻结也是为了适应市场的变化。由于围绕 3GPP 组织的产业链资源足够强大，加上物联网应用领域的足够丰富，因此在不断演进的过程之中，应及时调整技术的发展脉络和市场格局。

第3章 NB-IoT 关键技术

NB-IoT 定位于运营商级，基于授权频谱的低速率物联网市场，可直接部署于 LTE 网络，也可以基于目前运营商现有的 2G、3G 网络，通过设备升级的方式来部署，可降低部署成本和实现平滑升级，是一种可在全球范围内广泛应用的物联网新兴技术，可构建全球最大的蜂窝物联网生态系统。

NB-IoT 技术的优势主要体现在以下几个方面。

① 广覆盖 NB-IoT 与 GPRS 或 LTE 相比，最大链路预算提升了 20dB，相当于提升了 100 倍，即使在地下车库、地下室、地下管道等普通无线网络信号难以到达的地方也容易覆盖到。

② 低功耗 NB-IoT 可以让设备一直在线，但是通过减少不必要的信令、更长的寻呼周期及终端进入 PSM 状态等机制来达到省电的目的，有些场景的电池供电可以高达 10 年之久。

③ 低成本 低速率、低功耗、低带宽可以带来终端的低复杂度，便于终端做到低成本。同时，NB-IoT 基于蜂窝网络，可直接部署于现有的 LTE 网络，运营商部署成本也比较低。

④ 大连接 NB-IoT 基站的单扇区可支持超过 5 万个 UE 与核心网的连接，比现有 2G、3G、4G 移动网络有 50～100 倍的用户容量提升。

⑤ 授权频谱 NB-IoT 可直接部署于 LTE 网络，也可以利用 2G、3G 的频谱重耕来部署，无论是数据安全和建网成本，还是在产业链和网络覆盖，相对于非授权频谱都具有很强的优越性。

⑥ 安全性 继承 4G 网络安全的能力，支持双向鉴权和空口严格的加密机制，确保用户终端在发送接收数据时的空口安全性。

NB-IoT 的系统带宽为 200kHz，传输带宽为 180kHz，这种设计优势主要体现在三个方面：

- NB-IoT 系统的传输带宽和 LTE 系统的一个物理资源块（Physical Resource Block，PRB）的载波带宽相同，都是 180kHz，这使得 NB-IoT 系统能够与传统 LTE 系统很好地兼容。此外，窄带宽的设计为 LTE 系统的保护带（Guard-Band）部署带来了便利，对于运营商来说，易于实现与传统 LTE 网络设备的共站部署，有效降低了 NB-IoT 网络建设与运维的成本。

- NB-IoT 系统的系统带宽和 GSM 系统的载波带宽相同，都是 200kHz，这使得 NB-IoT 系统可以在 GSM 系统的频谱中实现无缝部署，对运营商重耕 2G 网络频谱提供了先天的便利性。
- NB-IoT 将系统带宽收窄至 200kHz，将有效降低 NB-IoT 用户终端射频芯片的复杂度。同时，更窄的带宽提供更低的数据吞吐量，NB-IoT 用户终端芯片的数字基带部分的复杂度和规格也将大幅降低。这使得 NB-IoT 芯片可以实现比传统 LTE 系统更高的芯片集成度，进一步降低芯片成本及开发复杂度。

3.1　NB-IoT 网络部署模式

全球大多数电信运营商选择低频部署 NB-IoT 网络，低频建网可以有效地降低站点数量，提升深度覆盖。对于运营商来说，NB-IoT 支持三种网络部署模式，分别是独立（Standalone）部署、保护带（Guard-Band）部署、带内（In-Band）部署，如图 3.1 所示。

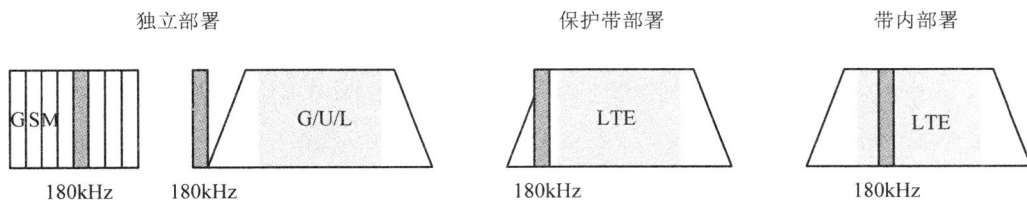

图 3.1
NB-IoT 的网络
部署模式

其中，在独立部署模式下，系统带宽为 200kHz。在保护带部署模式下，可以在 5MHz、10MHz、15MHz、20MHz 的 LTE 系统带宽下部署。在带内部署模式下，可以在 3MHz、5MHz、10MHz、15MHz、20MHz 的 LTE 系统带宽下部署。

NB-IoT 和 LTE 系统一样，信道栅格（Channel Raster）要求 LTE 载波中心频率必须为 100kHz 的整数倍。在独立部署模式下，NB-IoT 载波的中心频率是 100kHz 的整数倍。在带内部署和保护带部署模式下，NB-IoT 载波的中心频率和信道栅格之间会有偏差，偏差为 ±7.5kHz、±2.5kHz。

在保护带部署模式下，为了降低 LTE 和 NB-IoT 之间的干扰，要求 LTE 系统发送带宽的边缘到 NB-IoT 带宽的边缘的频率间隔为 15kHz 的整数倍。

NB-IoT 在独立部署模式下的信道间隔为 200kHz；在带内部署和保护带部署的场景下，两个相邻的 NB-IoT 载波间的信道间隔为 180kHz。

3.1.1 独立部署

独立部署是将 NB-IoT 网络部署在传统的 2G 频谱或其他离散频谱,利用现网的空闲频谱或新的频谱,不与现行 LTE 网络形成干扰。

独立部署是最单纯的部署方式,但需要一段自己的频谱,如图 3.2 所示。

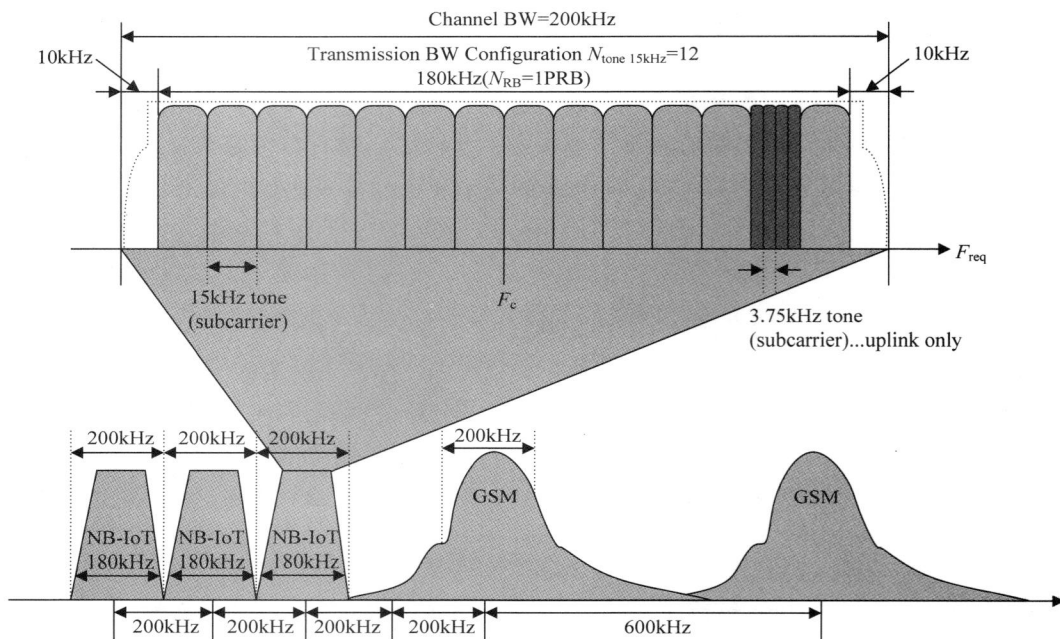

图 3.2
独立部署模式

独立部署模式使用独立的 200kHz 系统带宽部署 NB-IoT 载波,而 NB-IoT 真正使用的是 180kHz 传输带宽,两边各留 10kHz 的保护带。在这种部署场景下,对于有 GSM 频谱资源的运营商来说,比较方便,相当于使用一个独立 GSM 频点,即可满足 NB-IoT 部署需求。

3.1.2 保护带部署

保护带部署是将 NB-IoT 网络部署在 LTE 频谱边缘的保护频段,使用较弱的信号强度,可以最大化地利用频谱资源。保护带部署模式的优点是不需要一段自己的频谱,缺点是可能发生与 LTE 系统的干扰问题,如图 3.3 所示。

LTE 系统在带宽的两端都存在保护带。例如,20MHz 带宽 LTE,实际占用 100 个资源块(Resource Block,RB),带宽两边各有 1MHz 的保护带,把 NB-IoT 载波使用的 180kHz 传输带宽放置在 LTE 系统的保护带内。对于无 GSM 频谱、只有 LTE 频谱的运营商来说,这是一种比较容易的部署方案。

为了降低 NB-IoT 和 LTE 系统之间的干扰,以及 LTE 和 NB-IoT 对带宽外的干扰,并且要满足用户终端对于信道栅格的要求,在保护带部署带宽内,NB-IoT 的中心频率的部署并非任意使用。

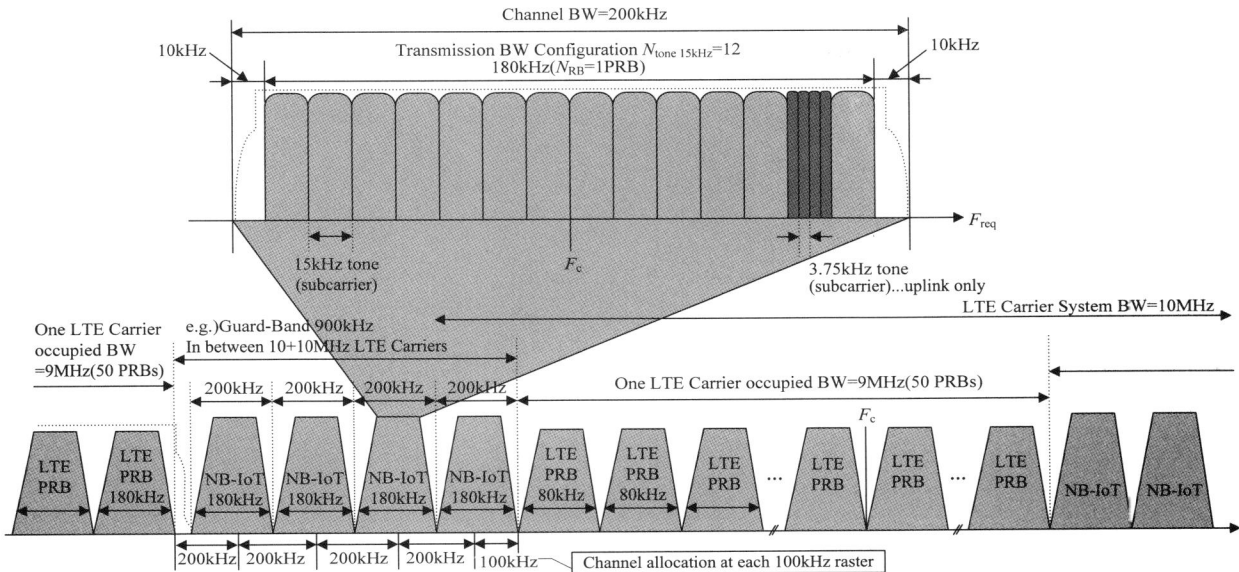

图 3.3　保护带部署模式

NB-IoT 标准规定：如果 LTE 带宽小于 5MHz，则不能将 NB-IoT 载波部署在 LTE 保护带内。

3.1.3　带内部署

带内部署是将 NB-IoT 网络部署在 LTE 带内的一个 PRB 资源，作为 NB-IoT 的工作载波，通常选择在低频段上，如 700MHz、800MHz、900MHz 等。因为在低频段能有更广的覆盖率，并且有较好的传播特性，对于室内环境可以有更深的渗透率。带内部署如图 3.4 所示。

在带内部署中，为了避免干扰，NB-IoT 频谱和相邻 LTE 资源块的功率谱密度应不超过 6dB。由于功率谱密度的限制，在带内场景中 NB-IoT 的覆盖相比其他场景更受限。例如，相比于独立部署或保护带部署模式，带内部署需要更长时间获取同步和解码下行广播信道。

带内部署模式使用 LTE 系统的一个 PRB 作为 NB-IoT 载波，在 LTE 系统上行、下行调度时，不能使用这个独特的 PRB。在这个 PRB 内，LTE 不能占用标准格式指示位（Canonical Format Indicator，CFI）指示的控制域符号数、小区专有参考信号（Cell Specific Reference Signal，CRS）等。为了避免 NB-IoT 和 LTE 系统之间互相干扰，两者的功率偏差也做了限定。

在带内部署模式下，NB-IoT 和 LTE 系统存在一定的耦合关系，同时 NB-IoT 的容量覆盖也受到了限制。

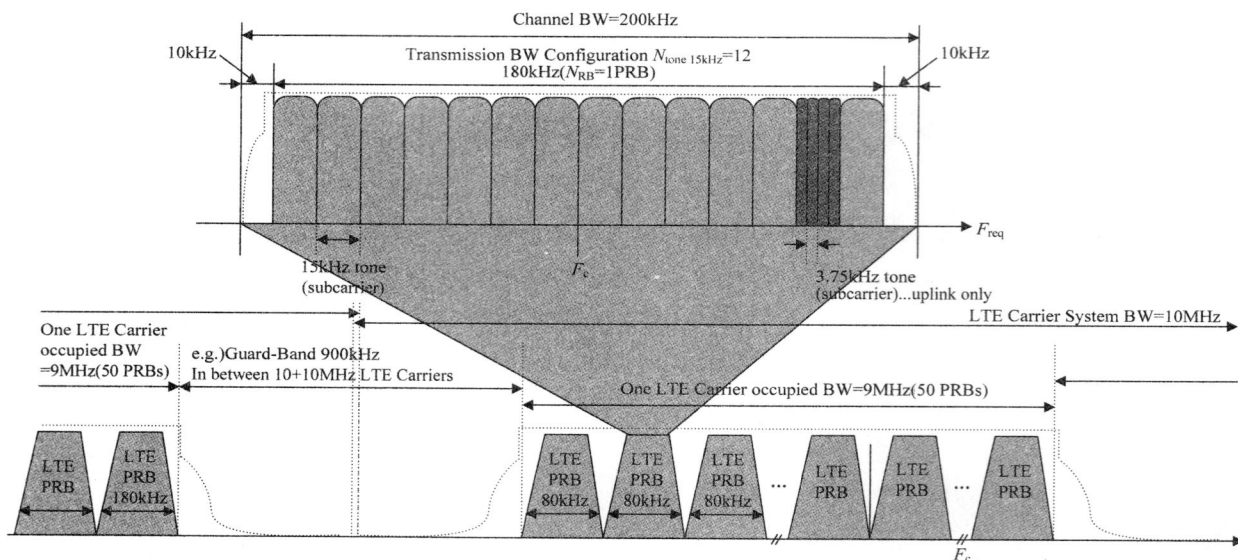

图 3.4　带内部署模式

3.1.4　NB-IoT 频谱部署模式比较

为了提高 NB-IoT 的市场需求性，三种运行模式的设计具有一致性原则，但带内部署和保护带部署两种运行模式需特别考虑对 LTE 系统的兼容性。

在独立部署或保护带部署模式下，假定非锚载波 PRB 没有下行同步和系统消息开销的情况，NB-IoT 所支持的最大数据速率在上行为 64Kbit/s，下行为 27.2Kbit/s。

NB-IoT 的三种频谱部署模式比较如表 3.1 所示。

表 3.1　NB-IoT 频谱部署模式比较

模式名称 比较项目	独立部署	保护带部署	带内部署
频谱	频谱独占，不存在与现有系统共存问题	需考虑与 LTE 系统共存问题，如干扰规避、射频指标等	需考虑与 LTE 系统共存问题，如干扰规避、射频指标等
带宽	限制较少	LTE 带宽的不同对应可用保护带宽也不同，可用于 NB-IoT 的频域位置也比较少	要满足中心频点 300kHz 需求
兼容性	频谱独占，配置限制较少	需要考虑与 LTE 系统兼容	需要考虑与 LTE 系统兼容，如避开物理下行控制信道（Physical Downlink Control Channel，PDCCH）区域、CSI-RS、PRS、LTE-同步信道和 PBCH、CRS 等
覆盖	满足协议覆盖要求，覆盖最大	满足协议覆盖要求，覆盖略小	满足协议覆盖要求，覆盖最小
容量	大于基站每个小区 20 万个用户终端，能满足每个小区 5 万个用户终端的容量目标	大于基站每个小区 20 万个用户终端，能满足每个小区 5 万个用户终端的容量目标	大于基站每个小区 7 万个用户终端，能满足每个小区 5 万个用户终端的容量目标，但支持容量略小
传输时延	满足协议时延要求，时延最小	满足协议时延要求，时延略大	满足协议时延要求，时延最大

3.2　NB-IoT 的广覆盖

物联网很多应用场景的网络信号很弱，NB-IoT 与 GPRS 或 LTE 系统相比，最大链路预算提升了 20dB，相当于提升了 100 倍。即使在地下车库、地下室、地下管道等普通无线网络信号难以到达的地方也容易覆盖到。NB-IoT 的广覆盖能力示意图如图 3.5 所示。

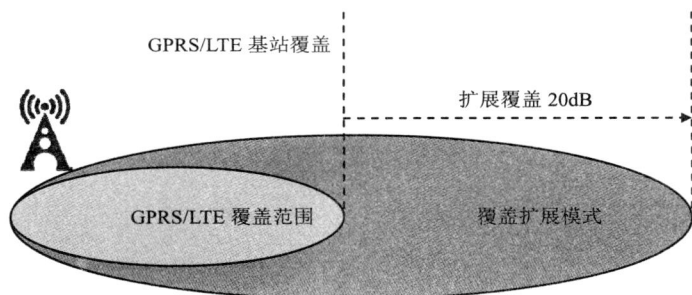

图 3.5
NB-IoT 的广覆盖能力示意图

和 GPRS 相比，NB-IoT 在下行信道上覆盖增强的增益主要来源于重复发送，即同一个控制消息或业务数据在空口信道上发送时，通过多次重复发送，用户终端在接收时，对接收到的重复内容进行合并，来提供覆盖能力。

在上行方向上，NB-IoT 支持 3.75kHz、15kHz 两种子载波间隔，支持单子载波（Single-Tone）和多子载波（Multi-Tone）资源分配。NB-IoT 依赖功率谱密度增强（Power Spectrum Density Boosting，PSD Boosting）和时域重复（Time Domain Repetition，TDR）来获得比 GPRS 或 LTE 系统多 20dB 的覆盖增强。

功率谱密度增强是把 NB-IoT 上行的信号发射功率通过更窄带宽的载波进行发送。这样，单位频谱上发送的信号强度便得到了增强，信号的覆盖能力和穿透能力也因此得到了增强。此外，在上行方向上，支持通过信道的重复发送，进一步提升上行信道的覆盖能力。

一般情况下，通信链路的下行覆盖大于上行覆盖，这是因为用户终端的发射功率往往受限，而网络侧远端射频模块发射功率理论上是很容易提升的。在链路预算中，计算最大耦合损耗（Maximum Coupling Loss，MCL）时大部分只是计算上行链路。

NB-IoT 将覆盖增强等级（Coverage Enhancement Level，CE Level）分为三个等级，根据 MCL 的数值进行划分。NB-IoT 基站 eNB 与 UE 之间会根据其所在的 CE Level 来选择相对应的信息重发次数，划分标准如下。

① 常规覆盖（Normal Coverage）　MCL < 144dB，与现有的 GPRS 覆盖一致。

② 扩展覆盖（Extended Coverage）　144dB < MCL < 154dB，在现有 GPRS 覆盖的基础上提升了 10dB。

③ 极端覆盖（Extreme Coverage）　　MCL > 154dB，在现有 GPRS 覆盖的基础上提升了 20dB。

考虑很多物联网终端都是在室内部署的，因此室内覆盖也是 NB-IoT 必须支持的场景之一。在某些极端覆盖情况下，NB-IoT 的覆盖增益必须可以超出现有商用系统的 20dB 以上。

3.3　NB-IoT 的低功耗

NB-IoT 的用户终端可以工作在省电模式，用来降低电源消耗和延长电池寿命。用户终端在省电模式下工作时和设备关机类似，看起来好像和网络失联，但用户终端仍然注册在网络中，不需要重新附着或重新建立分组数据网络（Packet Data Network，PDN）连接。

低功耗特性是物联网应用的一项重要指标，特别是对于一些不能经常更换电池的设备和场合，如大范围分散在各地的传感监测设备，它们不可能像智能手机一样一天充一次电，长达几年的电池使用寿命是最基本的需求。在电池技术无法取得突破的前提下只能通过降低设备功耗来延长电池供电时间。

通信设备消耗的能量往往与传输数据量或通信速率有关，即单位时间内发出数据包的大小决定了功耗的大小。如果传输的数据量小，用户设备的调制解调器和功率放大器（Power Amplifier，PA）就可以调到非常小的水平。NB-IoT 聚焦于传输间隔大、小数据量、小速率、时延不敏感等应用，因此 NB-IoT 设备功耗可以做到非常小。

NB-IoT 在 LTE 系统的非连续接收（Discontinuous Reception，DRX）基础上进行了优化，采用功耗节省模式（Power Saving Mode，PSM）和增强型非连续接收（Enhanced Discontinuous Reception，eDRX）两种模式。这两种模式都是通过用户终端发起请求，和移动性管理实体（Mobility Management Entity，MME）核心网协商的方式来确定。用户可以单独使用 PSM 和 eDRX 省电模式中的一种，也可以两种都激活。

不管是 PSM 模式还是 eDRX 模式，都可以理解成通过提升深度休眠时间的占比来降低功耗，但从另外一个方面来讲，实际上是牺牲了实时性的要求。相比较而言，eDRX 模式的省电效果会差一些，但实时性会好一些。这也是为什么在有了 PSM 模式之后还需要 eDRX 模式的理由。这两种模式各有所长，又各有所短，正好可以用来适配不同的物联网应用场景。例如，eDRX 模式可能更适合于宠物追踪，而 PSM 模式更适用于远程抄表业务。

尤其需要指出的是，NB-IoT 的低功耗设计目标是针对低速率、低频次、电池供电的业务，10 年的使用寿命是根据 TR45.820 的仿真数据得出的结果。在 PSM 模式和 eDRX 模式均部署的情况下，如果用户终端每天发送一次 200 字节的报文，则 5 瓦·时电池可工作长达 12.8 年。

3.3.1　PSM 模式

在 NB-IoT 系统中，在空闲（Idle）状态下再增加一个新的 PSM 模式。在此状态下，UE 射频被关闭，相当于关机状态，但是核心网侧还保留着用户上下文，用户进入空闲状态/连接状态时无须再进行附着 PDN 建立。

在 PSM 模式下，下行数据不可达，数字数据网络（Digital Data Network，DDN）到达 MME 之后，MME 通知服务网关（Serving Gateway，S-GW）缓存用户下行数据并延迟触发寻呼；当上行有数据/信令需要发送时，触发 UE 进入连接状态。

当 UE 处于 PSM 模式时，不再监听寻呼消息，并且停止所有接入层的活动。如果有被叫业务，网络需要支持高时延通信（High Latency Communication，HLC）的功能。为了支持 PSM 模式，UE 在每一次附着或跟踪区更新（Tracking Area Update，TAU）时向网络侧请求激活定时器（Active Timer，AT）的时长。

UE 何时进入 PSM 模式，以及在 PSM 模式驻留的时长由核心网和 UE 协商。如果设备支持 PSM 模式，在附着或 TAU 过程中，向网络申请一个激活定时器。当设备从连接状态转移到空闲状态之后，该定时器开始运行。当定时器超时时，用户设备进入省电模式。

进入省电模式后用户设备不再接收寻呼消息，看起来设备和网络失联，但设备仍然注册在网络中。UE 进入 PSM 模式后，只有在 UE 需要发送终端发送（Mobile Original，MO）数据，或者周期 TAU 定时器超时后需要执行周期 TAU 时，才会退出 PSM 模式。

PSM 模式的优点是可进行长时间休眠，缺点是对终端接收（Mobile Terminated，MT）业务响应不及时，主要应用于远程抄表等对下行实时性要求不高的业务。实际上，物联网设备的通信需求和手机是不同的，也正因为如此，才可以设计成 PSM 模式。物联网应用大多是发送上行数据包，并且是否发送数据包由 UE 来决定，不需要随时等待网络的呼叫，但是手机则需要时时等待网络发起的呼叫请求。如果按照 2G、3G、4G 的方式设计物联网通信方式，则意味着物联网的设备行为也和手机一样，会浪费大量的功耗在监听网络随时可能发起的请求上，这样就无法做到较低的功耗。

基于 NB-IoT 技术，物联网终端在发送数据包之后，立刻进入一种休眠状态，不再进行任何通信活动，等到它有上报数据请求的时刻，才会唤醒自己，随后发送数据，然后又进入休眠状态。按照物联网终端的行为习惯，大约有 99%的时间处在休眠状态，这样就会使 UE 的功耗非常低。

如果网络支持并接受 UE 的省电模式请求，网络侧会确认省电模式，并根据 UE 提供的激活定时器的时长、归属签约用户服务器（Home Subscriber Server，HSS）可能提供的可达性定时器的时长及 MME 可能本地配置的时长来决定给 UE 分配多长的活动时间。

在 PSM 模式下，如图 3.6 所示，如果有上行数据或信令消息要发送时（如周期性的

TAU），UE 才进入连接状态。因此，PSM 模式只适合于不频繁数据传输的业务，并且针对被叫业务，能接受相应的时延。如果 UE 想更改激活定时器的时长，则可通过 TAU 来实现。

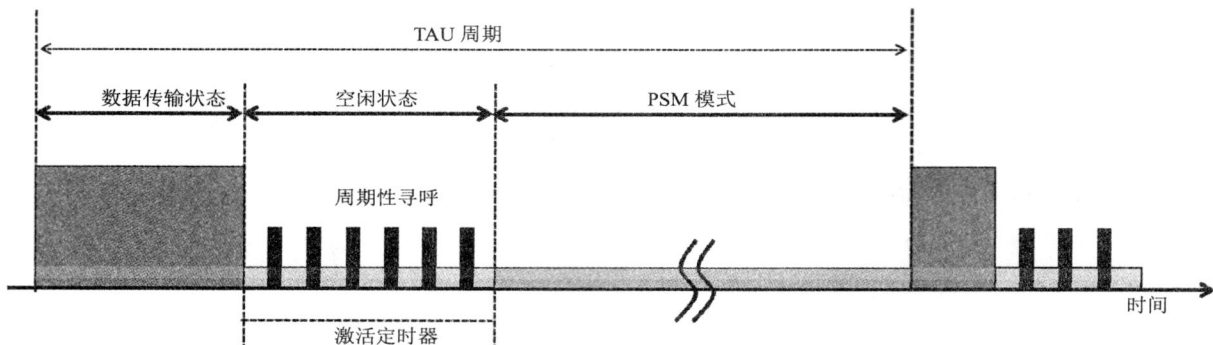

图 3.6　PSM 模式

参考数据：在 3V 电压和 50mA @ MCL 144dBm 的测试情况下，PSM 模式时的功耗是 5μA，空闲状态时的功耗是 1mA，寻呼监听时的功耗是 50mA，数据传输状态时的功耗是 120mA。

3.3.2　eDRX 模式

eDRX 模式作为 Rel-13 中新增的功能，主要目的是支持更长周期的寻呼监听，从而达到省电的目的。传统的 2.56 秒寻呼间隔对 UE 的电量消耗较大，而在下行数据发送频率小时，通过核心网和用户终端的协商配合，用户终端跳过大部分的寻呼监听，从而达到省电的目的。用户终端和核心网通过附着和 TAU 过程来协商 eDRX 的长度。

eDRX 模式的节电效果比 PSM 模式要差一些，但是相对于 PSM 模式，大幅度提升了下行通信链路的可到达性。

在空闲状态时，UE 主要是监听寻呼信道和广播信道。如果要监听数据信道，必须从空闲状态切换到连接状态。寻呼 DRX 由非接入层（Non-Access Stratum，NAS）控制，并对周期进行了扩展，以便支持在覆盖增强场合下的寻呼信道接收。

在连接状态时，由于有可能要使用覆盖增强，重复发送的次数由 eNB 基站动态配置，因此 eDRX 的定时器全部采用 PDCCH 时间间隔，取消了 DRX 短周期的功能。如果数据传输超时，则用户终端启动 eDRX 定时器。eDRX 省电模式如图 3.7 所示。

为了协助基站 eNB 寻呼 UE，MME 在寻呼消息中携带 eDRX 周期长度。如果 eDRX 周期长度为 5.12 秒，则网络使用正常的寻呼策略。如果 eDRX 周期长度不小于 10.24 秒，使用下述机制：

1）如果 UE 决定请求 eDRX，则 UE 在附着请求或 TAU 请求消息中携带请求使用的 eDRX 参数，包括空闲状态 DRX 长度等。

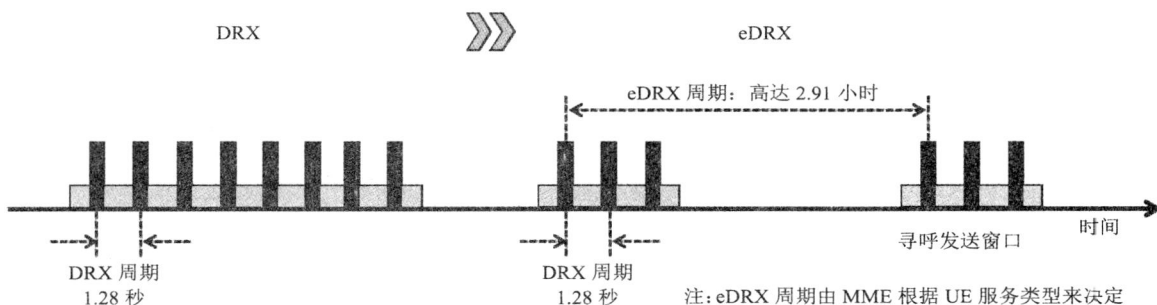

图 3.7　eDRX 省电模式

2）MME 决定是否接受或拒绝 UE 激活 eDRX 的请求。当接受时，MME 基于运营商的策略，可以向 UE 提供不同于其请求的 eDRX 参数，同时还向 UE 提供寻呼时间窗长度。如果 MME 接受使用 eDRX，则 UE 应根据接收到的 eDRX 长度和寻呼时间窗长度使用 eDRX。当服务 GPRS 支持节点（Serving GPRS Support Node，SGSN）/MME 拒绝 UE 的请求或 SGSN/MME 不支持 eDRX 时，附着接受或 TAU 接受消息中没有 eDRX 参数，UE 使用正常的不连续接收机制。

3）如果 UE 希望继续使用 eDRX，则 UE 应在每个 TAU 消息中携带 eDRX 参数。当 UE 发生从 MME 到 MME、从 MME 到 SGSN 或从 SGSN 到 MME 移动时，旧 CN 节点向新 CN 节点发送的移动性管理上下文中不包括 eDRX 参数。

NB-IoT 在 RRC_Idle 空闲状态时：

- 默认寻呼的 DRX 最小周期是 128 帧（1.28 秒），最长周期是 1024 帧（10.24 秒），包括 128 个、256 个、512 个、1024 个无线帧。
- 默认寻呼的 eDRX 最小周期是 2 个超帧（20.48 秒），最长周期是 1024 个超帧（约为 2.91 个小时，一个超帧等于 1024 帧），包括 2 个、4 个、6 个、8 个、10 个、12 个、14 个、16 个、32 个、64 个、128 个、256 个、512 个、1024 个超帧。

在 eDRX 状态下，UE 收听寻呼的时间间隔相比 DRX 状态扩大了很多，最长可以达到 2.91 小时，即 UE 可以每 2.91 个小时收听一次寻呼，以达到省电的目的。

3.4　NB-IoT 的低成本

一套成熟的蜂窝物联网应用体系，涉及 NB-IoT 芯片、通信模组、UE、运营商网络、数据流量费用、通信协议栈、物联网平台、垂直应用软件、云平台、大数据、工程安装、运营维护等多个方面。对于物联网终端的海量部署特性，反映最直接的就是 NB-IoT 芯片的成本。

在芯片设计方面，低速率、低功耗、低带宽带来的是低成本优势。速率低就不需要大的缓存，功耗低意味着射频（Radio Frequency，RF）设计要求低，低带宽则不需要复杂的均衡算法，简化盲检次数，减小最大传输块，简化调制解调编码方式，直接去掉 IP 多媒体子系统（IP Multimedia Subsystem，IMS）协议栈，简化天线设计，相比 LTE 芯片来说，众多因素使得 NB-IoT 芯片设计简化，进而带来低成本的优势。

NB-IoT Rel-13 仅支持 FDD 半双工（Half-Duplex FDD，HD-FDD）Type-B 模式，这意味着上行和下行在频率上分开，UE 不会同时处理发送和接收，从而节省双工元器件的成本。UE 在发送上行信号时，其前面的子帧和后面的子帧都不接收下行信号，使保护时隙加长，对设备的要求降低，并且提高了信号的可靠性。另外，半双工设计意味着只需多一个切换器就可以改变发送和接收模式，比起全双工所需的元器件，成本更低廉，并且可降低电池能耗。

关于成本问题，还有另外两个因素需要重点考虑，一是运营商的建网成本，另外一个是产业链的成熟度。对于运营商建网成本，NB-IoT 无须重新建网，RF 和天线基本上都是复用的。对于产业链来说，芯片在 NB-IoT 整个产业链中处于基础核心地位，现在几乎所有主流的芯片和模组厂商都有明确的 NB-IoT 支持计划，这将打造一个较好的生态链，对降低成本是大有好处的。

3.4.1 NB-IoT 芯片的低成本

NB-IoT 芯片的设计必须满足标准、降低成本和设计复杂度。与 eMTC 和 Cat.4 的标准相比，NB-IoT 是 LTE 标准族群中 UE 复杂度最低的，对比如表 3.2 所示。

表 3.2 LTE 标准族群复杂度对比

项目 \ UE	NB-IoT UE（Rel-13 200kHz）	eMTC UE（Rel-13 1.4MHz）	普通 LTE 终端（Rel-8 Cat.4）
下行峰值速率	200Kbit/s	1Mbit/s	150Mbit/s
上行峰值速率	40 Kbit/s 或 200Kbit/s	1Mbit/s	50Mbit/s
天线数量	1 或 2	1	2
双工方式	半双工	半双工	全双工
UE 接收带宽	200kHz	1.4MHz	20MHz
UE 发射功率	23dBm	20/23dBm	23dBm
UE 复杂度	<15%	20%	100%
覆盖	+20dB	+15dB	—

NB-IoT 具有较低的系统复杂度，物理层链路可以采用专用集成电路（Application Specific Intergrated Circuit，ASIC）来实现。相对于用数字信号处理（Digital Signal Processing，DSP）软件实现而言，ASIC 能有更优的功耗和处理性能。用 DSP 软件处理时，内核运算需要将主频率提高到 100MHz 才可以处理比较复杂的算法；而用 ASIC 时，

可以将主频率控制在 30MHz 以下，使整个基带部分的功耗得到极大降低。NB-IoT 的系统设计不复杂，链路处理的算法用电路实现比较容易。

NB-IoT 芯片参考设计图如图 3.8 所示。

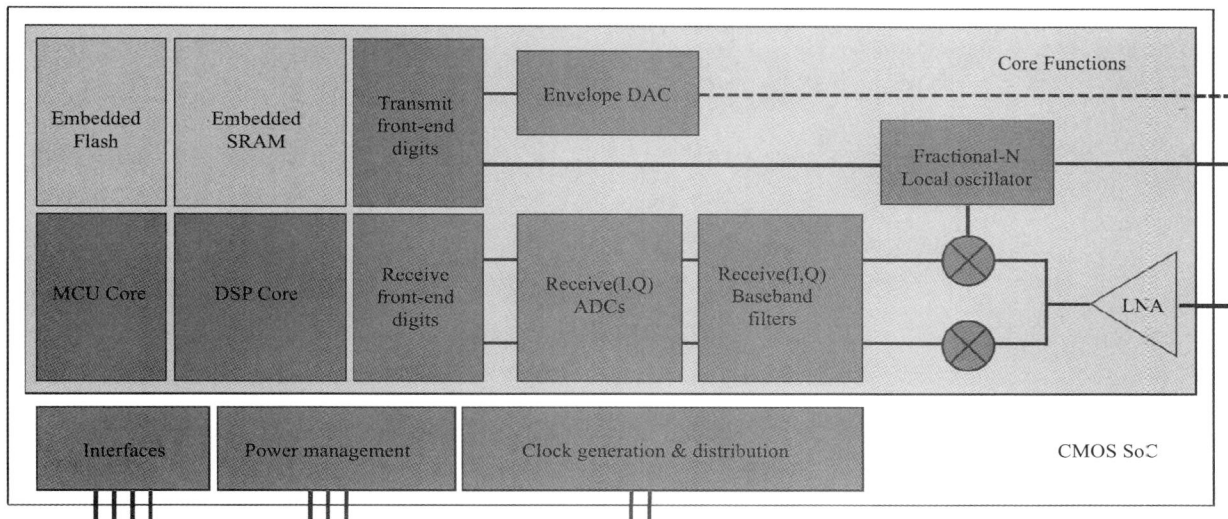

图 3.8　NB-IoT 芯片参考设计图

NB-IoT 片上系统（System on Chip，SoC）实现对数字基带电路（BaseBand，BB）和 RF 的集成，这是 NB-IoT 低成本特性所必须采用的方案。由于 NB-IoT 具备较低的吞吐量和较弱的移动性，物理层的运算量可以控制在比较低的水平，这使得对 DSP 的需求得到减弱，可以使用主频更低的 DSP，以减少对功耗和配套存储器（Memory）的需求。某些更为激进的方案甚至可以不用 DSP，而使用性能较好且支持 DSP 指令集扩展的 MCU 来兼任，进一步降低芯片成本。同时，NB-IoT 移动性的降低使协议栈软件得到了有效简化，对片内存储器的需求可以降至最低，这也是降低芯片成本的因素之一。

另外，NB-IoT 标准基于半双工设计，因此，在 RF 前端不需要配置双工器，简化射频前端设计复杂度。若功率放大器（Power Amplifier，PA）可以实现 CMOS 工艺，也可以考虑将 PA 集成进 SoC，进一步降低上行信号发射时所产生的功耗损耗。

NB-IoT 实际上吸取了短距离无线通信的一些设计理念，在保持适当灵活性的前提下，尽可能把设计做得简洁，如必须支持控制面（Control Plane，CP）模式等，因而可以认为介于传统蜂窝通信和短距离无线通信技术的中间状态。下面简单介绍这个状态的影响。

- 混合自动重传请求（Hybrid Automatic Repeat reQuest，HARQ）的缓冲区会比短距离无线通信等要大一点，但是比传统 LTE 系统小很多（只支持单进程 HARQ，TBS 很小）。
- 通信的协议栈会大一点。和短距离无线通信技术相比，NB-IoT 的存储器需求更多。

传统的 LTE 通信芯片架构是基带＋RF＋Flash＋SDRAM＋PA，比较符合异常复杂的通信芯片架构。基带采用最先进的工艺，尺寸尽可能做小，性能尽可能高；RF 有多模多频的需求，使用单独的裸芯片制作会更加容易一些，由于协议栈较大及物理层 HARQ 需要的缓冲区，必须标配 SDRAM。

对于低功耗无线通信芯片，基本架构是 SoC 集成 RF＋Flash＋PA，比较符合低成本的物联网通信架构。芯片总体复杂度不高，高集成度对功耗和成本都是有利的。

3.4.2　NB-IoT 模块的低成本

NB-IoT 模块是 M2M 模块的一种技术应用。传统的移动电话和 M2M 设备之间的一个根本区别在于设备的使用寿命。消费者一般每隔 18～24 个月就会更换他们的蜂窝电话，而 M2M 设备通常要持续工作 5～10 年。

为了适应较长的使用寿命，理解 M2M 模块和电信运营商的技术路线图就显得非常重要。例如，虽然目前大多数 M2M 设备在 2G、3G、4G 网络上可以很好地工作，但全球大多数运营商正在努力推进 NB-IoT 技术在物联网行业应用领域的规模化部署。由于不同的电信运营商对网络支持的策略稍有不同，因此在设计过程中应尽早与运营商进行沟通，这一点非常重要。

M2M 设备的认证过程既费时又费钱，为了平衡产品的开发成本和上市时间，大多数设备商倾向于采用已经经过运营商预先认证过的模块，而不是从芯片级别进行产品开发。NB-IoT 模组的参考设计图如图 3.9 所示。

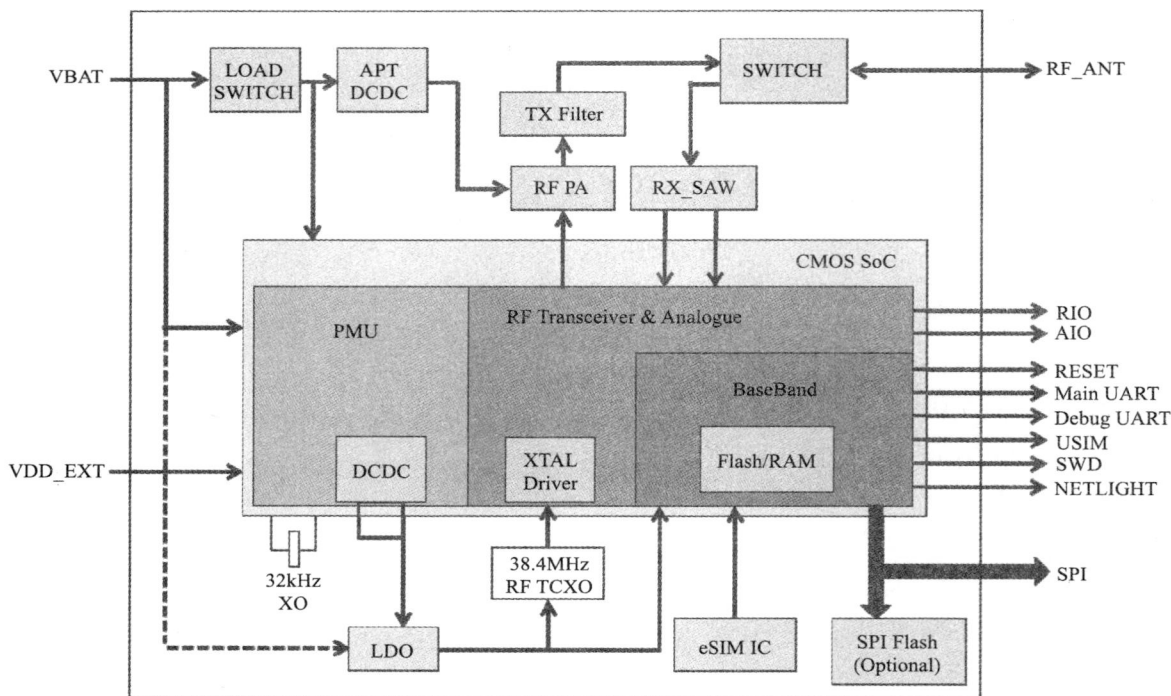

图 3.9　NB-IoT 模组的参考设计图

标准化的模组可以简化 UE 产品的设计，降低前期投入成本。NB-IoT 模组实物参考如图 3.10 所示。

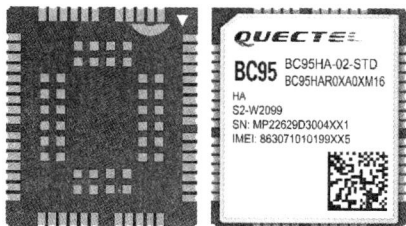

图 3.10
NB-IoT 模组实物参考

3.5　NB-IoT 的大连接

NB-IoT 的基站是基于物联网模型进行设计的。物联网模型和手机模型不同，终端接入数量很大，但每个终端发送的数据包很小，对时延的要求也不敏感。

当前的 2G、3G、4G 基站设计主要是保障用户的并发通信和减小时延。但是，NB-IoT 对业务时延不敏感，可以设计更多的用户接入，保存更多的用户上下文，这样就可以让 5 万个终端同时在一个小区，大量终端处于休眠状态，但是上下文信息由基站和核心网维持，一旦有数据发送，可以迅速进入连接状态。

NB-IoT 相比 2G、3G、4G 的通信系统，有 50~100 倍的上行容量提升。NB-IoT 仿真的结果是每个小区可以达到 5 万个 UE 的连接，在仿真模型中，80% 的用户为周期上报，20% 的用户为网络控制。

NB-IoT 要求 eNB 基站支持海量的低速率 UE 的接入，可以通过模型估算普通市区 NB-IoT 基站的容量，以伦敦模型为例，每个住户的设备数量是 40 个，如图 3.11 所示，具体算法如下。

ISD（Inter-Site Distance，基站间距离）=1732m

R（小区半径）=ISD/3≈577.3m

小区覆盖面积=0.86km^2（假设为正六边形）

每平方千米的住户密度=1517

每个住户的设备数量=40

每个小区的设备数量=小区覆盖面积×每平方千米的住户密度

×每个住户的设备数量≈52184

核心网侧面对大容量的压力，必须做好针对性的优化。物联网用户总数大，而且依然是永久在线（即使终端进入了 PSM 休眠状态，核心网依然保存着用户的所有上下文数据），核心网无论是签约、用户上下文管理，还是 IP 地址的分配都有新的优化需求。此外，相对于 4G 系统，NB-IoT 核心网的业务突发性更强，可能某行业的用户集中在某个特定的时间段，同时收发数据，对核心网的设备容量要求、过载控制提出了新的要求。

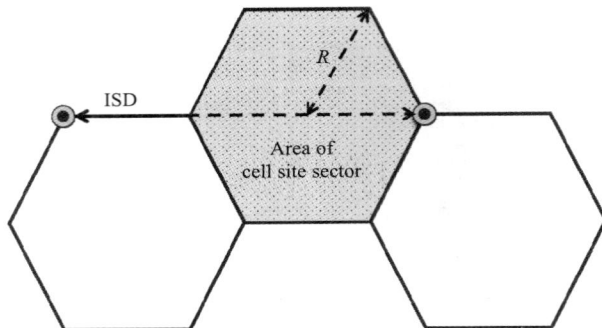

图 3.11
小区扇区面积
模型

3.6 多址接入方式

NB-IoT 下行物理层信道是基于传统的正交频分多址接入（Orthogonal Frequency Division Multiple Access，OFDMA）方式。一个 NB-IoT 载波对应一个资源块，包含 12 个连续的子载波，全部基于 $\Delta f = 15\text{kHz}$ 的子载波间隔设计，并且 NB-IoT 用户终端只工作在半双工模式。

NB-IoT 上行物理层信道除了采用 15kHz 子载波间隔之外，为了进一步提升功率谱密度，起到上行覆盖增强的效果，引入了 3.75kHz 子载波间隔。因此，NB-IoT 上行物理层信道基于 15kHz 和 3.75kHz 两种子载波间隔设计，分为 Single-Tone 和 Multi-Tone 两种工作模式。

NB-IoT 上行物理层信道的多址接入技术采用单载波频分多址接入（Single-Carrier Frequency Division Multiple Access，SC-FDMA）。在 Single-tone 模式下，一次上行传输只分配一个 15kHz 或 3.75kHz 的子载波。在 Multi-tone 模式下，一次上行传输支持 1 个、3 个、6 个或 12 个子载波传输方式。

3.7 工作频段

NB-IoT 沿用 LTE 系统定义的频段号，NB-IoT Rel-13 指定了 14 个工作频段。一个 NB-IoT 载波，在频域上占用 180kHz 传输带宽。NB-IoT 支持的工作频段如表 3.3 所示。

表 3.3 NB-IoT 支持的工作频段

频段编号	上行频率范围/MHz	下行频率范围/MHz
Band1	1920～1980	2110～2170
Band2	1850～1910	1930～1990

频段编号	上行频率范围/MHz	下行频率范围/MHz
Band 3	1710～1785	1805～1880
Band 5	824～849	869～894
Band 8	880～915	925～960
Band 12	699～716	729～746
Band 13	777～787	746～756
Band 17	704～716	734～746
Band 18	815～830	860～875
Band 19	830～845	875～890
Band 20	832～862	791～821
Band 26	814～849	859～894
Band 28	703～748	758～803
Band 66	1710～1780	2110～2200

表 3.3 中的 Band 3 和 GSM DCS 1800 频段重合，Band 8 和 GSM 900 频段重合，便于 GSM 运营商升级到 NB-IoT。

3.8　帧结构

NB-IoT Rel-13 仅支持 FDD 帧结构类型，不支持 TDD 帧结构类型。

一个 NB-IoT 载波相当于 LTE 系统中的一个 PRB 占用的带宽。在下行方向上，子载波间隔固定为 15kHz，由 12 个连续的子载波组成。在时域上由 7 个正交频分复用（Orthogonal Frequency Division Multiplexing，OFDM）符号组成 0.5ms 的时隙，这样保证了和 LTE 系统的相容性，对于带内部署方式至关重要。NB-IoT 下行物理资源栅格如图 3.12 所示。

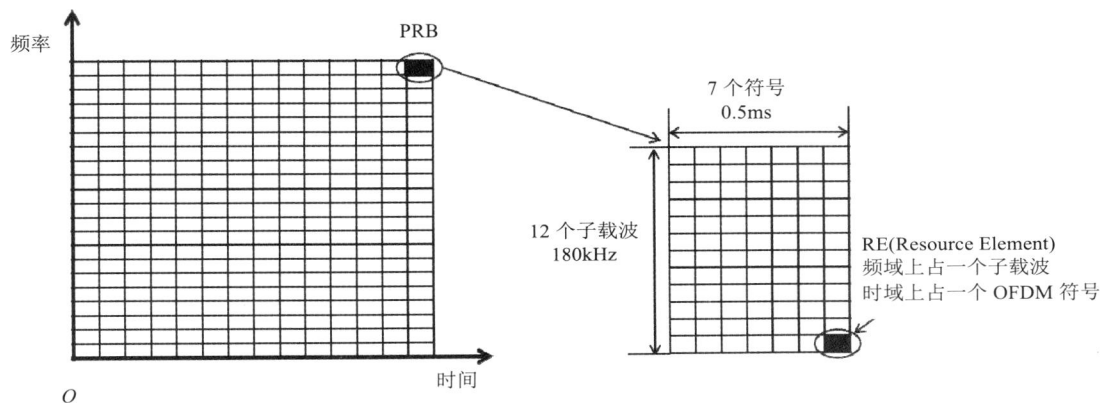

图 3.12　NB-IoT 下行物理资源栅格

当子载波间隔为 15kHz 时，NB-IoT 的下行和上行都支持 E-UTRAN 无线帧结构 1（FS1）。帧结构如图 3.13 所示。

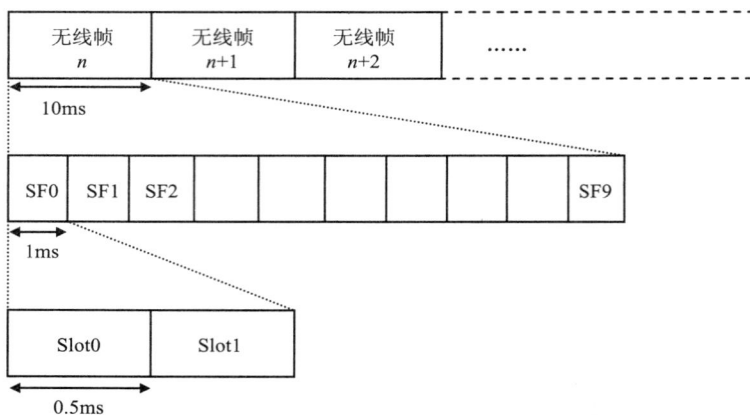

图 3.13
NB-IoT 帧结构
（上行、下行
15kHz 子载波
间隔）

其中，每个时隙（Slot）0.5ms，2 个时隙组成 1 个 1ms 的子帧（Sub-Frame），10 个子帧组成 1 个 10ms 的无线帧（Radio Frame）。因此，1 个无线帧包含 20 个时隙。

当子载波间隔为 3.75kHz 时，NB-IoT 的上行通道定义了一种新的帧结构，每个时隙（Slot）2ms，5 个时隙组成一个 10ms 的无线帧，如图 3.14 所示。

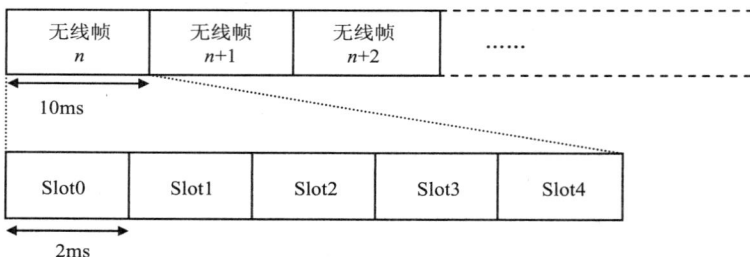

图 3.14
NB-IoT 帧结构
（上行 3.75kHz
子载波间隔）

3.9　调制解调方式

对于 NB-IoT 下行物理信道，使用的调制解调方式是正交相位位移键控（Quadrature Phase Shift Keying，QPSK）。在信道编码方面，为了减少 NB-IoT 用户设备译码的复杂度，下行的数据传输使用适合小数据包传输的咬尾卷积码（Tail Biting Convolutional Coding，TBCC），这种信道编码可进一步简化系统架构及其复杂度，提高系统应对物联网需求的能力。

对于 NB-IoT 上行物理信道，在 Multi-tone 模式中，上行采用 QPSK 调制解调方式；在 Single-tone 模式中，上行采用 $\pi/2$ 双相移相键控（Binary Phase Shift Keying，BPSK）或 $\pi/4$ QPSK，此为考虑降低峰值功率比（Peak-to-Average Power Ratio，PAPR）的需求。在信道编码方面，上行的数据传输使用 Turbo 码。

3.10　多载波操作

NB-IoT 支持多载波操作，但不支持 E-UTRAN 的载波聚合。系统可以在一个小区里同时提供多个载波服务，目的是提高网络容量来支持海量终端。对所有的单独传输，通过特定的 RRC 信令来配置 UE。这和 UE 接收的窄带主同步信号（Narrowband Primary Sync Signals，NPSS）、窄带辅同步信号（Narrowband Secondary Sync Signals，NSSS）、窄带物理层广播信道（Narrowband Physical Broadcast Channel，NPBCH）和 NB-IoT 系统消息块（System Information Blacks NB，SIBs-NB）传输不同。如果用户终端不对载波进行配置，所有的配置将会用于所有载波。

NB-IoT UE 在 RRC_Idle 空闲状态下，承载 NPSS、NSSS、NPBCH 和 SIBs-NB 的载波称为锚点载波（Anchor Carrier），并且以上内容只能驻留在锚点载波上。

为了可以分担物联网大连接业务的压力，NB-IoT 引入了非锚点载波的操作。NB-IoT UE 在 RRC_Connected 连接状态下，可以通过用户终端特定的 RRC 信令，配置到一个不同于锚点载波的 PRB 上，称为非锚点载波（Non-Anchor Carrier）。UE 不会接收到 NPSS、NSSS、NPBCH、SIBs-NB 的载波。此时，只进行单播传输。如果没有给 UE 配置非锚点载波，则所有的传输都只会发生在锚点载波上。

在 Rel-13 中，eNB 基站可以通过用户特定的 RRC 信令来配置另外一个不同于锚点载波进行数据传输。这种非锚点载波的操作支持表 3.4 中的组合。

表 3.4　非锚点载波操作支持的组合

锚点载波 非锚点载波	带内部署	保护带部署	独立部署
带内部署	是	是	否
保护带部署	是	是	否
独立部署	否	否	是

在 Rel-13 中，NB-IoT UE 一律需要在锚点载波上随机接入，eNB 基站会在随机接入过程中传输非锚点载波调度信息，以将 UE 卸载至非锚点载波上进行后续数据传输，避免锚点载波的无线资源紧张。当提供非锚点载波时，UE 在此载波上接收所有数据。

另外，单个 NB-IoT UE 同一时间只能在一个载波上传输数据，不允许同时在锚点载波和非锚点载波上传输数据。

对于所有的广播消息，包括窄带物理层随机接入信道（Narrowband Physical Random Access Channel，NPRACH）、同步信号、系统消息、寻呼消息和随机接入过程等，都需要通过锚点载波来进行。在非锚点载波上，UE 不期待 NPBCH 和 NPSS、NSSS。因此在 Rel-14 中，3GPP 进一步对于非锚点载波的操作进行了增强。

小结

NB-IoT 的技术优势，非常精准地总结了物联网发展过程中遇到的技术难题，并在全球产业链中找到了合适的解决方案。NB-IoT 从 LTE 演变而来，但又继承了很多 LTE 的实现方式，同时 NB-IoT 比 LTE 又简化了很多，所以这对后续版本演进、产品研发、量产成本等方面都带来了非常多的好处。

如果物联网公司错误地押注一种只是小范围应用，或几年内都得不到广泛应用的技术，那么所付出的代价将是很高的，甚至可能毁了公司。

物联网市场的许多机会只青睐那些具有足够智慧来应对挑战的公司。

第 3 篇　NB-IoT 标准体系

　　由于 NB-IoT 技术是从 LTE 技术演进而来的，NB-IoT 的无线接口是一个完全开放的接口，是 UE 和 eNB 基站之间的接口，只要遵循 3GPP 的 NB-IoT 标准规范，就可以实现不同设备制造商之间的互联互通。

　　3GPP 组织对 NB-IoT 网络系统架构进行了增强，采用控制面（Control Plane，CP）模式和用户面（User Plane，UP）模式，减少网络信令的开销，简化信令过程，降低终端能源消耗，方便电信运营商实施部署，最终目的是适应物联网的丰富应用场景。

　　新技术的出现，总是要挑战已有技术的权威。

第 4 章　NB-IoT 网络体系架构

　　传统的 LTE 网络体系架构，目的是给用户提供更高的带宽、更快的接入，以适应快速发展的移动互联网需求。但在物联网应用方面，由于 UE 数量众多、功耗控制严格、小数据包通信、网络覆盖分散等特点，传统的 LTE 网络已经无法满足物联网的实际发展需求。

　　NB-IoT 在 Rel-13 版本中不支持的演进的 UMTS 陆地无线接入网（Evolved UMTS Terrestrial Radio Access Network，E-UTRAN）功能包括无线接入技术（Radio Access Technology，RAT）间的移动性、切换和测量报告、公共报警功能（如 CMAS、ETWS 和 PWS）、保证比特速率（Guaranteed Bit Rate，GBR）、封闭用户群组（Closed Subscriber Group，CSG）、家庭演进基站（Home evolved Node B，HeNB）、中继（Relaying）、双连接、多媒体广播组播服务（Multimedia Broadcast Multicast Service，MBMS）、载波聚合（Carrier Aggregation，CA）、实时业务、设备之间的共存干扰回避、居民接入网（Residential Access Network，RAN）辅助 WLAN 互通、邻近服务 Prose（包括直接沟通和直接发现）、最小化路测（Minimization of Drive Test，MDT）、受限服务状态和紧急呼叫、电路域回退（Circuit Switch Fallback，CSFB）、SSAC 和 ACB-skip、基于网络辅助的干扰消除与抑制（Network Assisted Interference Cancellation and Suppression，NAICS）。

　　在本书中，CP 模式的全称是蜂窝物联网控制面 EPS 优化传输模式，UP 模式的全称是蜂窝物联网用户面 EPS 优化传输模式。

4.1　NB-IoT 系统网络架构

　　NB-IoT 系统网络架构和 LTE 系统网络架构相同，都称为演进的分组系统（Evolved Packet System，EPS）。EPS 包括 3 个部分，分别是演进的核心系统（Evolved Packet Core，EPC）、基站（eNodeB，eNB）、UE。

　　eNB 基站负责接入网部分，也称为 E-UTRAN，此书中也称为无线接入网。

NB-IoT 无线接入网整体架构如图 4.1 所示。

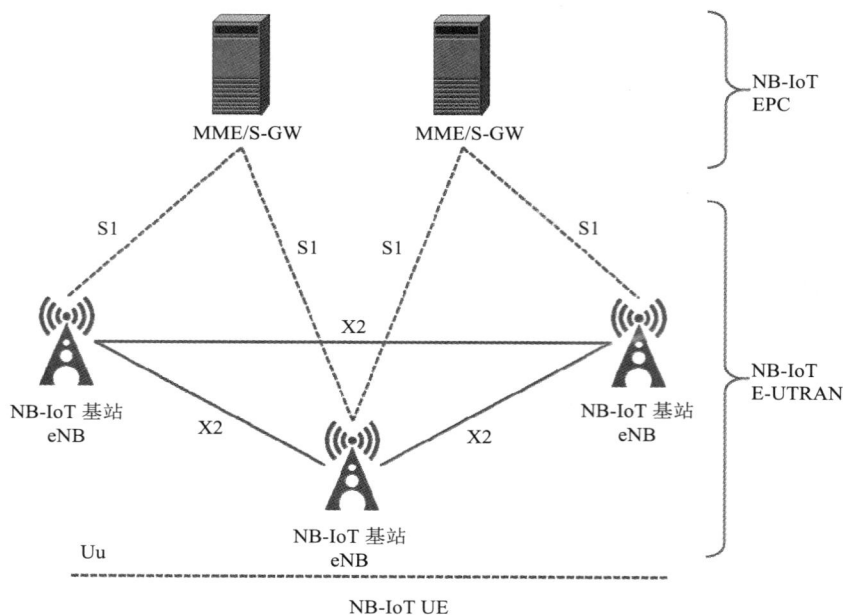

图 4.1
NB-IoT
无线接入网
整体架构

NB-IoT 无线接入网由一个或多个基站（eNB）组成，eNB 基站通过 Uu 接口（空中接口）与 UE 通信，给 UE 提供用户面（PDCP / RLC / MAC / PHY）和控制面（RRC）的协议终止点。eNB 基站之间通过 X2 接口进行直接互连，解决 UE 在不同 eNB 基站之间的切换问题。接入网和核心网之间通过 S1 接口进行连接，eNB 基站通过 S1 接口连接到 EPC。

具体来讲，eNB 基站通过 S1-MME 连接到 MME，通过 S1-U 连接到 S-GW。S1 接口支持 MME/S-GW 和 eNB 基站之间的多对多连接，即一个 eNB 基站可以和多个 MME/S-GW 连接，多个 eNB 基站也可以同时连接到同一个 MME/S-GW。

整个网络体系架构遵循以下原则：

- 信令传输和数据传输在逻辑上是独立的。
- E-UTRAN 和 EPC 在功能上实现分离。
- RRC 连接的移动性管理完全由 E-UTRAN 控制，核心网对无线资源的处理不可见。
- E-UTRAN 接口上的功能定义尽量简化，并减少选项。
- 多个逻辑节点可以在一个物理节点上实现。
- S1 和 X2 是开放的逻辑接口，应满足不同厂家设备之间的互联互通。

eNB 基站通过 S1 接口连接到 MME/S-GW，只是接口上传输的是 NB-IoT 消息和数据。尽管 NB-IoT 没有定义小区切换功能，但在两个 eNB 基站之间依然有 X2 接口，X2 接口可以使 UE 在进入空闲状态之后快速启动恢复进程。

EPC 负责核心网部分，提供全 IP 连接的承载网络，对所有的基于 IP 的业务都是开放的，能提供所有基于 IP 业务的能力集，包括移动性管理实体（Mobility Management Entity，MME）、服务网关（Serving Gateway，S-GW）、分组数据网关（PDN Gateway，P-GW）、业务能力开放单元（Service Capability Exposure Function，SCEF）、HSS。不再支持政策及收费规则功能（Policy and Charging Rules Function，PCRF），如图 4.2 所示。

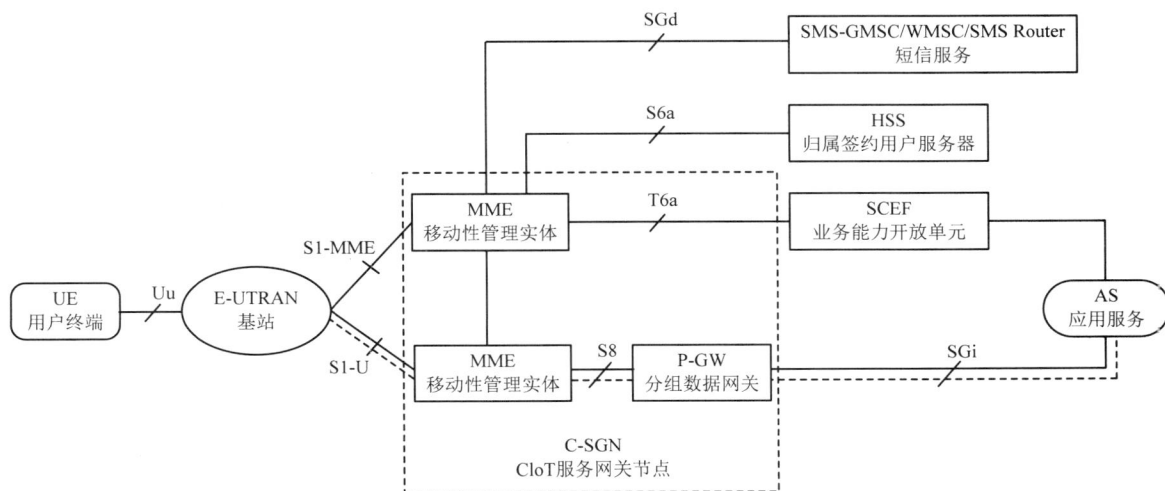

图 4.2 NB-IoT 网络体系架构

其中，MME 负责 EPC 的信令处理，实现移动性控制。S-GW 负责 EPC 的数据处理，实现数据包的路由转发。若支持短信功能，NB-IoT 网络将包含移动交换中心（Mobile Switching Center，MSC）服务器和短信中心。

NB-IoT 网络和 2G、3G 的网元之间不存在接口，不具备网间互操作能力。

UE 可以在附着、TAU 过程中，与网络协商自身支持的 NB-IoT 能力，必须支持 CP 模式，可选支持 UP 模式，当 MME 或 P-GW 发送上行速率控制信息给 UE 之后，UE 必须执行，以此来实现对上行小数据包传输的控制。

和 LTE 系统相比，NB-IoT 网络体系架构主要增加了 SCEF 来支持 CP 模式和 Non-IP 数据的传输。在实际网络部署中，为了减少物理网元的数量，可以将部分核心网网元（如 MME、S-GW、P-GW）合并部署成并种轻量级核心网网元，称为 C-SGN（即 CIoT 服务网关节点）。

为了将物联网 UE 的数据发送给接入层（Access Stratum，AS）应用服务，eNB 基站引入了 NB-IoT 能力协商，支持 CP 模式和 UP 模式。图 4.2 中从 E-UTRAN 到 AS 之间的实线表示 CP 模式，虚线表示 UP 模式。

对于 CP 模式，上行数据从 E-UTRAN 传输至 MME，传输路径分为两条：一条分支是通过 S-GW 传输到 P-GW 再传输到应用服务器，另外一条分支是通过 SCEF 连接到应用服务器。下行数据传输路径一样，只是方向相反。

SCEF 是专门为 NB-IoT 设计而新引入的，用于在控制面上传输 Non-IP 数据包，并为鉴权等网络服务提供一个抽象的接口。通过 SCEF 连接到应用服务器仅支持 Non-IP 数据传输，这一方案无须建立数据无线承载，数据包直接在信令无线承载上发送。因此，这一方案非常适合非频发的小数据包传输。

HSS 引入了对 UE 签约 NB-IoT 接入限制、为 UE 配置 Non-IP 的默认 APN 和验证 NIDD（非 IP 数据传输，Non IP Data Delivery）授权等。

对于 UP 模式，物联网数据传输方式和传统数据流量一样，在无线承载上发送数据，由 S-GW 传输到 P-GW 再到应用服务器。因此，这种方案在建立连接时会产生额外开销，不过，它的优势是数据包序列传输更快。这一方案支持 IP 数据和 Non-IP 数据传输。

NB-IoT 技术允许 UE 在附着、TAU 消息中和 MME 协商基于 CP 模式的短信功能，即在 NAS 信令中携带短信数据包。

4.2 E-UTRAN 和 EPC 之间的功能划分

E-UTRAN 和 EPC 核心网在 NB-IoT 网络架构中承担着彼此相互独立的功能。E-UTRAN 由多个 eNB 基站功能实体组成，EPC 由 MME、S-GW 和 P-GW 功能实体组成。

eNB 基站功能如下：

- 无线资源管理功能，包括无线承载控制、无线接入控制、连接移动性控制、UE 上、下行资源动态分配和调度等。
- IP 报头压缩和用户数据流的加密。
- 当 UE 携带的信息不能确定到达某个 MME 的路由时，eNB 基站为 UE 选择一个 MME。
- 使用户面数据路由到相应的 S-GW。
- MME 发起的寻呼消息的调度和发送。
- MME 或运行和维护管理（Operation & Maintanence，O&M）发起的广播信息的调度和发送。
- 在上行链路中传输标记级别的数据包。
- UE 不移动时的 S-GW 搬迁。
- 用于 UP 模式的安全和无线配置。

MME 是 LTE 接入网络的关键控制节点，主要负责信令处理部分，包括移动性管理、承载管理、用户的鉴权认证、S-GW 和 P-GW 的选择等功能。MME 同时支持在法律许可的范围内进行拦截和监听。MME 引入了 NB-IoT 能力协商、附着时不建立 PDN 连接、创建 Non-IP 的 PDN 连接、支持 CP 模式、支持 UP 模式、支持有限制性的移动性管理等。

S-GW 是终止与 E-UTRAN 接口的网关，在进行 eNB 基站之间切换时，可以作为本地锚点并协助完成 eNB 基站的重排序功能，实现数据包的路由和转发，在上行和下行传输层进行分组标记,在空闲状态时实现下行分组的缓冲和发起网络触发的服务请求功能,用于运营商之间的计费。S-GW 引入了支持 NB-IoT 的 RAT 类型、转发速率控制信息、S11-U 隧道等。

P-GW 终结和外部数据网络(如互联网、IMS 等)的 SGi 接口,是 EPS 锚点,是 3GPP 与非 3GPP 网络之间的用户面数据链路的锚点,负责管理 3GPP 和非 3GPP 之间的数据路由,管理 3GPP 接入和非 3GPP 接入之间的移动,还负责动态主机配置协议(Dynamic Host Configuration Protocol,DHCP)、策略执行、计费等功能;如果 UE 访问多个 PDN,则 UE 将对应一个或多个 P-GW。P-GW 引入了支持 NB-IoT 的 RAT 类型、创建 Non-IP 的 PDN 连接、执行速率控制等。

S-GW 和 P-GW 可以在一个物理节点或不同物理节点实现,E-UTRAN、MME、S-GW 和 P-GW 是逻辑节点,RRC 子层、分组数据汇聚协议(Packet Data Convergence Protocol,PDCP)子层、无线链路控制(Radio Link Control,RLC)子层、MAC 子层、物理层是无线协议层。E-UTRAN 和 EPC 之间的功能划分如图 4.3 所示。

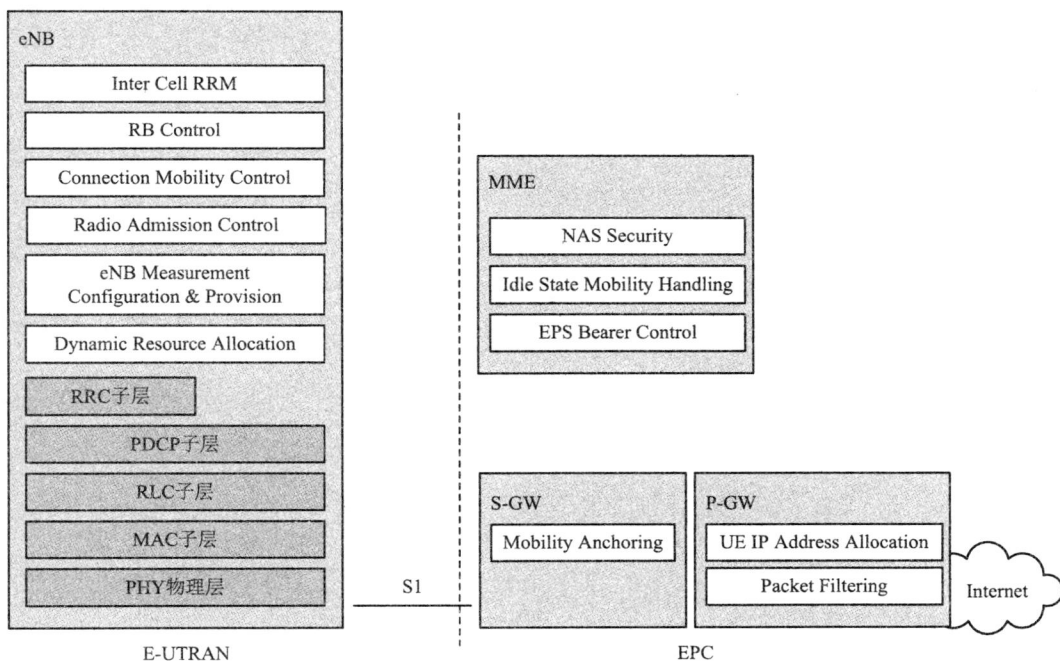

图 4.3　E-UTRAN 和 EPC 之间的功能划分

4.3　无线接口协议栈

无线接口是指 UE 和接入网之间的接口,又称空中接口,或称 Uu 接口。无线接口主要是用来建立、重配置和释放各种无线承载业务。在 NB-IoT 技术中,无线接口是 UE

和 eNB 基站之间的接口，是一个完全开放的接口，只要遵循 NB-IoT 标准规范，不同制造商的设备之间就可以相互通信。

在 NB-IoT 的 E-UTRAN 无线接口协议架构中，分为物理层（L1）、数据链路层（L2）和网络层（L3）。NB-IoT 协议层规划了两种数据传输模式，分别是 CP 模式和 UP 模式。其中，CP 模式是必选项，UP 模式是可选项。如果 UE 同时支持两种模式，具体使用哪种模式，通过 NAS 信令与核心网设备进行协商来确定。

在 UE 侧，控制面协议栈主要负责无线接口的管理和控制，包括 RRC 子层协议、PDCP 子层协议、RLC 子层协议、MAC 子层协议、PHY 物理层协议和 NAS 控制协议。

协议要求，NB-IoT UE 和网络必须支持 CP 模式，并且不管是 IP 数据还是 Non-IP 数据，都封装在 NAS 数据包中，使用 NAS 层安全并进行报头压缩。UE 进入空闲状态（RRC_Idle）后，UE 和 eNB 基站不保留 AS 上下文。UE 再次进入连接状态需要重新发起 RRC 连接建立请求。

CP 模式总体架构和业务数据流如图 4.4 所示。

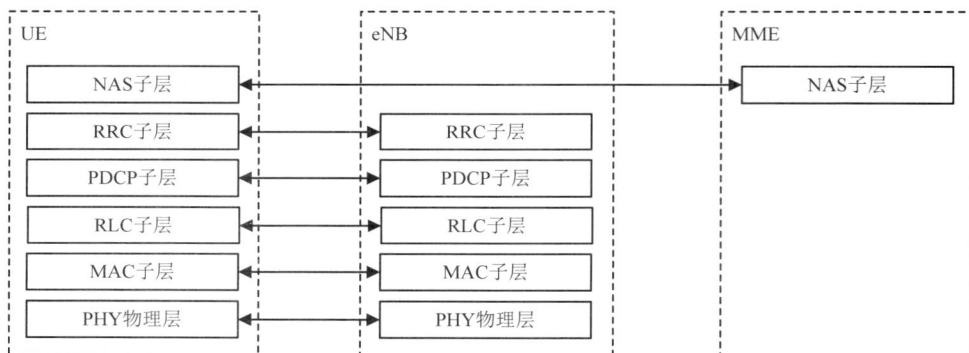

图 4.4
CP 模式总体架构和业务数据流

NAS 协议处理 UE 和 MME 之间信息的传输，传输的内容可以是用户信息或控制信息（如业务的建立、释放或移动性管理信息）。控制面的 NAS 消息有连接性管理（Connection Management，CM）、移动性管理（Mobility Management，MM）、会话管理（Session Management，SM）和 GPRS 移动性管理（GPRS Mobility Management，GMM）等。

RRC 子层处理 UE 和 eNB 基站之间控制面的第三层信息。RRC 对无线资源进行分配并发送相关信令，UE 和 E-UTRAN 之间控制信令的主要部分是 RRC 消息，RRC 消息承载了建立、修改和释放层 2 和物理层协议实体所需的全部参数，同时也携带了 NAS 的一些信令。RRC 协议在接入层中实现控制功能，负责建立无线承载，配置 eNB 基站和 UE 之间的 RRC 信令控制。

用户面协议栈包括 PDCP、RLC、MAC 和 PHY 物理层协议，功能包括报头压缩、加密、调度、ARQ 和 HARQ。

物理层为数据链路层提供数据传输功能，物理层通过传输信道为 MAC 子层提供相应的服务，MAC 子层通过逻辑信道向 RLC 子层提供相应的服务。用户面协议栈如图 4.5 所示。

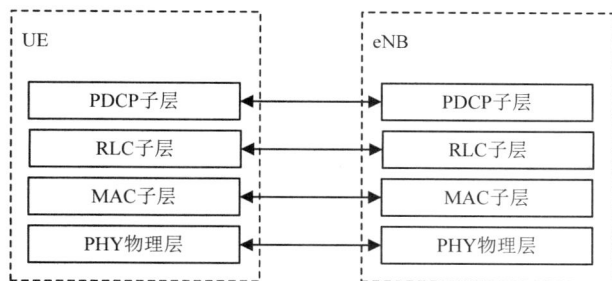

图 4.5
用户面协议栈

　　PDCP 子层属于无线接口协议栈的第二层，负责处理控制面上的 RRC 消息和用户面上的 IP 数据包。在用户面，PDCP 子层得到来自上层的 IP 数据分组后，可以对 IP 数据包进行报头压缩和加密，然后递交到 RLC 子层。PDCP 子层还向上层提供按序提交和重复分组检测功能。在控制面，PDCP 子层为上层 RRC 提供信令传输服务，并实现 RRC 信令的加密和一致性保护，以及在反方向上实现 RRC 信令的解密和一致性检查。

4.3.1　CP 控制面模式

　　在 CP 模式中，数据通过 NAS 消息携带数据进行传输，NB-IoT 用户设备不和 eNB 基站建立数据无线承载（Data Radio Bearer，DRB），只是通过建立信令无线承载（Signaling Radio Bearer，SRB）来传递数据。

　　为了更有效地传输蜂窝物联网小数据包业务，引入了 CP 模式。CP 模式包括一系列增强方式，其中最核心内容为用户面数据可以通过控制面来传输，不建立用户面承载（如 DRB、EPS 承载等）。UE 的用户数据和 NAS 层信令一起发送至 MME，由 MME 转发到 S-GW/P-GW。

　　CP 模式针对小数据包传输进行优化，支持将 IP 数据包、Non-IP 数据包或短信息服务（Short Message Service，SMS）封装到 NAS 协议数据单元（Protocol Data Unit，PDU）协议数据单元中传输，无须建立 DRB 和 S1-U 承载。

　　CP 模式中数据传输通过 RRC、S1 应用层协议（S1-Application Protocol，S1-AP）的 NAS 传输及 MME 和 S-GW 之间的 GTP-u 隧道来实现。对于 Non-IP 数据，也可以通过 MME 与 SCEF 之间的连接来实现。

　　对于 IP 数据，UE 和 MME 可基于 RFC4995 定义的可靠报头压缩（Robust Header Compression，ROHC）框架执行 IP 报头压缩。对于上行数据，UE 执行 ROHC 压缩的功能，MME 执行 ROHC 解压缩的功能。对于下行数据，MME 执行 ROHC 压缩的功能，UE 执行 ROHC 解压缩的功能。UE 和 MME 绑定上行和下行 ROHC 信道以便于传输反馈信息。报头压缩相关配置通过 PDN 连接建立过程完成。

　　为了避免 NAS 信令 PDU 和 NAS 数据 PDU 之间的冲突，MME 应在安全相关的 NAS 过程[如鉴权、安全模式命令、全球唯一临时 UE 标志（Globally Unique Temporary UE Identity，GUTI）重分配等]完成之后再发起下行 NAS 数据 PDU 的传输。

4.3.2　UP 用户面模式

UP 模式下数据必须通过 DRB 来发送，并且在空口使用接入层安全（AS Security）。和 LTE 系统的区别是用户面默认支持 1 个 DRB，可选支持最多 2 个 DRB。

考虑在用户面承载建立/释放过程中的信令开销，对 NB-IoT 小数据包业务来说，显得效率很低。因此，UP 模式增加了一个新的重要过程，即 RRC 挂起/恢复（Suspend/Resume）过程，目的是降低 UE 在 RRC 连接状态和空闲状态之间切换时所需要交换的信息数量，以此来节省 NB-IoT 用户设备的能耗。当 eNB 基站在 NB-IoT UE 不需要 RRC 联机时下达指令让该装置进入挂起模式，而该挂起指令中会夹带一组恢复 ID。

当 UE 传输数据结束后，UE 可以通过释放连接命令中挂起指示进入空闲状态，此时 eNB 基站和 UE 保存 AS 的上下文信息，当 UE 再次进入连接状态时，UE 可向网络侧发送 RRC 恢复连接请求来恢复 RRC 连接。

NB-IoT UE 和网络对 UP 模式的支持是可选功能。UP 模式也支持 Non-IP 传输。在 UP 用户面模式下传输数据时，不需要使用服务请求流程来建立 eNB 基站与 UE 之间的 AS 上下文。

作为 UP 模式的前提，UE 需要在执行初始连接建立时在网络和 UE 侧建立 AS 承载和 AS 安全上下文，并且通过连接挂起进程来挂起 RRC 连接。当 UE 处于 ECM_Idle 空闲状态时，任何 NAS 层触发的后续操作（包括 UE 尝试使用 CP 模式传输数据）都将促使 UE 尝试连接恢复进程。如果连接恢复进程失败，则 UE 发起 NAS 挂起进程。为了维护 UE 在不同 eNB 基站之间移动时用户平面优化数据传输模式，AS 上下文信息应可以在 eNB 基站之间传送。

为了支持连接挂起进程：

- UE 在转换到 ECM_Idle 空闲状态时应存储 AS 信息。
- eNB 基站应存储该 UE 的 AS 信息、S1-AP 关联信息和承载上下文。
- MME 存储进入 ECM_Idle 空闲状态下 UE 的 S1-AP 关联和承载上下文。

在该模式中，当 UE 转换到 ECM_Idle 空闲状态时，UE 和 eNB 基站应存储相关的 AS 信息。

为了支持连接恢复进程：

- UE 通过利用连接挂起进程中存储的 AS 信息来恢复网络的连接。
- eNB 基站（有可能是新 eNB 基站）将 UE 连接安全恢复的信息告知 MME，MME 进入到 ECM_Connected 连接状态。

如果存储一个 UE 相关 S1-AP 关联信息的 MME 从其他 UE 关联连接，或包含 MME 改变的 TAU 过程，或 UE 重附着时 SGSN 上下文请求，或 UE 被关机，此时 MME 及相关 eNB 基站应使用 S1 释放过程删除存储的 S1-AP 关联。

4.3.3　控制面和用户面的并存

CP 模式适合传输小数据包，而 UP 模式适合传输大数据包。

在采用 CP 模式传输数据时，如有大数据包传输需求，则可由 UE 或网络发起由 CP 模式到 UP 模式的转换，此处的 UP 模式包括普通 UP 模式和优化的 UP 模式。

空闲状态下用户通过服务请求过程发起 CP 模式到 UP 模式的转换，MME 收到终端的服务请求之后，需删除和 CP 模式相关的 S1-U 信息与 IP 报头压缩信息，并为用户建立用户面通道。

连接状态下用户的 CP 模式到 UP 模式的转换可以由 UE 通过 TAU 过程发起，也可以通过 MME 直接发起。MME 收到终端携带激活标志的 TAU 消息时，或者检测到下行数据包较大时，MME 删除和 CP 模式相关的 S1-U 信息与 IP 报头压缩信息，并为用户建立用户面通道。

对于只支持 CP 模式的 NB-IoT UE，用户数据承载在 NAS 层中，不使用 PDCP 协议。对于同时支持 CP 模式和 UP 用户面模式的 NB-IoT UE，在接入层安全激活之前不使用 PDCP 协议。

4.4　物理层功能

物理层位于无线接口协议栈的最低层，提供物理介质中数据传输所需要的所有功能。物理层为 MAC 层和高层提供信息传输的服务。其中，物理层用来解决如何通过无线接口来传输数据，其与内容无关，而 MAC 层决定发送什么样的内容。

NB-IoT 的物理层设计是在 E-UTRAN 物理层的基础上做了一些修改，具体如下：

- 每个 NB-IoT 载波只使用一个 PRB。
- 下行只支持 E-UTRAN 中的 15kHz 子载波间隔。
- 上行引入了 Single-tone 传输，此时在 15kHz 子载波间隔的基础上，增加了 3.75kHz 子载波间隔。在 3.75kHz 子载波间隔的情况下，窄带时隙长度定义为 2ms。
- 上行引入了 Multi-tone 传输，支持 15kHz 的子载波间隔。
- 窄带物理层上行链路共享信道（Narrowband Physical Uplink Shared Channel，NPUSC）子载波间隔为 15kHz 时，只支持 LTE 系统常规循环前缀。
- NPRACH 使用 Single-tone 跳频传输方式。
- 只支持 FDD，UE 只支持半双工方式。
- 支持独立部署、保护带部署、带内部署 3 种模式。
- MIB 消息在 NPBCH 中传输，其余信令消息和数据在 NPDSCH 上传输，窄带物理层下行链路控制信道（Narrowband Physical Downlink Control Channel，

NPDCCH）负责控制 UE 和 eNB 基站之间的数据传输。

- NB-IoT 下行调制方式为 QPSK。NB-IoT 下行最多支持两个天线端口：AP0 和 AP1。
- 和 LTE 系统一样，NB-IoT 也有物理层小区标志（Physical Layer Cell Identity，PCI），称为窄带物理小区标志（Narrowband Physical Cell ID，NCellID），一共定义了 504 个 NCellID。

4.4.1 下行传输信道类型

数据链路层下行传输信道类型分为 3 种类型，分别是广播信道（Broadcast Channel，BCH）、下行共享信道（Downlink Shared Channel，DL-SCH）、寻呼信道（Paging Channel，PCH）。

NB-IoT 的下行物理层信道分为 3 种类型，各信道的传输特点如下：

- NPBCH，该信道采用固定的预定义传输格式，并且能够在整个小区覆盖区域内广播。NPBCH 的传输周期是 640ms，包含 8 个 80ms 长的独立编码块；NPBCH 在每个无线帧的子帧 0 上发送；640ms 的定时通过 UE 盲检获得，而非显式的信令指示。
- NPDSCH，该信道使用 HARQ 传输，能够调整传输使用的调制方式、编码速率和发射功率来实现链路自适应，能够在整个小区内发送或使用波束赋形发送，支持动态或半静态的资源分配方式，并且支持 UE 的非连续性接收，以达到省电的目的。NPDSCH 承载在 PCH 和 DL-SCH 中。
- NPDCCH。NPDCCH 承载 PCH 和 DL-SCH 的调度信息，以及 UL-SCH 和上行控制信息的调度信息。相比 LTE 系统，NB-IoT 的下行物理信道比较少，并且去掉了物理多播信道（Physical Multicast Channel，PMCH），理由是 NB-IoT 不提供多媒体广播/组播服务。

4.4.2 上行传输信道类型

数据链路层上行传输信道类型分为两种类型，分别是上行共享信道（Uplink Shared Channel，UL-SCH）、随机接入信道（Random Access Channel，RACH）。

NB-IoT 的上行物理层信道分为两种类型，各信道的传输特点如下：

- NPUSCH，该信道使用波束赋形和自适应调制方式、编码速率和发射功率的调整，支持 HARQ 传输，采用动态或半静态的资源分配方式。NPUSCH 承载在 UL-SCH 和上行控制信息中。
- NPRACH，该信道承载随机接入前导信息，并且具有冲突碰撞的特征。

4.4.3 传输信道和物理层之间的映射

在 NB-IoT 系统中，数据链路层传输信道和物理层之间的映射关系进行了简化。NB-IoT 下行链路层传输信道和物理层之间的映射关系如图 4.6 所示。

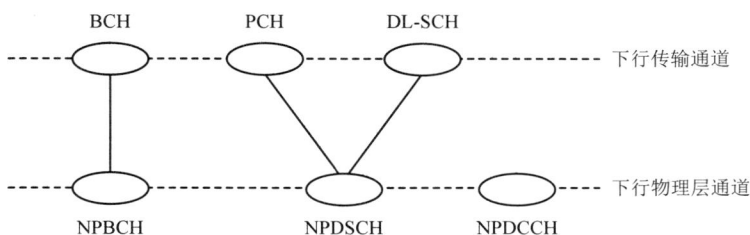

图 4.6

NB-IoT 下行链路层传输信道和物理层之间的映射关系

NB-IoT 上行链路层传输信道和物理层之间的映射关系如图 4.7 所示。

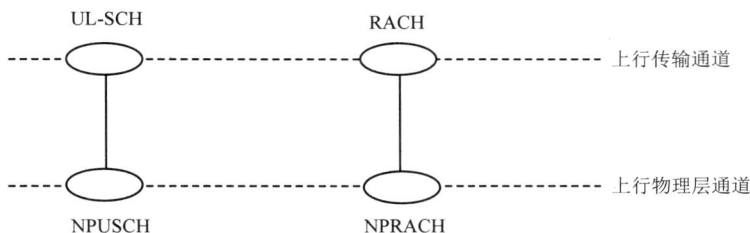

图 4.7

NB-IoT 上行链路层传输信道和物理层之间的映射关系

除了 RACH 之外，所有数据都通过 NPUSCH 传输。

4.5　数据链路层

NB-IoT Rel-13 版本在 LTE 系统的基础上对数据链路层进行了大量简化，但整体上还是保持了原有的框架。数据链路层是二层协议，包含 3 个子层：MAC 子层、RLC 子层和 PDCP 子层。

以网络侧为例，数据链路层的下行架构如图 4.8 所示。

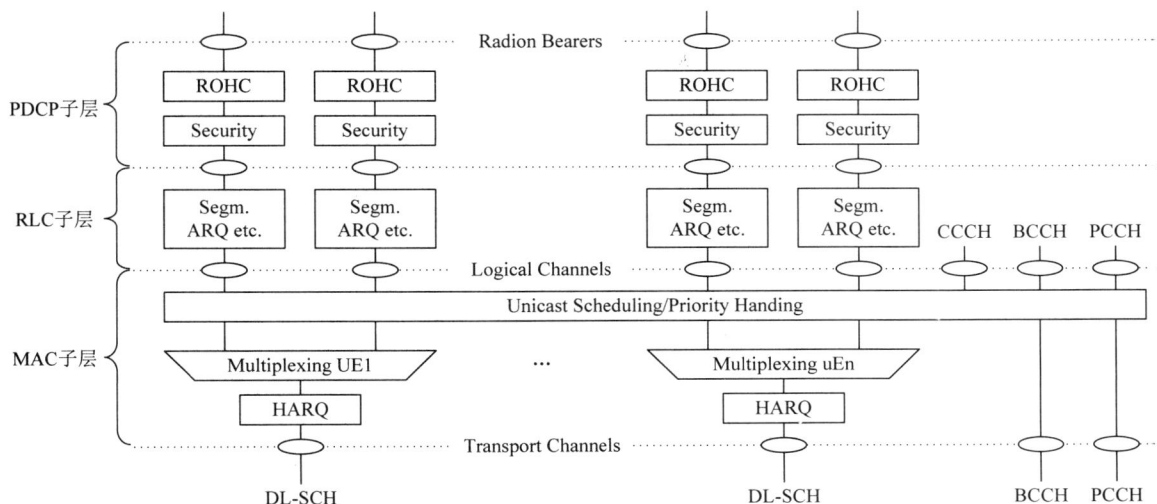

图 4.8　数据链路层的下行架构

以 UE 侧为例，数据链路层的上行架构如图 4.9 所示。

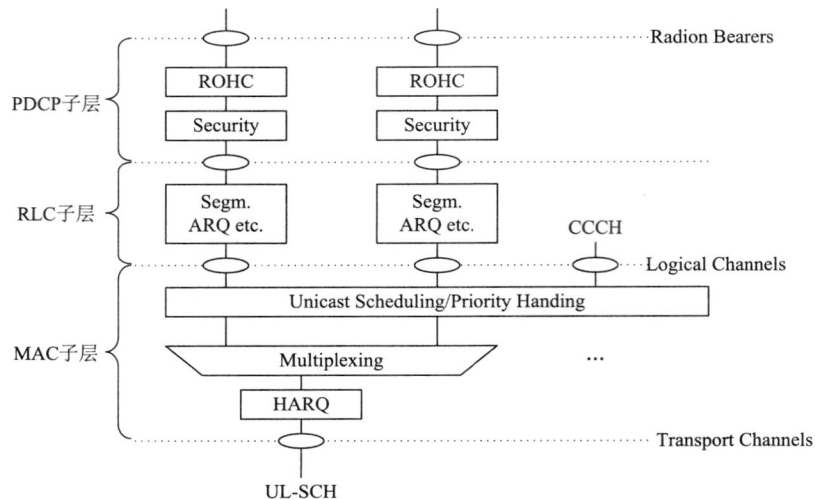

图 4.9
数据链路层的
上行架构

物理层为 MAC 子层提供传输信道的服务。MAC 子层为 RLC 子层提供逻辑信道的服务。PDCP 子层为上层提供无线承载服务。MAC 子层负责多个逻辑信道到同一传输信道的复用功能。

4.5.1 MAC 子层

1. MAC 子层的功能

NB-IoT 沿用 LTE MAC 子层的业务和功能，但进行了大量简化，支持 eDRX、随机接入、HARQ、调度请求（Scheduling Request，SR）、缓存状态报告（Buffer Status Report，BSR）、功率余量上报（Power Headroom Report，PHR）等，不支持 MBMS 多媒体广播组播服务和设备到设备（Device-to-Device，D2D）业务。对于支持 CP 模式的 UE，在 NAS 层完成数据传输，不需要 DRB。MAC 层支持的主要功能如下：

- 逻辑信道和传输信道之间的映射。
- 逻辑信道数据复用，将来自一个或不同逻辑信道上的 MAC SDU 复用到传输块（Transport Block，TB），并通过传输信道传递到物理层。
- 逻辑信道数据解复用，将来自物理层在传输信道承载的 TB 块解复用为一条或不同逻辑信道上的 MAC SDU。
- 调度信息报告，当 UE 有新数据需要传输时，如果当前 UE 没有收到接入网下发的资源分配，UE 通过随机接入实现 SR。当接入网收到随机接入前导序列时，认为终端有业务数据需要发送时，接入网对 UE 进行资源调度。
- 通过 HARQ 机制进行纠错。
- UE 的逻辑信道优先级处理。

- 通过动态调度方法实现 UE 之间的优先级处理。
- 传输格式选择，包括传输使用的调制方式和编码速率。
- 填充功能，当实际传输数据量不能填满整个授权的数据块大小时使用该功能。

MAC 子层提供给上层的业务主要包括数据传输和无线资源分配。物理层提供给 MAC 子层的业务包括数据传输、HARQ 反馈信令、调度请求信令和测量。

2. 逻辑信道

MAC 子层根据传输的信息类型划分了多种逻辑信道类型，并针对不同的数据业务提供不同的传输服务。根据各信道上传输的信息类型，将逻辑信道分为控制信道和业务信道两大类。

控制信道负责传输控制面的信息，MAC 子层提供的控制信道主要包括以下几种类型：

① 广播控制信道（Broadcast Control Channel，BCCH）　用来广播系统控制信息的下行信道。

② 寻呼控制信道（Paging Control Channel，PCCH）　用来传输寻呼信息的下行信道，当网络侧没有 UE 所在小区信息的时候，使用该信道寻呼终端。

③ 公共控制信道（Common Control Channel，CCCH）　当 UE 和网络之间没有 RRC 连接时，使用该信道来传输 UE 和网络之间控制信息，是上、下行双向信道。

④ 专用控制信道（Dedicated Control Channel，DCCH）　当 UE 和网络之间存在 RRC 连接时，使用该信道来传输 UE 和网络之间的专用控制信息，是点到点的双向信道。

MAC 子层提供的业务信道是专用业务信道（Dedicated Traffic Channel，DTCH），针对单个 UE 的点到点业务传输信道，可以是单向的，也可以是双向的。业务信道负责传输用户面的信息。其仅支持 CP 模式的 NB-IoT UE 不支持 DTCH。

3. 逻辑信道和传输信道之间的映射

对于下行链路逻辑信道，PCCH 映射到 PCH，BCCH 映射到 BCH 或 DL-SCH，CCCH、DCCH 和 DTCH 都映射至 DL-SCH。图 4.10 描述了下行逻辑信道和下行传输信道之间的映射关系。

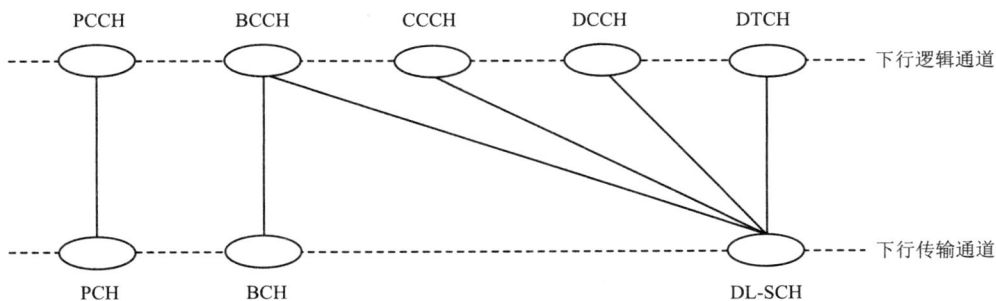

图 4.10

下行逻辑信道和下行传输信道之间的映射关系

对于上行逻辑信道，CCCH、DCCH、DTCH 全部映射到 UL-SCH 上。图 4.11 描述了上行逻辑信道和上行传输信道之间的映射关系。

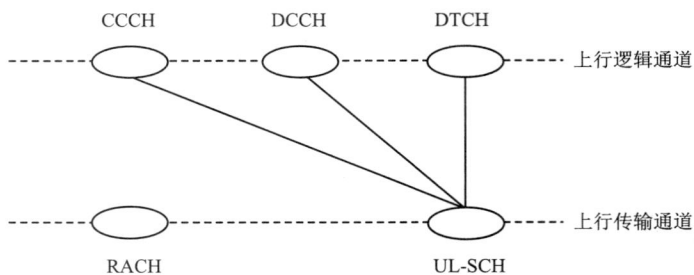

图 4.11
上行逻辑信道
和上行传输信
道之间的映射
关系

4.5.2　RLC 子层

NB-IoT 只支持 RLC 子层的确认模式（Acknowledgement Mode，AM），不支持非确认模式（Unacknowledged Mode，UM）。

对于支持 UP 模式的 UE，NB-IoT 支持 RRC 重建，当发生无线链路失败（Radio Link Failure，RLF）后，可通过 RRC 重建过程来恢复 RRC 连接。对于支持 CP 模式的 UE，NB-IoT 不支持 RRC 重建，当发生 RLF 后，UE 进入空闲状态，没有 RRC 重建过程。

在 RLC AM 下，NB-IoT 具有 ARQ 功能，如果 RLC 接收发现 RLC PDU 丢失，就通知发送方的 RLC 重传这个 PDU。由于 RLC PDU 中包含顺序号信息，因此支持数据向高层的顺序或乱序递交。RLC AM 是分组数据传输的标准模式，主要关心数据的无错传输，如万维网（WWW）和电子邮件下载。

RLC 子层的主要服务功能如下：

- 传输上层 PDU。
- 通过 ARQ 实现误差校正。
- 对 RLC SDU 实现级联、分段和重组。
- RLC PDU 的数据重分段。
- RLC PDU 的数据重新排序。
- 重复检测。
- 协议错误检测。
- RLC SDU 丢弃。
- RLC 重建功能，CP 模式下不支持 RLC 重建功能。

4.5.3　PDCP 子层

PDCP 子层的主要功能包括发送和接收 PDCP 分组数据，实现 IP 报头的压缩和解压缩、数据和信令的加密，以及信令的完整性保护。

NB-IoT 在 LTE PDCP 子层的基础上做了一些改动。NB-IoT UE 采用 CP 模式时不支持

AS 安全，使用 NAS 消息进行数据传输，安全在 NAS 层实现，数据传输在 PDCP 层进行透传。

由于加密和完整性保护等功能是由 AS 完成。采用 UP 模式时激活 AS 安全，同时也要使用 PDCP 子层，其主要服务功能如下：

- 报头压缩和解压缩，只使用 ROHC 可靠报头压缩算法。
- 数据传输、数据加密与解密。
- 在 RLC AM 下，PDCP 重建过程时对上层 PDU 进行顺序递交。
- 在 RLC AM 下，PDCP 重建过程时对下层 SDU 进行重复检测。
- 上行链路基于定时器的 SDU 丢弃机制。

4.5.4　HARQ 过程

HARQ 是一种将前向纠错（Forward Error Correction，FEC）编码和 ARQ 相结合而形成的技术。HARQ 的基本原理是缓存没有正确接收到的数据，并且将重传数据和原始数据进行合并。此过程可以高效地补偿由于采用链路适配所带来的误码，提高了数据传输速率，减小了数据传输时延。

HARQ 主要是存储、请求重传和合并解调。接收方在解码失败的情况下，保存接收到的数据，并要求发送方重传数据，接收方将重传的数据和先前接收到的数据进行合并后再解码。传统的 ARQ 技术简单地抛弃错误的数据，不做存储，也就不存在合并的过程，自然没有分集增益，往往需要过多重传、过长时间等待。

HARQ 的基本原理如下：①在接收端使用 FEC 技术纠正所有错误中能够纠正的那一部分；②通过错误检测判断不能纠正错误的数据包；③丢弃不能纠正的数据包，向发射端请求重新发送相同的数据包。

NB-IoT 的 HARQ 技术主要有两种实现方式。

① 软合并（Chase Combine，CC）　在单纯的 HARQ 机制中，接收到的错误数据包是直接被丢弃的。虽然这些错误数据包不能够独立地正确译码，但是它们依然包含有一定的信息。软合并就是利用这部分信息，即是将接收到的错误数据包保存在存储器中，与重传的数据包合并在一起进行译码，提高了传输效率。

② 增量冗余（Incremental Redundancy，IR）　增量冗余技术是通过在第一次传输时发送信息 bit 和一部分冗余 bit，而通过重传发送额外的冗余 bit。如果第一次传输没有成功解码，则可以通过重传更多冗余 bit 降低信道编码率，从而提高解码成功率。如果加上重传的冗余 bit 仍然无法正常解码，则进行再次重传。随着重传次数的增加，冗余 bit 不断积累，信道编码率不断降低，从而可以获得更好的解码效果。

NB-IoT 在实际中采取的软合并方式取决于 HARQ 合并机制。在软合并方案中，第一次发送的数据和重传的数据相同，接收端要对整个数据块进行合并。在增量冗余方案中，在错误块的基础上增加一些新的校验信息，接收端接收的编码符号中包含了和第一次传输数据不同的信息。

在 E-UTRAN 中，HARQ 采用多个并行通道的处理过程（N-Process），当一个过程等待 ACK/NACK 反馈时，别的过程仍然可以继续发送数据。

上行链路 HARQ 采用同步重传机制，下行链路 HARQ 采用自适应的异步重传机制。在同步机制中，只能按照第一次发送时的子帧号进行重传；在异步重传机制中，可在任意时刻发送重传数据。

上行链路之所以采用同步方式主要是为了减小协议开销。因为采用同步方式时接收端可以获取子帧号，所以不需要标示 HARQ 处理的通道号。

NB-IoT 和 LTE 系统在物理层处理上有一个最大的区别，即为了实现覆盖增强和提升 MCL，NB-IoT 所有上、下行物理信道都支持重传功能，即一个信道通过时间上的多次重复发送，以达到提升覆盖的目的。

NPDSCH 和 NPUSCH 信道，在多次重复发送情况下，如果对端信道解码仍然失败，则依然可以通过 HARQ 方式，进行重传。

NB-IoT 沿用和 LTE 系统相同的 HARQ 准则，但区别是 NB-IoT UE 设计复杂度低，采用单进程 HARQ。

4.6　RRC 子层

RRC 处理 UE 和 eNB 基站之间控制面的第三层信息，执行系统消息广播、寻呼、RRC 连接管理、无线承载控制、无线链路失败恢复、空闲状态移动性管理、NAS 层信息交互、接入层安全和为底层协议提供参数配置等功能。

RRC 协议有两种状态，分别是 RRC_Idle（空闲状态）和 RRC_Connected（连接状态）。在 NB-IoT 中，支持 UE 的低速移动，支持在 RRC_Idle 空闲状态下的小区重选，不支持在 RRC_Connected 连接状态下的小区切换。

总的来说，NB-IoT 协议栈基于 LTE 系统进行设计，但是根据物联网业务的需求，去掉了一些不必要的功能，减少了协议栈处理流程的开销。因此，从协议栈的角度看，NB-IoT 是全新的空口协议。

以 SRB 为例，NB-IoT 支持 SRB0、SRB1 和 SRB1bis 三种 SRB。NB-IoT 不支持 LTE 系统中的 SRB2，目的是减少 PDCP 安全功能的封装开销，但同时又引入了 SRB1bis。

对于 NB-IoT UE，SRB0 用来传输 RRC 消息（包括连接建立、连接恢复、连接重建立），其承载在逻辑信道 CCCH 上。在 CP 模式中使用 SRB1bis 传输 RRC 消息和 NAS 消息，其承载在逻辑信道 DCCH 上。SRB1bis 是一个新的专用 SRB（与 SRB1 相比，只是没有 PDCP 层的配置）。在 UP 模式中只使用 SRB1 传输 RRC 消息和 NAS 消息，其承载在逻辑信道 DCCH 上。

　　与 LTE 系统从 RRC_Connected 连接状态转换到空闲状态的过程不同，NB-IoT 基站与 UE 之间会尽可能地保留在 RRC_Connected 连接状态下所使用的无线资源分配和相关的安全性配置。当 UE 需要进行数据传输时，只需要在随机接入过程中的 RRC 连接请求信息中携带 eNB 基站分配的恢复 ID，eNB 基站就可以通过该恢复 ID 来辨识 NB-IoT UE，并且跳过相关的配置信息交换，直接进入数据传输。

　　UE 在无数据传输时，eNB 基站缓存 UE 的 AS 上下文信息，释放 RRC 连接，使 UE 进入挂起状态。这个过程也称为 AS 上下文缓存，如图 4.12 所示。

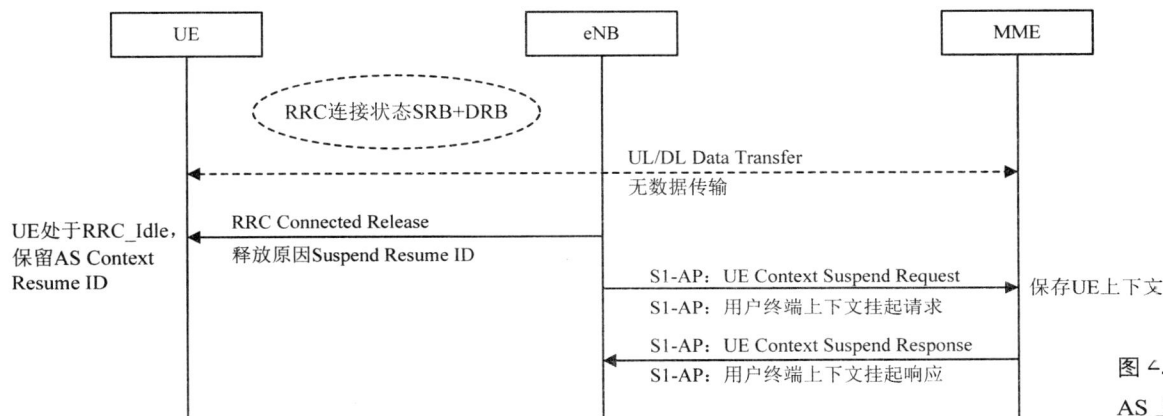

图 4.12
AS 上下文缓存

　　在 UE 需要发送数据时，通过 RRC 恢复进程可以快速恢复 RRC 连接，不再需要 AS 的安全过程，如图 4.13 所示。

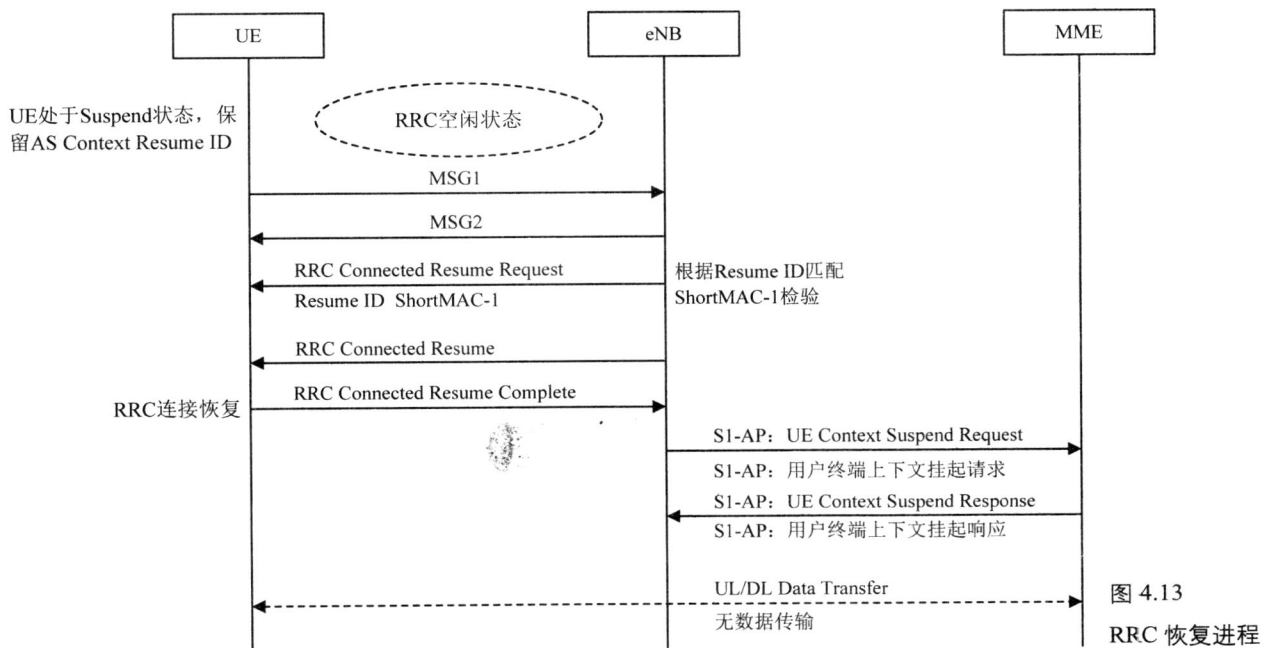

图 4.13
RRC 恢复进程

当 UE 处于 RRC_Idle 空闲状态（挂起）时，发生重选后，UE 在新小区发起恢复进程时，新小区可以通过 X2 接口从源小区获取 UE 挂起的上下文信息。

小结

　　NB-IoT 的网络系统架构沿用了 LTE 的网络系统架构，对于物理层、数据链路层和网络层都做了相应的演进和优化。引入了新的 C-SGN 网元，CP 模式做了较大的改动，UP 模式的改动较小，UE 的 IP 数据或 Non-IP 数据都封装在 NAS 数据中。此外还有一些特性，如 S1-AP 的连接建立过程、寻呼优化等，这些功能也都是针对 NB-IoT 业务的增强和改进。

第 5 章　NB-IoT 物理层

NB-IoT 的物理层相比 LTE 系统进行了大量的简化和修改，包括多址接入方式、工作频段、帧结构、调制解调方式、天线端口、小区搜索、同步过程、功率控制等。物理层信道分为下行物理层信道和上行物理层信道，重新定义了重要的 NPSS 和 NSSS，目的是简化 UE 的接收机设计。

NB-IoT 的帧结构和 LTE FDD 的帧结构完全一致。下行物理信道仅支持 Normal 循环前缀（Cyclic Prefix，CP），没有扩展 CP 结构。NB-IoT 下行物理层设计的总体思路是尽量沿用 LTE 现有技术，并进行适当简化，便于网络和 UE 最大继承 LTE 系统的物理层处理机制，快速实现产品。

5.1　下行链路传输机制

为兼容带内部署，NB-IoT 下行物理层信道的多址接入采用 OFDMA 技术，基于 15kHz 的载波间隔设计，与传统 LTE 系统兼容。NB-IoT 下行最小调度单元为一个 PRB，频域上每个 NB-IoT 载波只包含一个 PRB，只使用 15kHz 子载波间隔，只支持 UE 半双工操作。由于带宽的限制，一个 TB 传输块最多可以占用 10 个时域上的 PRB。

考虑 NB-IoT UE 的低成本与低复杂度，Rel-13 NB-IoT 仅支持 FDD，并且为半双工，需要 NB-IoT UE 发送和接收在不同时间点进行。

在 NB-IoT 中，UE 的上行传输只支持单天线端口，下行传输最多支持两个天线端口（Antenna Port）。NB-IoT 下行的参考信号，资源的位置在时间上与 LTE 系统的 CRS 小区特定的参考信号错开，在频率上则与之相同，因此在带内部署时若检测到 CRS，可与 NRS 共同使用来做信道估计。

当下行使用 2 个 NB-IoT 天线端口时，一种是 NB-IoT eNB 基站通过天线端口 0 进行单天线（Single Antenna）端口发送；另一种是 2 个天线端口开环发射分集（Transmit Diversity），NB-IoT eNB 基站在下行共享信道、广播信道和下行控制信道上采用 2 个天线端口的空间频率块编码（Space Frequency Block Code，SFBC）进行传输。

5.2 同步信号

NB-IoT 小区搜索和 LTE 小区搜索类似，每个 UE 通过对同步信号的检测，来实现与小区时间和频率上的同步，以此来获取小区的 ID。NB-IoT 的同步信号包括 NPSS 和 NSSS。

NPSS 用于完成时间和频域的同步。与 LTE 系统不同的是，NPSS 中不携带任何小区的 ID 信息，仅用于简单的获得定时和频偏的粗略估计。NSSS 携带小区 PCID，范围为 0~503，提供 504 个唯一的小区标志。

NPSS 和 NSSS 信号的序列和 LTE 系统差异较大，PCID 的计算规则也和 LTE 系统不同。NB-IoT UE 在寻找 eNB 基站时，会先检测 NPSS，因此 NPSS 的设计为短的 ZC（Zadoff-Chu）序列，这降低了初步信号检测和同步的复杂性。当识别出小区 ID 后，UE 可以使用下行小区指定参考信号来解调或测量 NB-IoT 的天线端口数量，并作为下行小区指定参考信号天线端口的数量。

在独立部署和保护带部署模式下，NPSS 和 NSSS 资源映射示意图如图 5.1 所示。

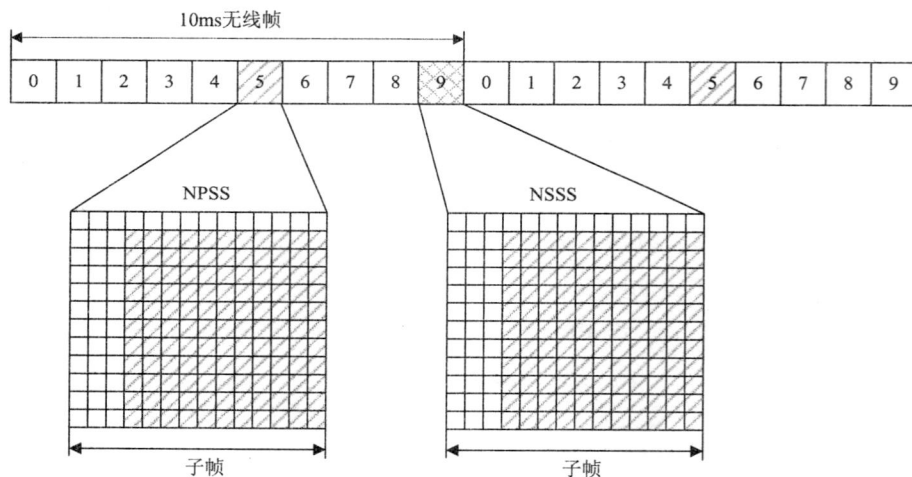

图 5.1
独立部署和保护带部署模式下 NPSS 和 NSSS 资源映射示意图

对于带内部署模式，NPSS 和 NSSS 都通过打孔的方式避免与 LTE CRS 的碰撞，不使用对应的资源粒子（Resource Element，RE）。带内部署模式下 NPSS 和 NSSS 资源映射示意图如图 5.2 所示。

在资源位置上避开了 LTE 系统的控制区域。NPSS 为 NB-IoT UE 提供时间和频率同步的参考信号。NPSS 的周期是 10ms，在子帧 5 上传输；NSSS 的周期是 20ms，在子帧 9 上传输。

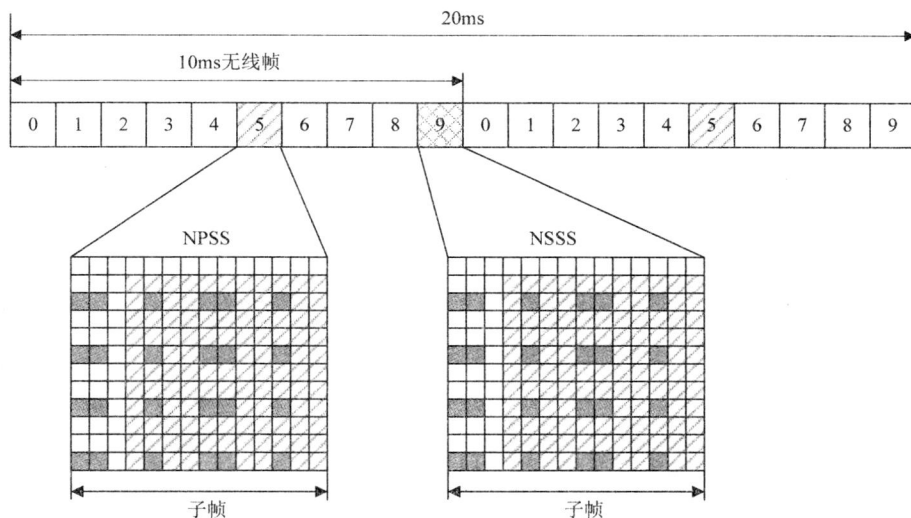

图 5.2
带内部署模式下
NPSS 和 NSSS 资
源映射示意图

在 NB-IoT 天线端口 0 和 1 中，除了无效子帧和 NPSS 或 NSSS 发送子帧，每个时隙的最后两个 OFDM 符号中插入参考信号。每个下行的 NB-IoT 天线端口发送一个窄带参考信号。NB-IoT 天线的下行端口数量是 1 或 2。

1. NPSS

为了简化 UE 接收机，不同的传输模式采用统一的同步信号，因此，NPSS 仅占用 1 个子帧内的 11 个符号（避开前 3 个 OFDM 符号），而每个符号占用 11 个子载波。

NB-IoT 主同步信号序列，由频域的 Zadoff-Chu 序列生成，公式如下：

$$d_l(n) = s(1) \cdot e^{-j\frac{\pi u n(n+1)}{11}}, \quad n = 0, 1, \cdots, 10$$

每个符号上承载 11 长根为 5 的 Zadoff-Chu 序列，在不同符号上，承载不同的掩码（Cover Code），循环前缀定义如表 5.1 所示。

表 5.1　循环前缀定义

循环前缀长度	S3	S4	S5	S6	S7	S8	S9	S10	S11	S12	S13
常规数值	1	1	1	1	-1	-1	1	1	1	-1	1

在频域上，NPSS 占用 0～10，共 11 个子载波。

在时域上，NPSS 固定占用每个无线帧中的第 5 个子帧，在子帧内，从第 4 个符号开始。

2. NSSS

NSSS 为长度为 131 的频域 Zadoff-Chu 序列，并通过 Hadamard 矩阵加扰。通过 Zadoff-Chu 的根和 4 个 Hadamard 矩阵来指示 504 个小区 ID。通过 4 个时域循环移位来指示在 80ms 内的帧的序号。

NB-IoT 辅同步信号序列也是由频域的 Zadoff-Chu 序列生成的，公式如下：

$$d(n) = b_q(m)e^{-j2\pi\theta_f n}e^{-j\frac{\pi u n'(n'+1)}{131}}$$

式中，$n = 0,1,\cdots,131$；

$n' = n \bmod 131$；

$m = n \bmod 128$；

$u = N_{\mathrm{ID}}^{Ncell} \bmod 126 + 3$；

$q = \left\lceil \dfrac{N_{\mathrm{ID}}^{Ncell}}{126} \right\rceil$。

Zadoff-Chu 序列为 $e^{-j\frac{\pi u n'(n'+1)}{131}}$，长度通过循环移位扩展的方式扩展到 132。

循环移位计算公式：$\theta_f = \dfrac{33}{132}\left(\dfrac{n_f}{2}\right) \bmod 4$，即四个循环移位间隔分别为 0/132、33/132、66/132、99/132。

扰码序列 b_q（m）是 4 个 132 长的 Hadamard 序列，定义如表 5.2 所示。

表 5.2 Hadamard 序列

Q	bq（0），$\cdots$，bq（127）
0	[1 1]
1	[1 -1 -1 1 -1 1 1 -1 -1 1 1 -1 1 -1 -1 1 -1 1 1 -1 1 -1 -1 1 1 -1 -1 1 -1 1 1 -1 -1 1 1 -1 1 -1 -1 1 1 -1 -1 1 -1 1 1 -1 1 -1 -1 1 -1 1 1 -1 -1 1 1 -1 1 -1 -1 1 -1 1 1 -1 1 -1 -1 1 1 -1 -1 1 -1 1 1 -1 1 -1 -1 1 -1 1 1 -1 -1 1 1 -1 1 -1 -1 1 -1 1 1 -1 1 -1 -1 1 1 -1 -1 1 -1 1 1 -1 -1 1 1 -1 1 -1 -1 1 1 -1 -1 1 -1 1 1 -1 1 -1 -1 1]
2	[1 -1 -1 1 -1 1 1 -1 -1 1 1 -1 1 -1 -1 1 -1 1 1 -1 1 -1 -1 1 1 -1 -1 1 -1 1 1 -1 -1 1 1 -1 1 -1 -1 1 1 -1 -1 1 -1 1 1 -1 1 -1 -1 1 -1 1 1 -1 -1 1 1 -1 1 -1 -1 1 1 -1 -1 1 -1 1 1 -1 -1 1 1 -1 1 -1 -1 1 -1 1 1 -1 1 -1 -1 1 1 -1 -1 1 -1 1 1 -1 -1 1 1 -1 1 -1 -1 1 1 -1 -1 1 -1 1 1 -1 1 -1 -1 1 -1 1 1 -1 -1 1 1 -1 1 -1 -1 1 -1 1 1 -1]
3	[1 -1 -1 1 -1 1 1 -1 1 -1 -1 1 -1 1 1 -1 -1 1 1 -1 1 -1 -1 1 -1 1 1 -1 1 -1 -1 1 -1 1 1 -1 1 -1 -1 1 1 -1 -1 1 -1 1 1 -1 -1 1 1 -1 1 -1 -1 1 1 -1 -1 1 -1 1 1 -1 1 -1 -1 1 -1 1 1 -1 -1 1 1 -1 1 -1 -1 1 -1 1 1 -1 1 -1 -1 1 1 -1 -1 1 -1 1 1 -1 -1 1 1 -1 1 -1 -1 1 -1 1 1 -1 1 -1 -1 1 1 -1 -1 1 -1 1 1 -1 -1 1 1 -1 1 -1 -1 1 -1 1 1 -1]

NB-IoT 小区的 PCID，通过 Zadoff-Chu 序列的根索引和扰码序列索引的组合关系来确定：

$$u = \mathrm{mod}\,(\,\mathrm{PCI},\,126\,) + 3$$

$$q = \left\lceil \frac{\mathrm{PCI}}{126} \right\rceil$$

由于 NSSS 只在偶数帧发送，因此四种循环移位可以确定 NSSS 在 80ms 内位置。在频域上，NSSS 占用全部 12 个子载波。在时域上，NSSS 只在偶数帧号发送，在子帧内，从第 4 个符号开始。

5.3　NPBCH

NPBCH 采用固定的重复样式发送。NPBCH 的传输时间间隔（Transmission Time Interval，TTI）为 640ms，承载 NB-IoT 主系统消息块（Narrow-Band Master Information Block，MIB-NB），其余系统消息如 SIB1-NB 等承载于 NPDSCH 中。

和 LTE 系统一样，UE 在解码 NPBCH 信道时，通过 CRC 掩码确定小区的天线端口数量。不同的是 NB-IoT 最多只支持 2 个天线端口。NB-IoT 在解调 MIB 信息过程中确定小区天线端口数。在三种操作模式下，NPBCH 均不使用前 3 个 OFDM 符号。在带内部署模式下 NPBCH 假定存在 4 个 LTE CRS 端口，2 个 NRS 端口进行速率匹配。

NPBCH 信道使用 TBCC 编码后，基于 2 个端口窄带参考信号（Narrowband Reference Signal，NRS）和 4 个端口 LTE CRS 进行速率适配，速率适配后输出的比特为 1600bit；再使用小区专有扰码序列对速率匹配后的比特进行加扰，其中扰码序列中满足 SFN mod 64 = 0 的无线帧通过 PCID 进行初始化。

加扰后的比特被分为 8 个相同大小的编码子块，每一个编码子块为 200bit。每个编码后的子块使用 QPSK 方式调制。调制后的每个编码子块重复传输 8 次。NPBCH 信道时频域映射如图 5.3 所示。

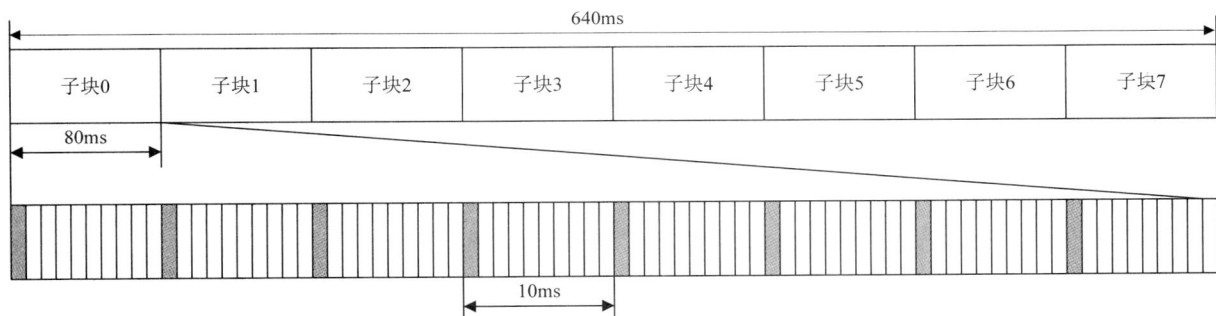

图 5.3　NPBCH 信道时频域映射

图 5.3 中子块 0 共重复发送了 8 次，完全一样。子块 1 和子块 0 使用不同的扰码。

当系统帧号 SFN mod 64=0 时，System Frame Number-MSB 加 1 变化。MIB1-NB 中的 System Frame Number-MSB 字段只有 4bit，表示的是帧号的高 4 位。NPBCH 固定映射到每个无线帧的第 0 子帧。

由于 UE 在解码 NPBCH 信道时，还不知道当前小区的操作模式等信息，因此 NPBCH 信道映射时，最大程度地避开可能和 LTE 系统冲突的资源，包括如下内容：

① 固定的不使用子帧内的前 3 个 OFDM 符号；

② NB-IoT 使用 2 天线端口进行速率适配。

NPBCH 传输 34 个信息比特，承载在 640ms，即 64 个系统帧。其中包含：

1）4 bit 指示系统帧号 SFN 的最高有效位（Most Significant Bits，MSB），其余最低有效位（Least Significant Bits，LSB）通过 NPBCH 的起始位置得出。

2）2 bit 指示超级（Hyper）帧的 LSB。

3）4bit 指示 NB-SIB1 的调度和传输块大小（Transport Block Size，TBS）。

4）5bit 指示系统消息变化。

5）1bit 指示是否接入禁止（Access Barring）。

6）2bit 指示部署模式，5bit 指示该部署模式下的相关配置。

7）11 个备用 bit。

其中，用于指示部署模式的 2bit 指示 4 个状态，分别是带内部署相同小区 ID、带内部署不同小区 ID、保护带部署、独立部署。

当部署模式为带内部署相同小区 ID 时，其余 5bit 指示 NB-IoT 占用 PRB 与 LTE 系统小区中心的偏移量和信道栅格偏移量；当部署模式为带内部署不同小区 ID 时，用其余 5bit 中的 1bit 指示 LTE 系统的 CRS 天线端口数量，2bit 是指示信道光栅偏移量；当部署模式为保护带部署时，用 5bit 中的 2bit 指示信道光栅偏移量；当部署模式为独立部署时，无须使用额外比特指示其他配置信息。

NPBCH 在子帧 0 上传输，为了简化接收机复杂度，与同步信号相同，对于不同的部署模式采用相同的传输格式，即需要避开所有潜在 LTE 系统占用的 RE，如前 3 个 OFDM 符号和 CRS 位置。在 NRS 位置之后，每个 PRB 有 100 个可用 RE。

图 5.4 为 NPBCH 资源映射示意图。当 34bit 系统消息插入 16bit CRC 校验码后，通过 1/3 码率的卷积码编码变为 150bit，通过速率匹配为 1600bit 后进行加扰，QPSK 调制后变为 800bit；再分成 8 组 BL1~BL8，每组映射到 1 个子帧的 100 个 RE 上。在 80ms 内的每个子帧 0 上重复一次，共计 8 次。

图 5.4
NPBCH 资源映
射示意图

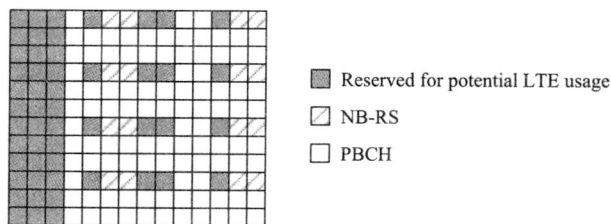

▨ Reserved for potential LTE usage
▨ NB-RS
☐ PBCH

NPBCH 的生成方式基本沿用 LTE-PBCH 的生成方式，只是在部分细节存在不同：

1）MIB 信息 34bit，CRC 校验仍为 16bit。

2）速率匹配为 1600bit。

3）和 LTE 系统一样，NPBCH 端口数通过 CRC 掩码识别，区别是只支持 1 和 2 端口。CRC 掩码全 0 指示 1 个端口，全 1 指示 2 个端口。

NPBCH 的 TTI 为 640ms，包含 8 个独立可自解码的块，每个块为 200bit，重复 8 次，在每个无线帧的子帧 0 传输，共持续 80ms。

在三种部署模式下，NPBCH 均不使用前 3 个 OFDM 符号。带内部署模式下 NPBCH 假定存在 4 个 LTE CRS 端口，2 个 NB-RS 端口进行速率匹配。

5.4　NPDCCH

NPDCCH 中承载的是下行控制信息（Downlink Control Information，DCI），包含一个或多个 UE 上的资源分配和其他的控制信息。UE 需要先解调 NPDCCH 中的 DCI，然后才能够在相应的资源位置上解调属于 UE 自己的 NPDSCH（包括广播消息、寻呼、UE 的数据等）。

NPDCCH 物理层处理方式沿用 LTE 系统的 PDCCH 物理层处理方案，区别在于：

- 带内部署模式下，SIB1-NB 中指示的是 1 个子帧里 NPDCCH 不可占用的 OFDM 符号数。
- NPDCCH 和 NPDSCH 用时分复用（Time Division Multiplexing，TDM）方式共享下行可用的 NB-IoT 子帧。
- NPDCCH 信道在一个 PRB 对中可以定义两个控制信道单元（Control Channel Element，CCE），每个 CCE 占用 6 个子载波。
- NPDCCH 支持聚合级别 1 和 2，而且支持基于聚合级别 2 的重复发送。
- NPDCCH 支持小区无线网络临时标志（Cell-Radio Network Temporary Identifier，C-RNTI）、临时 C-RNTI、寻呼无线网络临时标志（Paging-Radio Network Temporary Identifier，P-RNTI）和随机接入无线网络临时标志（RACH-Radio Network Temporary Identifier，RA-RNTI）。

各个搜索空间由 RRC 子层配置相对应的最大重复次数 R_{max}，其搜索空间的出现周期大小即为相应的 R_{max} 与 RRC 子层配置的 1 个参数的乘积。

RRC 子层也可配置 1 个偏移来调整搜索空间的开始时间。在大部分的搜索空间配置中，所占用的资源大小为 1 个 PRB，仅有少数配置为占用 6 个子载波。

在 NB-IoT 中，NPDCCH 位于配置子帧可用的符号。在 PRB 中定义了两个控制信道单元，每个控制信道单元在子帧内形成资源池。NPDCCH 支持 C-RNTI、临时 C-RNTI、P-RNTI 和 RA-RNTI。

在 NB-IoT 中，NPDCCH 和 LTE 系统的 PDCCH 有所不同，并非每个子帧均有 NPDCCH，而是周期性地出现。

与 LTE 系统中 PDCCH、EPDCCH、MPDCCH 不同，NB-IoT 的 NPDCCH 没有定义资源粒子组（Resource Element Group，REG）的概念，而是直接定义了窄带控制信道单元（Narrow band Control Channel Element，NCCE）为一个子帧中的连续的 6 个子载波，如图 5.5 所示，子载波 0～5 定义为 NCCE0，子载波 6～11 定义为 NCCE1。NPDCCH 定

义了两种格式，其中格式 0 包含 1 个 NCCE，格式 1 包含 2 个 NCCE。

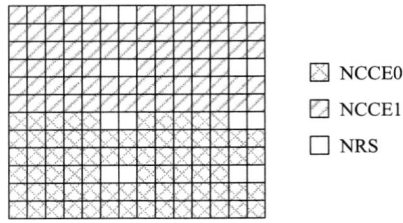

图 5.5
NPDCCH 的
NCCE 示意图

☒ NCCE0
▨ NCCE1
☐ NRS

与 LTE 系统类似，NPDCCH 信道处理过程包括加扰、调制、层映射（Layer Mapping）、预编码（Precoding）、资源映射几个步骤。其中，由于 NPDCCH 支持重复，每 4 个 NPDCCH 子帧重新初始化加扰序列。NPDCCH 采用 QPSK 调制，层映射和预编码均采用与 NPBCH 相同的天线端口。在 NPDCCH 资源映射时，需要避开所有的 NPBCH、NPSS、NSSS 和 NRS。

对于带内部署，NPDCCH 需要避开 LTE 系统的所有下行广播信息（PBCH、PSS、SSS 或 CRS），以及前 $l_{NPDCHStart}$ 个符号，其中 $l_{NPDCCHStart}$ 在 SIB1 中配置。与 NPDSCH 相同，NPDCCH 仅在有效的 NB-IoT 下行子帧传输，此外，NPDCCH 还需要避开下行传输间隔，以及用于传输系统消息的下行子帧。

NPDCCH 定义了用户终端专有搜索空间（UE-specific Search Space，USS）和两种类型的小区专有搜索空间（Cell-specific Search Space，CSS），其中，USS 用于用户特定的单播信道（Unicast Channel），Type1-CSS 用于寻呼信道（Paging），Type2-CSS 用于 RAR、Msg3 重传和 Msg4。这 3 种搜索空间分别配置 R_{max}（NPDCCH 的最大重传次数），用于计算搜索空间周期 T 的参数 $G \in \{1.5, 2, 4, 8, 16, 32, 48, 64\}$，其中 $T = R_{max} \cdot G$。

用于 USS 的参数通过用户特定 RRC 信令配置，用于 CSS 的参数通过广播信息配置，其中由于 Type2-CSS 为用于 RACH 相关的 NPDCCH 配置参数，而每个覆盖等级（Coverage Level）有一组 NPRACH 的配置信息，因此每个覆盖等级有一组 Type2-CSS 的 NPDCCH 配置参数。NPDCCH 搜索空间的位置根据 $(10n_f + [n_s / 2]) \bmod T = [\alpha_{Offset} T]$ 来决定，其中，$\alpha_{Offset} \in \left\{ 0, \frac{1}{8}, \frac{1}{4}, \frac{3}{8} \right\}$ 通过 RRC 来配置。

为了保证 4ms 的时间用于 NPDCCH 的盲检，UE 不要求监听一个与下一个搜索空间开始间隔不足 4ms 的搜索空间。例如，如图 5.6 所示，第 2 个 NPDCCH 搜索空间，由于传输系统消息或由于下行传输间隔等被推迟，并且与下一个 NPDCCH 搜索空间间隔不足 4ms，则 UE 无须监听整个当前的 NPDCCH 搜索空间。

此外，在一个搜索空间中，UE 会监听多个候选 NPDCCH，其中候选 NPDCCH 集合可以表示为聚合等级、重复次数、盲检次数。对于 USS，UE 需要监听从搜索空间起始子帧的每 R_i 个 NB-IoT 下行子帧，对于不同 R_{max} 配置，UE 需要监听候选的 NPDCCH。

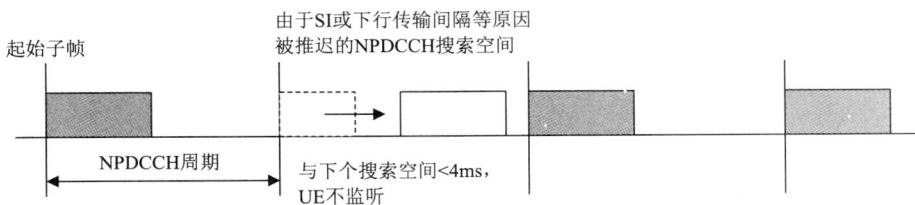

起始子帧

由于SI或下行传输间隔等原因
被推迟的NPDCCH搜索空间

NPDCCH周期

与下个搜索空间<4ms，
UE不监听

图 5.5
用户监听的
NPDCCH 搜索
空间示意图

USS 和 Type2-CSS 搜索空间最多支持 4 种 R_i 取值，即 R_1、R_2、R_3、R_4。由 DCI 通过 2bit 的 DCI 子帧重复次数指示 NPDCCH 具体使用的重复次数 R_i，并且在搜索空间中从起始子帧开始检测每一个可能的 R_i。

USS 搜索空间如表 5.3 所示。

表 5.3　USS 搜索空间

搜索空间类型	R_{max}	取值
USS 搜索空间	$R_{max}=1$	$\{1, 1, 2\}$，$\{2, 1, 1\}$
	$R_{max}=2$	$\{1, 1, 2\}$，$\{2, 1, 1\}$，$\{2, 2, 1\}$
	$R_{max}=4$	$\{2, 1, 1\}$，$\{2, 2, 1\}$，$\{2, 4, 1\}$
	$R_{max}\geq8$	$\{2, R_{max}/8, 1\}$，$\{2, R_{max}/4, 1\}$，$\{2, R_{max}/2, 1\}$，$\{2, R_{max}, 1\}$

Type2-CSS 需要监听的候选 NPDCCH 与 USS 类似。考虑在初始建立连接时，eNB 基站无法准确获悉 UE 信道状态，并且考虑一个 RAR 中可能会承载多个 UE 的信息，即 NPDCCH 是一个组播的信道，因此对于 Type2-CSS，不支持 NPDCCH 格式 0，即 1 个 NCCE 的候选 NPDCCH。这种做法还可以降低 UE 复杂度，进一步减少 UE 在每个搜索空间上需要监听的 NPDCCH 的个数。

Type2-CSS 搜索空间如表 5.4 所示。

表 5.4　Type2-CSS 搜索空间

搜索空间类型	R_{max}	取值
Type2-CSS 搜索空间	$R_{max}=1$	$\{2, 1, 1\}$
	$R_{max}=2$	$\{2, 1, 1\}$，$\{2, 2, 1\}$
	$R_{max}=4$	$\{2, 1, 1\}$，$\{2, 2, 1\}$，$\{2, 4, 1\}$
	$R_{max}\geq8$	$\{2, R_{max}/8, 1\}$，$\{2, R_{max}/4, 1\}$，$\{2, R_{max}/2, 1\}$，$\{2, R_{max}, 1\}$

Type1-CSS 与 eMTC 的 MPDCCH 类似，为了降低用户的功耗，UE 仅需盲检一个由 R_i 个 NB-IoT 下行子帧组成的帧。对于每个重复次数，UE 只需要检测由搜索空间起始子帧开始的一个候选 NPDCCH。

Type1-CSS 搜索空间最多支持 8 种 R_i 取值，即 R_1、R_2、R_3、R_4、R_5、R_6、R_7、R_8。由 DCI 通过 3bit 的 DCI 子帧重复次数指示 NPDCCH 具体使用的重复次数 R_i。Type1-CSS 搜索空间如表 5.5 所示。

表 5.5　Type1-CSS 搜索空间

搜索空间类型	R_{max}	取值
Type1-CSS 搜索空间	1	{2, 1, 1}
	2	{2, 1, 1}, {2, 2, 1}
	4	{2, 1, 1}, {2, 2, 1}, {2, 4, 1}
	8	{2, 1, 1}, {2, 2, 1}, {2, 4, 1}, {2, 8, 1}
	16	{2, 1, 1}, {2, 2, 1}, {2, 4, 1}, {2, 8, 1}, {2, 16, 1}
	32	{2, 1, 1}, {2, 2, 1}, {2, 4, 1}, {2, 8, 1}, {2, 16, 1}, {2, 32, 1}
	64	{2, 1, 1}, {2, 2, 1}, {2, 4, 1}, {2, 8, 1}, {2, 16, 1}, {2, 32, 1}, {2, 64, 1}
	128	{2, 1, 1}, {2, 2, 1}, {2, 4, 1}, {2, 8, 1}, {2, 16, 1}, {2, 32, 1}, {2, 64, 1}, {2, 128, 1}
	256	{2, 1, 1}, {2, 4, 1}, {2, 8, 1}, {2, 16, 1}, {2, 32, 1}, {2, 64, 1}, {2, 128, 1}, {2, 256, 1}
	512	{2, 1, 1}, {2, 4, 1}, {2, 16, 1}, {2, 32, 1}, {2, 64, 1}, {2, 128, 1}, {2, 256, 1}, {2, 512, 1}
	1024	{2, 1, 1}, {2, 8, 1}, {2, 32, 1}, {2, 64, 1}, {2, 128, 1}, {2, 256, 1}, {2, 512, 1}, {2, 1024, 1}
	2048	{2, 1, 1}, {2, 8, 1}, {2, 64, 1}, {2, 128, 1}, {2, 256, 1}, {2, 512, 1}, {2, 1024, 1}, {2, 2048, 1}

5.5　NPDSCH

　　NPDSCH 的子帧结构和 NPDCCH 一样。NPDSCH 用来传输下行业务数据和系统消息，包括单播业务数据、寻呼消息、RAR 信息等。NPDSCH 所占用的带宽是一个 PRB 大小。一个 TB 依据所使用的调制与编码策略（Modulation and Coding Scheme，MCS），可能需要使用多于一个子帧来传输，因此在 NPDCCH 中接收到的下行链路分配中会包含一个 TB 对应的子帧数目和重复传输次数的指示。

　　NPDSCH 物理层处理方式沿用 LTE 系统的 PDSCH 信道物理层处理方案，区别在于信道编码不同，NPDSCH 使用 TBCC，而 LTE 系统的 PDSCH 使用 Turbo 码编码。

　　在 NB-IoT 中，NPDSCH 对应的 ACK/NACK 通过 Single-tone 传输中的 NPUSCH 发送，由下行链路指示频域资源和时域资源。

　　与 LTE 系统相同，NPDSCH 信道处理过程包括加扰、调制、层映射和预编码，以及资源映射几个步骤。其中，调制方式为 QPSK，层映射和预编码采用 LTE 系统中与 NPBCH 相同天线数目的映射方式。由于 NPDSCH 支持重复传输，因此在沿用 LTE 系统中 PDSCH 加扰方式的基础上，对于不承载 BCCH 的 NPDSCH，每 $\min$（M_{rep}^{NPDSCH}，4）次传输都根据第 1 个时隙和帧重新初始化加扰，对于承载 BCCH 的 NPDSCH，每次重传都进行重新初始化加扰。

资源映射原则与 PDSCH 相同，但是需要避开用于 NPBCH、NPSS 或 NPSS 传输的下行子帧，以及避开 NRS。在带内部署模式中，还需要避开 CRS 和前几个用于 PDCCH 传输的符号。

对于不承载 BCCH 的 NPDSCH 引入子帧级重复，子帧级重复次数为 min (M_{rep}^{NPDSCH}，4)。子帧级重复优先级高于编码块（Codeword）重复，即，当 $M_{rep}^{NPDSCH} \leqslant 4$ 时，仅支持子帧级重复。子帧级重复的引入是为了让 UE 可以通过非相干解调的方式，直接累积能量，提高接收端的信号与干扰加噪声比（Signal to Interference plus Noise Ratio，SINR），从而提高解码性能。此外，对于承载系统消息（除 SIB1 外）的 NPDSCH，可以映射到所有 NB-IoT 下行子帧。对于不承载系统消息的 NPDSCH，需要避开传输系统消息的子帧，以及在适用于下行传输间隔的配置下，需要避开下行传输间隔子帧。

NPDSCH 的调度单位为 1 个 PRB，在 DCI 格式 N1 中，采用 3bit 指示 PRB 的个数 { 1～6，8，10 }。其中 PRB 的个数跳过 7 而引入 10 是为了在不增加 DCI 开销的时候尽可能增加每个 MCS 支持的最大编码块大小。

MCS 采用 4bit 指示，对于带内部署，由于每个 PRB 中可用于数据传输的 RE 较少，为了避免过高的码率，仅支持 $I_{MCS}=0～10$；对于独立部署和保护带部署，在 Rel-13 版本中，$I_{MCS} = 0～12$（最大的 TBS=680bit），而在 Rel-14 版本中，进一步扩展到 $I_{MCS}=13$，最大 TBS 进一步扩大到 2536bit。

不同于 LTE 系统和 eMTC，NPDSCH 采用 DCI 指示的动态调度延时，为了降低 UE 复杂度，保留至少 4ms 用于 NPDCCH 解码。此外，为了支持一个 NPDCCH 搜索空间可以调度两个 NPDSCH，DCI 的动态调度延时是 NB-IoT 下行子帧数目 k_0。

当 $R_{max}<128$ 时，$k_0=\{ 0，4，8，12，16，32，64，128 \}$。

当 $R_{max} \geqslant 128$ 时，$k_0=\{ 0，16，32，64，128，256，512，1024 \}$。

如图 5.7 所示，DCI 中用 3bit 来指示 k_0 个 NB-IoT 下行子帧数目，实际 NPDCCH 与 NPDSCH 传输间隔为 4ms 加 k_0 个 NB-IoT 下行子帧数目。

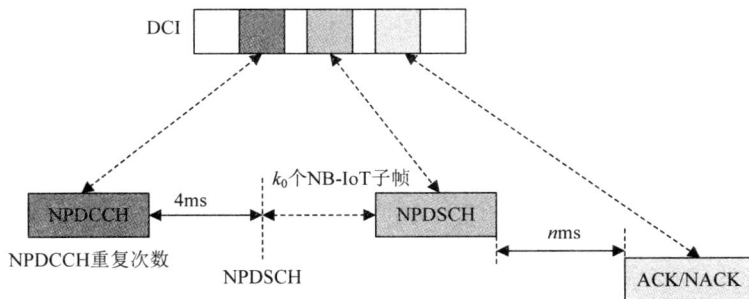

图 5.7 下行调度时延示意图

UE 需要监听多个 R_i，为了避免 UE 提前成功解码 NPDCCH，DCI 中还利用 2bit 来指示实际 NPDCCH 重传次数（Type1-CSS 为 3bit）。例如，eNB 基站实际传输重复次数为 2 的 NPDCCH，但是由于 UE 信道较好，可能会在重复次数为 1 时即成功解码 NPDCCH，此时为了避免 eNB 基站和 UE 对于 NPDCCH 重传次数的不同理解，在 DCI 中定义 1 个域来指示 eNB 基站实际的 NPDCCH 重传次数。此外，由于 NPDSCH 无须指示频域资源位置，相对于 NPUSCH 调度的 DCI 格式 N0，有一些冗余比特。因此，为了 eNB 基站更灵活地调度，在 DCI 中引入了指示 ACK/NACK 时频资源位置的域。

另外，DCI 中用 4bit 指示最大为 2048 的 NPDSCH 的重复次数。

5.6   NRS 下行参考信号

NB-IoT 系统在下行方向上仅支持一种参考信号 NRS，亦称导频信号。NRS 的主要作用是进行下行信道质量测量估计，用于 UE 的相关检测和解调。在用于广播和下行专用信道时，无论有没有数据传输，所有下行子帧都要传输 NRS。

NRS 下行参考信号由插入到下行 NB-IoT 天线端口 0 和 1 的每个时隙（除了非 NB-IoT 子帧、传输 NPSS 和 NSSS 子帧之外）的最后两个 OFDM 符号位置上的已知参考符号组成。每个下行 NB-IoT 天线端口传输一个 NRS。

UE 使用 NRS 用于物理信道（如 NPDSCH、NPBCH、NPDCCH）的下行解调。UE 在空闲状态下，对 NRS 进行窄带参考信号接收功率（Narrowband Reference Signal Receiving Power，NRSRP）和窄带参考信号接收质量（Narrowband Reference Signal Receiving Quality，NRSRQ）的测量，用于空闲状态下的小区重选。

NB-IoT 引入了两个新的 NRS 天线端口，通过 NPBCH 的 CRC 掩码来指示天线端口数量。NRS 只能在 1 个天线端口或 2 个天线端口上传输，资源的位置在时间上与 LTE 系统的 CRS 错开，在频率上则与之相同，与 LTE 系统类似，天线端口的频域位置同样通过 NB-IoT 小区 ID mod 6 来决定。

NRS 资源映射到一个时隙的最后 2 个 OFDM 符号。NRS 在频域上的偏移位置和 LTE CRS 类似，通过 PCID 关联的小区频域偏移公式来计算。对于带内部署，CRS 与 NRS 的频域位置相同。NRS 重用 LTE CRS 的序列，如图 5.8 所示。

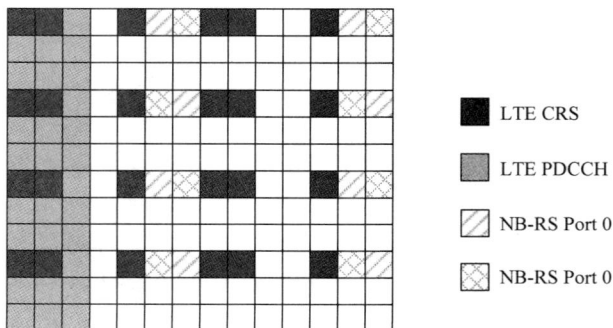

图 5.8
NRS 下行参考
信号示意图

■ LTE CRS

▨ LTE PDCCH

▨ NB-RS Port 0

▨ NB-RS Port 0

在带内部署模式且相同 PCID 的情况下，NRS 发送天线端口号为 0、1，和 LTE 系统一致。此时，LTE 系统最多支持 2 个天线端口。如果 LTE 系统小区为 4 个天线端口，则视为不同的 PCID。

物理层通过 NSSS 提供 504 个唯一的小区标志。在带内部署模式下，需要指示该小区标志是否和 E-UTRAN 小区标志一致。在和 E-UTRAN 小区标志一致的情况下，UE 可以假设 NB-IoT 下行天线端口数目和 E-UTRAN CRS 天线端口数目一致，并将 E-UTRAN 下行 CRS 信号用于辅助 NPDSCH、NPDCCH 的解调；在和 E-UTRAN 小区标志不一致的情况下，在 MIB-NB 中指示 E-UTRAN CRS 天线端口数。

在带内部署模式且不同 PCID 的情况下，LTE 系统和 NB-IoT 小区的 V-shift = PCID mod 6，必须相同。

在独立部署、保护带部署和带内部署模式且不同 PCID 的情况下，NRS 发送天线端口号为 1000 和 1001。

在所有 NB-IoT 下行子帧上，包括 NPBCH、SIB1-NB 的 NPDSCH 子帧，NRS 总是存在的。

NB-IoT 的下行子帧配置和 SIB1-NB 中的子帧配置有关，在系统消息块 SIB1-NB 中，系统下发 1 个 DownlinkBitmap 来指示下行子帧的有效性。如果没有下发这个位图，则 UE 默认所有下行子帧都是有效子帧。

因此，在成功解码 SIB1-NB 消息之前，UE 并不知道哪些子帧是 NB-IoT 下行子帧，只能假定在子帧 0（NPBCH）、子帧 4（SIB1-NB 发送子帧）和奇数帧号的子帧 9（因为偶数帧号用作 NSSS）上总是发送 NRS。

下行发送 NPSS 和 NSSS 的子帧上，没有 NRS。

当 NB-IoT 使用 1 个天线端口时，NRS 的每个资源粒子的能量（Energy Per RE，EPRE）和其他信道/信号占用的 RE 功率相等。当 NB-IoT 使用 2 个天线端口时，NRS 的 EPRE 比其他信道/信号占用的 RE 功率高 3dB。NRS 的 EPRE 功率在 SIB2-NB 中广播，通知 UE。

在带内部署模式且相同 PCID 情况下，NB-IoT UE 也可以使用 LTE 系统的 CRS 用于下行信道估计和参考信号接收功率（Reference Signal Receiving Power，RSRP）测量。

在带内部署模式且相同 PCID 情况下，LTE 系统的 CRS 功率和 NB-IoT 的 NRS 功率之间可能存在偏差。因此在 SIB 广播 nrs-CRS-PowerOffset 字段，告知 NB-IoT UE 关于 LTE CRS 的功率。nrs-CRS-PowerOffset 范围为{ -6，-4.77，-3，-1.77，0，1，1.23，2，3，4，4.23，5，6，7，8，9 }dB，如果在 SIB 中没有下发此字段，NB-IoT UE 默认 LTE 系统和 NB-IoT 两者的参考信号功率相同。

为了避免传输不必要的 NRS，尤其是在带内部署模式下，UE 在获得传输模式之前，仅假设子帧 0、子帧 4 及不传输 NSSS 的子帧 9 传输 NRS。当 UE 获得传输模式为带内部署模式之后，在解码 SIB1 时，UE 仍旧假设最低 NRS 传输，但是在解码 SIB1 后，UE 可以假设在 NB-IoT 下行子帧上均传输 NRS。其中 NB-IoT 下行指针通过 SIB1 配置，如果没有配置，则假设全部为 NB-IoT 下行子帧。

对于带内部署，为了提高信道估计性能，eNB 基站通过 same-PCI Indicator 配置来决定 UE 是否可以假设 NB-IoT 小区 ID 与 LTE 系统小区 ID 相同。如果小区 ID 相同，则 UE 可以获得 CRS 相关信息，以及假设 CRS 端口与 NRS 的一一映射关系，利用 CRS 进行信道估计，进一步提高性能。此外，eNB 基站可能会配置不同导频与数据间的功率偏移量。

在 LTE 系统中，CRS 序列生成公式如下：

$$r_{l,n_s}(m) = \frac{1}{\sqrt{2}}[1-2\cdot c(2m)] + j\frac{1}{\sqrt{2}}(1-2\cdot c(2m+1)), m=0,1,\cdots,2N_{RB}^{max,DL}-1$$

式中，n_s——时隙号；

l——符号编号；

$N_{RB}^{max,DL}$——最大下行带宽配置，即不管 LTE 系统小区实际占用的带宽是多少，生成 CRS 序列时按照下行最大带宽数定义。

对于 NB-IoT 而言，下行方向上传输带宽是 180kHz，仅占用 1 个 RB。NRS 的序列为，$r_{l,n_s}(N_{RB}^{max,DL}-1)$，$r_{l,n_s}(N_{RB}^{max,DL})$，即 NRS 序列是相同 PCID 的 LTE 系统小区 CRS 序列的最中心的两个。

5.7 下行传输间隔

由于 NB-IoT 下行本质上是时分系统，为了避免覆盖信号弱的 UE 长时间占用下行资源，NB-IoT 引入下行传输间隔（DL Gap），这是 NB-IoT 系统独有的。

下行传输间隔参数通过 SIB 配置，其中包括传输间隔周期（$T_g \in \{64,128,256,512\}ms$）和传输间隔的大小（$\{1/8，1/4，3/8，1/2\}\times T_g$），以及是否引入下行传输间隔的门限值。如果监听的 NPDCCH 搜索空间的 R_{max} 小于该门限值，则不引入下行传输间隔，反之则引入下行传输间隔，即当下行传输（NPDSCH 和 NPDCCH）遇到下行传输间隔的时候，下行传输被延迟到下行传输间隔结束后。

另外，SIB 中还会配置下行传输间隔的起始帧和子帧。下行传输间隔不适用于 SIB 传输，但是适用于寻呼。

下行传输间隔示意图如图 5.9 所示。引入周期性的 DL Gap，具有较大重复次数的 NPDCCH 和 NPDSCH 仅占用部分子帧资源，可以让其他覆盖信号好的终端在其他子帧资源中传输 NPDCCH 和 NPDSCH。

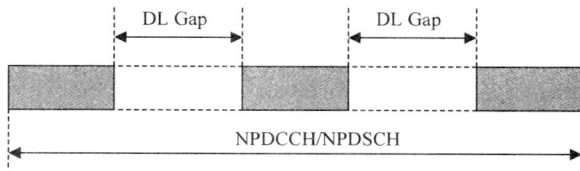

图 5.9

下行传输间隔
示意图

5.8　上行链路传输机制

在 NB-IoT 上行物理层信道中,对于信号覆盖较好的 UE,网络将为其调度配置 15kHz 带宽的子载波,提升其吞吐量以缩短业务对资源的占用时间,将资源调度给更多的 UE 使用。同时,对于信号覆盖较好的 UE,网络亦可以将多个连续的 15kHz 子载波绑定在一起调度给单个 UE 使用,以提供更高的业务速率,即为 Multi-tone 模式。

在 NB-IoT 上行物理层信道中,对于处于信号覆盖较差的 UE,如位于小区边缘,网络将为其调度分配 1 个单子载波,甚至是较窄的 3.75kHz 载波,以使其上行发射功率在更窄带宽的载波上发送,收获更好的发送性能,即为 Single-tone 模式。此外,Single-tone 的上行发送可以提供更低的 PAPR,从而提高发射机功率效率。

因此,NB-IoT 上行物理层信道基于 15kHz 和 3.75kHz 两种子载波间隔设计,分为 Single-tone 和 Multi-tone 两种工作模式。如果上行链路子载波间隔 Δf =15kHz,则有 12 个连续的子载波。如果上行链路子载波间隔 Δf = 3.75kHz,则有 48 个连续的子载波。

NB-IoT 上行物理层信道的多址接入技术采用 SC-FDMA。在 Single-tone 模式下,一次上行传输只分配一个 15kHz 或 3.75kHz 的子载波。在 Multi-tone 模式下,一次上行传输支持 1、3、6 或 12 个子载波传输方式。

Single-tone 和 3.75kHz 子载波间隔的引入是为了使覆盖差的用户提高单用户的功率谱密度,以此来提高接收性能。同时,覆盖较差的用户仅占用很小的带宽,其余带宽可以服务给其他用户,因此功率谱密度技术可以提高系统上行小区吞吐量。

为了减小调度开销,NB-IoT 上行引入了更长的传输时间间隔(Longer Transmission Time Interval,Longer TTI)的概念,表 5.6 总结了上行的 5 种不同的资源单位类型,其中,3、6、12 个子载波对应的资源单位有 168 个 RE,而单子载波(3.75kHz 和 15kHz)仅有 112 个 RE。其主要目的是可以提供更小颗粒度的传输长度,避免不必要的传输时长,从而达到节省功耗的目的。此外,对于 1 个子载波的调度,为了进一步降低 PAPR,NB-IoT 上行引入了相位旋转的调制方式($\pi/2$-BPSK、$\pi/4$-QPSK)。NB-IoT 上行资源单位的子载波数目与时隙数目组合如表 5.6 所示。

对于 3.75kHz 的子载波间隔,NB-IoT 系统定义了由 7 个符号组成的 2ms 时长的窄带时隙(NB-Slot)。窄带时隙的边界和 E-UTRAN FDD 帧结构 Type1 的子帧边界对齐。1 个 3.75kHz 的子载波空间符号长度为 $8192T_s$($266.67\mu s$),每个 CP 循环前缀长度是 $256T_s$

（8.33μs），每个 Slot 后还引入 1 个长度为 2304T_s（75μs）的保护间隔（Guard Period，GP）。此保护间隔用来避免带内部署时与 LTE 系统的探测参考信号（Sounding Reference Signal，SRS）进行碰撞。对于无法避免碰撞的情况，NPUSCH 的传输将被打孔，即在与 SRS 碰撞时不传输 NPUSCH。

表 5.6　NB-IoT 上行资源单位的子载波数目与时隙数目结合

NPUSCH 格式	子载波间隔 Δf/kHz	每个 RU 子载波数 N_{sc}^{RU}	每个 RU 时隙数 N_{slots}^{UL}	每个 RU 的 TTI 长度/ms	每个时隙的符号数 N_{symb}^{UL}	NPUSCH 调制方式
格式 1	3.75	1	16	32		π/2-BPSK
	15	1	16	8		π/4-QPSK
		3	8	4		
		6	4	2	7	QPSK
		12	2	1		
格式 2	3.75	1	4	8		π/2-BPSK
	15	1	4	2		π/4-QPSK

NB-IoT 上行时隙结构如图 5.10 所示。

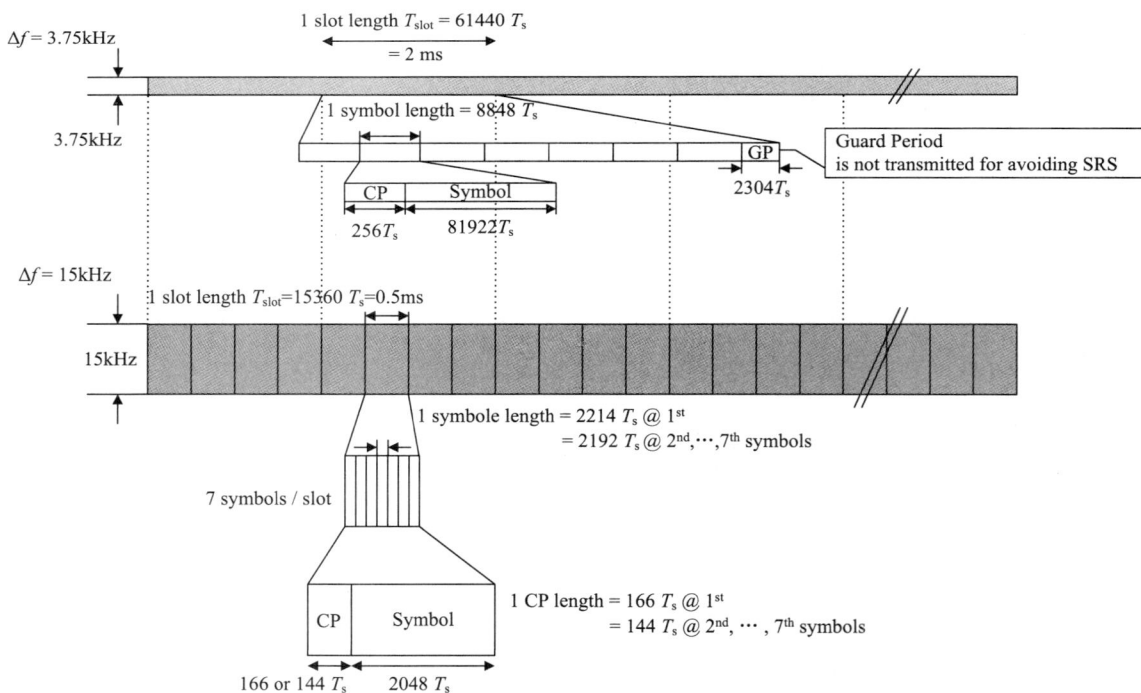

图 5.10　NB-IoT 上行时隙结构

为了降低 UE 复杂度，NB-IoT 系统仅支持单天线或 2 根下行发送天线 SFBC 传输模式；并且 NB-IoT UE 仅支持 HD-FDD，在 Rel-13 中，仅支持 1 个 HARQ 进程。为了降低时延和功耗，Rel-14 版本中，引入 2 个 HARQ 进程，并进一步支持更大的 TBS。

NB-IoT 系统可以通过一个小区同时在多个载波上提供服务，但 NB-IoT UE 同一时间只能在一个载波上收发数据。上行控制信息包括对 NPDSCH 的 ACK/NACK，使用 Single-tone 传输方式，其所占用的时频资源由下行控制资源调度。

15kHz 的子载波设计时将网络最小 RU 的带宽从传统 LTE 系统的 180kHz 缩减至 15kHz，这样，相同的物理带宽资源就可以调度给更多的终端设备使用。NB-IoT 据此实现了系统超大容量的增强，仿真结果显示，NB-IoT 每个小区可以承载 5 万台终端的数据连接需求。

5.9　NPUSCH

NPUSCH 用来传输上行数据和上行控制信息。

NPUSCH 的物理层处理沿用 LTE 系统的 PUSCH 物理层处理过程，区别在于调制方式的不同，Single-tone 传输使用 π/2-BPSK 和 π/4-QPSK，Multi-tone 传输使用 QPSK。

NPUSCH 传输的最小调度单位是 RU，它由 NPUSCH 格式和子载波空间决定。对于 Single-tone 传输，3.75kHz 子载波间隔时 RU 为 32ms，15kHz 子载波间隔时 RU 为 8ms。对于 Multi-tone 传输，3 个子载波时 RU 为 4ms，6 个子载波时 RU 为 2ms，12 个子载波时 RU 为 1ms。

NPUSCH 支持两种格式：NPUSCH 格式 1 和 NPUSCH 格式 2。

NPUSCH 格式 1 用于传输上行信道的数据，可采用 Single-tone 传输或 Multi-tone 传输方式。它支持 3.75kHz Single-tone 和 15kHz Single-tone、3 个、6 个、12 个子载波。由于 NB-IoT 上行控制信息仅仅包括 1bit 的 HARQ-ACK，并不支持 SR 或通道状态信息（Channel Status Information，CSI）回报，为了降低开销，每个 RU 仅支持 14×2 个符号，即 3.75kHz 为 8ms 的 TTI 长度，15kHz 为 2ms 的 TTI 长度。

NPUSCH 格式 2 用于传输上行控制信息（Uplink Control Information，UCI），只采用 Single-tone 传输方式。

与 LTE 系统相同，NPUSCH 信道的处理过程通过加扰、调制、层映射、变换编码（Transform Precoding）、预编码、资源映射等几个步骤。相比于 LTE 系统的 PUSCH，NPUSCH 重用了 PUSCH 的层映射、变换编码和预编码。由于 NPUSCH 支持重复传输（Repetition），在沿用 LTE 系统中 PUSCH 加扰方式的基础上，每次编码块传输都根据第 1 个时隙和帧重新初始化。类似的，NPUSCH 的资源映射也不同于 LTE 系统的 PUSCH。NPUSCH 被分成 $M_{\text{identical}}^{\text{NPUSCH}}$ 个相同传输块，

$$M_{\text{identical}}^{\text{NPUSCH}} = \begin{cases} \min\left(\left\lfloor M_{\text{rep}}^{\text{NPUSCH}}/2 \right\rfloor, 4\right) & N_{\text{sc}}^{\text{RU}} > 1 \\ 1 & N_{\text{sc}}^{\text{RU}} = 1 \end{cases}$$

式中，$M_{\text{rep}}^{\text{NPUSCH}}$ ——重复次数。

对于 NPUSCH 格式 1，一个传输块通过编码和速率匹配后，需要经过若干次重复传输，其中最高优先级为子帧重复，其次为编码块重复，其中每次编码块重复采用不同的冗余版本。也就是说，当重传次数 $M_{\rm rep}^{\rm NPUSCH} \leqslant 4$ 时，仅进行子帧重复；当 $M_{\rm rep}^{\rm NPUSCH} > 4$ 时，进行子帧重复和编码块重复。如图 5.11 所示，$M_{\rm rep}^{\rm NPUSCH} = 16$，NPUSCH 共计进行重复次数为 4 的子帧重复，以及 4 次编码块重复，分别传输的冗余版本（Redundancy Version，RV）为 RV0（假设 DCI 中指示为从 RV0 开始）、RV2、RV0、RV2。

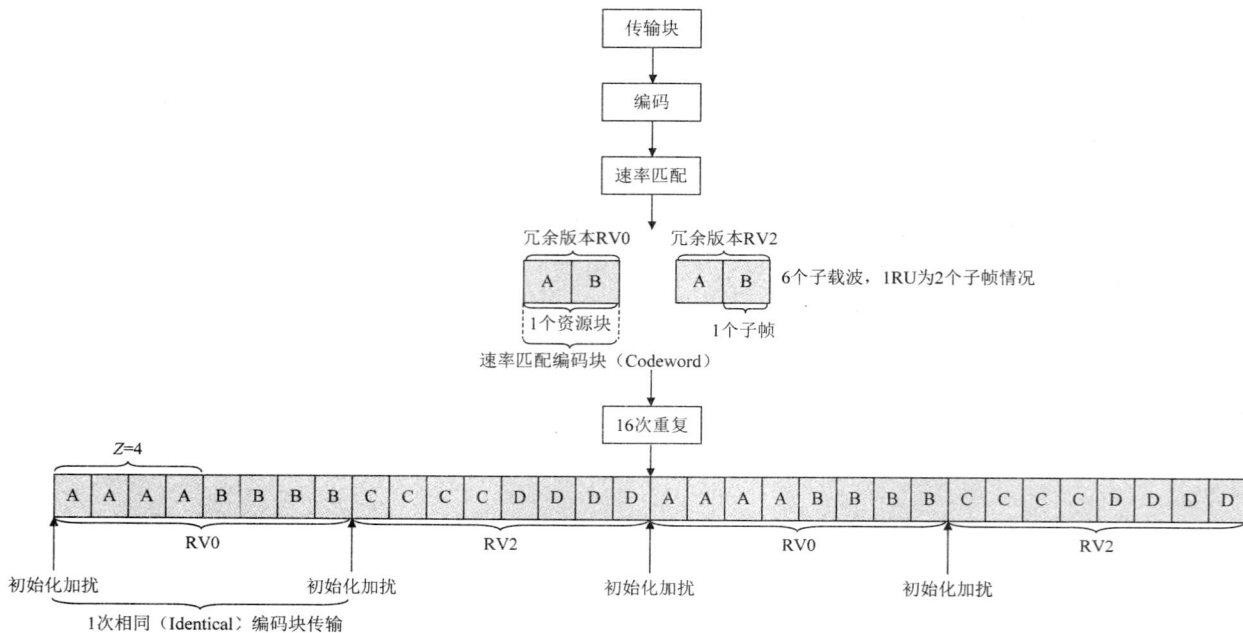

图 5.11　NPUSCH 格式 1 加扰、版本重复和资源映射示意图

对于 NPUSCH 格式 1，用 DCI 格式 N0 指示，采用 3bit 指示 RU 的个数 { 1~6，8，10 }。其中 RU 的个数跳过 7 而引入 10 是为了在不增加 DCI 开销的时候尽可能增加每个 MCS 支持的最大编码块大小。MCS 采用 4bit 指示，对于多载波 $I_{\rm MCS}=I_{\rm TBS}$，对于单子载波，$I_{\rm MCS}$ 0 和 $I_{\rm MCS}$ 1 对应 BPSK 调制，并分别对应 TBS 表中第一行 $I_{\rm TBS}=0$ 和第三行 $I_{\rm TBS}=2$。此外，对于单子载波，由于每个 RU 中仅有 96 个可用于数据传输的 RE，为了避免过高的码率，1 个子载波仅支持 $I_{\rm MCS}=0\sim10$。在 Rel-13 版本中，多个子载波支持 $I_{\rm MCS} = 0\sim12$（最大的 TBS=1000bit），而在 Rel-14 版本中，进一步扩展到 $I_{\rm MCS}=13$，最大 TBS 进一步扩大到 2536bit。

不同于 LTE 系统和 eMTC，NPUSCH 格式 1 采用 DCI 指示的动态调度延时，用 2bit 指示 { 8，16，32，64 }ms 的绝对调度时间。频域子载波位置和数量通过 DCI 中的 6bit 来指示。由于引入更长的 TTI，对于极端覆盖情况，NPUSCH 所需要的重复次数也无须很多，NB-IoT 系统中通过 DCI 中 3bit 指示最大为 128 的重复次数，即可提供至少 164dB 的最大链路损耗。

对于 NPUSCH 格式 2，仅传输 NPDSCH 的 1bit ACK/NACK UCI，并且采用重复编码。其他处理过程和 NPUSCH 格式相同。NPUSCH 格式 2 的 RU 大小为 2ms 和 8ms，仅采用单子载波方式传输，其重复次数是通过 RRC 半静态配置。

在 DCI 格式 N1 中，采用 4bit 来指示 UCI 的时频资源位置。其中，对于 3.75kHz，频域资源为子载波 38～45，避免采用最外侧的子载波 46 和 47，目的是避免带内部署时与 LTE 系统 15kHz 的上行之间的干扰而影响 UCI 的性能。对于 15kHz，频域资源为子载波 0～3。

对于 15kHz 子载波间隔，频域位置为 NPDSCH 最后 1 个子帧后第{ 13，15，17，18 }个 ms；对于 3.75kHz 子载波间隔，频域位置为 NPDSCH 最后 1 个子帧后第{ 13，21 }个 ms。

在 NB-IoT 中，由于可用资源有限和重复传输的行为，若在上行链路使用同步的 HARQ 会使得上行链路资源运用更加困难，因此在 NB-IoT 中上行和下行都使用异步的 HARQ，也就是说，若需重传则会根据新接收到的 DCI 来做重传。

另外，为了减少 NB-IoT UE 的复杂度，只支持 1 个 HARQ 进程，且在下行链路不支持 RV，在上行则支持 RV0、RV2。

在 NB-IoT 中，考虑系统和 UE 复杂度，以及有限的系统带宽，舍弃了 LTE 系统中的 PUCCH、PHICH 等物理层信道。

对于下行 HARQ 的确认消息（HARQ-ACK）或否定应答消息（NACK），将在 NB-IoT 的 NPUSCH 格式 2 中进行传输，而 LTE 系统中的周期性信道状态信息（Periodic CSI）回报，也因为考虑资源有限与 NB-IoT UE 的电量耗损，在 Rel-13 和 Rel-14 NB-IoT 版本中暂时不予支持。

对于 NPUSCH 格式 1，当子载波空间为 3.75kHz 时，只支持单频传输，1 个 RU 在频域上包含 1 个子载波，在时域上包含 16 个时隙，所以，1 个 RU 的长度为 32ms。当子载波空间为 15kHz 时，支持单频传输和多频传输，1 个 RU 包含 1 个子载波和 16 个时隙，长度为 8ms；当 1 个 RU 包含 12 个子载波时，有 2 个时隙的时间长度，即 1ms，此 RU 刚好是 LTE 系统中的 1 个子帧。RU 的时间长度设计为 2 的幂次方，是为了更有效地运用资源，避免产生资源空隙而造成资源浪费。

对于 NPUSCH 格式 2，RU 总是由 1 个子载波和 4 个时隙组成的，所以，当子载波空间为 3.75kHz 时，1 个 RU 时间长度为 8ms；当子载波空间为 15kHz 时，1 个 RU 时间长度为 2ms。

由于 1 个 TB 可能需要使用多个 RU 来传输，因此在 NPDCCH 中接收到的 Uplink Grant 中除了指示上行数据传输所使用的 RU 的子载波的索引，也会包含 1 个 TB 对应的 RU 数目和重传次数指示。

NPUSCH 格式 2 是 NB-IoT UE 用来传输指示 NPDSCH 有无成功接收的 HARQ-ACK/NACK，所使用的子载波的索引在由对应的 NPDSCH 的下行分配（Downlink Assignment）中指示，重传次数由 RRC 参数配置。

5.10 NPRACH

eNB 基站会根据各个 CE Level 来配置相应的 NPRACH 资源。

随机接入开始之前，NB-IoT UE 会通过下行测量（如 RSRP）来决定 CE Level，并使用该 CE Level 指定的 NPRACH 资源。一旦随机接入前导传输失败，NB-IoT UE 会在升级 CE Level 重新尝试，直到尝试完所有 CE Level 的 NPRACH 资源为止。

不同于 LTE 系统，物理随机接入信道 NPRACH 为支持符号组频域跳频的 3.75kHz 的单子载波信号。其支持以下两个格式。

1）格式 0：CP 长度为 66.67μs，支持 10km 小区半径。

2）格式 1：CP 长度为 266.67μs，支持 40km 小区半径。

为了估计上行信号到达时间偏差，NPRACH 通过跳频的方式来增加信号经历的带宽从而提高估计精度。为了避免相位模糊，引入了两级跳频。

NPRACH 定义了 1 个 CP 和 1 个符号组（包含 5 个相同的符号）。对于格式 0 和格式 1，1 个符号组的时间长度分别为 1.4ms 和 1.6ms，如图 5.12 所示。4 个符号定义为一次重复，组成 2 级跳频，第 1 个符号组与第 2 个符号组之间，以及第 3 个符号组与第 4 个符号组之间进行 3.75kHz（即 1 个子载波）的第 1 级跳频，第 2 个符号组与第 3 个符号组之间进行间隔为 22.5kHz（即 6 个符号组）的第 2 级跳频。此外，在每次重复之间，引入类型 2 的伪随机跳频，该跳频限制在 12 个子载波之内。

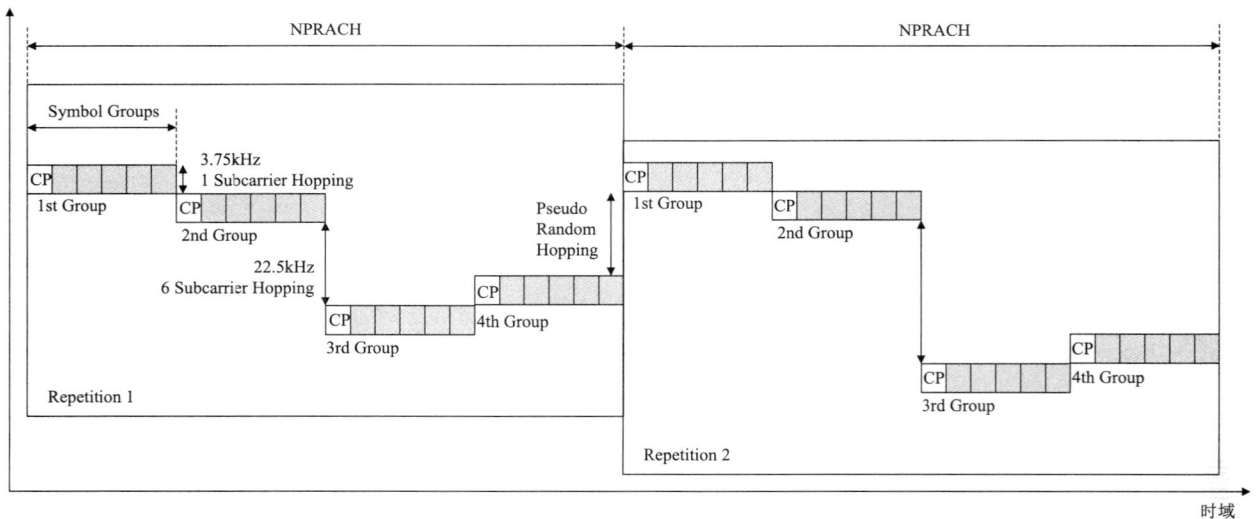

图 5.12　NPRACH 符号组跳频示意图

每个小区可以配置最多 3 个覆盖等级，每个覆盖等级对应一组 NPRACH 配置，包括

1）NRPACH 周期 3bit：{ 40，80，160，240，320，640，1280，2560 } ms。

2）频域位置子载波偏移 3bit：{ 0，12，24，36，2，18，34 }。

3）子载波数目 2bit：{ 12，24，36，48 }。

4）重复次数 3bit：{ 1，2，4，8，16，32，64，128 }。

此外，在 NB-IoT 标准制定初期，迫于上市时间的压力，在 Rel-13 中允许一些 UE 仅支持上行 Single-tone 传输，通过 IoT 比特来指示其能力。为了使 eNB 基站在调度 Msg3 时就获知 UE 支持是否支持多载波 Msg3 传输的能力，进一步将 NPRACH 的资源分组，通过 2bit 来指示预留给支持多载波 Msg3 传输能力的用户。

为了有效地利用上行资源，不同覆盖等级的 NPRACH 的资源可以重叠。在低覆盖等级的用户会认为与高覆盖等级重叠的 NPRACH 资源是无效的。

完全重新设计的 NPRACH 信道，采用 3.75kHz 子载波间隔，NPRACH 信道有 Normal 和 Extend 两种 CP 长度，在时域上的长度也和 LTE 系统完全不同。NPRACH 信道采用常数序列，仅支持时分复用和频分复用，并且支持跳频。

5.11　DMRS 上行参考信号

解调参考信号（Demodulation Reference Signal，DMRS）是 NB-IoT 上行参考信号。由于 NPUSCH 以子载波为单位进行传输，而 LTE 解调参考信号以物理资源块为基本单位，NB-IoT 系统无法重用 LTE 解调参考信号。

在 NPUSCH 格式 1 中，每 7 个 OFDM 符号中有 1 个 OFDM 符号作为上行解调参考信号对应的 OFDM 符号。在 Single-tone 模式下，当子载波间隔为 15kHz 时，NPUSCH 通过每个 Slot 时隙的第 4 个符号传输 UL-SCH 解调和上行解调参考信号；当子载波间隔为 3.75kHz 时，NPUSCH 通过每个 Slot 时隙的第 5 个符号来传输。在 Multi-tone 模式下，NPUSCH 通过每个 Slot 时隙的第 4 个符号来传输。

对于每个 RU，Single-tone 传输的上行窄带解调参考信号的长度是 16 个符号，Multi-tone 传输的上行窄带解调参考信号的长度是所分配的子载波数目。

对于 Single-tone NPUSCH 传输，多个上行窄带解调参考信号可通过如下的方法获得：①基于不同的基本序列；②一个共同的 Gold 序列。

对于 Multi-tone NPUSCH 传输，多个上行窄带解调参考信号可通过如下的方法获得：①基于不同的基本序列；②同一个序列的不同移位。

NB-IoT 上行采用与 LTE 系统相同的时域密度，即对于 NPUSCH 格式 1 采用 1/7 的密度，对于传输 UCI 的 NPUSCH 格式 2 采用 3/7 的密度。对于 15kHz 子载波间隔，与 LTE 系统相同，采用每 7 个符号中的第 4 个或第 2、3、4 个符号作为参考信号。对于 3.75kHz 子载波间隔，为了避免与 LTE 系统的 SRS 相撞，NPUSCH 格式 1 采用第 5 个符号，

NPUSCH 格式 2 采用前 3 个符号。

NPUSCH 格式 1 上行参考信号位置如图 5.13 所示。

图 5.13
NPUSCH 格式 1
上行参考信号
位置

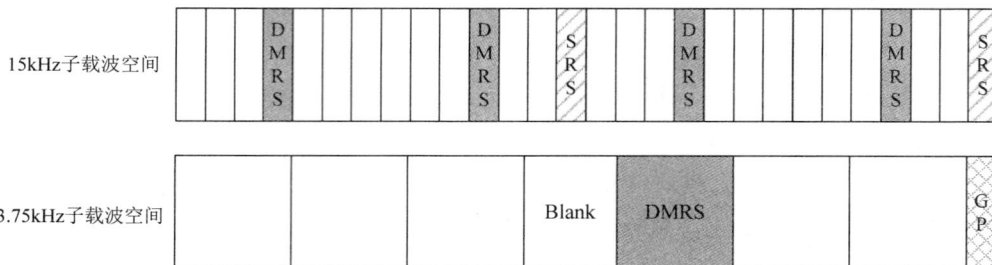

NPUSCH 格式 2 上行参考信号位置如图 5.14 所示。

图 5.14
NPUSCH 格式 2
上行参考信号
位置

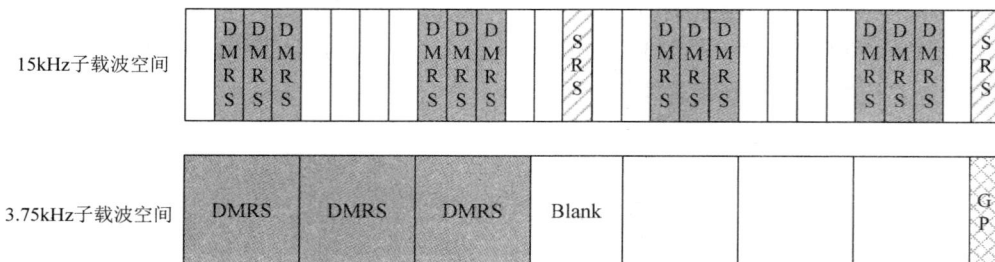

对于多个子载波的情况，基础的导频序列为 $r_\mathrm{u}(n) = \mathrm{e}^{j\alpha n}\mathrm{e}^{j\varphi(n)\pi/4}$，$0 \leqslant n < N_\mathrm{sc}^\mathrm{RU} - 1$，其中对于 12 个子载波的情况，重用 LTE 系统中的序列；对于 3 个或者 6 个子载波的情况，分别选用 TS 36.211 10.1.4.1.2 中给出的序列。为保证较低的 PAPR 和立方度量（Cubic Metric，CM），对于 3 个和 6 个子载波分别保留了 12 个和 14 个序列。

此外，不同于 LTE 系统，序列的选择是根据在 SIB 中广播一个序列号决定的。否则，根据小区 ID 与 12、14、30 取模的余数决定分别对应 3、6、12 个载波时的基础序列。此外，类似于 LTE 系统，NB-IoT 上行导频信号引入了循环延时，其循环延时的值在广播中配置。NB-IoT 系统的上行参考信号是小区指定的，而不是 UE 指定的。

对于单子载波的基础序列通过 1 个 16 长的 Hadamard 矩阵和 Gold 序列的 Element-Wise Product 构成，其中，Gold 序列初始的 m-序列为 $c_\mathrm{init} = 35$。不同的小区根据小区 ID 选择不同行的 Hadamard 矩阵。对于 NPUSCH 格式 2，通过 3 长的叠加正交码（Orthogonal Cover Code，OCC）序列将该序列进一步扩展为 3/7 密度。

此外，上行导频还支持同 LTE 系统上行导频相同的跳频，用来对抗相邻小区之间的干扰。

5.12 上行传输间隔

对于极端覆盖情况，上行信号的传输时间会长达几秒，由于 NB-IoT 为半双工系统，在上行传输时不会进行下行的同步，因此随着时间的累积可能会出现频率偏移从而影响性能。因此，NB-IoT 引入上行的传输间隔，使得信号在 UE 传输一定时间后，可以返回下行矫正频偏再继续进行上行传输。如图 5.15 所示，在传输 X 时间后，引入 1 个时间为 Y 的间隔，同时，若最后 1 次传输时间 $T_{end} = X$，则在上行传输后，同样引入 1 个时间 Y，即 UE 不会在该时间内进行下行接收。

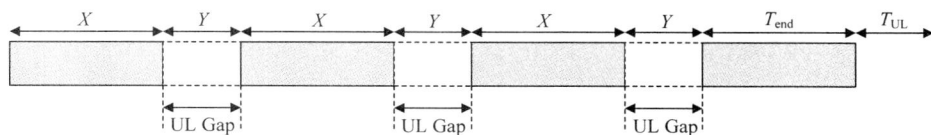

图 5.15
上行传输间隔示意图

对于 NPUSCH，$X = 256ms$，$Y = 40ms$。

对于 NPRACH，$X = 64 \cdot$ 符号长度，$Y = 40ms$。

对于 NPRACH 格式 0，$X = 64 \cdot 5.6ms = 358.4ms$。

对于 NPRACH 格式 1，$X = 64 \cdot 6.4ms = 409.6ms$。

5.13　调度和速率控制

为了高效利用 SCH 资源，在 MAC 中使用调度功能。根据调度操作、调度决策的信号传输和支持调度操作的量度而给出调度的描述。

5.13.1　基本调度操作

对于基本调度器的下行调度，NB-IoT 支持：

- 下行调度信息在下行物理控制信道 NPDCCH 上传输，调度的下行数据在共享数据信道 NPDSCH 上传输。
- 仅支持跨子帧调度，不支持跨载波调度。NPDCCH 和 NPDSCH 的传输时长是可变的，该时长以子帧数量为单位。
- 传输时长对于 NPDCCH 来说是半静态的，对于 NPDSCH 来说，是作为 NPDCCH 上调度信息的一部分来指示的。
- 相对于 NPDCCH 的 NPDSCH 开始时间被作为调度信息的一部分。

对于基本调度器的上行调度，NB-IoT 支持：

- 上行链路调度信息在下行物理控制信道 NPDCCH 上传输，调度的上行链路数据在共享数据信道 NPUSCH 上传输。
- NPUSCH 的传输时长是可变的，该时长以子帧数量为单位。
- 传输时长对于 NPDCCH 来说是半静态的，对于 NPUSCH 来说，是作为 NPDCCH 上调度信息的一部分来指示的。

- 相对于 NPDCCH 的 NPUSCH 开始时间被作为调度信息的一部分。

5.13.2 下行链路调度

在下行链路中，E-UTRAN 能够经由 PDCCH 上的 C-RNTI 向每个 TTI 处的 UE 动态分配资源（PRB 和 MCS）。UE 总是监控 PDCCH，以在其下行链路接收启用时找到可能的分配（在被配置时由 eDRX 掌控的活性）。

此外，E-UTRAN 可对于第一 HARQ 发送向 UE 分配准持续下行链路资源：

1）限定准持续下行链路授权的周期性；

2）PDCCH 指示下行链路授权是否是准持续的，即其是否可根据由限定的周期性在随后 TTI 中隐性地再使用。

在 UE 具有准持续下行链路资源的子帧中，如果 UE 不能在 PDCCH 上找到 C-RNTI，则采用根据 UE 已在 TTI 中指派的准持续分配的下行链路发送。否则，在 UE 具有准持续下行链路资源的子帧中，如果 UE 在 PDCCH 上找到 C-RNTI，则 PDCCH 分配优先于对于该 TTI 的准持续分配且 UE 不对准持续资源解码。

当配置 DC 时，准持续下行链路资源可仅被配置用于 PCell 或 PSCell。其中，仅有用于 PCell 的 PDCCH 分配可优先于用于 PCell 的准持续分配，仅有用于 PSCell 的 PDCCH 分配可优先于用于 PSCell 的准持续分配。

对于 NB-IoT：

- 用于下行链路数据的调度信息在 NPDCCH 上发送。调度的下行链路数据在 NPDSCH 上发送。
- 仅支持跨子帧调度，不支持跨载体调度。用于 NPDCCH 和 NPDSCH 的多个子帧的发送持续时间是可变的。
- 多个子帧的发送持续时间对于 NPDCCH 而言是准静态的，且被指示为在 NPDCCH 上发送的调度信息的一部分。
- NPDSCH 相对于 NPDCCH 的开始时间作为调度消息的一部分进行信号传输。

5.13.3 上行链路调度

在上行链路中，E-UTRAN 能够经由 PDCCH 上的 C-RNTI 向每个 TTI 处的 UE 动态分配资源（PRB 和 MCS）。UE 总是监控 PDCCH，以在其上行链路接收启用时找到可能的分配（在被配置时由 eDRX 掌控的活性）。

此外，E-UTRAN 可对于第一 HARQ 发送及可能的再发送向 UE 分配准持续上行链路资源：

① 限定准持续上行链路授权的周期性；

② PDCCH 指示上行链路授权是否是准持续的。

在 UE 具有准持续上行链路资源的子帧中，如果 UE 不能在 PDCCH 上找到其

C-RNTI，则可以进行根据 UE 已在 TTI 中指派的准持续分配的上行链路发送。网络根据预限定的 MCS 执行对预限定 PRB 的解码。否则，在 UE 具有准持续上行链路资源的子帧中，如果 UE 在 PDCCH 上找到其 C-RNTI，则 PDCCH 分配优先于对于该 TTI 的准持续分配且 UE 发送遵从 PDCCH 分配而非准持续分配。再发送被隐性地分配（在此情况下，UE 使用准持续上行链路分配）或经由 PDCCH 被显性地分配（在此情况下，UE 不遵从准持续分配）。

> 注意：
> 在上行链路中不存在盲解码，而且当 UE 不具有足够数据填充分配资源时，使用填装。

当 UE 在一个 TTI 中的多个伺服单元中具有有效的上行链路授权时，在逻辑通道优先化中处理授权的顺序及是否应用联合处理或串行处理留待 UE 实施。

类似地，对于下行链路而言，准持续上行链路资源可仅被配置用于 PCell 且仅有用于 PCell 的 PDCCH 分配可优先于准持续分配。当配置 DC 时，准持续上行链路资源可仅被配置用于 PCell 或 PSCell。仅有用于 PCell 的 PDCCH 分配可优先于用于 PCell 的准持续分配，仅有用于 PSCell 的 PDCCH 分配可优先于用于 PSCell 的准持续分配。

对于 NB-IoT：

- 用于上行链路数据的调度信息在 NPDCCH 上发送。调度的上行链路数据在 NPUSCH 上发送。
- 用于 NPUSCH 的多个子帧的发送持续时间是可变的。
- 多个子帧的发送持续时间对于 NPDCCH 而言是准静态的，且被指示为在 NPDCCH 上发送的调度信息的一部分。
- NPUSCH 相对于 NPDCCH 的开始时间作为调度消息的一部分进行信号传输。

5.14　同步过程

物理层的同步过程分为小区搜索和时频同步。小区搜索是一个 UE 获得一个小区的时频同步并检测出小区物理 ID 的过程。UE 可通过解析 NPSS 和 NSSS 来获得时频同步和小区 ID，此外，NB-IoT 对于带内部署会通过 MIB 中的 operationModeInfo 来指示是否与 LTE 系统小区有相同的小区 ID。

NB-IoT 重用 LTE TA（Timing Advance，时间提前）进程，然而，为了不增加 UE 解码压力，上行 TA 的调整时间从 LTE 系统的 4ms 变为 12ms。此外，TA 调整不对相位造成影响。

小区搜索是基于 NPSS 和 NSSS 进行的。NPSS 在 NB-IoT 载波的每个无线帧第 6 个子帧的第 1～11 个子载波上传输，NSSS 在 NB-IoT 载波的每隔一个无线帧的第 10 个子帧上的全部 12 个子载波上传输。

UE 通过 NPSS 和 NSSS 进行小区下行同步来获取小区 ID。

UE 根据 eNB 基站下发的 TA 指令进行上行发送定时调整，并且完成上行同步。

5.15 功率控制

NB-IoT 采用 E-UTRAN 上行功率控制方案，但不采用上行闭环功率控制。

与 LTE 系统相比，由于 NB-IoT 引入了以子载波为力度的调度力度，因此 NB-IoT 功率控制同样引入了表征小于 1 个 PRB 的参数 $M_{\text{NPUSCH,c}}(i)$，其取值范围为 { 1/4，1，3，6，12 }，分别对应 3.75kHz 单子载波、15kHz 单子载波及 3、6、12 个子载波。在 NPUSCH 重复次数大于 2 的时候，NPUSCH 采用最大功率，否则采用：

$$P_{\text{NPUSCH,c}}(i) = \min \begin{cases} P_{\text{CMAX,c}}(i), \\ 10\lg(M_{\text{NPUSCH,c}}(i)) + P_{\text{O\_NPUSCH,c}}(j) + \alpha_c(j) \cdot PL_c \end{cases} \text{dBm}$$

式中，$P_{\text{CMAX,c}}(i)$——在时隙 i 上小区特定（Cell-Specific）的最大传输功率，即 NPUSCH 传输的最大功率；

PL_c——UE 估计的路径损耗（Path Loss），其上面加载了权重因子 $\alpha_c(j)$。

为了使 eNB 基站尽快获得功率余量（Power Headroom），NB-IoT 系统在 Msg3 中支持 2bit（即 4 个值）功率余量回报（PHR）。其 PHR 根据 15kHz 单子载波的数据传输来计算：

$$PH_c(i) = P_{\text{CMAX,c}}(i) - \left\{ P_{\text{O\_NPUSCH,c}}(1) + \alpha_c(1) \cdot PL_c \right\}$$

下行的传输功率以 NRS 为基准。对于 NPBCH、NPDCCH 和 NPDSCH 的传输能量取决于下行传输模式。对于单天线传输，UE 假设与 NRS 传输能量相同。否则，传输能量低于 NRS 3dB。对于带内部署相同小区 ID 情况，为了使 UE 可以利用 CRS 进行数据解调，eNB 基站可以额外配置 NRS 与 CRS 的功率差，否则 UE 假设 NRS 与 CRS 传输功率相同。

小结

NB-IoT 的下行和上行链路 UE 的系统带宽都是 200kHz，传输带宽都是 180kHz。

NB-IoT 简化了下行链路传输机制，采用 OFDMA 技术，NPSS 和 NSSS 同步信号是非常重要的环节，和 LTE 系统差异较大，PCID 的计算规则也和 LTE 系统不同。

NB-IoT 下行链路共享信道的编码方式是 TBCC，而 LTE 系统使用的是 Turbo 码。NB-IoT 的下行链路控制信道没有定义 REG 的概念，直接定义了 NCCE 为一个子帧中的连续的 6 个子载波。

和 LTE 系统一样，UE 在解码 NPBCH 信道时，通过 CRC 掩码确定小区的天线端口数量。不同的是 NB-IoT 最多只支持 2 个天线端口。

上行链路支持 Single-tone 和 Multi-tone 两种工作模式。在 Single-tone 模式下，网络侧可配置 15kHz 或 3.75kHz 两种子载波间隔。在 Multi-tone 模式下，网络侧只配置 15kHz 一种子载波间隔。

NB-IoT 的上行链路传输机制实现了广覆盖能力的提升，采用重传机制，在网络信号覆盖较弱的情况下，通过协商机制来实现信息的传输，上行重传可高达 128 次，下行重传可高达 2048 次，有效解决了恶劣场景下的无线通信覆盖。

第 6 章 NB-IoT 网络接口协议

NB-IoT 空中接口主要负责对无线接口的管理和控制，包括 RRC 子层协议、PDCP 子层协议、RLC 子层协议、MAC 子层协议和物理层协议。

NB-IoT 无线接入网由一个或多个基站（eNB）组成，eNB 基站通过 Uu 接口与 UE 通信，给 UE 提供用户面（PDCP / RLC / MAC / PHY）和控制面（RRC）的协议终止点。eNB 基站通过 S1 接口连接到 EPC 核心网。eNB 基站之间通过 X2 接口进行直接互连，解决 UE 在不同 eNB 基站之间的切换问题。

NB-IoT S1 用户面接口（S1-U）是 eNB 基站和 S-GW 之间的接口。S1 控制面接口（S1-MME）是 eNB 基站和 MME 之间的接口。S1 接口支持 MME/S-GW 和 eNB 基站之间的多对多连接，即一个 eNB 基站可以和多个 MME/S-GW 连接，多个 eNB 基站也可以同时连接到同一个 MME/S-GW。

6.1 S1 控制面接口

S1 控制面接口（S1-MME）是 eNB 基站和 MME 之间的接口。和用户面类似，传输层基于 IP 传输，在 IP 点对点传输被用于传递信令 PDU。在 IP 层之上采用流量控制传输协议（Stream Control Transmission Protocol，SCTP），为应用层消息提供可靠的传输。S1 接口的应用层信令协议称为 S1-AP（S1-Application Protocol）即 S1 应用层协议。S1 接口的控制面协议栈如图 6.1 所示。

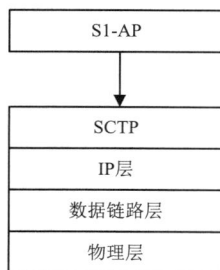

图 6.1
S1 接口的控制
面协议栈

每个 S1 控制面接口支持一个 SCTP 偶联，S1 控制面接口的通用过程使用一对流，S1 控制面接口专用过程使用多对流。S1 控制面接口的专用过程使用 MME 分配的 MME 通信上下文和 eNB 基站分配的 eNB 基站通信上下文来区分不同的 UE S1 控制面接口的信令传输承载。通信上下文标志在各自的 S1-AP 消息中传输。

如果 S1 信令传输层通知 S1-AP 层信令连接中断，则：

1）对于 MME 来说，使用该信令让 UE 改变本地状态并连接到 ECM_Idle 空闲状态，删除 UE 在 ECM_Idle 时的上下文数据，在连接中断之前使用 S1 信令连接；或保持 UE 在 ECM_Connected 连接状态，在 ECM_Idle 空闲状态挂起 UE 的上下文数据，在连接中断之前使用 S1 信令连接。

2）对 eNB 基站来说，UE 释放 RRC 连接，并在 RRC_Idle 空闲状态时 UE 挂起 UE 的上下文，在连接断中断之前使用 S1 信令连接；或保持 UE 在 RRC_Connected 连接状态，在 ECM_Idle 空闲状态挂起 UE 的上下文数据，在连接中断之前使用 S1 信令连接。

如果 S1 信令传输层通知 S1-AP 层信令连接可重新使用，并且 eNB 基站和 MME 已经决定各自保持 ECM_Connected 连接状态和 RRC_Connected 连接状态的 UE，以及决定当信令连接断开的时候，则对于在 ECM_Idle 空闲状态的各 UE 仍然保持其中断的 UE 上下文数据。其中，S1 建立过程是试图重建断开的信号连接。

各无线网络终止在 S1-AP。在此种情况下，在 MME 池中，无线网络和 eNB 基站之间存在一个 S1 接口关系，eNB 基站和每个 MME 之间也存在一个 S1 接口关系。

无线网络与 eNB 基站之间的 S1 接口关系用于承载无线网络与 eNB 基站之间的非用户终端关联的 S1-AP 信令，以及对于连接到无线网络的各 UE，承载其 UE 关联的 S1-AP 信令。

eNB 基站与 MME 之间的 S1 接口关系用于承载 eNB 基站与 MME 之间的非用户终端关联的 S1-AP 信令，以及对于连接到无线网络的各 UE 和连接到 eNB 基站的各 UE，承载其 UE 关联的 S1-AP 信令。

NB-IoT S1 接口在原有 LTE 系统 S1 接口功能的基础上针对 CP 模式，更新 EPC 触发 S1 UE 上下文释放过程、下行 NAS 传输过程，同时新增连接建立指示过程；针对 UP 模式新增 UE 上下文恢复功能，不支持原有 ECM_Connected 状态 UE 移动性功能、公共预警消息传送功能、S1 CDMA2000 隧道功能。

1. S1 寻呼功能

寻呼功能是向 UE 注册的跟踪区域范围内所有小区发送寻呼请求的功能，目的是让 MME 在特定的 eNB 基站范围内寻呼到 UE。

为了支持处于 ECM_Connected 连接状态的各个 UE，需要管理 UE 的上下文。也就是说，需要在 eNB 基站和在 EPC 处建立和释放 UE 上下文，从而在 S1 上支持用户个体的信令。

初始上下文建立功能支持在 eNB 基站中对全部初始 UE 建立上下文，包括 E-RAB 上下文、安全内容、漫游和接入限制、UE 能力信息、RAT/频率优先权的用户描述 ID、UE S1 信令连接 ID 等，从而促使完成快速的空闲状态到连接状态的转换。

初始上下文建立功能不仅完成全部初始 UE 上下文的建立，还可以支持相应的 NAS 消息的 Piggy-Backing。初始上下文建立是由 MME 发起的。

UE 上下文修改功能支持在 eNB 基站中对处于连接状态的 UE 进行 UE 上下文的修改。

UE 上下文恢复功能支持在 eNB 基站中针对 UE 对已建立的 UE 上下文进行中断和恢复，同时允许保持 UE 上下文。这些 UE 被发送到 RRC_Idle，并且可以恢复 RRC 连接而无须在 eNB 基站中重新建立 UE 上下文。

2. S1 UE 上下文释放过程

EPC 通过向 E-UTRAN 发送 S1 UE 上下文释放命令（S1 UE Context Release Command）消息发起 UE 上下文释放过程。eNB 基站释放所有相关信令和数据传输资源。eNB 基站通过 S1 UE 上下文释放完成（S1 UE Context Release Complete）消息确认 UE 上下文释放。

此过程中 EPC 释放除去与移动性管理和默认 EPS/E-RAB 承载配置外的所有相关资源。S1 UE 上下文释放过程如图 6.2 所示。

图 6.2
S1 UE 上下文
释放过程

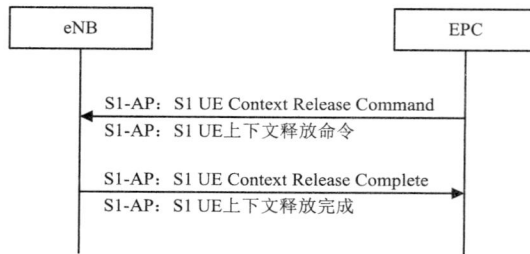

eNB		EPC
	S1-AP：S1 UE Context Release Command	
	S1-AP：S1 UE上下文释放命令	
	S1-AP：S1 UE Context Release Complete	
	S1-AP：S1 UE上下文释放完成	

3. 下行 NAS 传输过程

NAS 信令消息通过 S1 接口双向传输。NB-IoT 采用 CP 模式，在下行由 MME 发起的 NAS 传输过程中，MME 发给 eNB 基站的下行 NAS 传输（Downlink NAS Transport）消息可能包含 UE 无线能力信息。下行 NAS 传输过程如图 6.3 所示。

图 6.3
下行 NAS
传输过程

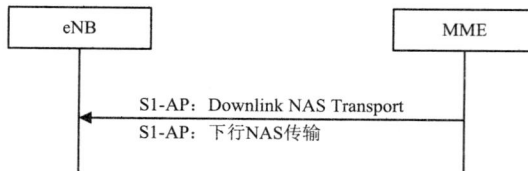

eNB		MME
	S1-AP：Downlink NAS Transport	
	S1-AP：下行NAS传输	

4. 连接建立指示过程

连接建立指示过程由 MME 发起。当使用 CP 模式时，若 MME 没有下行 NAS 层 PDU 需要发送，连接建立指示过程使 MME 能在接收到初始 UE 信息（Initial UE Message）消息之后，向 eNB 基站提供完成 UE 相关逻辑 S1 连接建立所需的信息。

MME 可能通过此过程向 eNB 基站提供 UE 无线能力。若此过程未包含 UE 无线能力，则可能会触发 eNB 基站向 UE 发起 UE 无线能力请求，eNB 基站通过 UE 能力信息指示（Capability Info Indication）信息将此信息提供给 MME。

连接建立指示过程如图 6.4 所示。

图 6.4
连接建立
指示过程

5. UE 上下文挂起过程

UE 上下文挂起过程由 eNB 基站发起。eNB 基站将 UE 状态设为 RRC_Idle 空闲状态后，请求 MME 在 EPC 挂起 UE 上下文和相应承载上下文。

在成功完成 UE 上下文挂起过程后，UE 相关的信令连接被设置为挂起。eNB 基站和 MME 保存恢复 UE 信令连接必需的所有数据相关上下文，无须再交换信息。

UE 上下文挂起过程如图 6.5 所示。

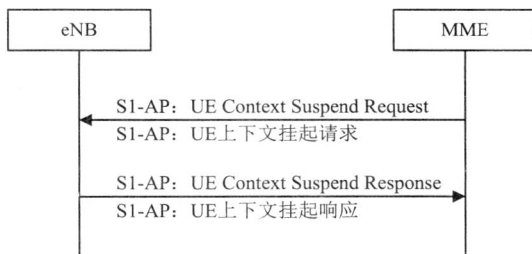

图 6.5
UE 上下文
挂起过程

UE 上下文挂起过程由 eNB 基站发起，用于在 eNB 基站将 UE 置为 RRC_Idle 空闲状态之后，请求 MME 中断在 EPC 中的 UE 上下文及相关承载上下文。

在成功完成 UE 上下文中断过程之后，随即中断 UE 关联的信令连接。eNB 基站及 MME 保持所有必需的上下文数据，以便恢复 UE 关联的信令连接，因此在 UE 关联的信令连接被中断之前，不需要对已经提供给各自节点的信息进行交换。在被中断的 UE 关联信令的连接中，只允许发生下述的 S1-AP 过程：

1）UE 上下文恢复。

2）S1-AP UE 上下文释放（由 eNB 基站和 MME 发起）。

6. UE 上下文恢复进程

UE 上下文恢复进程由 eNB 基站发起。eNB 基站指示 UE 已经恢复了 RRC 连接，请求 MME 在 EPC 恢复 UE 上下文和相关承载上下文。若 UE 上下文在 EPC 无法恢复，则 MME 向 eNB 基站发送 UE 上下文挂起失败（UE Context Resume Failure）消息。

用户终端上下文恢复进程如图 6.6 所示。

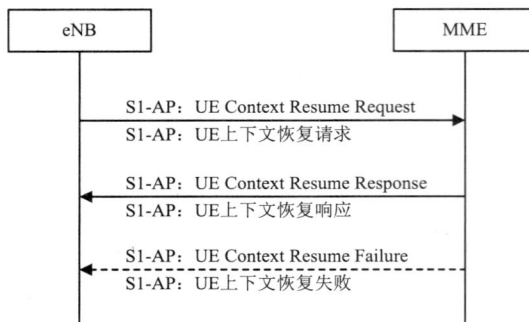

图 6.6
UE 上下文
恢复进程

UE 上下文恢复进程由 eNB 基站发起，从而指示出 UE 已恢复了 RRC 连接，并请求 MME 恢复在 EPC 中的 UE 上下文及相关的承载上下文。如果在 EPC 中的 UE 上下文不能被恢复，那么，MME 则通过发送 UE 上下文恢复失败消息来指示该 UE 上下文不能被恢复的情况。

6.2 X2 控制面接口

在 NB-IoT 中，X2 接口是 eNB 基站和 eNB 基站之间的接口。X2 接口采用了和 S1 接口一致的原则。NB-IoT 中 X2-AP 控制面接口功能与 LTE 系统相比，增加了 eNB 基站间 UE 上下文恢复功能。其用于 UE 尝试在与 RRC 连接被挂起的 eNB 基站不同的 eNB 基站恢复 RRC 连接时，通过 eNB 基站之间的 X2 接口获取 UE 上下文恢复时所需要的信息。

X2-AP 协议支持以下的功能：

- 对于 ECM_Connected 连接状态的 UE，支持 LET 接入系统内的移动性。
- 从源 eNB 基站到目标 eNB 基站的上下文传输。
- 源 eNB 基站与目标 eNB 基站之间的用户面隧道控制。
- 切换取消。

6.2.1 获取 UE 上下文成功的过程

UE 希望在新 eNB 基站恢复 RRC 连接，而不是在原有 RRC 连接挂起的 eNB 基站恢复 RRC 连接。在 S1-AP 路径转换过程之后，新 eNB 基站通过 X2-AP 接口消息触发旧 eNB 基站释放 UE 上下文。

若新 eNB 基站可通过从 UE 收到的恢复 ID（Resume ID）确定旧 eNB 基站，则触发获取 UE 的上下文过程。

若旧 eNB 基站可通过获取 UE 上下文请求（Retrieve UE Context Request）消息中的恢复 ID 匹配 UE 的上下文，则通过获取 UE 上下文响应消息包含 UE 上下文信息发给新

eNB 基站。新 eNB 基站收到 UE 上下文消息后，恢复 RRC 连接，并执行 S1-AP 路径转换过程，建立与 MME 的 S1 信令连接，请求 MME 在 EPC 中恢复 UE 上下文和相关承载上下文，并更新下行路径。

对于试图在 eNB 基站中恢复 RRC 连接的 UE，获取其 UE 上下文。其中，该新 eNB 基站不同于 RRC 连接被中断的旧 eNB 基站。

如果新 eNB 基站基于从 UE 处接收的恢复 ID，能够识别出旧 eNB 基站，则会对于旧 eNB 基站触发获取 UE 上下文的过程。

如果旧 eNB 基站能够将 UE 上下文与恢复 ID 相匹配，该恢复 ID 被携带在获取 UE 上下文请求消息中，则旧 eNB 基站会通过获取 UE 上下文响应消息来进行响应，该响应消息中包括了 UE 上下文信息。

在恢复 UE 上下文时，新 eNB 基站恢复 RRC 连接并进行 S1-AP 路径切换过程，从而建立到服务 MME 的 S1 UE 关联的信令连接，并且请求该 MME 在 EPC 中恢复 UE 上下文及相关的承载上下文，以及更新下行链路路径。在 S1-AP 路径切换过程之后，新 eNB 基站通过 X2-AP UE 上下文释放过程，触发在旧 eNB 基站处释放 UE 上下文。

获取 UE 上下文成功的过程如图 6.7 所示。

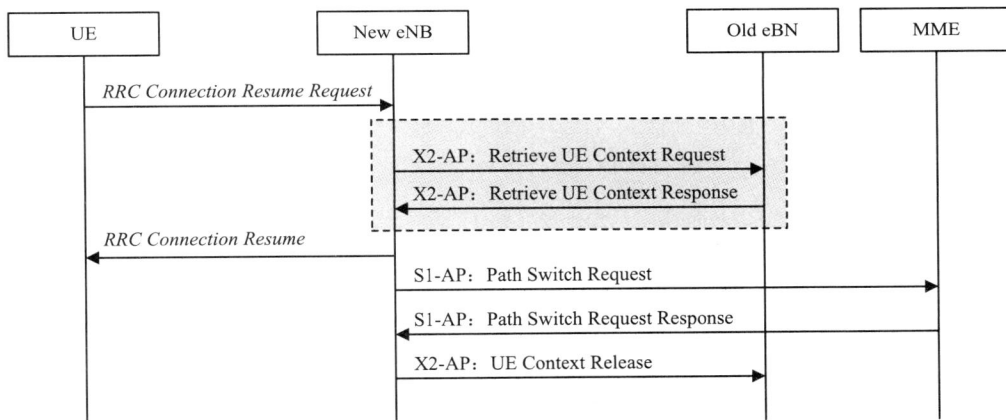

图 6.7
获取 UE 上下文成功的过程

6.2.2　获取 UE 上下文失败的过程

若旧 eNB 基站无法通过恢复 ID 找到 UE 上下文，则通过获取 UE 上下文失败（Retrieve UE Context Failure）消息告知新 eNB 基站，此时新 eNB 基站 RRC 连接恢复失败。

如果旧 eNB 基站根据从 UE 处接收到的恢复 ID，不能查找到 UE 上下文信息，那么，该旧的 UE 通过获取 UE 上下文失败消息进行响应，新 eNB 基站则使得 RRC 连接恢复进程失败。

获取 UE 上下文失败的过程如图 6.8 所示。

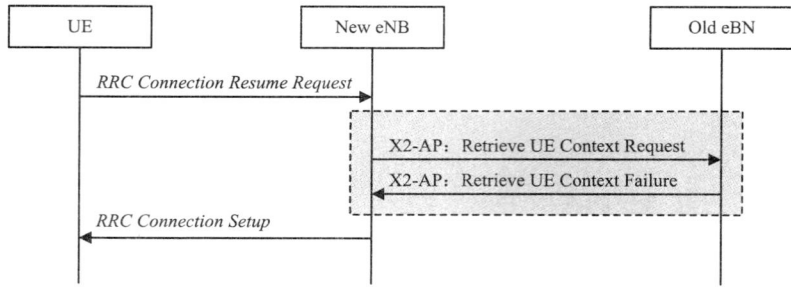

图 6.8
获取 UE 上下文
失败的过程

6.3 RRC 子层协议

RRC 处理 UE 和 eNB 基站之间控制面的第三层信息，执行系统消息广播、寻呼、RRC 连接管理、无线承载控制、无线链路失败恢复、空闲状态移动性管理、NAS 层信息交互、接入层安全和为底层协议提供参数配置等功能。

RRC 对无线资源进行分配并发送相关信令，UE 和 E-UTRAN 之间控制信令的主要部分是 RRC 消息，RRC 消息承载了建立、修改和释放二层协议和物理层协议实体所需的全部参数，同时也携带了 NAS 的一些信令，如 MM、CM、SM 等。

总的来说，RRC 为 NAS 层提供连接管理、消息传递等服务，对接入网的底层协议提供参数配置的功能。RRC 负责向 UE 广播网络系统消息。

为了建立 UE 的第一个信号连接，由 UE 的高层请求建立一个 RRC 的连接。RRC 连接释放由高层请求，用于拆除最后的信号连接；当 RRC 链路失败的时候由 RRC 本层发起。如果连接失败，UE 会要求重新建立 RRC 连接。如果 RRC 连接失败，RRC 释放已经分配的资源。

对于已经建立的 RRC 连接，RRC 可以重新配置无线资源，以及和 RRC 连接相关的不同无线资源承载的协调。RRC 可以从网络向选定的 UE 广播寻呼信息。网络侧的高层也可以发起寻呼和通知。RRC 连接已经建立的同时也可以发起寻呼。

1. 协议状态

NB-IoT 的 RRC 协议有两种状态，分别是 RRC_Idle 空闲状态和 RRC_Connected 连接状态，如图 6.9 所示。

图 6.9
RRC 状态切换

当 UE 和 eNB 基站之间建立或连接恢复时，UE 从 RRC_Idle 空闲状态切换到 RRC

_Connected 连接状态；当 UE 和 eNB 基站之间进行连接释放或连接挂起时，UE 从 RRC_Connected 连接状态切换到 RRC_Idle 空闲状态。在 RRC_Idle 空闲状态时，UE 只有在位置区发生变化时才会占用空中接口。

在 RRC_Connected 连接状态转换到 RRC_Idle 空闲状态时，NB-IoT UE 会尽可能保留连接状态下所使用的无线资源分配和相关安全性配置，减少两种状态之间切换时所需的信息交换数量，以达到省电的目的。

NB-IoT 在 RRC_Idle 空闲状态时，可以获取系统消息、监听寻呼、发起 RRC_Connected 连接状态的建立和恢复，在 UP 模式下，UE 和 eNB 基站之间保存 AS 上下文。

NB-IoT 在 RRC_Connected 连接状态时，执行资源调度、RRC 信令的接收和发送，在已建立的数据承载或信令承载上收发收据，不支持小区切换、测量报告等，不监听寻呼消息和系统消息，不支持信道质量反馈。

2. 连接建立过程

NB-IoT 的 RRC 连接建立过程和 LTE 系统相似，UE 在 RRC_Idle 空闲状态下通过 RRC 连接建立过程来建立 RRC 连接。RRC 连接建立过程适用于 CP 模式和 UP 模式。

RRC 连接建立成功的过程如图 6.10 所示。

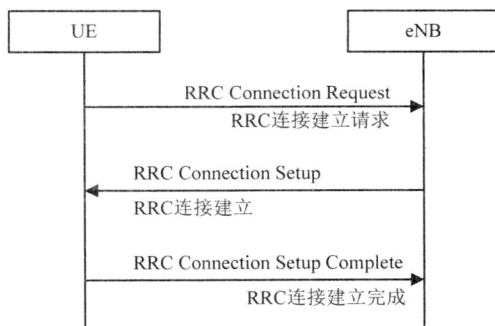

图 6.10
RRC 连接建立
成功的过程

UE 在收到 RRC 连接建立过程的触发后，根据 NAS 层的触发原因和系统消息中的接入限制信息，通过一系列检查来判断自己当前是否被允许进入接入过程。若可以，则执行 RRC 连接建立过程；若接入控制执行的结果是禁止接入小区，则通知 NAS 层 RRC 连接建立失败。

3. 连接释放/挂起过程

NB-IoT 的 RRC 连接释放/挂起过程和 LTE 系统类似。当 eNB 基站决定要释放 RRC 连接时，eNB 基站通过 DL-DCCH 下行逻辑信道在 SRB1bis/SRB1 发送 RRC 连接释放 （RRC Connection Release-NB）消息，该消息可携带重定向信息和扩展等待时间信息。

当 RRC 连接释放时，RRC 连接释放会携带的恢复 ID，并启动恢复进程，如果恢复成功，更新密匙安全建立之后，先前保留的 RRC_Connected 连接状态下的无线承载也随之建立。

RRC 连接释放过程如图 6.11 所示。

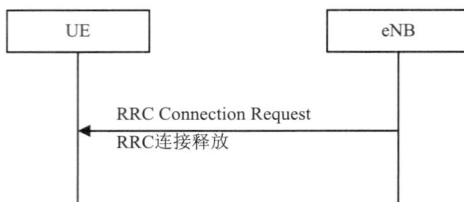

图 6.11
RRC 连接
释放过程

当 eNB 基站决定要挂起 RRC 连接时，eNB 基站通过 DL-DCCH 下行逻辑信道在 SRB1 发送 RRC 连接释放消息，该消息中携带的释放原因是 RRC 挂起并携带恢复 ID，UE 进行 AS 上下文挂起的相关操作。

NB-IoT UE 支持由 NAS 触发的 RRC 连接的主动释放。此时 UE 不需要通知 eNB 基站而直接进入 RRC_Idle 空闲状态。

4. 连接恢复过程

与 LTE 系统不同的是，NB-IoT 新增了挂起/恢复（Suspend/Resume）过程。当 eNB 基站释放连接时，eNB 基站会下达指令让 NB-IoT 用户终端进入挂起模式，该挂起指令带有 1 组恢复 ID，此时，UE 进入挂起模式并存储当前的 AS 上下文。

当 UE 需要再次进行数据传输时，只需要在连接恢复请求中携带恢复 ID，eNB 基站即可通过此恢复 ID 来识别 UE，并跳过相关配置信息交换，直接进入数据传输。

在 NB-IoT 中，UP 模式下不使用 RRC 连接恢复过程。UE 受到 RRC 连接恢复过程触发后，根据 NAS 层的触发原因和系统消息中的接入限制消息，通过一系列检查判断 UE 是否被允许进行接入过程。若可以，则执行 RRC 连接恢复过程；若禁止接入小区，则通知 NAS 层 RRC 连接恢复失败。

RRC 连接恢复成功的过程如图 6.12 所示。

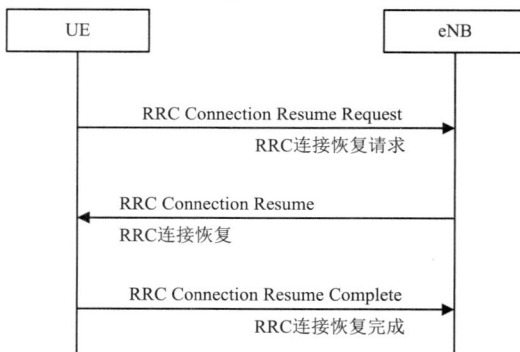

图 6.12
RRC 连接恢复
成功的过程

UE 在收到 RRC 连接恢复消息后，根据存储的 AS 上下文恢复 RRC 配置和安全上下文，重建 SRB1 和 DRB 上的 RLC 实体，恢复 PDCP 状态，重建 SRB1 和 DRB 上的 PDCP

实体，恢复 SRB1 和 DRB，通过 UL-DCCH 上行逻辑信道在 SRB1 上发送 RRC 连接恢复完成消息。eNB 基站随后执行 eNB 基站和 MME 之间的 S1 接口恢复过程。

5. 连接重配过程

在 NB-IoT 的 UP 模式中，RRC 重配过程主要用于在 AS 安全激活之后进行 DRB 的配置和相关参数的更新。在 RRC 连接恢复过程之后进行的 RRC 连接重配过程是可选的，目的是在连接恢复过程中尽量减少空口消息的交互，以便降低 UE 的功耗。

当 AS 安全激活之后，进入 RRC 连接重配进程来建立 DRB。

RRC 连接重配过程如图 6.13 所示。

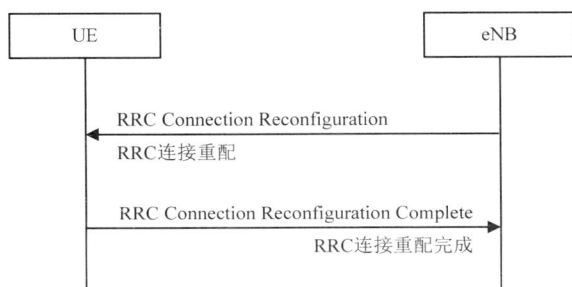

图 6.13
RRC 连接
重配过程

6.4　终端能力信息传递

NB-IoT 的 UE 能力可以在空口和 S1 接口上传输。在连接状态下，UE 根据 eNB 基站的请求上报 UE 能力信息，包括 UE 无线接入能力和无线寻呼能力。其中，RRC 信令传输承载 AS 能力，NAS 信令传输承载 NAS 能力，MME 存储 UE 能力信息。

在上行链路中，如早期在 RRC 连接请求消息中不发送能力信息。对于 NB-IoT，应在 RRC 连接请求消息中发送 Multi-tone 模式 UE 支持能力和多载波 UE 支持能力。在下行链路中，NB-IoT 支持 UE 能力的请求进程。

初始 UE 能力信息传递过程如图 6.14 所示。

在 RRC_Connected 连接状态时，UE 可以根据 eNB 基站的请求上报终端能力信息，包括用户的终端无线接入能力和无线寻呼能力。eNB 基站获取 UE 能力信息之后把这些信息上传到 MME。MME 把 UE 无线能力存储在 UE 能力信息指示消息中。

对于支持 CP 模式的 UE 而言，MME 可通过 S1 接口的连接建立指示（Connection Establishment Indication）消息和下行 NAS 透传消息获得 UE 的无线接入能力。

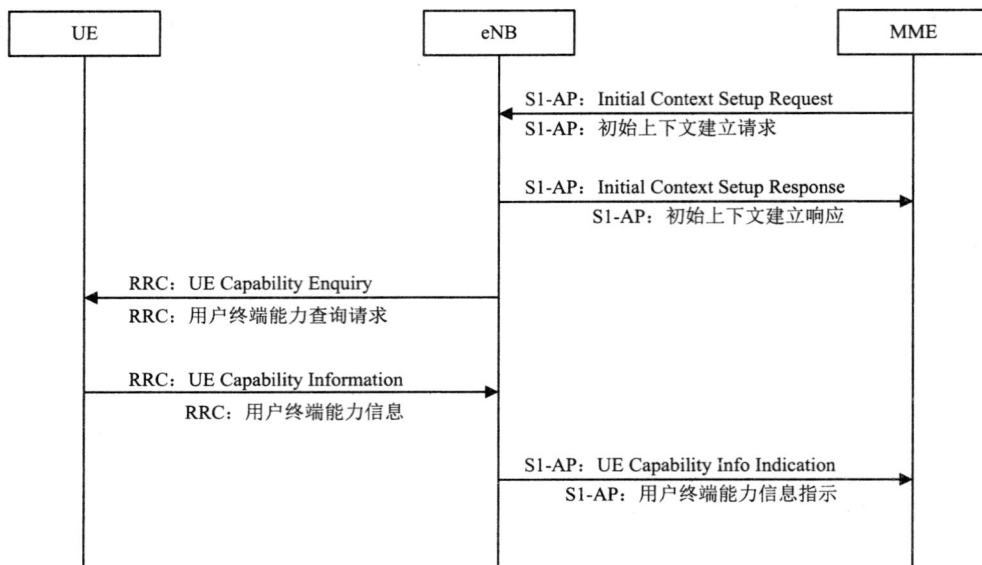

图 6.14
初始 UE 能力信
息传递过程

6.5 加密/解密和完整性保护

UE 支持 DRB 上数据的加密/解密、SRB 上信令的加密/解密和完整性保护。UE 根据网络侧的安全模式命令（Security Mode Command）配置的加密算法和完整性保护算法，启动上下行信令和数据的加密/解密，以及信令的完整性保护/检查功能，这些都承载在 SRB 信令上。

UP 模式的加密/解密和完整性保护/检查功能由数据面的 PDCP 模块实现。CP 模式的加密/解密和完整性保护由 NAS 完成。

安全和无线承载建立过程如图 6.15 所示。

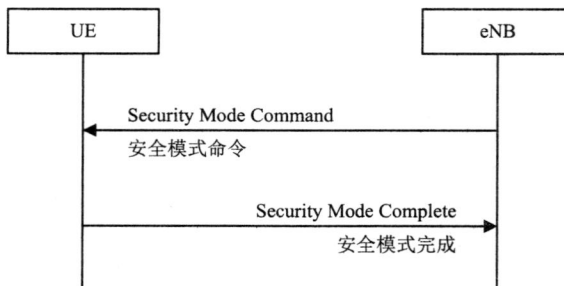

图 6.15
RRC 连接
安全模式

首先，通过安全模式命令和安全模式完成（Security Mode Complete）建立 AS 安全。

然后，在安全模式命令消息中，eNB 基站使用 SRB1 和 DRB 提供加密算法，并对 SRB1 进行完整性保护。

6.6　短信服务

UE 应支持 SMS 短信业务功能，以及支持 SMS 和 IP/Non-IP 数据的业务并发。当 UE 只发送 SMS 业务时，可采用无 PDN 连接建立的附着过程。

对于仅支持 NB-IoT 的 UE，在请求 SMS 时可以仅使用 EPS 附着、TAU 过程和 MME 协商基于 CP 模式的 SMS 短信功能，而无须使用传统 CSFB 方案中的联合 EPS/IMSI 附着或 TAU 过程。

MME 为 NB-IoT UE 提供短信业务存在两种技术方案，二者任选其一。一种是基于 SGs 接口的短信方案，另一种是基于 SGd 接口的短信方案。MME 提供短信业务的技术方案对 UE 来说是不可见的。

1. 基于 SGs 接口的短信方案

基于 SGs 接口的短信方案对于同时支持 NB-IoT 和联合附着的 UE 采用传统的 CSFB 网络架构，MME 通过与 MSC 间的 SGs 接口，将短信业务交由 MSC 进行控制，而 MSC 到 HSS/HLR 和 SMS-SC 的接口及信令过程与传统 CSFB 短信业务处理机制相同。

2. 基于 SGd 接口的短信方案

基于 SGd 接口的短信方案对于没有部署 GERAN/UTRAN 或 3GPP MSC 的网络，MME 也可以直接执行短信业务的控制和处理，即 MME 从 HSS 接收用户短信业务签约信息并验证用户是否允许使用短信业务，通过到 SMS-SC 的 SGd 接口实现短信的收发过程。

通过 MME 与 HSS 间的 S6a 接口，MME 接收到用户短信签约信息。

通过 MME 与 SMS-SC 间的 SGd 接口，MME 直接与 SMS-SC 进行短信的收发操作。

通过 HSS 与 SMS-SC 间的 S6c 接口，SMS-SC 获取处理被叫短信业务所需的路由信息。

6.7　系统消息

NB-IoT 重新定义了新的系统消息调度机制和变更通知机制，包括 1 个 MIB-NB 和 7 个 NB-IoT 系统消息块（System Information Blocks NB，SIBs-NB）。

MIB-NB 包含 UE 初始接入网络时最基本、最频繁传输的参数，7 个 SIBs-NB 分别如下：

- SIB1-NB，小区接入/选择，以及其他 SIB 调度。
- SIB2-NB，无线资源配置信息。
- SIB3-NB，同频和异频小区重选信息。

- SIB4-NB，同频小区重选相关的相邻小区信息。
- SIB5-NB，异频小区重选相关的相邻小区信息。
- SIB14-NB，接入控制。
- SIB16-NB，GPS 时间和 UTC 信息。

在 NB-IoT 中，MIB 和 SIB 都被映射到 BCCH 并通过 BCH 传输。MIB-NB 采用 640ms 的固定调度周期，包含获取 SIB1-NB 的必需信息。SIB1-NB 采用 2560ms 的固定调度周期，包含获取其他 SIB 的必需信息。其他 SIB 消息的调度周期由 SIB1-NB 灵活调度。

寻呼消息可用来指示系统消息改变。对于 NB-IoT，不要求 UE 在 RRC_Connected 连接状态去检测 SIB 的改变。若网络希望 UE 获取改变的 SIB，则可通过释放 UE 到 RRC_Idle 空闲状态来读取系统消息。

MIB-NB 内容如下：

```
MasterInformationBlock-NB : : =  SEQUENCE {
    systemFrameNumber-MSB-r13    BIT STRING（SIZE（4）），
    hyperSFN-LSB-r13             BIT STRING（SIZE（2）），
    schedulingInfoSIB1-r13        INTEGER（0..15），
    systemInfoValueTag-r13        INTEGER（0..31），
    ab-Enabled-r13               BOOLEAN，
    operationModeInfo-r13         CHOICE {
        inband-SamePCI-r13        Inband-SamePCI-NB-r13,
        inband-DifferentPCI-r13   Inband-DifferentPCI-NB-r13,
        guardband-r13             Guardband-NB-r13,
        standalone-r13            Standalone-NB-r13
    },
    spare  BIT STRING（SIZE（11））
}
```

其中，systemFrameNumber-MSB-r13：系统帧号的高 4 位。NB-IoT 和 LTE 系统类似，系统帧号 SFN 范围为 0～1023。

hyperSFN-LSB-r13：超帧号的低 2 位。NB-IoT 支持超帧，1 个超帧长度为 1024 个帧，超帧号的范围为 0～1023。

schedulingInfoSIB1-r13：SIB1-NB 的调度信息，用 0～31 的索引值表示。SIB1-NB 使用 NPDSCH 信道发送。

systemInfoValueTag-r13：系统消息更新的标志，当系统消息发生更新时，这个值+1。UE 可以通过对这个值判定，得知小区的系统消息是否发生了更新。

ab-Enabled-r13：小区接入禁止状态的标志。当值为 TRUE 时，当前小区为接入禁止状态。

operationModeInfo-r13：操作模式，这是 MIB-NB 中的重要内容之一。此字段长度为 7bit。

小结

　　NB-IoT Uu 接口协议支持竞争随机接入过程，不支持非竞争随机接入过程。在上行链路中，只在连接建立期间，RRC 消息携带 NAS 消息进行传输。RRC 为 NAS 层提供连接管理、消息传递等服务，对接入网的底层协议提供参数配置的功能。RRC 负责向 UE 广播网络系统消息。

　　RRC 连接管理包括 RRC 连接建立、恢复、释放、挂起、修改、AS 安全激活等，主要由 RRC 连接建立过程、RRC 连接恢复过程、RRC 连接释放/挂起过程、RRC 连接重配过程等组成。

　　在 NB-IoT 中，多个 eNB 基站组成一个无线接入网。S1 控制面接口是 eNB 基站和 MME 之间的接口，eNB 基站通过 S1 接口连接到 EPC 核心网。X2 接口是 eNB 基站和 eNB 基站之间的接口，eNB 基站之间通过 X2 接口进行直接互连，解决用户终端在不同 eNB 基站之间的切换。

　　X2 接口采用了和 S1 接口一致的原则。X2-AP 控制面接口功能与 LTE 系统相比，增加了 eNB 基站间 UE 上下文恢复功能。

第 7 章　NB-IoT 关键流程

UE 刚开机时，先进行物理层下行同步，搜索测量并进行小区选择，选择到一个适合的或可接受的小区之后，驻留并进行附着过程。UE 在空闲模式下需要发送业务数据时，发起服务请求过程，当网络侧需要给该 UE 发送数据（业务或信令）时，发起寻呼过程。当 UE 关机时，发起去附着流程通知网络侧释放其保存的该 UE 的所有资源。

UE 支持通过 TAU 向网络请求采用蜂窝物联网优化方案并且指示 UE 支持的方案。UE 支持 Non-IP 数据的传输，是蜂窝物联网增强的重要部分。

7.1　附着

附着是 UE 进行业务前在网络中的注册过程，主要完成接入鉴权和加密、资源清理和注册更新、默认承载建立等过程。附着过程完成后，网络侧记录 UE 的位置信息，相关节点为 UE 建立上下文。同时，网络建立为 UE 提供"永远在线"连接的默认承载，并为 UE 分配 IP 地址、UE 驻留的跟踪区列表、临时标志 GUTI 等必需参数。

在附着过程中，UE 应与 MME 协商是否支持如下特性：

- 是否支持 CP 模式。
- 是否支持 UP 模式。
- 优选 CP 模式还是 UP 模式。
- 是否支持 S1-U 数据传输（传统 EPS 过程）。
- 是否要求采用联合附着来传输 SMS。
- 是否支持不携带 PDN 连接的附着过程。
- 是否支持 CP 模式的报头压缩。

在 NB-IoT Rel-13 版本中，UE 应支持 CP 模式和 S1-U 数据传输，支持采用不携带 PDN 连接的附着，而不采用联合附着来传输 SMS。为了提高传输效率，UE 还应支持 CP 模式的报头压缩。

UE 初始附着到 UE-UTRAN 网络的过程如图 7.1 所示。

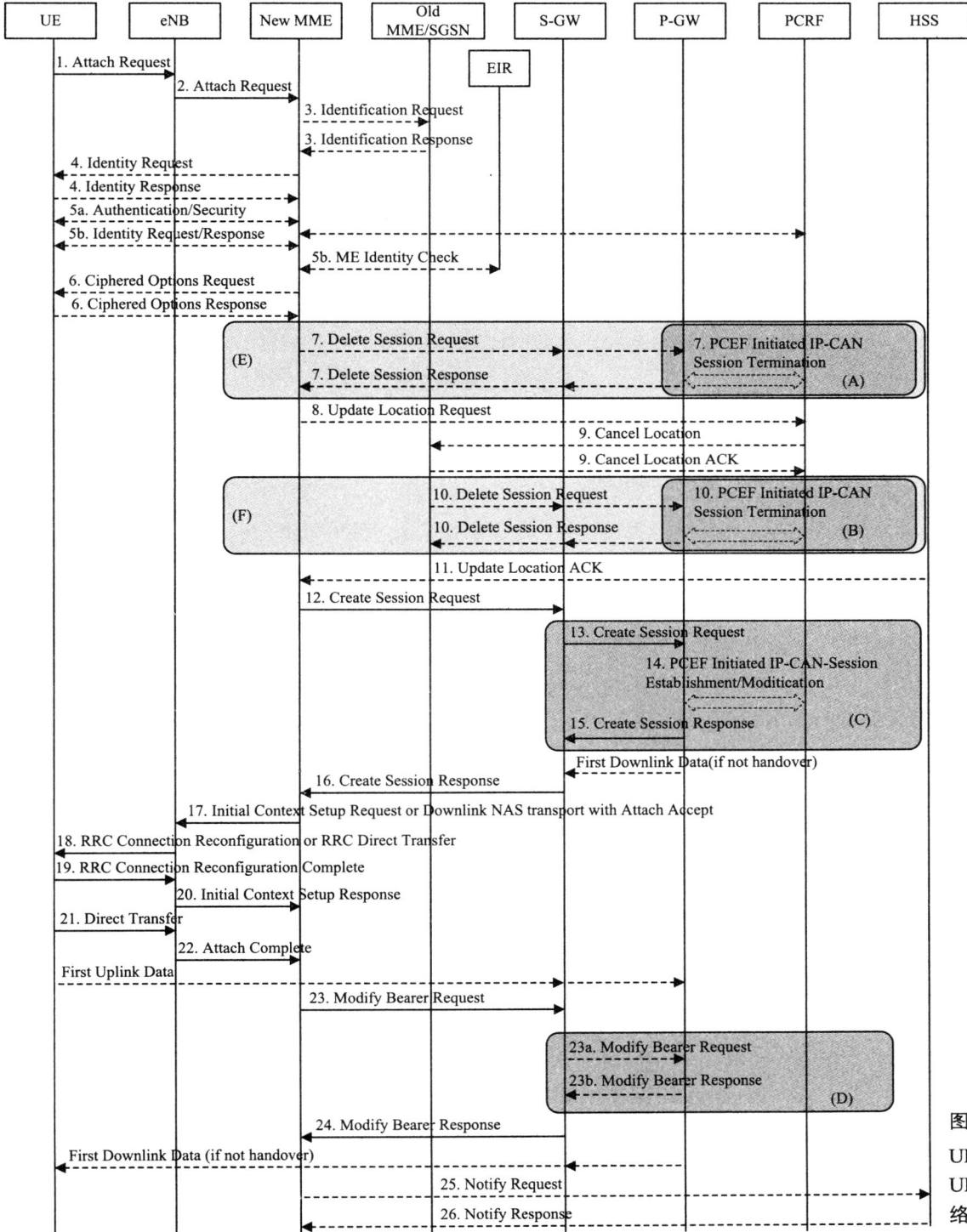

图 7.1

UE 初始附着到
UE-UTRAN 网
络的过程

其具体步骤如下。

步骤 1: 支持蜂窝物联网优化的 E-UTRAN 小区应在系统广播消息中包含其支持能力。对于 NB-IoT 接入,E-UTRAN 小区应广播,是否能够连接到支持不建立 PDN 连接的 EPS 附着的 MME、是否能够连接到支持 CP 模式的 MME、是否能够连接到支持 UP 模式的 MME。

如果公共陆地移动网络(Public Land Mobile Network,PLMN)不支持不建立 PDN 连接的 EPS 附着,并且 UE 只支持不建立 PDN 连接的 EPS 附着,则 UE 不能在该 PLMN 的小区内发起附着过程。

如果 UE 能够进行附着过程,则 UE 发起附着请求(Attach Request)消息和网络选择指示给 eNB 基站,消息包含国际移动用户识别码(International Mobile Subscriber Identification Number,IMSI)、旧的 GUTI、有效的上次访问 TAI、UE 核心网络能力、UE 指定的 eDRX 参数、ESM 消息、协议配置选项 PCO、加密选项传输标记、附着类型、安全加密相关的参数及偏好网络行为(Preferred Network Behaviour)。

如果 UE 支持 Non-IP 数据传输并请求建立 PDN 连接,则 PDN 类型可设置为 "Non-IP"。

如果 UE 支持蜂窝物联网优化,则 UE 可以在附着请求消息中不携带 ESM 消息。此时,MME 不为该 UE 建立 PDN 连接,不需要执行以下步骤 6、步骤 12~步骤 16、步骤 23~步骤 26。此外,如果 UE 在附着时采用 CP 模式,则步骤 17~步骤 22 仅使用 S1-AP NAS 传递和 RRC 透传消息来传输 NAS 附着接受和 NAS 附着完成消息。

UE 在附着请求消息中携带偏好网络行为,表示终端所支持和偏好的蜂窝物联网优化方案,包括是否支持 CP 模式、是否支持 UP 模式、是偏向于 CP 模式还是 UP 模式、是否支持 S1-U 数据传输、是否请求非联合注册的 SMS 短信业务、是否支持不建立 PDN 连接的附着、是否支持 CP 模式报头压缩。

如果 UE 支持 CP 模式和报头压缩,并且 UE 在附着请求消息携带 ESM 消息,以及 PDN 类型为 IPv4 或 IPv6 或 IPv4/IPv6,UE 应在 ESM 消息中包括报头压缩配置。报头压缩配置包括建立 ROHC 信道所必需的信息,还可能包括报头压缩上下文建立参数,如目标服务器的 IP 地址。

步骤 2: eNB 基站根据 RRC 参数中的旧全球唯一的 MME 标识(Globally Unique MME Identity,GUMMEI)、选择网络指示和 RAT 类型(NB-IoT 或 WB-E-UTRAN)来获取 MME 地址。如果该 MME 与 eNB 基站没有建立关联或没有旧 GUMMEI,则 eNB 基站选择新的 MME,并将附着消息和 UE 所在小区的 TAI+E-UTRAN 小区全球标识符(E-UTRAN Cell Global Identifier,ECGI)一起转发给新的 MME。

如果 UE 在附着请求消息中携带偏好网络行为,并且偏好网络行为中指示的蜂窝物联网优化方案与网络支持的不一致,则 MME 应拒绝 UE 的附着请求。

步骤 3: 如果 UE 通过 GUTI 标示自己,并且 UE 在去附着之后 MME 已经发生变化,新 MME 通过 UE 的 GUTI 获取旧的 MME 或 SGSN 地址，并发送身份标志请求消息到旧 MME 请求获取 UE 的 IMSI，由旧的 MME 返回 IMSI 和未使用的 EPS 认证向量等参数。如果是向旧 SGSN 发送身份标志请求消息，则旧 SGSN 返回 IMSI 及未使用认证五元组等参数。如果旧 MME/SGSN 不能识别 UE 或附着请求消息的完整性检查失败，则返回恰当的错误原因。

步骤 4：如果在新 MME 及旧 MME/SGSN 中都不认识 UE，则新的 MME 发送标志请求给 UE 以请求 IMSI。UE 使用包含 IMSI 的标志响应消息通知网络。

步骤 5a：如果网络中没有 UE 上下文存在，并且第一步的附着请求消息没有完整性保护或加密，或者如果完整性检查失败，则 UE 和 MME 之间必须进行认证和 NAS 安全建立过程。如果 NAS 安全算法改变，则该步骤只执行 NAS 安全建立过程。在该步骤之后，所有 NAS 消息将受到 MME 指示的 NAS 安全功能保护。

步骤 5b：MME 从 UE 获取 ME 标志（IMEISV）。IMEI 标志必须以加密方式传输。为了最小化信令的迟延，ME 标识获取也可以合并在步骤 5a 的 NAS 安全建立过程中。MME 发送 ME 标识检测请求给设备标志寄存器（Equipment Identify Register，EIR），EIR 将检测的结果通过 ME 标志检测应答消息响应。

步骤 6：如果 UE 在附着请求消息中设置了加密选项传输标记，则可以从 UE 获取 PCO 或 APN 等加密选项。PCO 选项中可能包含用户的身份信息，如用户名和密码等。

步骤 7：如果在新的 MME 中存在激活的承载上下文（如没有事先去附着就在同一个 MME 再次附着），则删除在相关的 S-GW 中旧的承载上下文。

步骤 8：如果从上一次去附着之后 MME 发生改变，或第一次附着，或 ME 标志改变，或 UE 提供的 IMSI 或 GUTI 在 MME 中没有相应的上下文信息，则 MME 发送位置更新消息给 HSS。MME 能力指示了该 MME 支持的接入限制功能状况。更新类型指示了这是一个附着过程。

步骤 9：HSS 发送取消位置消息给旧 MME，旧 MME 删除移动性管理和承载上下文。如果更新类型为附着，HSS 中包含有 SGSN 注册信息，则 HSS 发送取消位置消息给旧 SGSN。

步骤 10：如果旧 MME/SGSN 有激活的承载上下文存在，则旧 MME/SGSN 发送删除承载请求消息给所涉及的网关以删除承载资源。网关返回删除承载响应消息给旧 MME/SGSN。

步骤 11：HSS 发送更新位置应答消息给新 MME 以应答更新位置消息。该更新位置应答中包含有 IMSI 及签约数据，签约数据包含一个或多个 PDN 签约上下文信息。

步骤 12：如果附着请求不包括 ESM 消息，则不需要执行步骤 12～步骤 16。

如果签约上下文没有指示该 APN 是到 SCEF 的连接，则 MME 按照网关选择机制进行 S-GW 和 P-GW 选择，并发送创建会话请求消息给 S-GW。

对于"Non-IP"PDN 类型，当 UE 使用了 CP 模式时，如果签约上下文指示该 APN

是到 SCEF 的连接，则 MME 根据签约数据中的 SCEF 地址建立到 SCEF 的连接，并且分配 EPS 承载标志。

步骤 13：S-GW 在其 EPS 承载列表中创建一个条目，并给 P-GW 发送创建会话请求消息。

步骤 14：如果网络中部署了动态 PCRF 并且不存在 Handover Indication，P-GW 执行 IP-CAN 会话建立过程，获取 UE 的默认 PCC 准则。这可能会导致多个专用承载的同时建立。如果部署了动态 PCC 并且切换指示存在，则 P-GW 执行 IP-CAN 会话修改过程以获取所需要的 PCC 规则。如果没有部署动态 PCC，则 P-GW 采用本地 QoS 策略。

步骤 15：P-GW 在 EPS 承载上下文列表中创建一个新的条目，并生成一个计费标识符 Charging ID。P-GW 给 S-GW 返回创建会话响应消息。P-GW 在分配 PDN 地址（PDN Address）时需要考虑 UE 提供的 PDN 类型、双地址承载标记及运营商策略。对于"Non-IP"PDN 类型，创建会话响应消息不包括 PDN 地址。

步骤 16：S-GW 给 MME 返回创建会话响应消息。

步骤 17：新 MME 发送附着接受消息给 eNB 基站。S1 控制消息也包括 UE 的 AS 安全上下文等参数。如果 MME 确定使用 CP 模式，或 UE 发送的附着请求消息不包括 ESM 消息，则附着接受通过 S1-AP 下行 NAS 传输消息发送至 eNB 基站。

如果新的 MME 分配一个新的 GUTI，则 GUTI 也包含在消息中。

MME 在支持网络行为中指示网络能够接受的蜂窝物联网优化传输方案，包括是否支持 CP 模式、是否支持 UP 模式、是否支持 S1-U 数据传输、是否请求非联合注册的 SMS 短信业务、是否支持不建立 PDN 连接的附着、是否支持 CP 模式报头压缩。

如果 UE 在附着请求指示的 PDN 类型为"Non-IP"，则 MME 和 P-GW 不应改变 PDN 类型。如果 PDN 类型设置为 "Non-IP"，则 MME 将该信息包括在 S1-AP 初始上下文建立请求消息中，以指示 eNB 基站不执行报头压缩。

如果一个 IP PDN 连接采用了 CP 模式，UE 在附着请求消息中包括报头压缩配置，并且 MME 支持报头压缩参数，MME 应在 ESM 消息中包括报头压缩配置。MME 绑定上行和下行 ROHC 信道以便于传输反馈信息。如果 UE 在报头压缩配置中包括了报头压缩上下文建立参数，MME 应向 UE 确认这些参数。如果 ROHC 上下文在附着过程中没有建立，UE 和 MME 应在附着完成之后根据报头压缩配置建立 ROHC 上下文。

如果 MME 根据本地策略决定该 PDN 连接仅能使用 CP 模式，MME 应在 ESM 消息中包括仅控制面指示信息。对于到 SCEF 的 PDN 连接，MME 应总是包括仅控制面指示信息。如果 UE 接收到仅控制面指示信息，则该 PDN 连接只能使用 CP 模式。

如果附着请求不包括 ESM 消息，则附着接受消息中不应包括 PDN 相关的参数，并且 S1-AP 下行 NAS 传递消息中不应携带接入层上下文相关的信息。

步骤 18：如果 eNB 基站接收到 S1-AP 初始上下文建立请求消息，eNB 基站发送 RRC 连接重配置消息给 UE，其包含 EPS 无线承载 ID 和附着接受消息。如果 eNB 基站接收到 S1-AP 下行 NAS 传递消息，eNB 基站发送 RRC 透传消息给 UE。

步骤 19：UE 发送 RRC 连接重配置完成消息给 eNB 基站。

步骤 20：eNB 基站发送初始上下文响应消息给新 MME。该初始上下文响应消息包含 eNB 基站的 TEID 及地址用于 UE 下行数据转发。

步骤 21：UE 发送一条透传消息给 eNB 基站，该消息包含附着完成消息。

步骤 22：eNB 基站使用上行 NAS 传输消息转发附着完成消息给新的 MME。如果 UE 在步骤 1 中包括了 ESM 消息，则在收到附着接受消息及 UE 已经得到一个 PDN 地址信息以后，UE 就可以发送上行数据包给 eNB 基站，eNB 基站通过隧道将数据传给 S-GW 和 P-GW。

步骤 23：接收到步骤 21 的初始上下文响应消息和步骤 22 的附着完成消息后，新的 MME 发送一条升级承载请求消息给 S-GW。

步骤 23a：如果切换指示包含在步骤 23 中，则 S-GW 发送一条升级承载请求消息给 P-GW，提示 P-GW 把从非 3GPP 接入系统的数据包通过隧道转发，在默认承载或专用的 EPS 承载一旦建立就立即开始给 S-GW 传送数据包。

步骤 23b：P-GW 发送升级承载响应确认消息给 S-GW。

步骤 24：S-GW 发送升级承载响应给新的 MME 确认。S-GW 就可以发送缓存的下行数据包。

步骤 25：在 MME 接收升级承载响应消息后，如果附着类型没有指示切换并且建立了一个 EPS 承载，并且签约数据指示用户允许切换到非 3GPP 网络，而如果 MME 选择了一个不同于 HSS 指示的 P-GW 标志的 P-GW，MME 发送一条包含 APN 和 P-GW 标志的通知请求（Notify Request）消息给 HSS 用于非 3GPP 接入移动性。

步骤 26：HSS 存储 APN 和 P-GW 标志对，并发送通知响应（Notify Response）消息给 MME。

7.2　去附着

去附着可以显式去附着，也可以隐式去附着。显式去附着指由网络或 UE 通过明确的信令方式来去附着 UE，隐式去附着指网络侧注销 UE，但不通过信令方式告知 UE。

去附着过程包括 UE 发起的过程和网络发起（MME/HSS 发起）的过程。

7.2.1　UE 发起的去附着过程

UE 发起的去附着过程如图 7.2 所示。

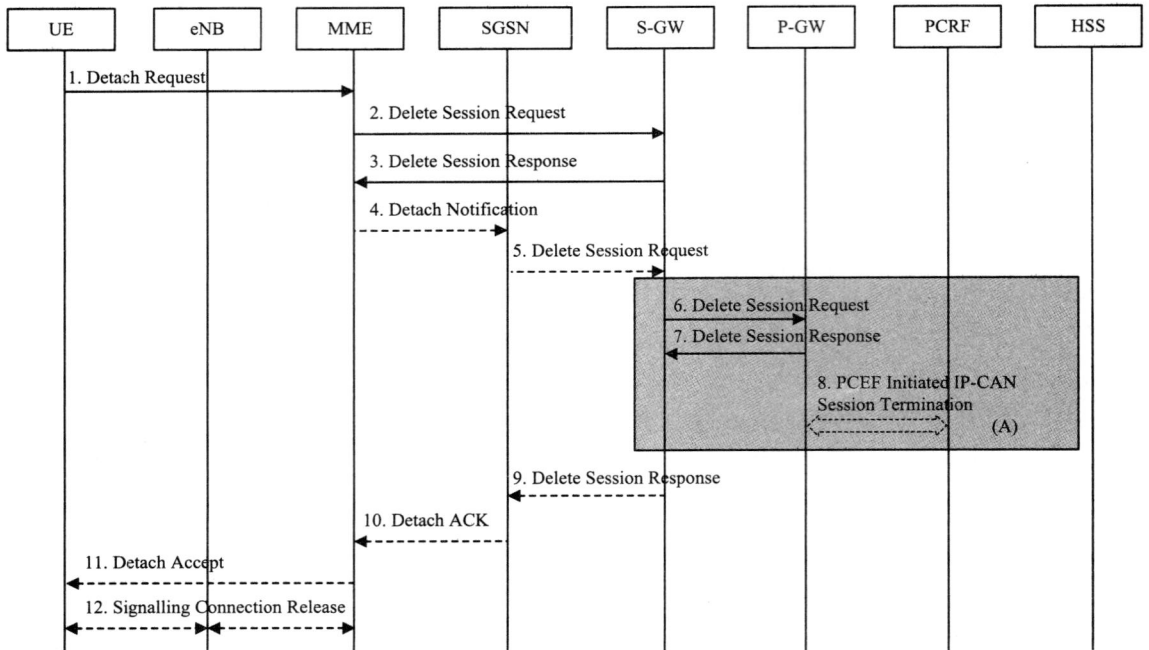

图 7.2　UE 发起的去附着过程

　　步骤 1：UE 向 MME 发送去附着请求（GUTI、Switch Off）消息。参数 Switch Off 用于指示是否由关机导致去附着。

　　步骤 2：如果 UE 没有激活的 PDN 连接，则步骤 2～步骤 10 不需要执行。对于任何到 SCEF 的 PDN 连接，MME 应向 SCEF 指示 UE 的 PDN 连接不可用，并且不需要执行步骤 2～步骤 10。如果 UE 存在连接到 P-GW 的 PDN 连接，MME 向 S-GW 发送释放会话请求消息。

　　步骤 3：S-GW 释放相关的 EPS 承载上下文信息，并向 MME 返回释放会话响应消息。

　　步骤 4：如果信令缩减（Idle mode Signaling Reduction，ISR）激活，MME 向 UE 注册的 SGSN 发送去附着指示消息。Cause 值用于指示去附着已完成。

　　步骤 5：SGSN 向 S-GW 发送释放会话请求，以便于 S-GW 删除 UE 相关的分组数据协议（Packet Data Protocol，PDP）上下文。

　　步骤 6：如果 ISR 激活，S-GW 去激活 ISR。当 ISR 去激活之后，S-GW 向 P-GW 发送释放会话请求消息。如果 ISR 未激活，则步骤 2 触发 S-GW 向 P-GW 发送释放会话请求消息。

　　步骤 7：P-GW 向 S-GW 回复释放会话响应消息。

　　步骤 8：如果网络部署了策略及计费执行功能（Policy and Charging Enforcement Function，PCEF），则 P-GW 发起 PCEF 初始 IP-CAN 信令终止过程，告知 PCRF 已释放 UE 的 EPS 承载。

　　步骤 9：S-GW 向 SGSN 回复释放会话响应消息。

步骤 10：SGSN 向 MME 回复去附着应答消息。

步骤 11：如果 Switch Off 指示去附着过程不是由于关机导致的，则 MME 向 UE 发送去附着接受消息。

步骤 12：MME 向 eNB 基站发送 S1 释放命令以释放该 UE 的 S1-MME 信令连接。

7.2.2　MME 发起的去附着过程

MME 发起的去附着过程如图 7.3 所示。

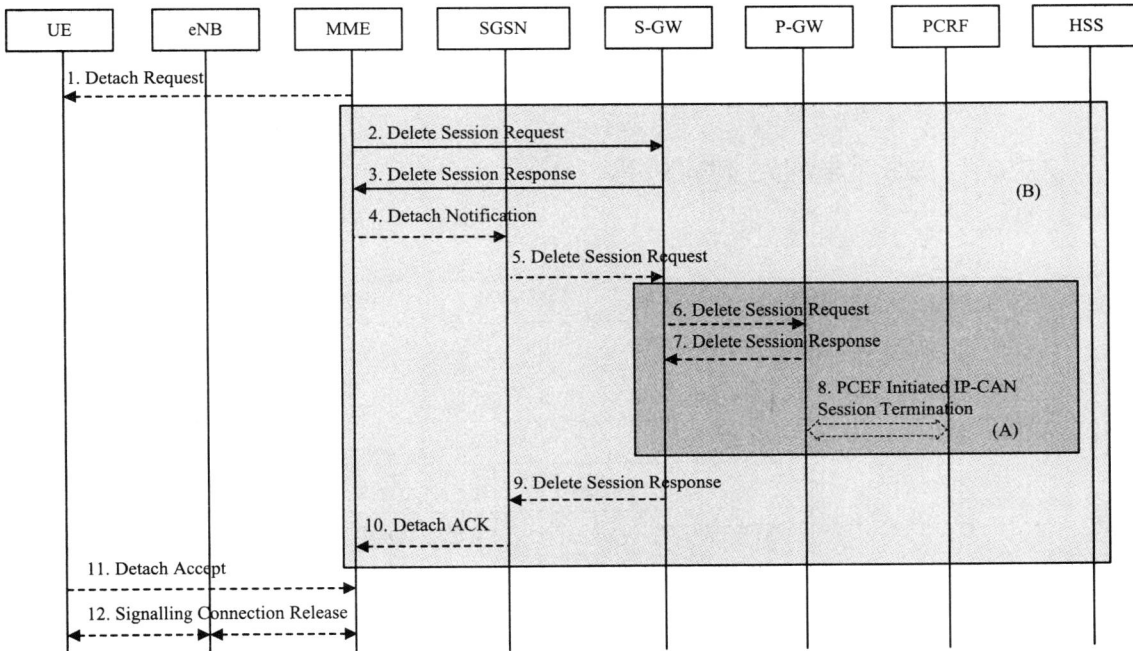

图 7.3　MME 发起的去附着过程

步骤 1：MME 发起显式或隐式去附着过程。对于隐式去附着，MME 不向发送去附着请求消息。如果 UE 处于连接状态，MME 可显式地向 UE 发起去附着请求消息。如果 UE 处于空闲状态，MME 可先寻呼 UE。

步骤 2：如果 UE 没有激活的 PDN 连接，则步骤 2～步骤 10 不需要执行。对于任何到 SCEF 的 PDN 连接，MME 应向 SCEF 指示 UE 的 PDN 连接不可用，并且不需要执行步骤 2～步骤 10。对于到 P-GW 的 PDN 连接，MME 向 S-GW 发送释放会话请求。

步骤 3：S-GW 释放相关的 EPS 承载上下文信息，并向 MME 返回释放请求响应消息。

步骤 4：如果 ISR 激活，则 MME 向 UE 注册的 SGSN 发送去附着指示消息。Cause 值用于指示去附着已完成。

步骤 5：SGSN 向 S-GW 发送去附着会话请求，以便于 S-GW 删除 UE 相关的 PDP 上下文。

步骤 6：如果 ISR 激活，S-GW 去激活 ISR。当 ISR 去激活之后，S-GW 向 P-GW 发

送释放会话请求消息。如果 ISR 未激活，则步骤 2 触发 S-GW 向 P-GW 发送释放会话请求消息。

步骤 7：P-GW 向 S-GW 回复释放会话响应消息。

步骤 8：如果网络部署了 PCEF，则 P-GW 发起 PCEF 初始 IP-CAN 信令终止过程，告知 PCRF 已释放 UE 的 EPS 承载。

步骤 9：S-GW 向 SGSN 回复释放会话响应消息。

步骤 10：SGSN 向 MME 回复去附着响应消息。

步骤 11：如果 UE 接收到 MME 在步骤 1 发送的去附着请求消息，UE 向 MME 发送去附着接受消息。

步骤 12：MME 向 eNB 基站发送 S1 释放命令以释放该 UE 的 S1-MME 信令连接。

7.2.3 HSS 发起的去附着过程

HSS 发起的去附着过程如图 7.4 所示。

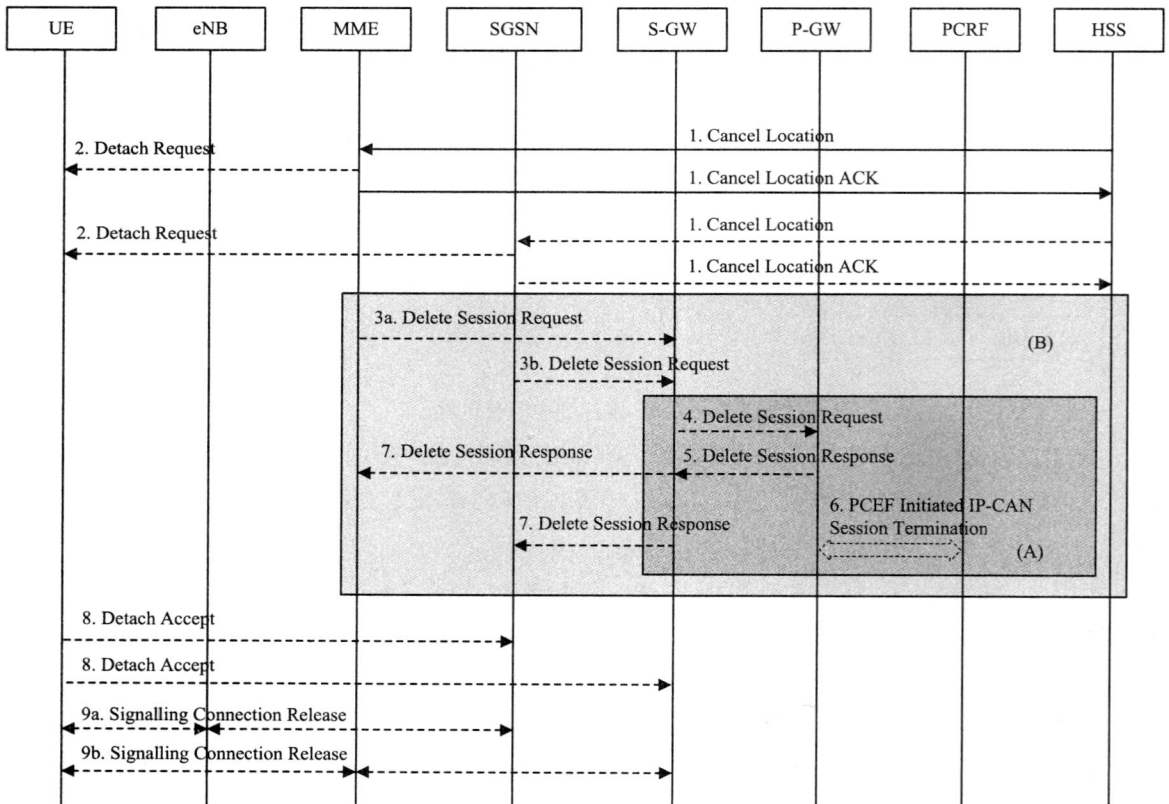

图 7.4 HSS 发起的去附着过程

步骤 1：如果 HSS 希望立即删除用户的 MM 上下文和 EPS 承载，HSS 向 UE 注册的 MME 及 SGSN 发送取消位置消息（IMSI、Cancellation Type），并将 Cancellation Type

设置为"Subscription Withdrawn"。

步骤 2：如果 Cancellation Type 为"Subscription Withdrawn"，并且 UE 处于连接状态，则 MME/SGSN 向 UE 发送去附着请求消息。如果取消位置消息中还携带了指示 UE 重新附着的标志，则 MME/SGSN 应将去附着类型设置为需要重新附着。如果 UE 处于空闲状态，MME 可先寻呼 UE。

步骤 3a：如果 UE 没有激活的 PDN 连接，则步骤 3～步骤 7 不需要执行。如果 MME 有激活的 UE 上下文，对于任何到 SCEF 的 PDN 连接，MME 应向 SCEF 指示 UE 的 PDN 连接不可用，并且不需要执行步骤 3～步骤 7。对于到 P-GW 的 PDN 连接，MME 向 S-GW 发送释放会话请求以指示 S-GW 释放 EPS 承载上下文信息。

步骤 3b：如果 SGSN 有激活的 UE 上下文，SGSN 向 S-GW 发送释放会话请求以指示 S-GW 释放 EPS 承载上下文信息。

步骤 4：S-GW 释放相关的 EPS 承载上下文信息，并向 P-GW 发送释放会话请求消息。

步骤 5：P-GW 向 S-GW 回复释放会话响应消息。

步骤 6：如果网络部署了 PCEF，P-GW 发起 PCEF 初始 IP-CAN 信令终止过程，告知 PCRF 已释放 UE 的 EPS 承载。

步骤 7：S-GW 向 MME/SGSN 回复释放会话响应消息。

步骤 8：如果 UE 接收到 MME 在步骤 1 发送的去附着请求消息，UE 向 MME 发送去附着接受消息。

步骤 9a：当收到去附着接受消息，MME 向 eNB 基站发送 S1 释放命令以释放该 UE 的 S1-MME 信令连接。

步骤 9b：当收到去附着接受消息，并且去附着类型指示不需要 UE 发起新的附着，SGSN 释放 PS 信令连接。

7.3　跟踪区更新过程

UE 应支持 TAU 过程。对于周期性 TAU，当 TAU 定时器超时，终端发起 TAU 过程。终端应支持通过 TAU 向网络请求采用蜂窝物联网优化方案并且指示 UE 支持的方案。在 TAU 中，与初始附着类似，UE 与 MME 协商是否支持如下特性：

- 是否支持 CP 模式。
- 是否支持 UP 模式。
- 优选 CP 模式还是 UP 模式。
- 是否支持 S1-U 数据传输（传统 EPS 过程）。
- 是否要求采用联合附着来传输 SMS。
- 是否支持不携带 PDN 连接的附着过程。

- 是否支持 CP 模式的报头压缩。

在 NB-IoT Rel-13 版本中，类似于初始附着，UE 应在 TAU 中指示支持 CP 模式和支持 S1-U 数据传输。UE 应支持采用不携带 PDN 连接的附着而不采用联合附着来传输 SMS。为了高效传输，UE 还应在 TAU 过程中指示支持 CP 模式的报头压缩。

在传统 E-UTRAN UE 进行 TAU 过程的触发条件的基础上，NB-IoT UE 触发 TAU 的触发条件还包括 UE 中优先网络行为（Perferred Network Behaviour）信息的变化可能导致与服务 MME 提供的支持网络行为（Supported Network Behaviour）产生不相容。

由于 NB-IoT UE 一般并不移动，且暂不支持在 2G、3G 网络中接入，因此下面仅以 S-GW 不变的 TAU 过程为例说明 NB-IoT UE 发起的 TAU 过程的特殊性，如图 7.5 所示。

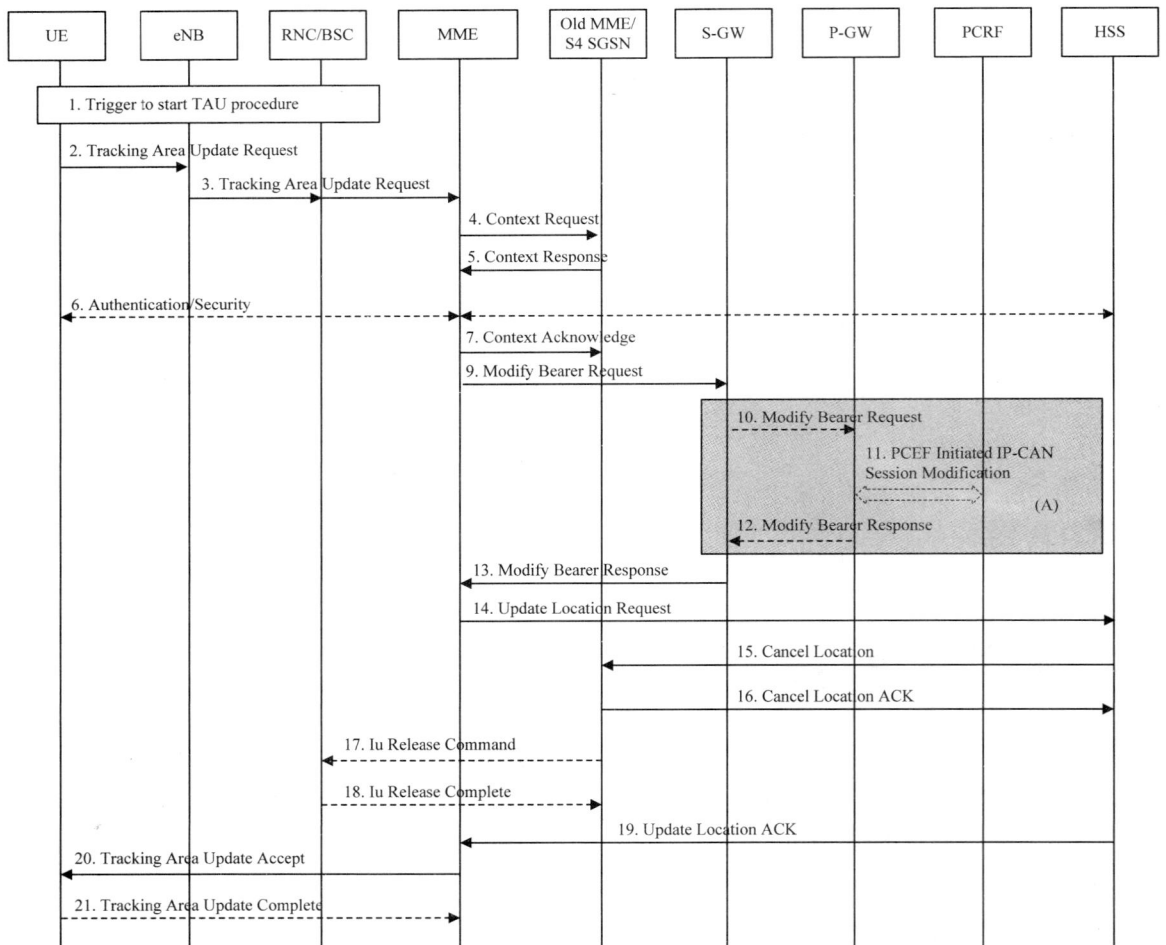

图 7.5　S-GW 不变的 TAU 过程

与传统 E-UTRAN UE 相比，NB-IoT UE 触发的 TAU 过程包含如下区别：

步骤 2：UE 向 eNB 基站发送跟踪区更新请求（TAU Request）消息，其中包含优选网络行为，以指示 UE 期望使用的 NB-IoT 技术方案。

对于没有任何激活 PDN 连接的 NB-IoT UE，消息中不携带激活标记（Active Flag）或 EPS 承载状态字段，而对于持有 Non-IP 的 PDN 连接的 UE，UE 需在消息中携带 EPS 承载状态字段。

需要启用 eDRX 的 UE 需要在消息中包括 eDRX 参数信息，即使 eDRX 参数已经在之前协商过。

步骤 3：eNB 基站依据旧 GUMMEI、已选网络指示和 RAT 类型得到 MME 地址，并将 TAU 请求消息转发给选定的 MME，转发消息中还须携带小区的 RAT 类型，以区分 NB-IoT 和 WB-E-UTRAN 类型。

步骤 4：在跨 MME 的 TAU 过程中，新 MME 根据收到的 GUTI 获取旧 MME 地址，并向其发送上下文请求消息来提取用户信息。如果新 MME 支持蜂窝物联网优化功能，该消息中还携带蜂窝物联网优化支持指示（CIoT EPS Optimisation Support Indication）以明示所支持的多种蜂窝物联网优化功能（如支持 CP 模式中的报头压缩功能等）。

步骤 5：在跨 MME 的 TAU 过程中，旧 MME 向新 MME 返回上下文响应消息，其中包含 UE 特有的 eDRX 参数。如果新 MME 支持蜂窝物联网优化功能且该 UE 与旧 MME 协商过报头压缩，则该消息中还须携带报头压缩配置以包含 ROHC 通道信息（但并不是 ROHC 上下文本身）。

对于没有任何激活 PDN 连接的 NB-IoT UE，上下文响应消息中不包含 EPS 承载上下文信息。

基于蜂窝物联网优化功能支持指示，旧 MME 仅传送新 MME 支持的 EPS 承载上下文。如果新 MME 不支持蜂窝物联网优化功能，旧 MME 将不会将 Non-IP 的 PDN 连接信息传送给新 MME。如果一个 PDN 连接的所有 EPS 承载上下文没有被全部转移，则旧 MME 应将该 PDN 连接的所有承载视为失败，并触发 MME 请求的 PDN 断开程序来释放 PDN 连接。旧 MME 在收到上下文确认消息后丢弃缓存数据。

步骤 7：对于没有任何激活 PDN 连接的 NB-IoT UE，步骤 9～步骤 12 和步骤 13 省略。

步骤 9：新 MME 针对每一个 PDN 连接向 S-GW 发送修改承载请求消息。如果新 MME 收到的与 SCEF 相关的 EPS 承载上下文，则新 MME 将更新到 SCEF 的连接。

在 CP 模式中，如果 S-GW 中缓存了下行数据，并且这是一个 MME 内部 TAU 且 MME 移动性管理上下文中下行数据缓存定时器尚未过期，或者在跨 MME 的 TAU 场景下旧 MME 在步骤 5 中的上下文响应中有缓存下行数据等待指示，则 MME 还应在修改承载请求消息中携带传送 NAS 用户数据的 S11-U 隧道指示，包括自己 S11-U 的 IP 地址和 MME DL TEID，用于 S-GW 转发下行数据。MME 也可以在没有 S-GW 缓冲下行数据时这样做。

步骤 13：S-GW 更新它的承载上下文并向新 MME 返回一条修改承载请求（Modify Bearer Response）消息。

在 CP 模式中，如果在步骤 9 的消息中包含有 MME 地址及 MME DL TEID 字段，

注意：假定为 NB-IoT 小区分配的 TAC 与为其他 E-UTRA 小区分配的 TAC 不同。

则 S-GW 在修改承载请求消息中包含 S-GW 地址和 S-GW UL TEID 信息，且将下行数据发给 MME。

步骤 20：MME 向 UE 回应 TAU 接受消息。该消息中包含支持的网络行为字段携带 MME 支持及偏好的蜂窝物联网优化功能。对于没有任何激活 PDN 连接的 NB-IoT UE，TAU 接受消息中不携带 EPS 承载状态信息。

如果在步骤 5 中 MME 成功获得报头压缩配置参数，则 MME 通过每个 EPS 承载的报头压缩上下文状态（Header Compression Context Status）指示 UE 继续使用先前协商的配置。当报头压缩上下文状态指示以前协商的配置可以不再被一些 EPS 承载使用，UE 将停止在这些蜂窝物联网优化的 EPS 承载上收发数据时执行报头压缩和解压缩。

如果 UE 包括 eDRX 参数的信元且 MME 决定启用 eDRX，则 MME 应在 TAU 接受消息中包括 eDRX 参数信元。

步骤 21：如果 GUTI 已经改变，UE 通过返回一条跟踪区升级完成（Tracking Area Update Complete）消息给 MME 来确认新的 GUTI。

如果在 TAU 请求消息中"Active Flag"未置位且这个 TAU 过程不是在 ECM_Connected 连接状态发起的，则 MME 释放与 UE 的信令连接。对于支持蜂窝物联网优化功能终端，当"CP Active Flag"置位时，MME 在 TAU 过程完成后不应立即释放与 UE 的 NAS 信令连接。

7.4　数据传输过程

NB-IoT 定义了两种数据传输模式：CP 模式和 UP 模式。最终使用哪种 CIoT 信令减少来优化方案呢？对于数据发起方，由 UE 选择决定哪一种方案。对于数据接收方，由 MME 参考 UE 习惯，通过 NAS 信令进行协商来配置选择哪一种方案。

NB-IoT 在没有激活 AS 安全之前，不使用 PDCP。非锚点载波可以在 RRC_Connected 连接状态建立期间被配置。

NB-IoT UE 只支持 CP 模式时，不使用 PDCP 协议子层。若 NB-IoT UE 同时支持 CP 模式和 UP 模式，则在启用 AS 安全之前，不使用 PDCP 协议子层。

CP 模式是 NB-IoT 系统新增加的过程，主要针对小数据包的传输优化，支持将 IP 数据包、Non-IP 数据包、SMS 封装到 NAS PDU 中进行传输，并且不需要建立 DRB 和 S1-U 承载。

对于 CP 模式，UE 和 eNB 基站间的数据交换在 RRC 子层上完成。对于下行链路，数据包附带在 RRC 连接建立（RRC Connection Setup）消息里；对于上行链路，数据包附带在 RRC 连接建立完成（RRC Connection Setup Complete）消息里。如果数据量过大，RRC 不能完成全部传输，将使用下行信息传输（DL Information Transfer）和上行信息传输（UL Information Transfer）消息继续传输。CP 模式传输过程如图 7.6 所示。

这两类消息中包含的是带有 NAS 消息的 byte 数组，其对应 NB-IoT 数据包，因此，对于 eNB 基站是透明的，UE 的 RRC 也会将它直接转发给上一层。

图 7.6
CP 模式传输过程

在这种传输模式下，没有 RRC 连接重置（RRC Connection Reconfiguration）过程，数据在 RRC 连接建立消息里传输，或者在 RRC 连接建立之后立即 RRC 释放连接并启动恢复进程。

只支持 CP 模式的 UE 只需要建立 SRB1bis，不需要支持任何 DRB 和相关过程。

CP 模式包括 UE 发起的 MO 控制面数据传输过程和 UE 终结的 MT 控制面数据传输过程。

支持 UP 模式的 UE 需要建立 SRB1，在 RRC 连接建立过程期间，SRB1bis 随着 SRB1 被隐含建立。依据支持 UP 模式的 UE 能力，数据通过传统的用户面传输，为了降低物联网终端的复杂性，默认支持 1 个 DRB，可选支持最多 2 个 DRB。

支持 UP 模式的 NB-IoT 还需支持 RRC 连接的暂停和恢复、AS 安全、RRC 连接重建和 RRC 连接重置。

在 CP 模式中，RRC 连接建立时的特征如下：

- 在上行链路中，RRC 消息可发送上行链路 NAS 信令消息或 NAS 消息携带的数据。
- 在下行链路中，RRC 消息可发送下行链路 NAS 信令消息或 NAS 消息携带的数据。
- 不支持 RRC 连接重构和 RRC 连接重建。
- 不使用 DRB。
- 不使用 AS 安全。
- 在 AS 中不同的数据类型（如 IP、Non-IP、短信）之间没有区别。

在 UP 模式中，RRC 连接建立时的特征如下：

- 在 RRC 连接释放时使用 1 个 RRC 连接挂起进程，在 RRC_Idle 空闲状态下，eNB 基站可请求保留 AS 上下文。
- 从 RRC_Idle 空闲状态到 RRC_Connected 连接状态时，发送 1 个 RRC 连接恢复进程，UE 中以前存储的信息被 eNB 基站用来恢复 RRC 连接。在恢复消息中，用户终端提供一个恢复 ID 来由 eNB 基站访问存储信息来恢复 RRC 连接。
- 在挂起/恢复时必须保持 AS 安全。在 RRC 恢复进程中不支持重新输入。用户终端在 RRC 重建进程和恢复进程中使用 shortMAC-I 作为身份验证令牌。eNB 基站提供 NCC 给 UE，同时 UE 重置计数器。

- 从 RRC_Idle 空闲状态到 RRC_Connected 连接状态时，复用 CCCH 和 DTCH。
- 当建立 RRC 连接时，可配置 1 个非锚载波用于 RRC 连接的重建、恢复或重新配置。

7.4.1 CP 模式下 MO 传输过程

在 CP 模式下，终端发起的 MO 数据传输过程如图 7.7 所示。

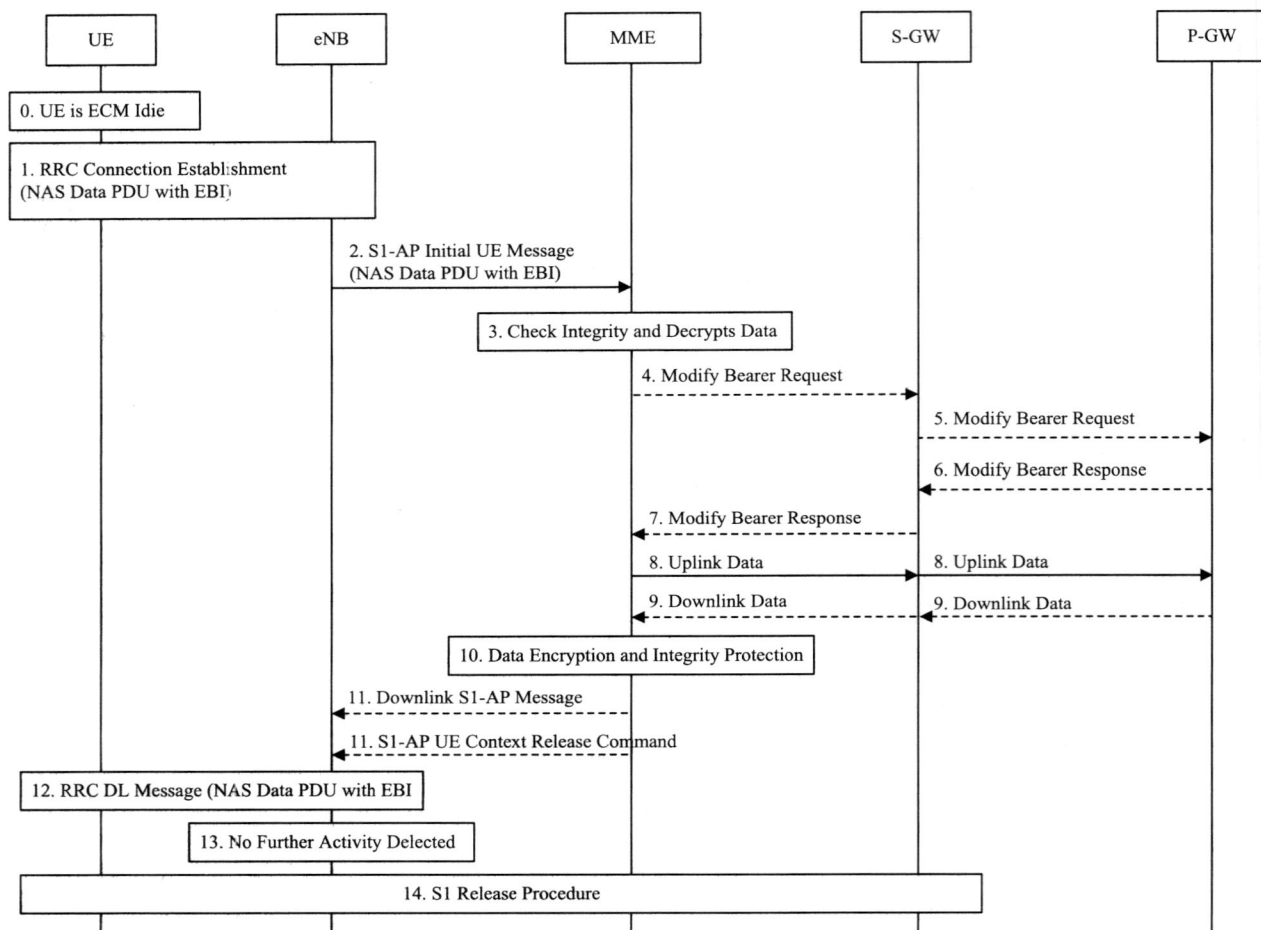

图 7.7 CP 模式下 MO 传输过程

步骤 0：UE 附着到网络之后返回空闲状态。

步骤 1：UE 建立 RRC 连接，将数据封装在已通过加密和完整性保护的 NAS PDU 中传输，并携带 EPS 承载标志（EBI）。UE 在 NAS 消息中可包含释放帮助信息（Release Assistance Information），指示在上行数据传输之后是否有下行数据传输（如 UL 数据的 ACK 或响应）。

步骤 2：eNB 基站通过 S1-AP 初始 UE 消息将 NAS PDU 转发给 MME。

步骤 3：MME 检查 NAS 消息的完整性，然后解密数据。如果采用了报头压缩，MME 需要执行 IP 头解压缩操作。MME 根据需要执行安全相关的过程，步骤 4~步骤 9 可以与安全相关的过程并行执行，但步骤 10、步骤 11 应等到安全相关过程完成之后再执行。

步骤 4：如果 S11-U 连接没有建立，MME 发送修改承载请求消息，提供 MME 的下行传输地址给 S-GW。S-GW 现在可以经过 MME 传输下行数据给 UE。如果 UE 通过 NB-IoT RAT 接入并且 RRC 建立原因值为终端发送异常数据（MO Exception Data），MME 应将该原因值告知 S-GW。S-GW 将该 RRC 建立原因值记录到 S-GW-CDR 中。

如果 S11-U 已经建立，并且 UE 通过 NB-IoT RAT 接入，RRC 建立原因值为"MO Exception Data"，MME 应将该 RRC 建立原因值告知 S-GW。

步骤 5：如果 RAT Type 有变化，或者消息中携带有"UE's Location and/or Info IEs and/or UE Time Zone and Serving Network ID"，或者消息中携带 RRC 建立原因值"MO Exception Data"，S-GW 会发送修改承载请求消息（Modify Bearer Request Message）如 RAT Type 给 P-GW。S-GW 将该 RRC 建立原因值记录到 S-GW-CDR 中。

步骤 6：P-GW 向 S-GW 回复修改承载应答（Modify Bearer Response）消息。P-GW 将该 RRC 建立原因值"MO Exception Data"记录到 P-GW-CDR 中。

步骤 7：S-GW 在响应消息中给 MME 提供 S11-U 用户面的 S-GW 地址和 TEID。

步骤 8：MME 将上行数据经 S-GW 发送给 P-GW。

步骤 9：如果在步骤 1 的释放帮助信息中没有下行数据指示，MME 将 UL 数据发送给 P-GW 后，立即释放连接，执行步骤 14。否则，进行下行数据传输。如果没接收到数据，则跳过步骤 11~步骤 13 进行释放。

步骤 10：如果 MME 在步骤 9 接收到 DL 数据，则进行加密和完整性保护。

步骤 11：如果有 DL 数据，MME 会在 NAS 消息中下发给 eNB 基站。对于 IP PDN 类型的 PDN 连接并且支持报头压缩，MME 在将数据封装到 NAS PDU 之前应先执行 IP 报头压缩。如果步骤 10 没有执行，MME 发送连接建立指示，其中可携带 UE 无线能力信息。如果 UL 数据有释放帮助信息指示 MME 在接收到 DL 数据并转发给 eNB 基站后释放 S1 连接，并且此时 MME 没有待发送的下行数据或信令，或者 S1-U 承载没有建立，则 MME 在下行数据发送完成之后，立即向 eNB 基站发送 S1 UE 上下文释放请求消息，以便于 eNB 基站释放连接。

步骤 12：eNB 基站将 NAS 数据下发给 UE。如果同时收到 MME 的 S1 UE 上下文释放请求，则 eNB 基站会先发送 NAS 数据，然后执行步骤 14 释放连接。

步骤 13：如果持续一段时间没有 NAS PDU 传输，则 eNB 基站进入步骤 14 启动 S1 释放。

步骤 14：eNB 基站或 MME 触发的 S1 释放过程。

7.4.2 CP 模式下 MT 传输过程

在 CP 模式下，MT 终端接收的数据传输过程如图 7.8 所示。

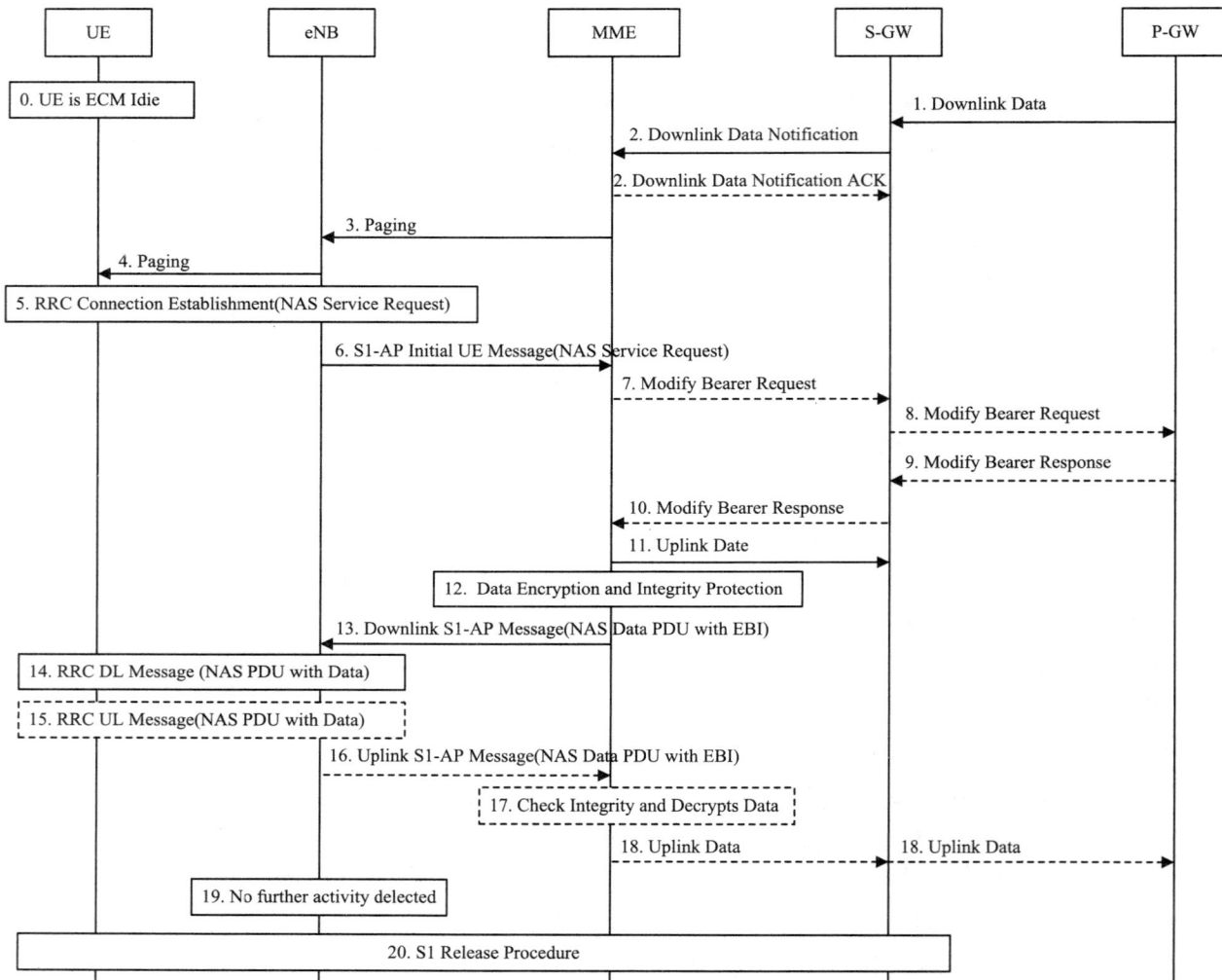

UE	eNB	MME	S-GW	P-GW

0. UE is ECM Idie

1. Downlink Data

2. Downlink Data Notification

2. Downlink Data Notification ACK

3. Paging

4. Paging

5. RRC Connection Establishment(NAS Service Request)

6. S1-AP Initial UE Message(NAS Service Request)

7. Modify Bearer Request

8. Modify Bearer Request

9. Modify Bearer Response

10. Modify Bearer Response

11. Uplink Date

12. Data Encryption and Integrity Protection

13. Downlink S1-AP Message(NAS Data PDU with EBI)

14. RRC DL Message (NAS PDU with Data)

15. RRC UL Message(NAS PDU with Data)

16. Uplink S1-AP Message(NAS Data PDU with EBI)

17. Check Integrity and Decrypts Data

18. Uplink Data

18. Uplink Data

19. No further activity delected

20. S1 Release Procedure

图 7.8　CP 模式下 MT 传输过程

步骤 0：UE 附着到网络之后返回空闲状态。

步骤 1：当 S-GW 收到 UE 的下行数据分组或下行控制信令时，如果 S-GW 的 UE 上下文数据指示没有 MME 的下行用户面 TEID，则 S-GW 缓存下行数据。

步骤 2：如果 S-GW 在步骤 1 缓存了数据，S-GW 发送下行数据指示消息给 MME。MME 向 S-GW 回复下行数据指示应答消息。

如果 S11-U 已经建立，则 S-GW 不执行步骤 2，而是立即执行步骤 11。只有在步骤 6 收到 NAS 服务请求消息后才需要执行步骤 7～步骤 10。

步骤 3：如果 UE 已在 MME 注册并且处于寻呼可达，则 MME 发送寻呼消息给 UE 已注册的跟踪区内的每个 eNB 基站。

步骤 4：如果 eNB 基站收到来自 MME 的寻呼消息，eNB 基站发送寻呼消息来寻呼 UE。

步骤 5、步骤 6：当接收到寻呼消息，UE 通过 RRC 连接请求和 S1-AP 初始消息将 NAS 服务请求发送至 MME。如果采用了控制面数据传输方案，则 NAS 服务请求不会触发 MME 建立数据无线承载，MME 可立即通过 NAS PDU 发送下行数据。

MME 根据需要执行安全相关的过程，步骤 7～步骤 11 可以与安全相关的过程并行执行，但步骤 12、步骤 13 应等到安全相关过程完成之后再执行。

步骤 7：如果 S11-U 连接没有建立，则 MME 发送修改承载请求消息，提供 MME 的下行传输地址给 S-GW。S-GW 现在可以经过 MME 传输下行数据给 UE。

步骤 8：如果 RAT Type 有变化，或者消息中携带有 UE's Location and/or Info IEs and/or UE Time Zone and Serving Network ID，S-GW 会发送修改承载请求消息（RAT Type）给 P-GW。

步骤 9：P-GW 向 S-GW 回复修改承载应答消息。

步骤 10：如果在步骤 7 发送了修改承载请求消息，S-GW 向 MME 回复修改承载应答消息，向 MME 提供 S11-U 用户面的 S-GW 地址和 TEID。

步骤 11：下行数据由 S-GW 发送给 MME。

步骤 12、步骤 13：MME 对下行数据进行加密和完整性保护，封装到 NAS PDU 中通过下行 S1-AP 消息发给 eNB 基站。对于 IP PDN 类型的 PDN 连接并且支持报头压缩，MME 在将数据封装到 NAS PDU 之前应先执行 IP 报头压缩。

步骤 14：eNB 基站将 NAS 数据 PDU 通过 RRC 消息下发给 UE。如果采用了报头压缩，则 UE 需要执行 IP 头的解压缩操作。

步骤 15：由于 RRC 连接没有释放，更多的上行和下行数据可以通过 NAS PDU 来传输。UE 不需要建立用户面承载，可以在上行 NAS PDU 中携带释放帮助信息。对于 IP PDN 类型的且支持报头压缩的 PDN 连接，UE 在将数据封装到 NAS PDU 之前应先执行 IP 报头压缩。

步骤 16：eNB 基站通过 Uplink S1-AP 消息将 NAS PDU 转发给 MME。

步骤 17：MME 检查 NAS 消息的完整性，再解密数据。如果采用了报头压缩，MME 需要执行 IP 头解压缩操作。

步骤 18：MME 通过 S-GW 发送上行数据到 P-GW，并执行与释放帮助信息相关的处理。

如果释放帮助信息指示上行数据之后没有下行数据，并且此时 MME 没有待发送的下行数据或信令，或者 S1-U 承载没有建立，则 MME 应执行步骤 20 马上释放连接。

如果释放帮助信息指示上行数据之后有下行数据，并且此时 MME 没有待发送的下行数据或信令，或者 S1-U 承载没有建立，则 MME 在下行数据发送完成之后，立即向

eNB 基站发送 S1 UE 上下文释放请求消息,以便于 eNB 基站释放连接。

步骤 19:如果持续一段时间没有 NAS PDU 传输,eNB 基站则进入步骤 20 启动 S1 释放。

步骤 20:eNB 基站或 MME 触发的 S1 释放过程。

7.5 Non-IP 数据传输过程

NB-IoT 的一项重要功能就是 UE 支持 Non-IP 数据的传输,这是蜂窝物联网增强的重要部分。从 EPS 系统角度来看,Non-IP 数据是非 IP 结构化的。Non-IP 数据传输,包括 MO、MT 的数据传输两部分。UE 在 ESM 连接请求消息,如附着或 PDN 连接请求消息中指示使用 Non-IP PDN 类型。对于 Non-IP PDN 类型的 PDN 连接,网络将不会启动专用承载上下文激活过程。

将 Non-IP 数据传输给 SCS/AS,可以有两种主要方案:

1)经过 SCEF 的 Non-IP 数据传输。

2)经过 P-GW 的 Non-IP 数据传输(使用点对点的 SGi 隧道)。

经过 P-GW 的点对点 SGi 隧道方式传输 Non-IP 数据,目前存在两种传输方案,基于 UDP/IP 的 PtP 隧道和基于其他类型的 PtP 隧道。

(1)基于 UDP/IP 的 PtP 隧道方案

1)在 P-GW 上,以 APN 为粒度,预先配置 AS 的 IP 地址。

2)UE 发起附着或 PDN 建立时,P-GW 为 UE 分配 IP 地址(该 IP 不发送给 UE),并建立(GTP 隧道 ID、UE IP 地址)映射表。

3)以上行数据为例,P-GW 收到 UE 侧的 Non-IP 数据后,将其从 GTP 隧道中剥离,并加上 IP 头(源 IP 是 P-GW 为 UE 分配的 IP,目的 IP 为 AS 的 IP),然后经由 IP 网络发往 AS。

4)AS 收到 IP 报文后,解析其中的 Non-IP 数据内容及其中的用户 ID,并建立(用户 ID、UE IP 地址)映射表,便于下行数据发送。

(2)基于其他类型的 PtP 隧道方案

1)在 P-GW 上,以 APN 为粒度,预先配置 AS 的 IP 地址。

2)UE 发起附着或 PDN 建立时,P-GW 不为 UE 分配 IP 地址,但建立到 AS 的隧道,并建立左右两侧隧道的映射表。

3)以上行数据为例,P-GW 收到 UE 侧的 Non-IP 数据后,将其从 GTP 隧道 1 中剥离,并将其放入隧道 2 中,再经由隧道发往 AS。

4)AS 收到后,解析其中的 Non-IP 数据内容及其中的用户 ID,并建立(用户 ID、隧道 ID)映射表,便于下行数据发送。

经过 SCEF 实现 Non-IP 数据传输，基于在 MME 和 SCEF 之间建立的指向 SCEF 的
PDN 连接实现于 T6a 接口，在 UE 附着时、UE 请求创建 PDN 连接时被触发建立。UE
并不感知用于传输 Non-IP 数据的 PDN 连接，不管是指向 SCEF 的，还是指向 P-GW 的，
网络仅向 UE 通知某 Non-IP 的 PDN 连接使用 CP 模式。

为了实现 Non-IP 数据传输，在 SCS/AS 和 SCEF 之间需要建立应用层会话绑定。

在 T6 接口上，使用 IMSI 来标示一个 T6 连接或 SCEF 连接所归属的用户，使用 EPS
承载 ID 来标示 SCEF 承载。在 SCEF 和 SCS/AS 间，使用 UE 的外部标志或 MSISDN 来
标示用户。

根据运营商策略，SCEF 可能缓存 MO/MT 的 Non-IP 数据包。MME 和 IWK-SCEF
不会缓存上下行 Non-IP 数据包。

7.5.1　NIDD 配置

NIDD（Non-IP Data Delivery，非 IP 数据传输）配置过程允许 SCS/AS 向 SCEF 执行
初次 NIDD 配置、更新 NIDD 配置、删除 NIDD 配置。通常，NIDD 配置过程应在 UE
附着过程之前执行。

NIDD 配置过程如图 7.9 所示。

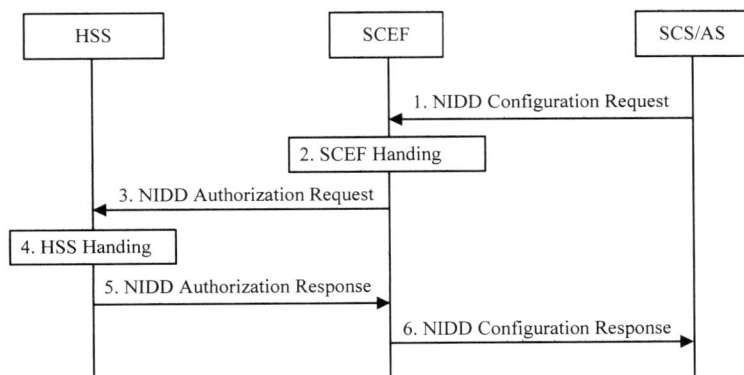

图 7.9
NIDD 配置过程

步骤 1：SCS/AS 向 SCEF 发送 NIDD 配置请求消息。

步骤 2：SCEF 存储 UE 的外部 ID/MSISDN 和其他相关参数。如果根据服务协议，
SCS/AS 不被授权执行该请求，则执行步骤 6，拒绝 SCS/AS 的请求，返回相应的错误原因。

步骤 3：SCEF 向 HSS 发送 NIDD 授权请求消息，以便 HSS 检查对 UE 的外部标志
或 MSISDN 是否允许 NIDD 操作。

步骤 4：HSS 执行 NIDD 授权检查，并将 UE 的外部标志映射成 IMSI 或 MSISDN。
如果 NIDD 授权检查失败，则 HSS 在步骤 5 中返回错误原因。

步骤 5：HSS 向 SCEF 返回 NIDD 授权响应消息。如果 UE 被配置了 MSISDN，在
授权响应消息中，HSS 返回由外部标志映射的 IMSI 和 MISIDN。使用 HSS 所映射的
IMSI/MSISDN，SCEF 可将 T6 连接和 NIDD 配置请求绑定。

注意：
SCS/AS 应保证所
选择的 SCEF 和
HSS 中配置的
SCEF 是同一个。

注意：
如果 SCEF 收到
SCS/AS 发送的删
除参考，则 SCEF
在本地释放
SCS/AS 的 NIDD
配置信息。

步骤 6：SCEF 向 SCS/AS 返回 NIDD 配置响应消息。SCEF 为 SCS/AS 的本次 NIDD 配置请求分配 SCS/AS Reference ID 作为业务主键。

7.5.2　T6 连接建立

当 UE 请求 EPS 附着，指明 PDN 类型为 Non-IP，并且签约数据中省略 APN 可用于创建 SCEF 连接，或者 UE 请求的 APN 可用于创建 SCEF 连接，则 MME 发起 T6 连接创建过程。

T6 连接建立的过程如图 7.10 所示。

图 7.10
T6 连接建立的
过程

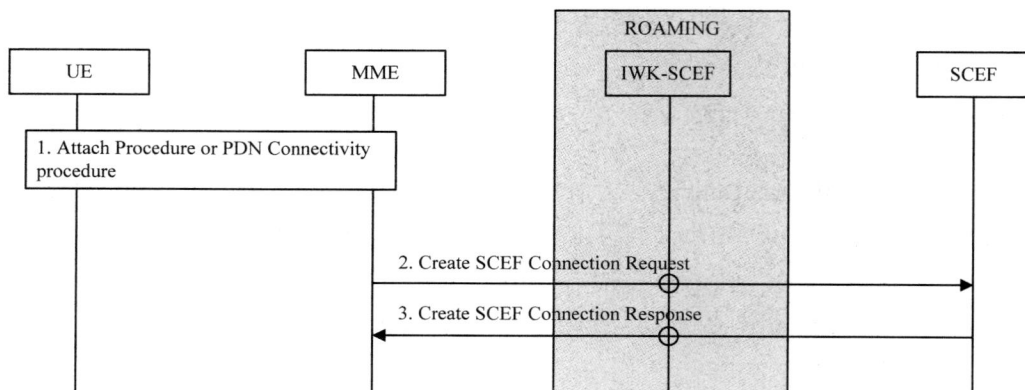

步骤 1：UE 执行初始附着过程，或者 UE 请求创建 PDN 连接。MME 根据 UE 签约数据，检查 APN 设置。如 APN 携带的信息包括选择 SCEF 指示或 SCEF ID，则该 APN 用于创建指向 SCEF 的 T6 连接。

步骤 2：在两种情况下 MME 发起 T6 连接创建，一个是当 UE 请求初始附着，并且默认 APN 被设置为用于创建 T6 连接；另外一个是 UE 请求 PDN 连接建立，并且 UE 所请求的 APN 被设置为用于创建 T6 连接。

MME 向 SCEF 发送创建 SCEF 连接请求消息。如果部署了 IWK-SCEF，则 IWK-SCEF 将该请求前转给 SCEF。

如果 SCS/AS 已经向 SCEF 请求执行了 NIDD 配置过程，则 SCEF 执行步骤 3。否则，SCEF 可以拒绝 T6a 连接建立，或者使用一个默认配置的 SCS/AS 发起 NIDD 配置过程。

步骤 3：SCEF 为 UE 创建 SCEF 承载，承载标志为 MME 提供的 EPS 承载标志。SCEF 承载创建成功后，SCEF 发送创建 SCEF 连接请求消息给 MME。如果部署了 IWK-SCEF，则 IWK-SCEF 将消息前转给 MME。

7.5.3　T6 连接释放

在下面的条件下，MME 发起 T6 连接释放过程：

① UE 发起去附着过程；

② MME 发起去附着过程；

③ HSS 发起去附着过程；

④ UE 或 MME 发起 PDN 连接释放过程。

T6 连接释放过程如图 7.11 所示。

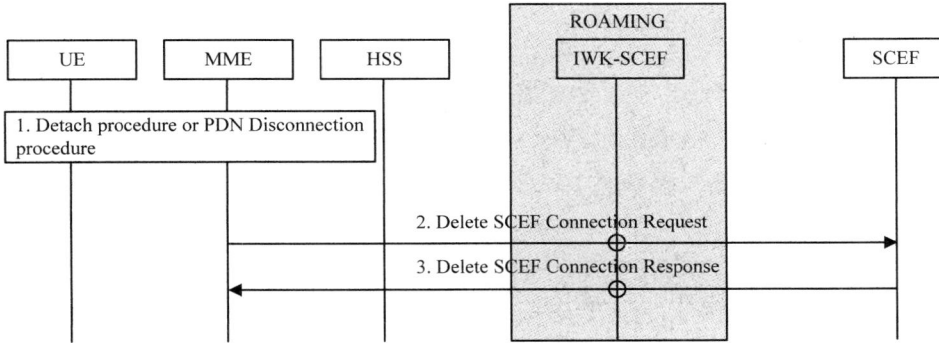

图 7.11
T6 连接释放过程

步骤 1：UE 执行去附着过程，包括请求释放 PDN 连接过程、MME 发起去附着过程、释放 PDN 连接过程、HSS 发起去附着过程。

步骤 2：如果 MME 上存在 T6 接口的 SCEF 连接和 SCEF 承载，则对每一个 SCEF 承载，MME 向 SCEF 发送释放 SCEF 连接请求消息。同时，MME 删除自身保存的该 PDN 连接的 EPS 承载上下文。

步骤 3：SCEF 向 MME 返回释放 SCEF 连接应答消息，指明操作是否成功。SCEF 删除自身保存的该 PDN 连接的 SCEF 承载上下文。

7.5.4　MO NIDD 数据投递

MO NIDD 数据投递过程如图 7.12 所示。

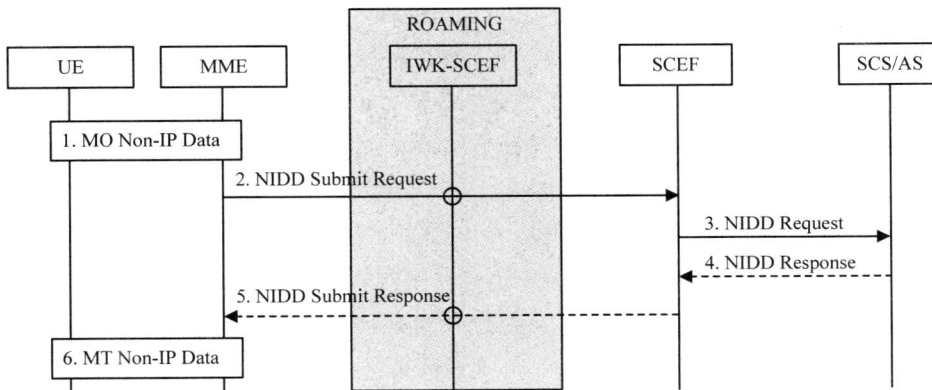

图 7.12
MO NIDD 数据
投递过程

步骤 1：UE 向 MME 发送 NAS 消息，携带 EPS 承载 ID 和 Non-IP 数据包。

步骤 2：MME 向 SCEF 发送 NIDD 传递请求消息。在漫游时，该消息由 IWK-SCEF 转发给 SCEF。

步骤 3：当 SCEF 收到 Non-IP 数据包后，SCEF 根据 EPS 承载 ID 寻找 SCEF 承载及相应的 SCEF/AS 参考号，并将 Non-IP 数据包发送给对应的 SCS/AS。

步骤 4～步骤 6：根据需要，SCS/AS 利用 NIDD 传递响应消息携带下行 Non-IP 数据包。

7.5.5　MT NIDD 数据投递

SCS/AS 使用 UE 的外部标志或 MSISDN 向 UE 发送 Non-IP 数据包，在发起 MT NIDD 数据投递过程前，SCS/AS 必须先执行 NIDD 配置过程。

MT NIDD 数据投递过程如图 7.13 所示。

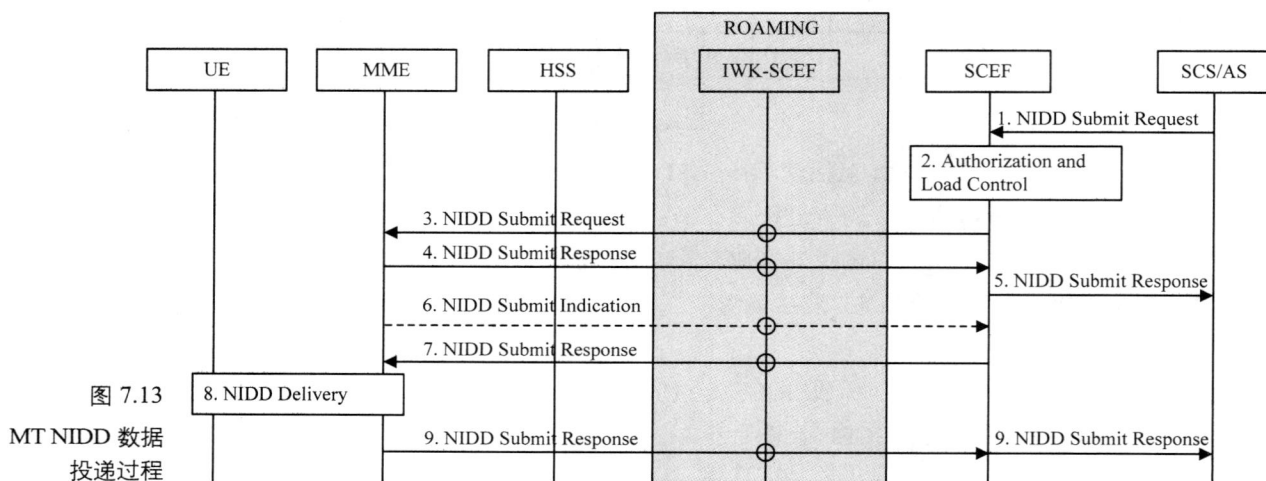

图 7.13　MT NIDD 数据投递过程

步骤 1：当 SCS/AS 已经为某 UE 执行过 NIDD 配置过程后，SCS/AS 可以向该 UE 发送下行 Non-IP 数据。SCS/AS 向 SCEF 发送 NIDD 投递请求消息。

步骤 2：SCEF 根据 UE 的外部标志或 MSISDN，检查是否为该 UE 创建了 SCEF 承载。SCEF 检查请求 NIDD 数据投递的 SCS 是否被授权允许发起 NIDD 数据投递，并且检查该 SCS 是否已经超出 NIDD 数据投递的限额（如 24 小时内允许 1KB），或已经超出速率限额（如每小时 100B）。如果上述检查失败，SCEF 执行步骤 5，并返回错误原因。如果上述检查成功，SCEF 继续执行步骤 3。

如果 SCEF 没有检查到 SCEF 承载，则 SCEF 可能：

1）向 SCS/AS 返回 NIDD 投递响应消息，携带适当的错误原因。

2）使用 T4 终端激活过程，触发 UE 建立 Non-IP PDN 连接。

3）接收 SCS 的 NIDD 投递请求，但是返回适当的原因（如等待发送），并等待 UE 主动建立 Non-IP PDN 连接。

步骤 3：如果 UE 的 SCEF 承载已建立，SCEF 向 MME 发送 NIDD 投递请求消息。若 IWK-SCEF 收到 NIDD 投递请求消息时，则前转给 MME。

步骤 4：如果当前 MME 能立即发送 Non-IP 数据给 UE，如 UE 在 ECM_Connected 连接状态，或 UE 在 ECM_Idle 空闲状态但是可寻呼，则 MME 执行步骤 8，向 UE 发起 Non-IP 数据投递。

如果 MME 判断 UE 当前不可及（如 UE 当前使用 PSM 模式，或 eDRX 模式），则 MME 向 SCEF 发送 NIDD 投递响应消息。MME 携带原因值指明 Non-IP 数据无法投递给 UE。NIDD 可达通知标记指明 MME 将在 UE 可达时通知 SCEF。MME 在 EMM 上下文中存储 NIDD 可达通知标记。

步骤 5：SCEF 向 SCS/AS 发送 NIDD 响应消息，通知从 MME 处获得的投递结果。如果 SCEF 从 MME 收到 NIDD 可达通知标记，则根据本地策略，SCEF 可考虑缓存步骤 3 中的 Non-IP 数据。

步骤 6：当 MME 检测到 UE 可及时（如从 PSM 模式中恢复并发送 TAU、发起 MO 信令或数据传输，或 MME 预期 UE 即将进入 eDRX 监听时隙），如 MME 之前对该 UE 设置了 NIDD 可达通知标记，则 MME 向 SCEF 发送 NIDD 投递指示消息（User Identity），表明 UE 已可及。MME 清除 EMM 上下文中的 NIDD 可达通知标记。

步骤 7：SCEF 向 MME 发送 NIDD 投递请求消息。

步骤 8：如果需要，MME 寻呼 UE，并向 UE 投递 Non-IP 数据。MME 向 UE 用户终端投递 Non-IP 过程。根据运营商策略，MME 可能产生计费信息。

步骤 9：如果 MME 执行了步骤 8，则 MME 向 SCEF 发送 NIDD 投递响应消息，并返回投递结果。SCEF 向 SCS/AS 发送 NIDD 投递响应消息，并返回 NIDD 数据投递结果。

> **注意：**
> MME、SCEF 所返回的投递成功，并不意味着 UE 一定正确地接收到 Non-IP 数据，只表示 MME 通过 NAS 信令将 Non-IP 数据发送到 UE。

7.6　小区重选

NB-IoT 不支持切换、测量报告、Inter-RAT 移动性，支持 ECM_Idle 空闲状态下的移动性管理和寻呼过程。

在 RRC_Idle 空闲状态，小区重选定义了两类小区，分别是同频小区（Intra Frequency）和异频小区（Inter Frequency），异频小区指的是带内部署模式下的两个 180kHz 载波之间的重选。

由于 NB-IoT 主要为非频发小数据包流量而设计，因此并不需要 RRC_Connected 连接状态下的切换过程。如果需要改变服务小区，NB-IoT UE 会进行 RRC 释放，进入 RRC_Idle 空闲状态，再重选至其他小区。

UE 完成小区选择驻留到服务小区后，应能根据服务小区广播的系统消息中邻近小区的频点和服务小区的测量值启动邻近小区的测量。UE 应能根据邻近小区的测量结果，对满足 $S>0$ 的邻近小区执行 R 值排序，在满足重选条件后对 R 值最高的小区执行系统消息的读取，对合适性检查通过的小区执行驻留。

NB-IoT 的小区重选机制也做了适度简化，由于 NB-IoT UE 不支持紧急拨号功能，因此，当 UE 重选时无法找到合适小区的情况下，UE 不会暂时驻留在可接受的小区，而是持续搜寻直到找到合适小区为止。

对于 NB-IoT 来说，小区重选也就是 UE 选择应该驻留的小区。与 LTE 系统相比，主要区别是 NB-IoT 对于异频小区重选不使用基于优先级的小区重选。小区重选准则如下：

① 同频重选基于小区的排序（可能存在小区特殊偏置）；

② 异频重选基于频率的排序（可能存在频率特殊偏置）；

③ 支持盲重定向用于负载均衡。

> **注意：**
> 根据 3GPP TS 36.304 定义，所谓合适的驻留小区（Suitable Cell）为可以提供正常服务的小区，而可接受的小区（Acceptable Cell）为仅能提供紧急服务的小区。

处于 RRC_Idle 空闲状态的 UE 执行小区重选。该过程的原则如下：

1）UE 测量服务小区和邻小区的特性，以便开始重选处理。

2）不需要在服务小区系统消息中指示邻小区来使得 UE 搜索或测量小区，也就是说，E-UTRAN 是依赖于 UE 自己来探测邻小区的。

3）对于搜索和测量异频小区邻小区，只需要指明载频。

4）如果服务小区特性满足特定的搜索或测量标准，则可以省略测量。

5）对于异频小区邻小区，有可能指示出层特定小区重选参数。

6）可以提供黑名单来阻止 UE 重选到特定同频小区和异频小区的邻小区。

7）小区重选参数对于小区中的所有 UE 都适用，但是也可能基于 UE 组或 UE 来配置特定的重选参数。

7.7 寻呼过程

UE 应支持空闲状态和连接状态下接听 PCCH 上的寻呼（Paging），包括系统消息改变、业务寻呼。寻呼指示业务寻呼时，UE 应检查寻呼内的 UE ID 列表是否和本 UE 的标志（IMSI 或者 S-TMSI）匹配，如果 UE ID 列表中包含了本 UE 的标志，则上报 NAS 寻呼指示。

NB-IoT 采用 E-UTRAN 寻呼相关配置，其主要区别如下：①对于 NB-IoT，仅通过 BCCH 配置 eDRX；②空闲状态使用 eDRX 时，DRX 周期最大值为 2.91 小时；③UE 在 RRC_Idle 空闲状态时，在锚点载波上接收寻呼。

当在空闲状态使用 eDRX 时，可以适用如下情况：

1）eDRX 周期在空闲状态中被延长至并超过 10.24 秒，并具有最大值 43.69 分钟；对于 NB-IoT，eDRX 周期的最大值是 2.91 小时。

2）当 SFN 环绕时，由小区广播超级 SFN（H-SFN）并且超级 SFN 增加 1。

3）寻呼超高帧（PH）指的是 H-SFN，在 H-SFN，UE 在 ECM_Idle 空闲状态所使用的寻呼时间窗（Paging Time Windows，PTW）期间开始监测寻呼 eDRX。PH 是依据 MME、UE 和 eNB 基站的公式来确定的，并用于实现 eDRX 周期和 UE 识别的功能。

4）在 PTW 期间，UE 监测对于 PTW 持续时间的寻呼（如由 NAS 配置的）或直到接收到对于 UE 的寻呼消息，该寻呼消息包括 UE 的 NAS 身份，取两者中先发生的。

5）MME 确定 PH 和 PTW 的开始，并且在第一个寻呼时段即将发生之前发送 S1 寻呼请求以便避免在 eNB 基站中存储寻呼消息。

6）当 UE 在 eDRX 中时，无法满足地震及海啸预警系统（Earthquake and Tsunami Warning System，ETWS）、商业移动预警业务（Commercial Mobile Alert Service，CMAS）、公共警报系统（Public Warning System，PWS）的要求。对于 EAB，如果用户终端支持 SIB14，当在延长的 DRX 中时，它在建立 RRC 连接之前获取 SIB14。

7）当 eDRX 比系统消息修改周期长时，UE 会验证：在建立 RRC 连接之前被存储的系统消息是否保持有效。对于一个配置有比系统消息改变周期长的 eDRX 周期的 UE，当包括 System Info Modification-eDRX 时，寻呼消息可以被用于系统消息改变通知。

对于 NB-IoT，处于 RRC_Idle 空闲状态的 UE 在已经接收到 NPSS/NSSS，NPBCH 和 SIB 传输的承载上接收寻呼。

7.8　随机接入过程

与 LTE 系统类似，NB-IoT 使用随机接入过程来实现 UE 初始接入网络，并完成上行链路同步过程。在 Rel-13 版本中，UE 只需支持基于竞争的随机接入，但是仍旧保留 NPDCCH 触发的 NPRACH，通过 DCI 格式 N1 来指示。在 DCI 中给出 NPRACH 的初始子载波位置和重复次数。

小区搜索取得频率和符号同步、获取 SIB 信息、启动随机接入过程建立 RRC 连接。当 UE 返回 RRC_Idle 空闲状态时，若需要发送数据或接收到寻呼，则也会再次启动随机接入过程。UE 产生随机接入前导的方式和 LTE 系统不同，不再需要前导索引来生成随机接入前导序列，所有的都采用默认的全 1 序列。

UE 通过 Msg1 传输随机接入前导，通过 Msg2 传输随机接入响应，通过 Msg3 传输 MAC 子层和 RRC 子层的消息，Msg3 包含 1 个 IoT 比特用于指示该 UE 是否支持 Multi-tone，通过 Msg4 实现竞争解决。

对于 NB-IoT UE，基于竞争的随机接入过程如下：

1）在锚点载波，执行随机接入过程。

2）在恢复 RRC 连接的过程中，携带恢复 ID 用于恢复 RRC 连接。

3）在建立 RRC 连接过程中，包含关于后续在 SRB 或 DRB 上传输的数据量大小的指示信息。

竞争随机接入过程如图 7.14 所示。

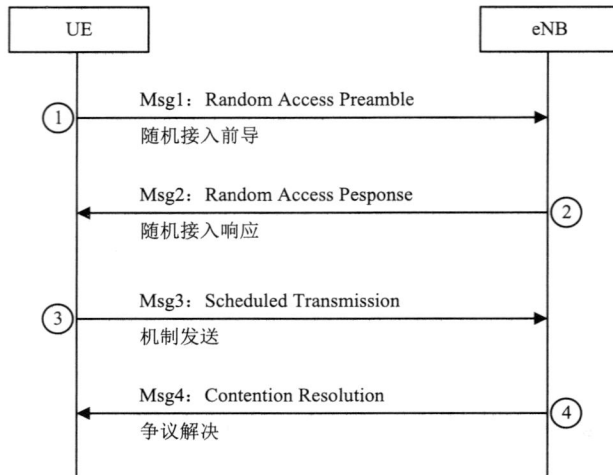

图 7.14
竞争随机接入
过程

竞争随机接入过程的 4 个步骤如下。

步骤 1：上行链路中在 RACH 上的随机接入前导。有两个可能被定义的组，其中一个是可选的。如果两个组都已经被配置，则使用 Msg3 的大小和路径损耗来确定前导是选自哪一个组。前导所属的组提供了 Msg3 大小的指示及 UE 的无线条件。前导组信息连同必需的阈值在系统消息中进行广播。

步骤 2：在 DL-SCH 上由 MAC 产生的随机接入响应。

1）与 Msg1 半同步（在一弹性窗口之内，该窗口的大小是一个或更多的 TTI）。

2）没有 HARQ。

3）寻址到 PDCCH 上的 RA-RNTI。

4）至少传输 RA 前导标识、对 p-TAG 的时间对准信息、初始上行授权和临时 C-RNTI 的分配（这些基于竞争决议可以是或者可以不是永久的）。

5）计划用于 1 个 DL-SCH 消息中可变的 UE 数量。

步骤 3：在 UL-SCH 上的第 1 次上行调度传输。

1）使用 HARQ。

2）传输块的大小取决于在步骤 2 中传输的上行授权。

对于初始接入：①传输 RRC 连接请求，该 RRC 连接请求由 RRC 子层产生并通过 CCCH 传输；②至少传输 NAS 用户终端身份标志，但没有 NAS 消息；③RLC TM 没有划分。

对于 RRC 连接重建过程：①传输 RRC 连接重建请求，由 RRC 子层产生并通过 CCCH 传输；②RLC TM 没有划分；③不包括任何 NAS 消息。

在切换之后，在目标小区：①传输被加密和完整保护的切换确认，该切换确认由层产生并通过 DCCH 传输；②传输 UE 的 C-RNTI（通过切换命令被分配）；③如果可能，则包括上行缓冲状态报告。

对于其他的事件，至少传输用户终端的 C-RNTI。

对于 NB-IoT，在恢复连接的过程中，传输恢复 ID 以便恢复连接；在建立连接的过程中，可以指明在 SRB 或者 DRB 上后续传输的数据量的指示。

步骤 4：在下行链路上的竞争决议。

1）使用早期竞争决议，也就是说，eNB 基站在决定竞争之前不会等待 NAS 的回复。

2）与 Msg3 不同步。

3）支持 HARQ。

4）为初始接入并在无线链路失败之后，临时 C-RNTI 承载在 PDCCH 上；

5）对于在 RRC_Connected 连接状态的 UE，C-RNTI 承载在 PDCCH 上。

正如在 Msg3 中提出的，HARQ 反馈仅由 UE 进行传输，该 UE 探测它自己的身份标志，在竞争决议消息中回应。对于初始接入和连接重建过程，不使用 RLC-TM。

当临时 C-RNTI 被升级为 UE 的 C-RNTI 时，若该 UE 探测 RA 成功并且还没有 C-RNTI，则被其他所降级。探测 RA 成功并且已经具有 C-RNTI 的 UE 恢复使用它的 C-RNTI。

当配置有 DC 时，竞争随机接入过程的前 3 个步骤在 MCG 中的 PCell 上及在 SCG 的 PSCell 上发生。

物理层的随机接入突发由 1 个循环前缀、1 个前导符和 1 个保护时间组成，并且在此期间不发送信息。随机接入前导码由 Zadoff-Chu 序列和零相关区域生成。

物理层随机访问传输使用 1 个 3.75kHz 的子载波间隔，由符号组和符号组之间的跳频组成。每个符号组都有 1 个循环前缀和 1 个前导码。在频率上每个符号组的一跳由 1 个或 6 个子载波组成，并且通过伪随机数进行重复。为适应不同大小的小区尺寸，有两个可能的循环前缀长度被用于随机接入传输符号组。

和 LTE 系统中随机接入序列使用 ZC 序列不同，NB-IoT 中的随机接入序列是单频传输（3.75kHz 子载波空间），并且使用的符号（Symbol）为一定值。一次的随机接入序列传输包含 4 个符号组，1 个符号组由 1 个 CP 和 5 个符号组成，如图 7.15 所示。

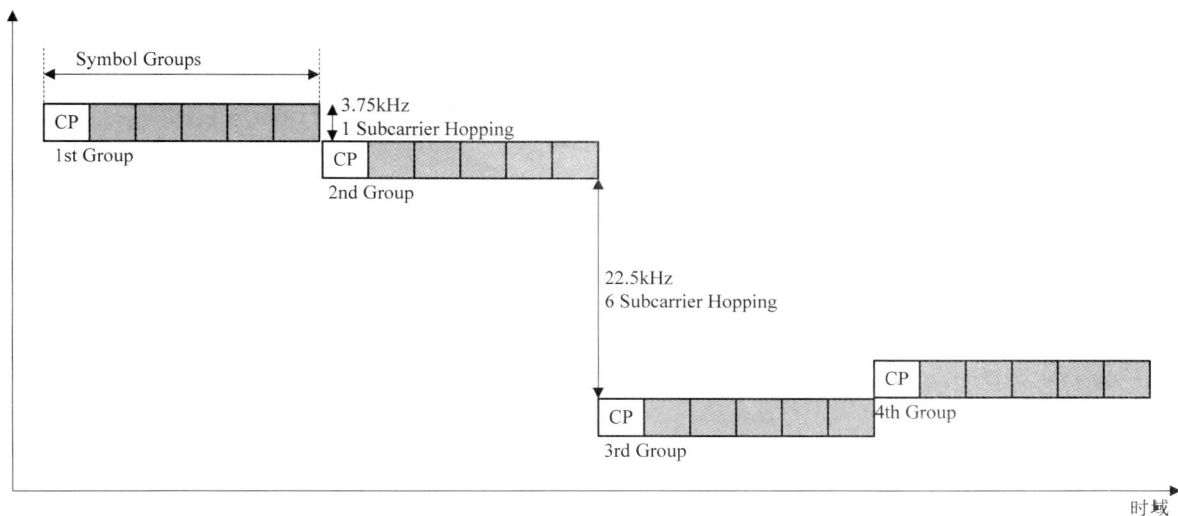

图 7.15　随机接入序列符号组

每个符号组之间会有跳频（Frequency Hopping）。选择传输的随机接入序列就是选择起始的子载波。

NB-IoT UE 一律需要从主载波上进行随机接入，eNB 基站会在随机接入的第 4 道信息传递非主载波的信息中将 NB-IoT UE 卸载到非主载波上进行后续的数据传输，避免主载波的无线资源吃紧。每个符号组之间会有跳频。选择传输的随机接入前导即是选择起始的子载波。

与 LTE 系统相同的是，NB-IoT 的随机接入过程采用 4 步随机接入过程。与 LTE 系统不同的是，NB-IoT 的 NPRACH 采用不同的载波位置来区分用户，因此，RAR 接收时采用的 RA-RNTI 不是根据时频资源来计算的，其计算公式如下：

$$RA\text{-}RNTI = 1 + \lceil SFN\_ID \div 4 \rceil$$

式中，SFN_ID——NPRACH 资源的第 1 个系统帧号。

NB-IoT 的 Msg2 重传、Msg3 重传、Msg4 的传输均依赖 DCI 的调度，采用 Type2-CSS。Msg3 初传的上行授权（UL Grant）在 RAR 中通过 15bit 指示。因为 Msg3 的大小被固定为 88bit，所以 MCS/TBS 仅占用 3bit 中的 3 个状态来指示 88bit 的 3 种情况，其余 5 个状态留作后续使用。

此外，在 Msg3 中，UE 还会再一次上报支持 Multi-tone 和非锚点载波的能力。由于不同覆盖等级的 NPRACH 资源针对不同的信道状态，因此仅在最低覆盖等级支持功率调整（Power Ramping），而对于非最低覆盖等级的 UE 均采用最高功率进行发送。此时，eNB 基站可以利用 NPRACH 估计上行信道情况。

在 Rel-13 版本中，NB-IoT 采用 E-UTRAN 随机接入过程，其主要区别在于：

- 不支持切换触发的随机接入过程。
- 不支持 RRC_Connected 连接状态，以定位为目的的随机接入过程。
- 不支持基于非竞争的随机接入过程。

小结

附着是 UE 进行业务前在网络中的注册过程。附着过程完成后，网络侧记录 UE 的位置信息，相关节点为 UE 建立上下文。UE 支持 SMS 短信业务功能，以及支持 SMS 和 IP/Non-IP 数据的业务并发。HARQ 用于缓存没有正确接收到的数据，并且将重传数据和原始数据进行合并。

NB-IoT 最终使用哪种 CIoT 信令减少来优化方案，是通过 UE 与 MME 之间的 NAS 信令进行协商来配置的。在没有激活 AS 安全之前，不使用 PDCP。非锚点载波可以在 RRC_Connected 连接状态建立期间被配置。

NB-IoT 通过一系列的机制，目的是可以让 UE 永远在线。

第 4 篇　NB-IoT 网络部署和平台架构

NB-IoT 的网络体系架构相对于 LTE 网络已经简化了很多，但作为一套完整的蜂窝物联网体系架构，必然要包括 NB-IoT 芯片、NB-IoT 模组、NB-IoT 终端、NB-IoT 基站、NB-IoT 核心网、IoT 连接管理平台，以及各种物联网垂直行业应用。

理想的 NB-IoT 终端产品最鲜明的特点是不需要安装，直接开机连接网络就开始工作，对消费者无感。但在设计终端产品时，需要考虑各种指标、物联网安全、SIM 卡、SIM 卡实名认证、自动登记设备、空中升级、长寿命电池等要素。

若成功部署基于 NB-IoT 技术的物联网垂直应用，需要全产业链的完整配合，缺一不可。术业有专攻，各环节在做精做专自身产品体系的同时，也需要了解相关产业链的发展和部署情况，这样才能为客户提供完美的整体解决方案。

第8章 NB-IoT 网络部署和产品设计

8.1 NB-IoT 网络体系架构

NB-IoT 的网络体系架构分为五个部分，分别是 NB-IoT 终端、NB-IoT 基站、NB-IoT 核心网、IoT 平台，以及各种物联网垂直行业应用，如图 8.1 所示。

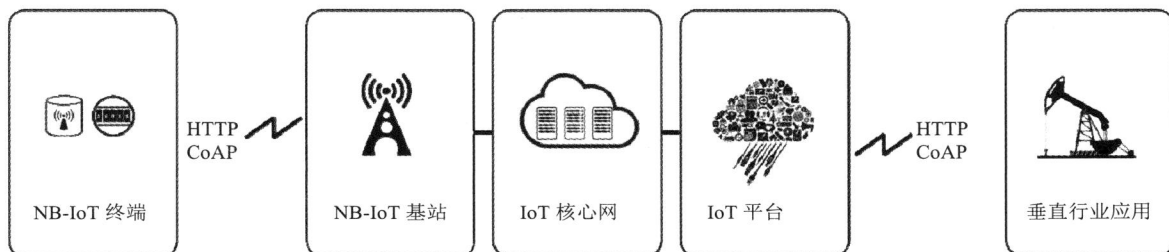

图 8.1 NB-IoT 网络体系架构

其中，NB-IoT 终端部分涉及 NB-IoT 芯片、NB-IoT 模组、NB-IoT UE、传感器等。

NB-IoT 基站实现通道连接的功能，目前支持 FDD-LTE 网络部署。

IoT 核心网是用来完成 NB-IoT 用户接入的过程处理。

IoT 平台主要包括物联网连接管理平台和物联网业务使能平台。物联网连接管理平台实现开户、计费、实名认证、查询等功能。物联网业务使能平台实现设备管理、数据管理等功能。物联网连接管理平台和物联网业务使能平台相对独立，技术相关性不大，可以分别部署，也可以配合使用。

物联网垂直行业应用包含各行各业的智能化应用，建设基于 NB-IoT 技术的物联网垂直行业应用将趋于更加简单，分工更加明晰。参与者包括应用系统集成商、增值服务提供商等。

若需要搭建一套完善的物联网系统，不仅要关注前面章节中提到的各种技术标准，还需要关注物联网安全体系的建设、SIM 卡管理、SIM 卡实名认证、设备空中升级、长寿命电池、CoAP 上层应用协议等。

UE 是移动通信网络的接入点,其通过 NB-IoT Uu 接口与支持 NB-IoT 的增强型无线基站(eNB)相连,并通过这个 eNB 基站与支持 NB-IoT 的核心网(EPC)实现通信,进而完成整个端到端的业务接续。UE 逻辑图如图 8.2 所示。

图 8.2
UE 逻辑图

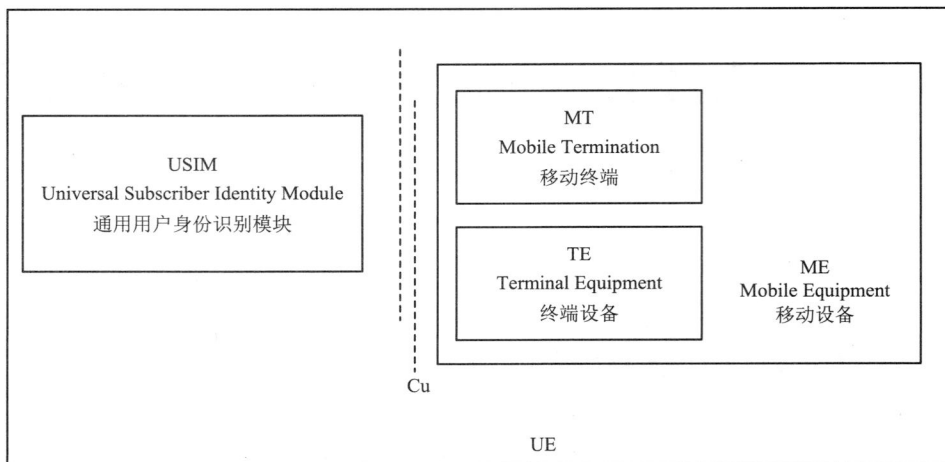

UE 是移动设备(Mobile Equipment,ME)与通用用户身份识别模块(Universal Subscriber Identity Module,USIM)的综合体,使用 Cu 接口连接 ME 与 USIM。

USIM 的物理实体是通用集成电路卡(Universal Integrated Circuit Card,UICC),是建立在 UICC 上的一种主要用于 UE 用户身份识别的应用。

ME 在逻辑上可进一步分为更小的单元设备,它们分别是负责无线接收和发送及相关功能的移动终端(Mobile Termination,MT)和负责运行端到端高层应用的终端设备(Terminal Equipment,TE)。MT 设备和 TE 之间可以通过多种物理方式(有线或无线)实现连接。

8.2 NB-IoT 基站

NB-IoT 基站(图 8.3)是移动通信中组成蜂窝小区的基本单元,主要完成移动通信网和 UE 之间的通信和管理功能。换句话说,通过运营商网络连接的 NB-IoT UE 必须在基站信号的覆盖范围内才能进行通信。

基站不是孤立存在的,属于网络架构中的一部分,是连接移动通信网和 UE 的桥梁。基站一般由机房、信号处理设备、室外的射频模块、收发信号的天线、GPS、各种传输线缆等组成。

1．基站室外设备

　　天线是信号的收发单元，天线的形状有多种，也有很多不同的安装方式。若要实现基站功能，首先需要通过室外的天线收发信号。在室外判断是否周围有基站最明显的标志就是看有没有天线。

　　室外天线接收和发送的都是射频信号，基带处理单元（Building Baseband Unit，BBU）接收和发送的都是光信号，因此 BBU 和天线不能直接相连，需要通过远端射频模块（Remote Radio Unit，RRU）作为中间桥梁，对信号进行相应处理。接收信号时，RRU 将天线传来的射频信号经过滤波、低噪声放大、转化成光信号，传输给室内处理设备；发送信号时，RRU 将从机房传来的光信号，经过光电转换、变频、滤波、线性功率放大等操作，转换成射频信号，最后通过天线发送出去。

　　室外还有用于系统定位和提供时钟同步的信号的 GPS 模块，因为长得像蘑菇，也称 GPS 蘑菇头。当室外的 GPS 蘑菇头传下来的是模拟信号时，室内就需要一个时钟盒，其作用是将模拟 GPS 信号转换成数字信号，然后送入主系统模块。当室外的 GPS 蘑菇头传下来的是数字信号时，室内不需要时钟盒。

2．基站室内设备

图 8.3
通信基站

　　大多数情况下，基站设备中的天线、RRU、GPS 蘑菇头等设备安装在铁塔、抱杆等室外环境，其他设备安装在特定的机房内。

　　机房内一般包括基站设备、安装设备的机柜、电源柜、蓄电池、空调、走线架、接地排、各种线缆等。其中，电源柜负责给机房设备供电，蓄电池在断电时，给电源柜供电；空调用来降温；室内走线架用于线缆走线；室内所有设备的接地线最终都要接到室内接地排，对设备起到保护作用。室外接收的信号通过线缆传入室内机柜的信号处理模块，对信号进行处理等。基站室内设备如图 8.4 所示。

图 8.4
基站室内设备

3. 宏站和室分站

根据环境、覆盖模型不同，站点可分为宏站与室分站。宏站一般指室外大范围的覆盖站点。由于天线覆盖无法做到无缝覆盖，宏站天线无法完全覆盖至室内，或室内覆盖信号很差，环境复杂，针对楼宇需要做室分覆盖。简单来说宏站是大范围室外覆盖的站点，针对高楼层，覆盖差的室内而设的站点为室分站。

宏站和室分站的区分也很简单，宏站在室外有明显的天线，而室分站的天线多为在楼道天花板里的吸顶天线。

4. BBU

BBU 是基站的基带处理单元，提供对外接口，完成系统的资源管理、操作维护和环境监测功能等。

BBU 包括主控单元主系统模块、基带扩展单元和传输扩展单元。

主系统模块包含所支持无线接入技术的所有控制和基带功能。其主要功能如下：

1）基带信号处理。

2）内置以太网和 IPv4/IPv6 传输功能。

3）基站时钟生成和分发功能。

4）基站管理和维护功能。

5）传输控制功能。

6）无线接口集中控制功能。

简单来说，接收或发送出去的信号都是在主系统模块中进行相关处理操作的。

基带扩展单元可以多带动一个小区。一般基站包含的小区数不会只有一个，一个室外宏站包括 3 个小区（基站一般包含 3 个小区，完成 360°覆盖），而主系统模块带动的小区数有限，最多只能带动一个小区，所以需要增加基带扩展单元带动更多的小区，每增加一个基带扩展单元就可以多带动一个小区。基带扩展单元有与主系统模块通信的接口是通过一根总线连接完成两者之间的数据通信。

传输扩展单元也称传输板。因为基站不是孤立存在的，需要进行组网，所以基站通过光纤与传输设备相连，实现传输。

5. 电源模块

电源分配单元（Direction Current Distribution Unit，DCDU）负责给 LTE 系统设备供电，如 BBU、RRU 等。DCDU 和 BBU 一起都是安装在机柜里的。

8.3　NB-IoT 基站部署

NB-IoT 基站依赖现有电信运营商的基站进行部署。基站侧仅仅是个通道，采用 2G、3G、4G 网络，针对 NB-IoT 可以在现有 LTE 系统完成复用、升级或新建。

NB-IoT 基站部署包括无线接入网多制式融合共建方案和独立建站方案。

无线接入网多制式融合共建方案是因为基站侧可以充分利用现网的 LTE 系统站点资源和设备资源，共站点、共天馈、共射频、共通用公共无线电接口（Common Public Radio Interface，CPRI）、共传输、共主控、共 O&M，以达到快速部署 NB-IoT、节省建网成本的目的。无线接入网多制式融合共建方案如图 8.5 所示。

图 8.5
无线接入网多制式融合共建方案

简单来说，无线接入网多制式融合共建方案是一个网络架构、一次工程建设、一个团队维护。这种方案通过统一的运营维护管理、统一的无线资源管理、统一的网络系统优化、统一的传输资源管理，来支持不同技术制式的融合和演进。多制式、多网络的融合部署、平滑演进与高效运营将变为现实，运营商以更低成本提供更高带宽的运营梦想也因此而得以实现。

对于在现有基站频率部署区域外不能共享现有站点资源的热点区域，部署时需要进行升级或新建 NB-IoT 基站。这就需要进行独立建站，如图 8.6 所示。

在 NB-IoT 基站站址的选择上，优先从现网 2G、3G、4G 基站中选择，避免过高站、过低站、过近站对 NB-IoT 的影响，并且根据链路预算来计算小区半径，最后根据小区半径来选择站址。

图 8.6
独立建站方案

8.4　NB-IoT 核心网

NB-IoT 核心网部署具体涉及的网元有接入物联网业务的 MME、S-GW 和物联网专网 P-GW，需要根据标准进行开发，并通过现网升级改造的方式支持 NB-IoT 相关核心网特性，以满足 NB-IoT 业务接入。

NB-IoT 核心网采用网络功能虚拟化（Network Function Virtualization，NFV）方式建设。NFV 通过使用 x86 等通用性硬件和虚拟化技术，来承载很多功能的软件处理，从而降低网络昂贵的设备成本。NB-IoT 核心网可以通过软件、硬件解耦及功能抽象，使网络设备功能不再依赖于专用硬件，资源可以充分灵活共享，实现新业务的快速开发和部署，并基于实际业务需求进行自动部署、弹性伸缩、故障隔离和自愈等。通过 NFV，运营商可以根据业务需求随意添加和控制虚拟设备，无须像之前一样新增、改变每个业务都要相应改变其硬件系统，应用的开发周期会大幅缩短。

其中，MME 完成 NB-IoT UE 的接入认证，根据 UE 的 RAT 能力完成 S-GW、P-GW 的选择，以及 NB-IoT 用户接入过程处理，能够创建、删除和 S-GW 之间的媒体面隧道。S-GW 完成 NB-IoT 用户接入过程处理，能够创建、删除和 MME 之间的媒体面隧道。P-GW 完成 NB-IoT 用户接入过程处理。

现网 2G、3G、4G 核心网和 NB-IoT 核心网属于两套不同的商用核心网，业务和网络规划要分开考虑。现网 2G、3G、4G 核心网基于核心网专有硬件建设，NB-IoT 核心网基于虚拟化技术建设，设备形态、组网、协议和业务规划不相同。

FDD-LTE 网络接入 LTE-EPC，NB-IoT 网络接 NB-EPC。NB-IoT 网络管理采用本地新建独立网络管理，服务器可以利用原有的 FDD-LTE 网络管理服务器。

8.5 NB-IoT 平台

物联网平台面向客户满足 M2M 业务新型商业模式的需要。针对电信运营商，需实现全局性掌握 NB-IoT 连接网络行为和业务发展状况，以及辅助业务管控、辅助网络规划、业务规划和套餐制定等能力，确保 M2M 连接信息的完整性、实时性和一致性。

NB-IoT 直接部署于 GSM、UMTS 或 LTE 网络，可以与现有网络基站复用以降低部署成本、实现平滑升级，使用单独的 180kHz 传输带宽，不占用现有网络的语音和数据带宽，保证传统业务和未来物联网业务稳定可靠地运行。

NB-IoT 的控制与承载分离，信令走控制面，数据走承载面。如果是低速率业务就直接走控制面，不再建立专用承载，省略了 NAS 与核心网的建链信令过程，缩短唤醒恢复时延。

业务开通过程使用现有的方式保持不变，增加对 NB-IoT 用户的签约，包含 HSS 和业务运营支撑系统（Business & Operation Support System，BOSS）签约。计费过程和现网保持不变，由 BOSS 根据用户的签约和业务使用情况完成对应的计费，如包月。通过移动数据通信网（Mobile Digital Communication Network，MDCN）实现 NB-IoT 核心网与 BOSS 的对接，从而实现对 NB-IoT 的计费与业务办理。NB-IoT 平台通过 IP 承载网获取信令数据，并实现与 BOSS、CRM、BI 系统之间的对接，最终用来支撑业务运营。

NB-IoT 平台基本功能如下。

- 用户账号管理：主要分用户账户管理、管理员账户管理两种，两种账户所享受的权限不一样。账户提供注册、登录、密码重置等功能。
- 业务信息管理：物联网卡业务状态信息查询，如号码基本信息、开销物联网卡账户信息、流量使用情况信息、套餐基本信息等业务状态管理。
- 账单明细管理：按分、时、日、周、月、年资费账单的具体明细进行查询，统计账单的整体情况。
- 异常状态管理：物联网卡的停开机状态管理、异常访问和 IMEI 机卡分离等业务信息报警通知。通知可采取短信、邮件方式。
- 缴费管理：提供用户通过 APP、Web 实时缴费，可通过多种支付渠道进行缴费。
- 实时监测管理：提供 Web、APP 对三大应用平台各类应用状态的实时监测，实现用户一键监控。
- 平台接口管理：提供适用于物联网云平台对接的 API，以及与三大应用细分功能连接的 API，同时提供可直接下载的 API 介绍文档。

8.6　发射机指标

除非特别说明，否则发射机指标都是针对具有单发射天线的 UE 在天线连接器处的指标而言的。对于仅有集成天线的 UE，假设其具有一个 0 dB 增益的参考天线。

1. 发射功率

（1）最大发射功率

NB-IoT 规定了 UE 的功率等级 3 和功率等级 5，并且定义了 NB-IoT 信道带宽内各频段的最大发射功率。3.75kHz 子载波间隔最大发射功率等级定义为 UE 在不发射信号时至少 1 个 2ms 无线子帧中测得的平均功率，不包括 $2304T_s$ 的 Gap 间隔。15kHz 的子载波间隔最大发射功率定义为至少 1 个 1ms 无线子帧内测得的平均功率。

UE 的最大发射功率如表 8.1 所示。

表 8.1　UE 的最大发射功率

E-UTRA 频段	功率等级 3/dBm	容差/dB	功率等级 5/dBm	容差/dB
1	23	±2	20	±2
2	23	±2	20	±2
3	23	±2	20	±2

E-UTRA 频段	功率等级 3/dBm	容差/dB	功率等级 5/dBm	容差/dB
5	23	±2	20	±2
8	23	±2	20	±2
12	23	±2	20	±2
13	23	±2	20	±2
17	23	±2	20	±2
18	23	±2	20	±2
19	23	±2	20	±2
20	23	±2	20	±2
26	23	±2	20	±2
28	23	±2	20	±2
66	23	±2	20	±2

（2）最大发射功率回退

最大发射功率回退是指在不同调制/信道带宽下的 UE 最大发射功率回退。表 8.2 规定了 UE 功率等级 3 和功率等级 5 允许的最大发射功率回退。

表 8.2　最大发射功率回退

调制方式	QPSK			
3 个 Tone 分配	0～2	3～5	6～8	9～11
最大功率回退	≤0.5 dB	0 dB	0 dB	≤0.5 dB
6 个 Tone 分配	0～5		6～11	
最大功率回退	≤1 dB		≤1 dB	
12 个 Tone 分配	0～11			
最大功率回退	≤2 dB			

（3）可配置的 UE 发射功率

对于每个时隙 i，UE 允许配置的最大发射功率是 $P_{\mathrm{CMAX,c}}$。配置的最大输出功率 $P_{\mathrm{CMAX,c}}$ 被限定在以下的范围之内：

$$P_{\mathrm{CMAX\_L,c}} \leq P_{\mathrm{CMAX,c}} \leq P_{\mathrm{CMAX\_H,c}}$$

式中，$P_{\mathrm{CMAX\_L,c}} = \min\{P_{\mathrm{EMAX,c}}, P_{\mathrm{PowerClass}} - \mathrm{MPR_c} - \mathrm{A\text{-}MPR_c}\}$；

$P_{\mathrm{CMAX\_H,c}} = \min\{P_{\mathrm{EMAX,c}}, P_{\mathrm{PowerClass}}\}$；

$P_{\mathrm{EMAX,c}}$——设定 IE 字段 P-Max；

$P_{\mathrm{PowerClass}}$——UE 的最大功率，不考虑相应容差。

对于 $P_{\text{UMAX,c}}$ 的测量周期，当信道间隔是 15kHz 时至少为 1 个 1ms 无线子帧；当信道间隔是 3.75kHz 时至少为 1 个 2ms 无线子帧（当 UE 不发射时，不包括 $2304T_s$ 的 Gap 间隔）。测得的最大发射功率 $P_{\text{UMAX,c}}$ 应该在以下范围内：

$$P_{\text{CMAX\_L,c}} - T（P_{\text{CMAX\_L,c}}）\leqslant P_{\text{UMAX,c}} \leqslant P_{\text{CMAX\_H,c}} + T（P_{\text{CMAX\_H,c}}）$$

这里 $T（P_{\text{CMAX}}）$ 的定义依据表 8.3，并可独立适用于 $P_{\text{CMAX\_L,c}}$ 和 $P_{\text{CMAX,c}}$。

表 8.3　P_{CMAX} 容差

P_{CMAX}/dBm	容差 $T(P_{\text{CMAX}})$/dB
$21 \leqslant P_{\text{CMAX}} \leqslant 23$	2.0
$20 \leqslant P_{\text{CMAX}} < 21$	2.5
$19 \leqslant P_{\text{CMAX}} < 20$	3.5
$18 \leqslant P_{\text{CMAX}} < 19$	4.0
$13 \leqslant P_{\text{CMAX}} < 18$	5.0
$8 \leqslant P_{\text{CMAX}} < 13$	6.0
$-40 \leqslant P_{\text{CMAX}} < 8$	7.0

2. 输出功率动态范围

（1）最小发射功率

对于 NB-IoT UE Single-tone 和 Multi-tone 传输，信道带宽最小发射功率需求是 -40dBm。

对于 3.75kHz 子载波间隔，最小发射功率定义为测量周期为 1 个 2ms 无线子帧内的平均功率，当 UE 不发射时不包括 $2304T_s$ 的 Gap 间隔。

对于 15kHz 的子载波间隔，最小发射功率定义为测量周期为 1 个 1ms 无线子帧内的平均功率。

（2）发射机关断功率

对于 NB-IoT UE 发射关断功率，信道带宽最小发射功率需求是 -50dBm。

对于 3.75kHz 子载波间隔，发射关断功率定义为测量周期为 1 个 2ms 无线子帧内的平均功率，当 UE 不发射时不包括 $2304T_s$ 的 Gap 间隔。

对于 15kHz 的子载波间隔，发射关断功率定义为测量周期 1 个 1ms 无线子帧内的平均功率。

3. 功率控制

NB-IoT UE 相对功率控制要求 NPRACH 功率步进值为 0dB、2dB、4dB、6dB。对于 NPRACH 发射，相对功率容限是指 UE 发射机根据最近一次发射前导功率改变其发射功率的能力。NB-IoT NPRACH 传输相对功率容限如表 8.4 所示。

表 8.4　NB-IoT NPRACH 传输相对功率容限

功率步进 ΔP/dB	NPRACH/dB
$\Delta P = 0$	±1.5
$\Delta P = 2$	±2.0
$\Delta P = 4$	±3.5
$\Delta P = 6$	±4.0

注：对于极端条件下可放宽±2.0dB。

功率步进（ΔP）是目标子帧发射功率和参考子帧 UE 发射功率之间的差。误差为 ΔP 与 UE 天线端口所测量的功率变化值之差，且满足 UE 天线端口的参考信号功率应保持恒定。误差值应该小于表 8.4 中相对功率容限指标的要求。

4. 发射信号质量

（1）频率误差

在 NB-IoT 中，UE 调制载波频率应精确到以下的范围，如表 8.5 所示。

表 8.5　NB-IoT UE 频率误差要求

载波频率/GHz	频率误差/$\times 10^{-6}$
≤1	±0.2
>1	±0.1

观察一个时隙周期（对于 15kHz 子载波间隔，1 个时隙周期为 0.5ms；对于 3.75kHz 子载波间隔该周期为 2ms，但不包括 $2304T_s$ 的 Gap 时隙）和平均 $72/N_{tones}$ 的时隙。其中，$N_{tones}=\{1，3，6，12\}$。

（2）误差矢量幅度

误差矢量幅度（Error Vector Magnitude，EVM）均方根平均值的基本测量为 $240/N_{tones}$ 时隙，不包括任何瞬态平均 EVM 情况，这里 $N_{tones} = \{1，3，6，12\}$ 表示 NB-IoT 传输时的子载波数目。评估 EVM 时，所有 NPRACH 模式都要满足 QPSK 调制下 EVM 的技术指标要求。

（3）载波泄漏

载波泄漏是指和调制载波相同频率叠加了一个附加的正弦波。测量区间定义为一个时隙。相对载波泄漏功率是指增加的正弦波和调制波形的功率比。NB-IoT UE 的相对载波功率泄漏不得超过表 8.6 中的值。

表 8.6　相对载波泄漏功率最低要求

参数/dBm	相对限值/dBc
0≤输出功率	−25
−30≤输出功率≤0	−20
−40≤输出功率<−30	−10

（4）带内发射

带内发射是根据分配的传输带宽的上限边界算起的 Tone 引起的偏移来定义的。带内辐射为 UE 在非分配 Tone 和分配 Tone 的功率比。测试间隔为一个时隙。

NB-IoT UE 相对带内发射应不超过表 8.7 中的要求。

表 8.7　带内辐射最小要求

参数	单位	限值①		适用频率
常规	dB	$\max\{-15-10\cdot\lg(N_{tone}/L_{Ctone}),\ -18-5\cdot(|\varDelta_{tone}|-1)/L_{Ctone},\ -57\text{dBm}/(3.75\text{kHz or }15\text{kHz})-P_{tone}\}$		所有非分配②
IQ 镜像	dB	−25		镜像频率②③
载波泄漏	dBc	−25	0 dBm≤输出功率	载波频率④⑤
		−20	−30 dBm≤输出功率≤0 dBm	
		−10	−40 dBm≤输出功率< -30 dBm	

注：1. L_{Ctone} 为传输带宽。

2. N_{tone} 为传输带宽配置。

3. $\varDelta_{tone}$ 为测量的非分配 Tone 和分配的 Tone 起始频率偏移（如 $\varDelta_{tone}=1$ 或 $\varDelta_{tone}=-1$ 为带外的第一个邻近 Tone。）

4. P_{tone} 为分配的 Tone 中每个 3.75kHz 或 15kHz 的发射功率，用 dBm 表示。

① 带内辐射极限只在非分配 Tone 评估。对这样的 Tone，最小要求为 P_{tone} -30 dB 和所有极限值的功率之和的上限。

② 测量带宽为 1 个 Tone，极限值表述为 1 个非分配 Tone 的测量功率和每个分配 Tone 的平均值。

③ 极限值的适用频率为基于载波中心频率对称的分配带宽的镜像部分，但不包括分配 Tone。

④ 测量带宽为 1 个 Tone，极限值表述为 1 个非分配 Tone 的测量功率和所有分配 Tone 的测量总功率的比值。

⑤ 适用频率为包含 DC 频率（N_{tone} 为奇数时）的 Tone 或包含邻近 DC 频率的 2 个 Tone（N_{tone} 为偶数时）的部分。

5. 输出 RF 频谱辐射

（1）占用带宽

占用带宽的定义是包含了在发射天线连接器处分配信道上 99%的总和平均功率的发射频谱的带宽。占用带宽应小于 NB-IoT 的信道带宽。

（2）带外辐射

NB-IoT 的 UE 频谱辐射起始于指定 NB-IoT 信道带宽边缘的频率。

对于给定的信道带宽，任何 NB-IoT 的 UE 发射的功率不能超出表 8.8 中指定的功率等级。NB-IoT UE 频谱辐射模板如表 8.8 所示。

表 8.8　NB-IoT UE 频谱辐射模板

Δf_{OOB}/kHz	辐射极限/dBm	测量带宽/kHz
±0	26	30
±100	−5	30

续表

Δf$_{OOB}$/kHz	辐射极限/dBm	测量带宽/kHz
± 150	−8	30
± 300	−29	30
± 500-1700	−35	30

6. 邻道泄漏抑制比

邻道泄漏抑制比（Adjacent Channel Leakage Ratio，ACLR）是指信道频率下经滤波后的平均功率与相邻信道频率下经滤波后的平均功率之比。指定 NB-IoT 信道功率和相邻信道功率均经过滤波器进行测量。如果测得的相邻信道功率大于−50dBm，那么 NB-IoT 的 UE 邻道泄漏抑制比应大于表 8.9 中所示的值。GSM$_{ACLR}$ 的要求用于保护 GSM 系统，UTRA$_{ACLR}$ 的要求用于保护 UTRA 和 E-UTRAN 系统。NB-IoT 的 UE 邻道泄漏抑制比要求如表 8.9 所示。

表 8.9 NB-IoT 的 UE 邻道泄漏抑制比要求

项目	GSM$_{ACLR}$	UTRA$_{ACLR}$
ACLR	20dB	37 dB
邻道从 NB-IoT 信道边缘中心频率偏移	±200kHz	±2.5 MHz
邻道测量带宽	180kHz	3.84 MHz
测量滤波器	矩形	根升余弦滤波器 α=0.22
NB-IoT 信道测量带宽	180kHz	180 kHz
NB-IoT 信道测量带宽滤波器	矩形	矩形

7. 发射机互调

NB-IoT UE 发射机互调是当低于有用信号电平的连续波干扰信号被叠加在每一个发射机天线端口，并且其他存在的端口被关闭的时候，有用信号平均功率与互调结果的平均功率的比值，如表 8.10 所示。有用信号功率和互调结果信号功率都是以表 8.10 所示的测量带宽通过矩形滤波器测量所得。

表 8.10 发射机互调参数

项目	参数	
信道带宽（UL）	15kHz（1 Tone）	
干扰信号频偏	180kHz	360kHz
连续波（CW）干扰信号电平	−40dBc	
互调产物	−20 dBc	−39 dBc
检波带宽	180 kHz	180 kHz

8.7　接收机指标

1. 分集特性

对于 NB-IoT UE，本部分内容默认接收机配置单接收端口。

（1）参考灵敏度功率电平 REFSENS

当吞吐量满足或超过特定参考测量信道所要求的吞吐量时，除 Cat.0 和 eMTC 之外的所有 UE 的各天线端口或 Category 0 和 eMTC 的单天线端口处接收的最小平均功率。

（2）NB-IoT UE 参考灵敏度

NB-IoT UE 吞吐量应当不小于参考测量信道最大吞吐量的 95%，表 8.11 的技术要求适用于所有上行配置。

表 8.11　NB-IoT UE 参考灵敏度

工作频段	REFSENS/dBm
1，2，3，5，8，12，13，17，18，19，20，26，28，66	−108.2

（3）重传条件下 UE 灵敏度

重传机制可以保证终端在极端覆盖场景下的性能，由此额外定义了重传条件下灵敏度的性能要求。重传条件下的灵敏度性能要求只适用于 3GPP 36.101 Annex E.2 中所定义的常规状态。

2. 相邻信道选择

当存在相邻信道时，相邻信道选择（Adjacent Channel Selectivity，ACS）用于测量接收机在已分配信道频率接收 E-UTRA 信号的能力，该相邻信道位于已分配信道的中心频率偏移一个特定的频率处。ACS 是接收滤波器在已分配信道频率上的衰减和接收滤波器在已相邻信道上的衰减的比率。

对于一个最大−25dBm 的相邻信道干扰，NB-IoT UE 应该满足表 8.12 规定的最低要求。人们不可能直接测量 ACS，从表中选择测试参数的最小和最大范围，吞吐量应当不小于参考测量信道最大吞吐量的 95%。

表 8.12　NB-IoT 邻道选择性参数

ACS1 测试参数		
干扰信号	GSM（GMSK）	E-UTRAN
NB-IoT 信号功率（P_{wanted}）/ dBm	REFSENS+14dB	

续表

干扰信号功率（$P_{\text{Interferer}}$）/dBm	REFSENS+42dB	REFSENS+47dB
干扰信号带宽	200kHz	5MHz
相对于 NB-IoT 信道边缘干扰信号偏移量	±200kHz	±2.5MHz
ACS2 测试参数		
干扰信号	GSM（GMSK）	E-UTRAN
NB-IoT 信号功率（P_{wanted}）/dBm	−25dBm−28dB	−25dBm−33dB
干扰信号功率（$P_{\text{Interferer}}$）/dBm	−25 dBm	
干扰信号带宽	200kHz	5MHz
相对于 NB-IoT 信道边缘干扰信号偏移量	±200kHz	±2.5MHz

注：GMSK（Gaussian-shaped Minimum shift keying）即高斯最小频移键控。

3. 阻塞特性

阻塞特性是指其他频率（除去邻道频率和杂散响应频率）存在大的干扰信号条件下，接收机接收有用信号时控制性能下降不超过给定恶化限值的能力。阻塞特性应该在除了会发生杂散响应外的所有频率下应用。

（1）带内阻塞

带内阻塞是针对一个干扰信号落在 UE 接收频带内或 UE 接收频带±15MHz 带宽范围内时定义的，其中 UE 的吞吐量会达到或超过指定测量信道最低要求的吞吐量。吞吐量应当不小于参考测量信道最大吞吐量的 95%。其参数如表 8.13 所示。

表 8.13　带内阻塞参数

IDB1 测试参数	
NB-IoT 信号功率	REFSENS+6dB
干扰源	E-UTRAN
干扰功率	−56dBm
干扰功率	5MHz
相对于 NB-IoT 信道边缘干扰信号偏移量	±7.5MHz+0.0075
IBB2 测试参数	
NB-IoT 信号功率	REFSENS+6dB
干扰源	E-UTRAN
干扰功率	−44dBm
干扰带宽	5MHz
相对于 NB-IoT 信道边缘干扰信号偏移量	+12.5MHz+0.0075～$F_{\text{DL\_high}}$+15 及 −12.5MHz−0.0075～$F_{\text{DL\_high}}$−15

（2）带外阻塞

带外阻塞是针对一个干扰信号在 UE 接收频带±15MHz 带宽范围之外时定义的。在带外第一个±15MHz 中采用邻道选择性干扰和带内阻塞。

吞吐量应不小于参考测量信道最大吞吐量的 95%。其参数如表 8.14 所示。

表 8.14　带外阻塞参数

参数	单位	频率		
		范围 1	范围 2	范围 3
P_{wanted}	dBm	REFSENS+6dB		
$P_{\text{Interferer}}$	dBm	−44	−30	−15
$P_{\text{Interferer}}$ 范围	MHz	$F_{\text{DL\_low}}-15$ ～ $F_{\text{DL\_low}}-60$	$F_{\text{DL\_low}}-60$ ～ $F_{\text{DL\_low}}-85$	$F_{\text{DL\_low}}-85$ ～ 1 MHz
	MHz	$F_{\text{DL\_high}}+15$ ～ $F_{\text{DL\_high}}+60$	$F_{\text{DL\_high}}+60$ ～ $F_{\text{DL\_high}}+85$	$F_{\text{DL\_high}}+85$ ～ 12750MHz

4. 杂散响应

杂散响应是测量在因连续波干扰信号而导致的性能下降不满足特定值的情况下，接收机在特定信道频率上接收期望信号的能力。按照表 8.15 的参数配置，吞吐量应当不小于参考测量信道最大吞吐量的 95%。

表 8.15　杂散响应参数

参数	单位	功率电平
P_{Signal}	dBm	REFSENS+6
$P_{\text{Interferer}}$（CW）	dBm	−44
$F_{\text{Interferer}}$	MHz	杂散响应频率
杂散响应频率数目		24（in OOB range 1，2，3）

5. 互调响应抗干扰特性

互调响应抗干扰特性用以描述接收机在其分配的信道频率上，存在两个与期望信号有特定频率关系的干扰信号时，接收期望信号的能力。

互调参数配置要求的定义遵循采用调制 E-UTRAN 载波和连续波信号作为干扰信号的原则。表 8.16 所示为存在两个干扰信号情况下对于特定信号平均功率的参数配置，吞吐量应当不小于参考测量信道最大吞吐量的 95%。

表 8.16　互调参数配置

信号功率	REFSENS+6dB
CW 接口信号功率	-46dBm
1.4MHz E-UTRAN 接口信号功率	-46dBm
CW 接口补偿	±2.2MHz
1.4MHz E-UTRAN 接口	±4.4MHz

8.8　物联网安全体系

物联网技术本身的优势能帮助业主减少劳动力、改善供应链并能提高效率。因此，物联网技术将继续大规模部署在各种场合，随之而产生的安全问题也将引起物联网产业链的高度重视。

8.8.1　物联网安全概述

互联网技术革命，把人类带入了虚拟世界，而物联网革命，将虚拟世界带回现实。未来的人类社会，无论生活、工作，还是商业、工业场景中，虚拟世界和现实世界之间的界限将越来越模糊，这催生了无处不在的安全问题，同样也催生了巨大的安全市场机会。

2016 年 10 月 21 日，美国东部遭遇史上最大规模 DDoS 攻击（拒绝式服务攻击），攻击流量超过 1Tbit/s，近半个美国的网络瘫痪。造成这次事故的元凶，却是很多智能设备被黑客攻击后会沦为发起 DDoS 攻击的傀儡机。由于物联网终端的廉价和容易被控制，当信息进行传输时，庞大的数据和海量的终端非常容易造成网络拥堵的现象，产生变相拒绝服务的情况。除此之外，物联网还充斥着恶意代码攻击、伪造信息等各种安全威胁。

目前，全球 PC 规模在数十亿级别，移动设备规模近百亿，到 2020 年，预计物联网设备的数量将超过 500 亿。所谓量变导致质变，未来是被物联网设备包围的世界。没有安全，万物互联将不是桃花源，而是一个混乱的牢笼。

物联网连接了虚拟世界和现实世界，因此物联网安全不仅事关商业利益，更威胁到了国家公共安全和个人财产安全。如果轨道交通被不法分子利用，就有可能发生列车出轨、调配失度的危险；如果安装在身体里的无线心脏起搏器遭到黑客利用，病人的生命安全将得不到保障；如果智能汽车的遥控钥匙被利用，司机的财产不可避免地将遭受损失。物联网安全体系涉及主动安全、被动安全、数据安全等，不仅和通信方式相关，还涉及控制行为安全，同时也嵌套了很多互联网领域的安全，因此物联网领域的安全体系就显得更加复杂。

近几年来，物联网技术不仅仅在个人消费领域取得进展，还在智能制造、智能交通、公用设施等拥有大型资产的行业得到了广泛应用。随着汽车、路灯、电力、家电和数百亿个物体的相互连接，网络攻击的后果也会越来越严重。国家、企业和个人的数据也将会面临越来越隐蔽的攻击，有些甚至在数年后才会被发现。

网络安全不是一个崭新的话题。随着物联网的发展及日常生活中越来越多的连接，网络安全将会成为网络行业首要的话题。物联网安全不仅是人们需要关注的重点，还是物联网发展必须要打好的基础。

8.8.2　物联网安全的现状

物联网的核心技术主要有三个特点：可连接、可跟踪、可监控。因此，物联网所面临的安全性威胁也主要是针对这三个方面，主要包括感知、传输和应用。由于网络环境纷繁复杂，因此从感知方面来讲，在接触这些信息的时候，物联网就面临着多重威胁；其次是传输，感知节点在传输的过程中是暴露在整个错综复杂的网络环境之下的，这时候最容易受到不良信息的攻击；最后是应用方面，随着物联网在各行各业的应用越来越广泛，运行的过程中稍有不慎就会出现多种多样的安全性问题，给整个行业造成难以弥补的损失。

在技术方面，物联网安全的威胁大多是因为终端不安全和网络不安全；在管理方面，物联网安全的威胁是因为大批量节点难以有效处理和海量数据的搜集、存储和处理变得困难。

从技术和管理原理上，物联网安全可以总结为以下特点：

- 物联网时代，传统网络安全的防护将继续存在。
- 终端安全相比传统网络安全需求更加迫切。
- 网络拓扑结构对安全影响较大，优秀的网络拓扑结构更利于网络安全管理和防护。
- 物联网安全更需要大数据处理能力支撑，传统的处理方式难以适应物联网安全的诉求。

物联网在物理上与现实世界紧密相连，在业务上又不可分割，这才是威胁物联网安全最大的症结。物联网安全的管理属性大于技术属性。因此，物联网安全中多采用白名单机制，以便于隔离现实世界和虚拟网络。不合法的身份禁止接入访问，非允许的程序禁止在网络中执行。

从一定层面上来讲，物联网在应用过程中可能面临以下几种安全性问题，如隐私泄漏，这是一个非常普遍的现象。大量的传感器可能会被恶意地捆绑在任何物品中，通过网络输出到开放的互联网，给人们正常的生产生活造成很大困扰。

所有连接网络的设备都将会受到恶意软件的影响，一个恶意软件就可以影响其连接的所有设备。因此，越来越多的消费者开始要求购买的产品能提供更为全面的隐私安全保护，以免他们的个人信息和行为被恶意搜集甚至泄漏出去。

在物联网所带来的安全威胁中，最让人感到无奈的地方在于消费者将无法预料自己的哪些隐私数据会被商家收集，以及商家将如何利用这些数据。

尽管在购买设备或下载 APP 的时候会带有相关的隐私条约，但人们往往会忽略这些内容，即便看了，估计也是囫囵吞枣，不知所云。其实在大部分产品所谓的隐私条款里，都会有类似于强制性仲裁条款的内容。这意味着，一旦消费者的隐私因使用这些产品而遭到侵害，消费者也无法将其告上法庭或采取其他法律措施进行维权等。因此，当消费者购买和使用这样的产品时，就等于宣告放弃了自己的隐私权。

在物联网进程中，将各企业在获取用户数据时的行为进行透明化是十分必要的，这也是提高消费者隐私安全保护的前提。通过行业自我监控或政府监控措施，让企业在获取用户数据之前先征得用户同意，这是实现企业透明化的有效方式。

行业采取自我监控的行为能够让其根据行业特点设定标准，在搜集用户数据的同时更有效地保护用户隐私安全。但光靠企业为保护用户隐私而做出的这些努力，还远远不够。政府从法律上让企业对用户的隐私安全担责，也是十分关键的。例如，政府可以明令企业修改其产品隐私条款，如"用户放弃诉讼产品侵犯隐私的权利"之类的不合理要求。

物联网产业的发展不应只停留在技术层面的进步，它同时也应该满足消费者日益增长的隐私安全需求。但在这之前，用户必须要知道物联网设备到底搜集了他们的哪些隐私数据。

物联网常见的破坏形式有隐私泄露、局部网络破坏、非法入侵和被控制为僵尸网络发起 DDoS 攻击等几种类型。这些攻击中有个共性，就是普遍的攻击都是针对物联网的终端设备。

面对浩如烟海的物联网设备，安全事件的出现多是由技术和管理问题造成的。物联网安全的进程与其所在行业的成熟度息息相关。随着智慧城市、智能制造、环境保护等产业的进一步成熟，物联网安全企业将会进一步拓展。

8.8.3　物联网安全体系建设

物联网安全基础设施是整个体系的技术基础，提供了各种物联网应用场景下普遍、大量需要用到的安全技术，包括容灾体系、密钥管理、数字证书、等级保护体系等。物联网安全基础设施建设以整合提升现有资源为主要方式，建立逻辑上统一的容灾恢复中心、监控应急中心、密钥管理中心、安全管理中心、安全评测中心和身份管理中心等。

物联网的安全保障体系是全方位的，需要全社会的积极配合及各职能部门的相互协调。人们有必要建立或健全安全管理体系和组织体系，完善安全运行管理机制，明确各职能部门的职责和分工，从技术、管理和法律等多方面保证物联网的正常运行。

若要解决日益增长的物联网安全问题，采用互联网的打补丁方式则不太现实。这是因为在完成物联网的整体部署后再安装安全解决方案并不能及时应对安全性问题，很多薄弱环节会被利用，而且将需要修补很多漏洞。

为了保护物联网，首先应加强物联网的 M2M 通信安全，包括被动安全方式、主动安全方式和行为分析方式。这些方式被单独使用或组合使用来保护物联网系统免受广泛的威胁，包括信息窃听、数据伪造和设备冒充等。

1）被动安全方式就是防篡改机制，可以轻松地防止信号拦截并能够阻断网络犯罪分子对设备进行简单的"黑盒子"分析。

2）主动安全方式基于传输层安全性的加密和基于证书的验证，可以加大设备的破解难度，从而制止犯罪分子的潜在攻击。

3）行为分析方式是监测是否有未授权的入侵并将攻击的影响降至最低的限度。

随着物联网的持续发展，企业不应局限于应用程序，而应该更加意识到安全性是物联网解决方案成功实现的关键所在。一个典型的例子是智能药丸分配器，它会自动监视病人的药物使用量，并通过无线网络将数据发送到中央服务器。虽然这种移动医疗解决方案是一个很成功的企业案例，但如果必要的安全协议不能到位，攻击者就可以很容易地利用这些设备破解中央服务器。较之产品的优势而言，敏感病历的窃取可能会导致更多的损害。

正如移动医疗解决方案的持续成功依赖于安全的数据保护，物联网的发展和应用也深深地依赖于安全集成。虽然物联网具有改变人们的社会和经济的能力，但在设计连接的设备时应考虑其安全性，以更好地实现物联网的潜力。这是为每一台物联网设备构建安全性的最有效方式。在构建物物相连的环境之前，人们必须立即采取行动，构建物联网安全性，防止网络犯罪。

8.8.4　物联网安全高级原则

对于物联网应用来说，大量物联网设备都存在安全缺陷，包括语音、短信、数据、软件等都需要有效的安全措施。尽管安全至关重要，但是由于防护规模的快速膨胀，安全解决方案也需要"物美价廉"。智能设备既要防备物理攻击，还要提供有效身份验证与加密措施。

1）在设计阶段结合安全：经济驱动力使得企业将设备推入市场时很少考虑安全。这给恶意攻击者创造了大量机会操控联网设备的信息流。

2）启用安全更新和漏洞管理：即使安全从一开就内置存在，但在产品部署后发现产品漏洞很常见。这些漏洞能通过补丁、安全更新和漏洞管理策略缓解。

3）建立在可靠的安全最佳实践之上：传统网络安全中许多经过验证的实践可以作为提升物联网安全的出发点。

4）根据影响优先考虑安全措施：数据泄漏的风险和后果大不相同，这取决于联网设备。因此，专注破坏、泄漏或恶意活动的潜在后果对决定物联网生态系统的安全方向尤为重要。

5）提升透明度：在可能的情况下，开发人员和制造商需要了解供应链，因此他们能识别软件和硬件组件，并了解任何相关漏洞。增强意识能帮助制造商和工业消费者识别安全措施应用的位置和具体方法。

6）连接需仔细谨慎：考虑物联网的使用和物联网被破坏的相关风险，物联网消费者，尤其工业企业应该仔细并谨慎考虑是否需持续连网。

对于全球部署的 M2M 应用来说，端到端的安全是连接价值链的核心。安全的 SIM、加密的数据通道、专用的 M2M 网络等都是实现物联网安全连接的关键。

对于物联网运营商来说，需要从端到端打造安全体系，并且需要搭建一个平台来帮助客户的解决方案获得安全性，加密、正确使用 IP 地址和访问密钥是全面保护的第一道防线，并且确保它们在任何时候都有自行管理、完全控制并且保持最高安全水平的自由。这种安全策略可消除物联网应用的各类障碍、降低安全实施成本、易于使用和部署，并且能够获得保证、验证和认证，以确保更简单、快捷的灵活性。

8.9 SIM 卡

SIM 卡是在芯片上存储了客户信息、加密密钥，以及使用信息等内容，可供运营商网络对客户身份进行鉴别，并对客户通信时的信息进行加密等。SIM 的尺寸分为以下 3 种。

1）标准卡：尺寸为 25mm×15mm×0.8mm。

2）Micro SIM：俗称小卡，尺寸为 12mm×15mm×0.8mm。

3）Nano SIM：12.3mm×8.8mm×0.7mm。

通常情况下，SIM 把卡和手机进行分离，对应一个唯一的用户。用户通过运营商办理入网业务，获得 SIM 并建立契约关系，包括身份认证、缴纳费用、办理业务在内的相关活动，用户都只需要与运营商沟通。用户与 SIM 的关系极为密切，这也是当下换号成本越来越高的原因。

SIM 是一个装有微处理器的芯片卡，它的内部有 5 个模块，并且每个模块都对应一个功能：微处理器 CPU、程序存储器 ROM、工作存储器 RAM、数据存储器 EEPROM 和串行通信单元。这 5 个模块被胶封在 SIM 铜制接口。这 5 个模块必须集成在一块集成电路中，否则其安全性会受到威胁，因为芯片间的连线可能成为非法存取和盗用 SIM 的重要线索。

SIM 存储的数据可分为四类：第一类是固定存放的数据，这类数据由 SIM 中心写入，包括 IMSI、鉴权密钥（KI）等；第二类是暂时存放的有关网络的数据，如位置区域识别码（Location Area Identify，LAI）、移动用户暂时识别码（Temporary Mobile Subscriber Identity，TMSI）、禁止接入的公共电话网代码等；第三类是相关的业务代码，如个人识别码（PIN）、解锁码（PUK）、计费费率等；第四类是电话号码簿，是手机用户随时输入的电话号码。

e-SIM 和 SoftSIM 等目的都是取代实体 SIM，但除了取消实体卡可以简化终端物理结构减小终端体积这个共同目标外，它们的商业目标完全不同，技术实现上也有很大区别。

　　e-SIM 由 GSMA 提出，基本特征是运营商控制写入 e-SIM 的信息，用户依然是从运营商处购买通信服务。其可能带给运营商的好处是节约实体卡分发成本、限制机卡分离等，在给人使用的设备上目前这两点意义不大，但在物联网应用中这两点很重要，所以运营商倾向于首先在物联网应用中使用 e-SIM。

　　e-SIM 可以理解成是一种新型的 SIM，功能相同，只不过变成了嵌入式芯片的方式，它能让手机等移动设备在不同运营商网络间自行切换，并且无须更换 SIM。因此，e-SIM 技术无须实体卡，而是设备出厂时预装 e-SIM，它不锁定某个运营商网络，用户可以通过系统界面切换运营商服务，同时也不需要将 SIM 取出和更换。

　　SoftSIM 概念最开始由苹果公司提出，后来也有其他终端商跟进，它的基本特征是终端商控制写入 SoftSIM 的信息，可以截断用户和运营商之间的联系，改为由终端商向用户出售通信服务。这时候运营商就被边缘化了，例如，用户可能在屏幕上点几下就可以更换运营商，换号码就好像换邮箱账号登录一样快捷方便，而且可更换的运营商范围是设备制造商来圈定的，甚至可能把这个菜单取消，由设备商直接为用户选择运营商。

　　简单说 e-SIM 和 SoftSIM 是两种不同的形态，e-SIM 更接近现在普通的 SIM，只是固定在终端主板上，并且不能更换。SoftSIM 则需要对基带做修改，之前是访问 SIM，现在要重定向到通过其他接口和 OS 交互。

　　e-SIM 依旧由最终用户来选择运营商，这样运营商和用户之间的关系依然是直接建立的，所以运营商相对而言会支持这种方向。SoftSIM 让终端厂商有了话语权，有了兼容或不兼容哪个运营商的权利，相当于在运营商和用户之间加了一层关系，因此运营商会反对这种方向。

8.10　SIM 卡实名认证

　　从 2015 年 9 月 1 日起，电信企业各类实体营销渠道将全面配备二代身份证识别设备，在为用户办理入网手续时，必须通过使用二代身份证识别设备核验用户本人的居民身份证件，并通过系统自动输入用户身份信息。实施实名制的初衷是遏制不良信息的传播，防范并打击各种电话诈骗活动，解决相关部门取证难、查处难的问题。

　　根据《全国人民代表大会常务委员会关于加强网络信息保护的决定》《中华人民共和国反恐怖主义法》《中华人民共和国电信条例》《电话用户真实身份信息登记规定》等法律、法规，要求所有在网用户进行实名认证。

　　中国电信、中国联通、中国移动三大运营商表示，非实名手机号或被停机。实名制补充登记时必须由本人携带身份证亲自到场。用于 NB-IoT 网络的 SIM 也全部需要实名制，并且跟踪到责任主体。

　　大多数手机犯罪使用的是非实名的预付费手机。目前短信服务投诉是电信服务投诉中最多的，投诉的主要内容是垃圾短信和服务提供者不规范经营。实行手机实名制，旨在遏制违法短信、诈骗短信、色情短信等垃圾短信，规范经营，减少通过手机短信发生的违规、违法行为。

三大通信运营商在办理申请者（无论是个人还是集体用户）手机入网手续时，需对用户的相关身份证件进行审查。申请者为个人用户的，应当出示有关个人身份证件；申请人为单位的，通信运营商应当登记其名称、地址和联系人等事项。另外，在办理完入网手续后，通信服务提供者应当向用户提供电话业务收费单据。在为短信息服务业务提供者代收信息费时，应同时向用户提供短信息服务业务提供者的名称、代码和代收金额，并注明"代收费"字样。推行"手机实名制"后，在短信的传播过程中，可以保证各个使用环节能够辨别用户身份，使信息发布者、传播者、使用者与最终用户能够获得真实的身份验证，从而达到有效划分信息内容权责的目的。

另外，实名制用户可在自助渠道（短信、手机致电客服中心和手机 APP 等）办理部分业务。

8.11　空中升级

空中升级（Over-The-Air，OTA）是通过移动通信的 Uu 接口对 SIM 数据进行远程管理的技术。OTA 通过网络自动下载升级包并自动升级，在升级过程中无须备份数据，所有数据都会完好无损地保留下来。物联网设备是一套智能设备，其版本更迭和补丁发布必定非常频繁。如果不提供 OTA 功能，每发布一个新的版本或补丁，都需要现场更新物联网设备，显然非常不现实。

固件空中升级（Firmware Over-The-Air，FOTA）是指通过云端升级技术，为具有连网功能的终端设备进行空中下载和软件升级，完成系统修复和优化，提高用户的满意度。FOTA 的核心技术优势如图 8.7 所示。

图 8.7　FOTA 核心技术优势

FOTA 的本质是固件升级，包括驱动、系统、功能、应用等的升级，和硬件没有直接关系。它适用的终端范围很广，基本可以为市场上所有的智能终端提供升级服务，无论对于电信运营商还是终端设备制造商，通过集群应用、网格技术和分布式服务端，能够在同一时间内处理大量用户的终端升级需求。FOTA 和 OS 的关系比较密切，不同的 OS 版本，需要开发不同的 FOTA 适配版本，同时通过 FOTA 模块下载的系统升级包，也要和 OS 进行密切的匹配，不但要进行硬件驱动的调试，还要进行版本的兼容测试，但这样的升级包一般由终端厂商提供，FOTA 更多的是保证将升级包下载，并且安装至终端，在智能时代，FOTA 云升级将成为智能终端的标准配置。

最初，固件更新需要到设备厂商指定的服务中心进行。接收更新的另一种方法是将设备连入计算机端进行升级。但这两种方法的缺点是很不方便。因此，现在很多智能设备制造商和运营商都已经采纳 FOTA 技术为设备进行更新。

NB-IoT OTA 升级流程如图 8.8 所示。

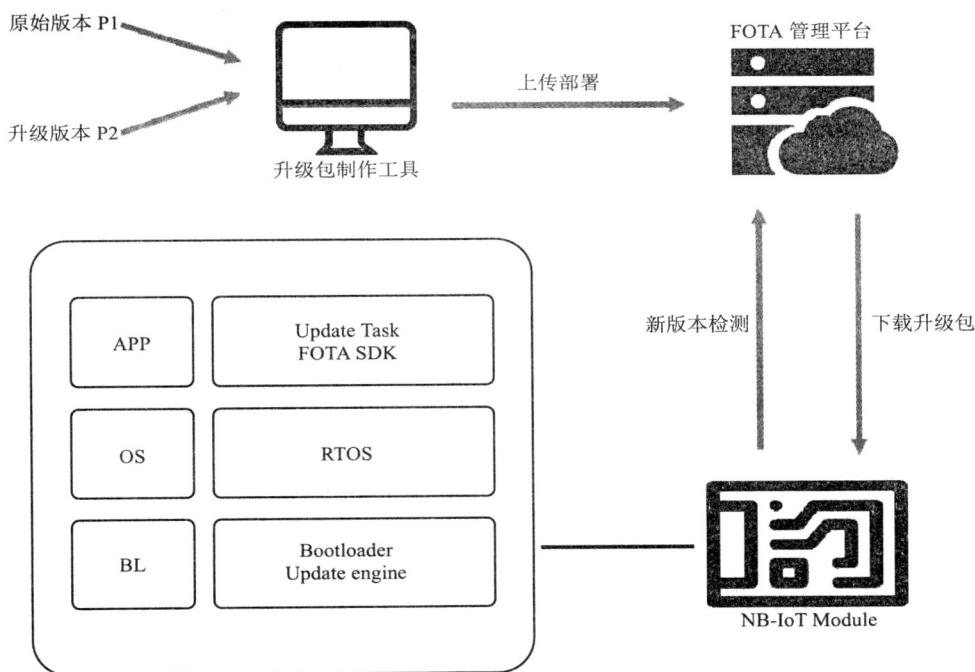

图 8.8
NB-IoT OTA
升级流程

升级包制作工具的功能是批量生成升级包并自动完成服务器端的固件部署。FOTA 管理平台是图形化的固件管理平台，实现的功能包括项目管理、升级策略配置、测试、审核、发布、升级统计等。客户端的作用是为 FOTA SDK 提供连网、下载、校验、本地存储等接口给升级任务（Update Task）调用，升级引擎（Update Engine）提供本地还原能力和对应的接口在引导模式（Bootloader）中完成升级包的还原和写入工作。各个接口均可根据实际情况定制优化，以保证下载升级的整体效率和成功率。

　　FOTA 无线升级技术的诞生，使用户在遭遇设备软件问题时，可通过空中下载技术，将系统升级包下载至终端设备来修复问题，从而省去了现场售后维修点的麻烦。

　　FOTA 操作简单方便，智能终端自动检测到升级包进行升级，其采用差分技术，差分包大小缩减近原始升级包的 3%，通常在 5～10MB，大大降低了对下载网络带宽的需求，降低了下载等待时间，节省了流量费。差分升级的方式不会修改终端的分区、删除用户数据，无须备份用户数据，就算因为意外掉电而导致升级中止，也不会影响到用户数据的安全。OTA 上传安全管理如图 8.9 所示。

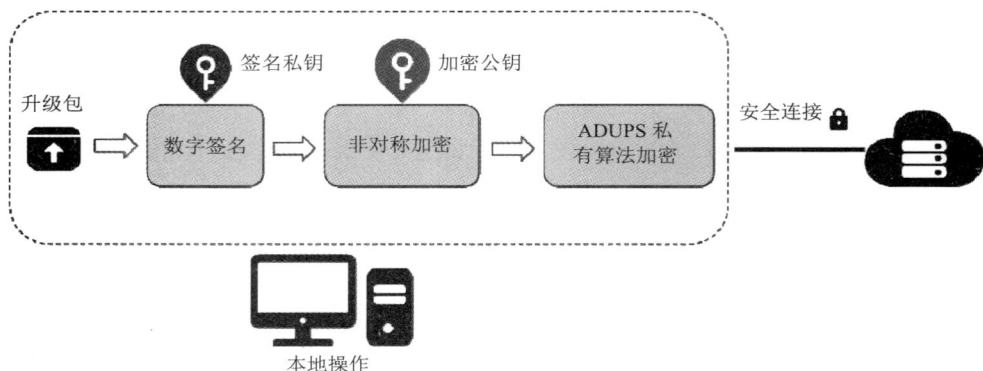

图 8.9
OTA 上传
安全管理

　　OTA 下载安全管理如图 8.10 所示。

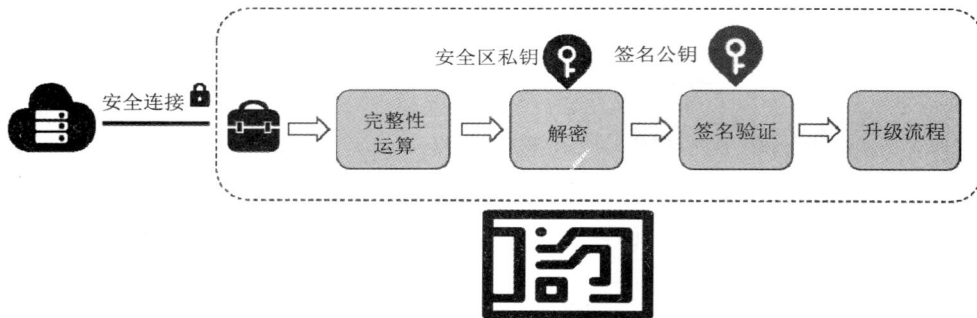

图 8.10
OTA 下载
安全管理

　　FOTA 升级只是在原有的系统基础上进行打补丁，修复 BUG，并没有更换系统，比重装系统方式的升级更安全。在升级前严格校验升级包的有效性，以防因为升级包的替换而导致升级失败；智能检测终端当前电量，当电量低于 30% 时，不允许用户进行升级，防止中途掉电；用户在升级过程中意外关机，仍然会智能还原，不会发生无法开机、终端开机无反应的情况。

8.12　长寿命电池

　　长寿命电池的使用不同于一般的电池，通常要经过 5 年甚至 10 年以上的漫长使用期，期间还要经历高低温的交错变化和潮湿等恶劣环境的影响。

例如，极地勘测是人类挑战极限、认识自然的壮举，同时也是对电子设备的一次极端残酷的考验。尤其是野外独立工作的监测设备，地处极地、环境恶劣、人迹罕至，对设备电源提出了极为苛刻的要求。不但要求能经受极端低温的影响，还需要有很长的寿命、极小的体积和轻便的质量等。锂亚硫酰氯电池如图 8.11 所示。

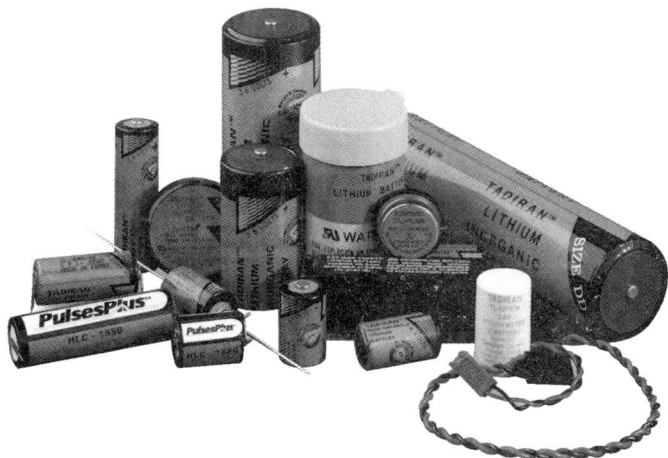

图 8 11
锂亚硫酰氯电池

目前，主流的电池技术有两种，分别是碱性电池组和锂电池组。碱性电池组体积大，较重，而且会受宽温范围变化的影响。锂电池组具有的长寿命和高能量密度的特点。

在选择电池的时候，会关注电池的有效容量、电池的参考容量和设备需要的容量，其中：

1）电池的有效容量是指按照设备实际使用功耗，电池能放出满足需求的容量（包括电压、电流、存储年限、温度环境等）。

2）电池的参考容量是指按照某个特定的电流将电池从最高电压放电到 2V 时所放出的容量。

3）设备需求的容量是指根据设备实际使用功耗，通过测试方法得出的各种脉冲和常态电流脉冲的平均值，并按照设计使用年限，进行计算得出。

正常的能满足需求的电池，这三者的关系为电池的参考容量>电池的有效容量>设备需求的容量。影响电池的使用寿命，即电池的有效容量的因素如下。

1）参考容量：电池的参考容量越大，放电能力越强。

2）自放电率：自放电率越小的电池，寿命越长。但高温会加大电池的自放电率，尤其是长期在 50℃以上时，自放电率会大大增加。

3）电压：对于单体电池来说，根据设备的要求，如果最低电压限制在 2.5V 甚至 3V 以上，将大大降低电池的使用寿命。

4）电流：脉冲越高的，寿命越短。即使平均电流一样，脉冲高的电池寿命要小于脉冲低的电池寿命。

5）环境温度：低温会使得电池的容量、放电能力（包括电压、电流）都会下降，尤其是-40℃时，高温会加大电池的自漏电和钝化影响。

6）内阻：随着时间的推移，内阻肯定会上升，内阻上升到一定程度，电池就彻底失效了。高低温交错变化，对电池的内阻影响很大，如将干电池放在野外很快就漏液了。

7）深度放电能力：随着时间的推移，电池的深度放电能力肯定会下降。这个指标是对电池使用影响最深的因素，各个厂家的电池表现得最不一样。

8）钝化现象的影响：锂亚电池（锂亚硫酰氯）会受其特有的钝化膜的影响，钝化膜的产生是电池中的电解液与锂金属层产生的阻碍其继续进行化学反应的膜层，因此锂亚电池的自漏电非常低。正是这个缘故，锂亚电池在长期放置或不工作（如长期休眠状态）之后，突然使用会出现瞬间电压急剧降低，无法放出较大电流的情况，造成电池看上去已经失效，即"电压滞后"现象。

钝化现象、深度放电能力、一致性等问题，给电池寿命的评判带来很大的难题。长寿命锂电池没有理论模型和经验公式来判断使用寿命，这个与其他电子部件很不相同。

对电池寿命的评判必须基于实测，实测的前提是高度的一致性。实测包括背景电流、脉冲大小、持续时间、温度环境等。

电池的最终失效，实际上都是电池内阻上升的原因，而电池内阻会受到诸多因素的影响，如要求的使用年限、环境温度、电流脉冲的大小、最低电压限制等。

电池的一般计算方法如下：

电池寿命年限=（电池容量）÷（睡眠电流＋所有脉冲的平均电流）÷24÷365

其中，睡眠电流又称常态电流。

以上简单的计算并不能代表全部，还要考虑以下因素：

1）电池自放电的影响。

2）脉冲电流的大小及持续时间。

3）最低电压限制。

4）电池内阻随时间的变化影响。

5）环境温度对电池内阻的影响及环境温度对电池放电的影响。

6）电池的深度放电能力随时间变化的影响。

7）长期存放后的钝化影响。

以上因素都会对电池内阻产生很大的影响，电池内阻上升，电池就会失效。但目前尚未有一种通过短期实验就能证明电池未来表现的可靠的方法。

8.13　CoAP 协议

8.13.1　CoAP 协议简介

CoAP 协议是为物联网中资源受限设备制定的应用层协议。在当前由 PC 组成的互联网应用中，信息交换是通过 TCP 协议和应用层协议 HTTP 来实现的。但是对于小型设备而言，实现 TCP 协议和 HTTP 协议显然是一个过分的要求。为了让小设备可以接入互联网，CoAP 协议应运而生。

CoAP 协议是一种面向网络的协议，采用了与 HTTP 协议类似的特征，核心内容为资源抽象、REST 式交互及可扩展的头选项等。应用程序通过 URI 标志来获取服务器上的资源，即可以像 HTTP 协议一样对资源进行 GET、PUT、POST 和 DELETE 等操作。

CoAP 协议具有如下特点。

1）报头压缩：CoAP 包含一个紧凑的二进制报头和扩展报头。它只有短短的 4B 的基本报头，基本报头后面跟扩展选项。一个典型的请求报头为 10~20B。

2）方法和 URIs：为了实现客户端访问服务器上的资源，CoAP 支持 GET、PUT、POST 和 DELETE 等方法。CoAP 还支持 URIs，这是 Web 架构的主要特点。

3）传输层使用 UDP 协议：CoAP 协议是建立在 UDP 协议之上，以减少开销和支持组播功能。它也支持一个简单的停止和等待的可靠性传输机制。

4）支持异步通信：HTTP 协议对 M2M 通信不适用，这是由于事务总是由客户端发起的。CoAP 协议支持异步通信，这对 M2M 通信应用来说是常见的休眠/唤醒机制。

5）支持资源发现：为了自主的发现和使用资源，它支持内置的资源发现格式，用于发现设备上的资源列表，或者用于设备向服务目录公告自己的资源。它支持 RFC5785 中的格式，在 CoRE 中用 "/.well—known/core" 的路径表示资源描述。

6）支持缓存：CoAP 协议支持资源描述的缓存以优化其性能。

CoAP 协议不是盲目地压缩了 HTTP 协议，考虑资源受限设备的低处理能力和低功耗限制，CoAP 协议重新设计了 HTTP 的部分功能以适应设备的约束条件。另外，为了使协议适应物联网和 M2M 应用，CoAP 协议改进了一些机制，同时增加了一些功能。图 8.12 显示了 HTTP 协议和 CoAP 协议的协议栈。

CoAP 协议和 HTTP 协议在传输层有明显的区别。HTTP 协议的传输层采用了 TCP 协议，而 CoAP 协议的传输层使用 UDP 协议，开销明显降低，并支持组播。HTTP 协议的网络层采用 IP 协议，而 CoAP 协议的网络层使用 6LoWPAN 协议。由于 TCP/IP 协议栈不适用于资源受限的设备，因此提出了一种 6LoWPAN（IPv6 Over Lowpower Wireless Personal Area Networks）协议栈。

图 8.12
HTTP 协议和
CoAP 协议的协
议栈

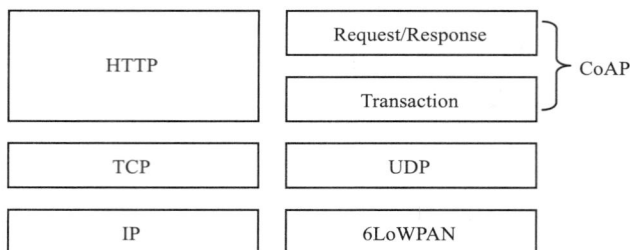

CoAP 协议采用了双层的结构。事务层（Transaction Layer）处理节点间的信息交换，同时，也提供对组播和拥塞控制的支持。请求/响应层（Request/Response Layer）用以传输对资源进行操作的请求和相应信息。CoAP 协议的 REST 构架基于该层的通信，REST 请求附在一个 CON 或 NON 消息上，而 REST 响应附在匹配的 ACK 消息上。CoAP 协议的双层处理方式，使得 CoAP 协议没有采用 TCP 协议，也可以提供可靠的传输机制。利用默认的定时器和指数增长的重传间隔时间实现 CON 消息的重传，直到接收方发出确认消息。另外，CoAP 协议的双层处理方式支持异步通信，这是物联网和 M2M 应用的关键需求之一。

8.13.2　CoAP 协议报文格式

和其他 TCP/IP 协议簇中的协议一样，CoAP 协议总是以"头"的形式出现在负载之前，而负载和 CoAP 头之间使用单字节 0xFF 分离。图 8.13 所示是 CoAP 协议报文结构示意图。

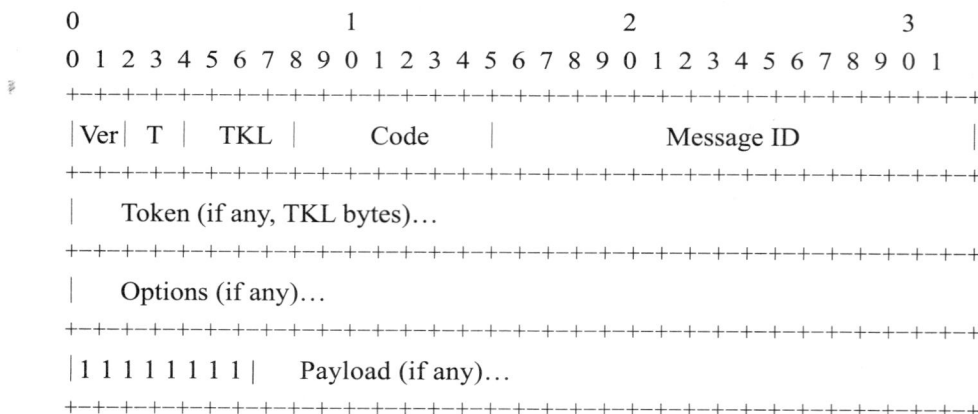

```
 0                   1                   2                   3
 0 1 2 3 4 5 6 7 8 9 0 1 2 3 4 5 6 7 8 9 0 1 2 3 4 5 6 7 8 9 0 1
+-+-+-+-+-+-+-+-+-+-+-+-+-+-+-+-+-+-+-+-+-+-+-+-+-+-+-+-+-+-+-+-+
|Ver| T |  TKL  |      Code     |          Message ID           |
+-+-+-+-+-+-+-+-+-+-+-+-+-+-+-+-+-+-+-+-+-+-+-+-+-+-+-+-+-+-+-+-+
|   Token (if any, TKL bytes)...
+-+-+-+-+-+-+-+-+-+-+-+-+-+-+-+-+-+-+-+-+-+-+-+-+-+-+-+-+-+-+-+-+
|   Options (if any)...
+-+-+-+-+-+-+-+-+-+-+-+-+-+-+-+-+-+-+-+-+-+-+-+-+-+-+-+-+-+-+-+-+
|1 1 1 1 1 1 1 1|    Payload (if any)...
+-+-+-+-+-+-+-+-+-+-+-+-+-+-+-+-+-+-+-+-+-+-+-+-+-+-+-+-+-+-+-+-+
```

图 8.13
CoAP 协议报文
结构示意图

CoAP 协议报文各部分说明：

"Ver"版本编号，指示 CoAP 协议的版本号。类似于 HTTP 1.0、HTTP 1.1。版本编号占 2 位，取值为 01B。

"T"报文类型，CoAP 协议定了 4 种不同形式的报文，即 CON 报文、NON 报文、ACK 报文和 RST 报文。

CON——需要被确认的请求，如果 CON 请求被发送，那么对方必须做出响应。

NON——不需要被确认的请求，如果 NON 请求被发送，那么对方不必做出回应。

ACK——应答消息，如果接收到 CON 消息的响应。

RST——复位消息，当接收者接收的消息包含一个错误，接收者解析消息或者不再关心发送者发送的内容，那么复位消息将会被发送。

"TKL"CoAP 标识符长度。CoAP 协议中具有两种功能相似的标识符，一种为 Message ID（报文编号），一种为 Token（标识符）。其中每个报文均包含消息编号，但是标识符对于报文来说是非必需的。

"Code"功能码/响应码。Code 在 CoAP 协议请求报文和响应报文中具有不同的表现形式，Code 占 1B，它被分成了两部分，前 3 位一部分，后 5 位一部分，为了方便描述它被写成了"c.dd"结构。其中 0.×× 表示 CoAP 请求的某种方法，而 2.××、4.×× 或 5.×× 则表示 CoAP 响应的某种具体表现。

"Message ID"报文编号。

"Token"标识符具体内容，通过 TKL 指定 Token 长度。

"Option"报文选项，通过报文选项可设定 CoAP 主机，CoAP URI，CoAP 请求参数和负载媒体类型等。

"1111 1111B" CoAP 报文和具体负载之间的分隔符。

"Payload"真正有用的被交互的数据。

8.13.3　服务器端繁忙时的处理请求流程

很多时候，如果服务器不能立即响应一个 CON 请求，服务器只能返回一个空应答，这个空应答使客户端停止重传 CoAP 请求。但是一些时间过去之后，服务器端准备好了上一个 CON 请求的响应，此时服务器向客户端发送一个 CON 请求，该 CON 请求需要客户端确认。在服务器侧，此时发送的 CON 请求中的 Token 标记必须和客户端发送给服务器的 CON 请求中的 Token 标记完全一致。这也是 Token 标志和序列号使用不同的地方。具体流程如下：

1）客户端发送一个 CON 请求。

2）此时服务器无法返回。如果服务器无法迅速响应，客户端会重复发送 CON 请求。为了避免这种情况，服务器会发送一个空应答。

3）当客户端收到一个空应答，而空应答中的消息 ID 和 CON 请求中的消息 ID 相同，那么客户端可以便会理解，服务此时正忙，会在一定时间之后通过 CON 请求的方式返回内容。

4）当服务器准备好数据时便尝试发送给客户端，服务器会构造一个 CON 请求并复制原先的 CON 请求中的 Token 标记。

5）客户端收到一个来自服务器的 CON 请求之后返回一个应答，如果客户端不及时返回应答，服务器会认为上一个 CON 请求丢失并会尝试重新发送 CON 请求。

小结

物联网系统涉及多个方面，国际标准只是个坚强的基石，但想要产业链接受，还需要实现物联网安全、SIM 管理、实名认证、空中升级、长寿命电池、上层应用协议等配套功能，这些功能缺一不可。

对于 NB-IoT 终端产品来讲，选择一款成熟的芯片可以降低业务部署的风险。但是，一旦明确了芯片厂家和型号，芯片质量就不受其左右了，重点需要考虑的是如何设计一款符合市场需求的综合体系产品。这时，考验其核心竞争力的方面也会转移到电源设计、安全性设计、软件协议、应用表现、方便施工、减少维护等方面。

NB-IoT 的网络部署可以充分利用现有 LTE 系统的站点资源和设备资源，不仅投入很少，维护施工也简单了许多，运营商可以在几个月的时间，就可以实现全网部署。

NB-IoT 技术若想让物联网产业链接受，运营商必须保持开放的格局，优化网络的部署成本，降低物联网系统接入的门槛。

对于运营商如何盈利来说，物联网商业模式的创新不是来自于技术本身，而是来自于在不同行业领域里具有创新精神的物联网应用。

第 5 篇 NB-IoT 产品测试环节

相比现有的 LTE 技术，NB-IoT 的信道带宽、双工方式、无线信道类型、帧结构、资源分配方式等方面均发生了改变，相应的空闲模式流程、随机接入、RRC 连接管理、连接重配置、无线链路检测及可能的重定向等流程也都进行了调整。因此，在功能方面无法复用 LTE 测试仪表，需要将 NB-IoT 视为一项全新的技术进行测试，并覆盖所有的协议功能点。

一款可以上市的 NB-IoT 产品，需要经过设计仿真、L2/L3 层协议开发测试、物理层开发测试、RF 开发测试、系统集成测试、协议验证测试、系统和性能验证测试、RF 设计验证等，还有一系列的认证测试，如空中升级测试、运营商认证、实验室测试、外场实验测试、全球认证论坛 (Global Certification Forum, GCF)、PCS 型号认证委员会 (PCS Type Certification Review Board, PTCRB)、欧洲统一 (Conformity European, CE)、美国联邦通信委员会 (Federal Communications Commission, FCC) 等认证测试。

第 9 章 NB-IoT 产品测试

9.1 NB-IoT 产品测试概述

　　NB-IoT 网络方面的测试需根据部署的阶段进行对应的测试。在前期研发阶段，主要测试网络设备单系统功能性能、组网运行能力和运行稳定性等功能；在正式商用阶段，主要测试网络设备规模组网协同运行能力、组网兼容性、初步网络规划及网络优化等内容；在大规模商用之后，主要测试网络优化、区域部署管理、故障容量流量监测等方面。

　　在 NB-IoT 网络部署初期，可以划分为三个阶段的测试，分别是 PoC（Proof of Concept，基本能力验证）、实验室测试、外场测试。

　　PoC 又称为概念验证测试，是针对设备功能、性能指标的验证性测试。

　　实验室测试阶段是将被测设备组成完整的运行系统，在实验室模拟真实的网络运行环境，考察设备整体运行的效果和其他网络设备一对一互联互通的能力。微波暗室如图 9.1 所示。

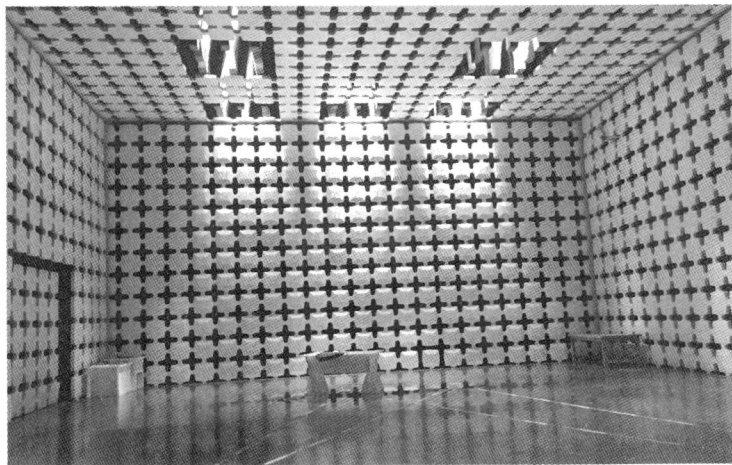

图 9.1
微波暗室

外场测试阶段是在实验室测试效果的基础上，在实地环境中布设网络设备和基站、天线等设备，根据需要，部署若干小区规模组网，进行规模组网验证、实地无线性能验证、负载压力验证等测试内容。

在每个阶段，除了被测网络设备以外，还需要一系列配合设备，包括被测 UE（或模拟 UE）、测试仪表、测试车辆等。显而易见，若想保证测试的顺利进行，需要网络设备、UE、测试仪表都遵循 NB-IoT 国际标准，并且具备一定的稳定性和可靠性。正是这样不断演进的技术测试阶段，给 NB-IoT 产业链的初期发展提供了试验场，使整个产业进程顺利和高速推进。

相比现有的 LTE 系统技术，NB-IoT 的信道带宽、双工方式、无线信道类型、帧结构、资源分配方式等方面均发生了改变，相应的空闲状态、随机接入、RRC 连接管理、连接重配置、无线链路检测及可能的重定向等过程也都进行了调整。因此，在功能方面无法复用 LTE 系统测试仪表，需要将 NB-IoT 视为一项全新的技术进行测试，并覆盖所有的协议功能点。在 RF 性能方面，同样将保持以往 RAT 测试涉及的各类发射机/接收机、调制解调等测试项目。

在外场组网测试及网络规划与网络优化阶段，NB-IoT 单站的巨大 UE 接入量将导致无法使用实际 UE 进行多 UE 在网测试及优化，如何使用终端模拟器，模拟出处于不同小区位置、不同业务场景的 UE，从而验证网络性能是 NB-IoT 测试将要面临的一个挑战。另外，由于 NB-IoT UE 部署的特性决定了其维护的困难，软件缺陷可以使用传统手段修复，而全系统的稳定性测试如何开展，现网问题如何修正，是另一个测试及检测挑战。NB-IoT 测试 Dongle 如图 9.2 所示。

图 9.2
NB-IoT 测试
Dongle

（1）测试场景及 UE 形态多样化

物联网的细分领域非常多，存在更加复杂、极端的环境部署情况，验证单点关键技术的性能与指标难度加剧。同时，物联网终端的形态趋于多样化，需要测试仪器仪表具备更好的可扩充性和兼容性。因此，在低功耗广域网的场景中 UE 到测试环境的构建更加复杂，核心网模拟服务器需要更加灵活的配置、基站模拟器的测试场景需要更加多样。

（2）海量终端连接加剧测试难度

海量终端连接是低功耗广域网的主要特点之一，要求每个小区至少支持 5 万量级的连接数，海量终端的模拟需求对于终端模拟器是个巨大的挑战，测试方案与方法的选择也同样值得考虑。

（3）缺乏成熟的终端功耗测试方法

低功耗要求 UE 的电池续航时间为 5～10 年。这种场景中 UE 的工作方式存在特殊性，如在某些工作场景中，设备每天只工作一次：工作状态下，几十 μs 内消耗几十 nA 到几百 mA 的电流；待机状态下，消耗超低深度睡眠电流。对于这种特殊的工作方式，需要在复杂波形中分析功耗，寻求一种成熟的测试方法来量化 UE 功耗指标。

（4）生产测试需提高效率降低成本

海量连接同样提升了低功耗大连接场景中生产测试的难度，选择合适的测试方法、设计合理的测试方案是提高测试效率所必须考虑的问题。同时，考虑物联网模块的低成本特性，如何大幅降低测试成本同样对测试仪器仪表的研发设计提出了挑战。

（5）物联网设备的安全性

物联网设备的安全性、可靠性、保密性涉及 UE、接入网、核心网等网络各个节点，如何确保物联网生态系统的稳健和高度安全，对于测试是一个极大的挑战。同时，物联网终端的应用场景非常广泛，涉及社会基础设施和日常生活中的各个领域，包括交通、安防、医疗、电力、工业、农业、环保等，测试仪器仪表需支持各垂直行业领域的安全性测试需求。

9.2　NB-IoT 基站测试

NB-IoT 技术具备广覆盖、大连接、低功耗的特性，验证物联网设备和应用是否具备实际场景的部署效果，需要针对这些特性进行系统级的测试。

支持 NB-IoT 技术特性的基站需要考虑 4 个方面的测试。

- RF 测试：验证基站的发射指标、接收指标，以及不同场景下多个蜂窝移动通信系统同时正常工作、满足系统共存的要求。

- 协议一致性测试：确保各个厂商均按照 3GPP 协议进行实现，通过一次功能测试就可以保证系统全球范围内的互联互通。

- 关键 KPI 指标的测试：大容量 NB-IoT UE 接入时基站的性能测试，包括接入效率、接入延时、QoS 等性能指标；同时需要考虑基站调度对 UE 低功耗性能指标的影响，如在静态功耗及一定的业务模式中，UE 在基站的调度下是否可以支持 10 年的工作目标。

- 网络安全的测试：包括传输过程的物理层安全、数字签名、加密等过程的安全性。

9.2.1　大连接测试系统

在连接数量较大的物联网应用场景，如环境监测、农业物联网等，其典型特征是连接数量极为庞大，物联网的网络体系需要有能力承载如此多的 UE 接入和确保长时间无故障运行。相应的测试需求包括以下几个方面：

- 在确定资源配置下支持同时接入的最大用户数量。
- 当 UE 连接数量极为庞大以致超过网络负载极限时，网络与 UE 进行网络负载协调能力的测试。
- 网络与 UE 的负载分流机制测试。
- 基于给定上行业务模型的连接数目/容量极限测试。
- 基于给定下行业务模型的连接数目/容量极限测试。
- 基于给定上下行混合业务模型的连接数目/容量极限测试。
- 异常处理机制等。

利用 UE 测试系统模拟 NB-IoT UE 大连接接入，根据基站系统给 UE 系统发送的消息，调度至少 5 万个 UE，UE 系统接收并解码信息，用来支持测试指标。为了验证基站侧的容量是否满足 NB-IoT 要求的容量指标，设计下面的测试方案：

- 使用模拟 UE 与被测基站的一个小区射频直连。
- 模拟设备模拟多个 UE。
- 每个 UE 执行附着过程，进入 RRC_Connected 连接状态。
- 通过模拟 UE 的模拟功能，构造出 5 万个 UE 同时接入一个小区的场景。
- 验证基站是否具有能够支持 5 万个 UE 的信令处理能力。
- 随机抽取部分 UE 执行用户面数据测试过程。
- 验证在 5 万个 UE 都接入的场景下，待测基站的调度能力是否满足设计要求。

9.2.2　覆盖增强测试系统

在对网络覆盖要求较高的物联网应用场景中，如物品跟踪、老人小孩宠物跟踪等，NB-IoT 产品必须具有一定的移动性，为保证跟踪的有效性需要网络具有广覆盖能力。其相应的测试需求如下：

- 网络的下行覆盖直接决定了该服务能力，下行信号强度、覆盖半径等是下行覆盖的关键技术指标，均需进行相应测试。
- 上行覆盖能力也具有同样重要的地位，上行覆盖取决于终端发射信号强度，因此需对 UE 的射频发射功率、OTA、带外干扰等指标进行测试。

为了验证基站侧的覆盖强度是否满足 NB-IoT 设计要求，设计下面测试方案：

- 使用模拟 UE 与被测基站的一个小区射频直连。
- 在模拟 UE 与待测基站间，加入信道仿真器。

- 信道仿真器不使能,模拟 UE 进行小区选择,上报基站下行参考功率和信道质量。
- 模拟 UE 执行附着过程,进入 RRC_Connected 连接状态。
- 模拟 UE 执行用户面测试过程,验证是否满足测试数据吞吐量大于 160bit/s。
- 模拟 UE 进入 RRC_Idle 空闲状态。
- 信道仿真器加入信道噪声,调整 MCL 为 144dB,模拟 UE 继续上报基站下行参考功率和信道质量。
- 模拟 UE 再次进入 RRC_Connected 连接状态。
- 模拟 UE 执行用户面测试过程,验证是否满足测试数据吞吐量大于 160bit/s。
- 模拟 UE 进入 RRC_Idle 空闲状态。
- 继续加大信道干扰,调整 MCL 为 154dB,达到扩展覆盖场景。
- 模拟 UE 继续上报基站下行参考功率和信道质量。
- 模拟 UE 执行附着过程,进入 RRC_Connected 连接状态。
- 模拟 UE 执行用户面测试过程,验证是否满足测试数据吞吐量大于 160bit/s。
- 模拟 UE 进入 RRC_Idle 空闲状态。
- 继续加大信道干扰,调整 MCL 为 164dB,达到极端覆盖场景。
- 模拟 UE 继续上报基站下行参考功率和信道质量。
- 模拟 UE 执行附着过程,进入 RRC_Connected 连接状态。
- 模拟 UE 执行用户面测试过程。验证是否满足测试数据吞吐量大于 160bit/s。

9.3　NB-IoT UE 设备测试

NB-IoT UE 设备的测试包括业务和功能测试、互联互通测试、协议测试、无线资源管理测试、功耗测试、无线射频性能测试、OTA 测试、生产测试等。NB-IoT 测试终端如图 9.3 所示。

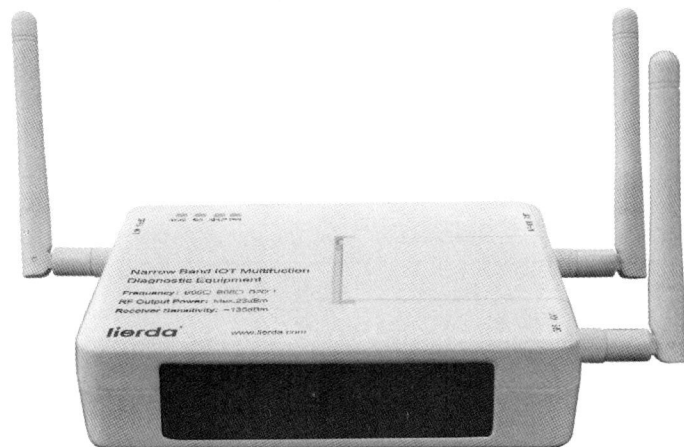

图 9.3
NB-IoT 测试终端

9.3.1 业务和功能测试

NB-IoT UE 的业务和功能测试包括开关机功能测试、运营商网络选择功能测试、移动数据业务测试、短信业务测试、终端电量指示信息测试等。

（1）开关机功能测试

开关机功能测试的步骤与预期结果如表 9.1 所示。

表 9.1 开关机功能测试的步骤与预期结果

项目	说明
测试步骤	1）UE 开机 2）通过开关键打开电源 3）通过开关键关闭已经打开电源的被测用户终端
预期结果	被测 UE 应能正常开关电源

（2）运营商网络选择功能测试

运营商网络选择功能测试的步骤与预期结果如表 9.2 所示。

表 9.2 运营商网络选择功能测试的步骤与预期结果

项目	说明
测试步骤	1）UE 开机 2）如 UE 支持手动选网方式，则进行手动网络选择，尝试通过菜单在搜索的网络列表中选择一个网络
预期结果	1）用户成功注册到运营商网络 2）被测 UE 应显示覆盖其所处位置所有的运营商标志；被测 UE 应尝试在用户选择的网络中进行注册

（3）移动数据业务测试

移动数据业务测试的步骤与预期结果如表 9.3 所示。

表 9.3 移动数据业务测试的步骤与预期结果

项目	说明
测试步骤	1）UE 开机 2）操作 UE 建立一个数据连接，对于不支持输入人机接口功能的 UE，可通过 AT 命令的方式建立一个数据连接 3）在数据连接过程中进行数据的上传和下载
预期结果	UE 应能正常实现数据的上传和下载

（4）短信业务测试

短信业务测试的步骤与预期结果如表 9.4 所示。

表 9.4 短信业务测试的步骤与预期结果

项目	说明
测试步骤	1）UE 开机 2）编辑一条新短信，向其他非本机 UE 号码发送短信，对于不支持短信编辑功能的 UE，可通过 AT 命令的方式进行发送 3）用其他非本机号码向被测 UE 发送短信，对于不支持短信屏幕显示的 UE，可通过 AT 命令的方式进行短信接收
预期结果	短信发送和接收正常

（5）终端电量指示信息测试

终端电量指示信息测试适用于支持完整屏幕显示且具有充电电池及充电功能的 NB-IoT UE，如表 9.5 所示。

表 9.5　终端电量指示信息测试的步骤与预期结果

项目	说明
测试步骤	1）UE 开机，检查其人机界面信息 2）给被测 UE 装配一块电量不足的电池，在待机状态下查看屏幕并注意被测 UE 是否发出报警提示
预期结果	1）步骤 2 结果，被测 UE 屏幕上应以直观的图形方式显示其所使用电池容量的多少，在待机状态下，被测 UE 应有报警提示，此提示信息应与说明书相同 2）步骤 3 结果，被测 UE 屏幕应明确显示出电池正在被充电的提示信息，且应以渐进图形的形式显示出电池正在充电的状态，此指示信息应与说明书相同 3）在被测 UE 关机和待机两种状态下，用其专用充电器或电源适配器充电，查看屏幕显示信息

9.3.2　互联互通测试

互联互通测试环境可分为两种：商用网络测试环境和实验室测试环境。

测试内容尽可能在商用网络环境中进行，同时应考虑商用网络的运营安全和 UE 与不同设备厂商设备的兼容互通等情况，对部分测试项目，如需进行网络参数调整和特殊配置的测试项，可在试验网环境进行。测试中需将无线测试系统配置为不同的天线端口数分别进行测试。

在进行互联互通性测试时，不应当影响现有商业网络中的其他用户。在一个正在运行的商业网络中进行测试时，应避免影响正常的业务应用。除非另外说明，测试应当在无线信号覆盖情况好的地区进行。

对于测试中出现的问题和未通过项目，需要分析并判定原因，此时可以借助其他已经通过互联互通性测试的 UE 作为参考，来判定是由于网络因素还是被测 UE 自身设计缺陷导致测试失败。

为了保证 NB-IoT UE 可以正常接入小区，需要验证自动模式和手动模式下的 PLMN 选择、正常小区选择驻留、同频/异频小区重选、接入控制下的小区接入和重选等。

（1）独立部署工作模式

独立部署工作模式下的测试如表 9.6 所示。

表 9.6　独立部署工作模式下的测试

项目	说明
测试目的	验证 UE 在独立部署工作模式下是否正常工作
测试条件	1）系统模拟器或真实基站系统支持独立部署工作模式 2）UE 已签约
测试步骤	1）配置系统模拟器或真实基站系统为独立部署工作模式，采用常规长度 CP，启动 NB-IoT 小区 2）被测 UE 在该小区开机进行随机接入 3）被测 UE 进行 RRC 连接建立过程

项目	说明
预期结果	1）UE 接收到的系统消息 MIB-NB 中"参数 OperationModeInfo-r13"指示系统的工作模式为 Standalone-NB
	2）UE 能在该小区正常接入
	3）UE 能在该小区正常建立连接

（2）带内部署工作模式

带内部署工作模式下的测试如表 9.7 所示。

表 9.7　带内部署工作模式下的测试

项目	说明
测试目的	验证 UE 在带内部署工作模式下是否正常工作
测试条件	1）系统模拟器或真实基站系统支持带内部署工作模式
	2）UE 已签约
测试步骤	1）配置系统模拟器或真实基站系统为带内部署工作模式，采用常规长度 CP
	2）配置 NB-IoT 小区 PCI 与 E-UTRAN 小区 PCI 相同
	3）配置生效，NB-IoT 小区和 E-UTRAN 小区正常工作
	4）被测 UE 在该小区开机进行随机接入
	5）被测 UE 进行 RRC 连接建立过程
	6）配置 NB-IoT 小区 PCI 与 E-UTRAN 小区 PCI 不同，重复步骤 3、5
预期结果	1）步骤 2 结果，UE 接收到的系统消息 MIB-NB 中参数"operationModeInfo-r13"指示系统的工作模式为 Inband-SamPCI-NB
	2）步骤 6 结果，UE 接收到的系统消息 MIB-NB 中参数"operationModeInfo-r13"指示系统的工作模式为 Inband-DifferentPCI-NB
	3）UE 能在该小区正常接入
	4）UE 能在该小区正常建立连接

（3）保护带部署工作模式

保护带部署工作模式下的测试如表 9.8 所示。

表 9.8　保护带部署工作模式下的测试

项目	说明
测试目的	验证 UE 在保护带部署工作模式下是否正常工作
测试条件	1）系统模拟器或真实基站系统支持保护带部署工作模式
	2）UE 已签约
测试步骤	1）配置系统模拟器或真实基站系统为保护带部署工作模式，采用常规长度 CP，启动 NB-IoT 小区，NB-IoT 小区和 E-UTRAN 小区正常工作
	2）被测 UE 在该小区开机进行随机接入
	3）被测 UE 进行 RRC 连接建立过程
预期结果	1）UE 接收到的系统消息 MIB-NB 中参数"operationModeInfo-r13"指示系统的工作模式为 Guardband-NB
	2）UE 能在该小区正常接入
	3）UE 能在该小区正常建立连接

（4）随机接入

随机接入的测试如表 9.9 所示。

表 9.9　随机接入的测试

项目	说明
测试目的	验证处于 RRC_Idle 空闲状态的 UE 是否正常完成随机接入过程
测试条件	1）UE 已注册，处于 RRC_Idle 空闲状态 2）配置系统模拟器或真实基站系统为常规长度 CP
测试步骤	使用被测 UE 在该小区发起数据业务请求，触发随机接入过程
预期结果	用户终端随机接入成功，数据业务正常

9.3.3　附着与去附着

（1）附着并建立默认 EPS 承载

附着并建立默认 EPS 承载的测试如表 9.10 所示。

表 9.10　附着并建立默认 EPS 承载的测试

项目	说明
测试目的	验证 UE 是否能够成功附着到网络且成功建立 PDN 连接
测试条件	1）UE 处于关机状态 2）配置系统模拟器或真实基站系统为常规长度 CP，系统消息广播不支持 EPS 附着无 PDN 连接
测试步骤	1）UE 开机，验证 UE 启动附着过程，向 eNB 基站发送附着请求消息 2）网络回复接受附着消息，包含默认承载的 EPS 无线承载 ID 和 APN 3）UE 发起数据业务请求
预期结果	1）UE 成功执行附着过程 2）UE 发送的附着请求消息中，不包含 Voice Domain Preference and UE's Usage Setting 参数，ESM 消息容器中包含 PDN 连接请求信元 3）数据业务成功建立

（2）附着不建立默认 EPS 承载

附着不建立默认 EPS 承载的测试如表 9.11 所示。

表 9.11　附着不建立默认 EPS 承载的测试

项目	说明
测试目的	验证 UE 是否能够成功附着到网络且不建立 PDN 连接
测试条件	1）UE 支持附着无 PDN 连接 2）UE 处于关机状态 3）配置系统模拟器或真实基站系统为常规长度 CP，系统消息广播支持 EPS 附着无 PDN 连接

项目	说明
测试步骤	1）UE 开机，验证 UE 启动附着过程，向 eNB 基站发送附着请求消息 2）UE 发起数据业务请求
预期结果	1）UE 成功执行附着过程 2）UE 发送的附着请求消息中，不包含 Voice Domain Preference and UE's Usage Setting 参数，在 ESM 消息容器中包含 ESM 虚拟消息 3）数据业务成功建立

（3）去附着

去附着测试如表 9.12 所示。

表 9.12　去附着测试

项目	说明
测试目的	验证 UE 是否能够成功发起去附着过程
测试条件	1）配置系统模拟器或真实基站系统为常规长度 CP 2）UE 已附着，并处于空闲状态
测试步骤	1）UE 关机 2）系统模拟器（或通过其他设备）发起一个移动被叫连接
预期结果	1）UE 发送去附着请求消息，其中的去附着类型 IE 指示去附着的类型，为 EPS Detach 和 Switch Off 2）验证移动被叫连接不可达

（4）网络发起的去附着

网络发起的去附着，需要重新附着，如表 9.13 所示。

表 9.13　网络发起的去附着测试

项目	说明
测试目的	验证 UE 接收到网络发起的需要重新附着的去附着消息后的行为是否正确
测试条件	1）配置系统模拟器或者真实基站系统为常规长度 CP 2）用户终端已附着，并处于空闲状态
测试步骤	1）网络发送去附着请求消息，其中去附着类型 IE 设置为重新附着应答 2）验证 UE 回复去附着接受消息 3）验证 UE 发送附着请求消息给网络 4）网络发送附着接受消息 5）UE 发起数据业务
预期结果	1）步骤 2 中，UE 发送去附着接受消息给网络 2）步骤 3 中，UE 发送附着请求消息给网络 3）步骤 5 中，数据业务连接建立正常

9.3.4　寻呼过程

寻呼过程测试如表 9.14 所示。

项目	说明
测试目的	验证 UE 接收到网络发起的寻呼消息后是否能够成功发起业务请求过程
测试条件	1）配置系统模拟器或真实基站系统为常规长度 CP 2）UE 已注册并处于 EEMM-Registered 状态或 EMM-Idle 空闲状态模式
测试步骤	网络向 UE 发送寻呼消息，寻呼 UE
预期结果	UE 接收到寻呼消息，发起业务请求过程

9.3.5　资源调度方式

（1）锚载波

锚载波测试如表 9.15 所示。

项目	说明
测试目的	验证 UE 是否能够在网络配置的锚载波上完成数据传输
测试条件	1）配置系统模拟器或真实基站系统为常规长度 CP 2）UE 已注册，并处于空闲状态
测试步骤	1）被测 UE 发起业务请求 2）网络给 UE 配置物理层资源，参数"Physical Config Dedicated-NB"中的"carrierConfigDedicated-r13"参数不存在 3）UE 在网络配置的载波上进行数据传输
预期结果	UE 在 NPBCH/NPSS 所在的载波上进行数据传输

（2）非锚载波

非锚载波测试如表 9.16 所示。

项目	说明
测试目的	验证 UE 是否能够在网络配置的非锚载波上完成数据传输
测试条件	1）配置系统模拟器或真实基站系统为常规长度 CP 2）UE 已注册，并处于空闲状态
测试步骤	1）被测 UE 发起业务请求 2）网络给 UE 配置物理层资源，在参数"PhysicalConfigDedicated-NB"中的"carrierConfigDedicated-r13"参数中配置上下行载波 3）UE 在网络配置的载波上进行数据传输
预期结果	用户终端在参数"carrierConfigDedicated-r13"所配置的载波上进行数据传输

9.3.6　IP 数据和 Non-IP 数据

（1）控制面传输 IP 数据

控制面传输 IP 数据的测试如表 9.17 所示。

表 9.17　控制面传输 IP 数据的测试

项目	说明
测试目的	验证 UE 在不建立 DRB 的情况下，是否能通过控制面来传输 IP 数据
测试条件	1）UE 驻留在 NB-IoT 小区 1（网络设置 CP 模式优先） 2）UE 已注册，并处于 EEMM-Registered 状态或 EMM-Connected 连接状态模式 3）UE 没有建立 DRB
测试步骤	1）触发 UE 发起 IP 数据传输业务 2）EMM-Connected 连接状态下触发网络发送下行 IP 数据传输业务
预期结果	UE 能够在不建立 DRB 的情况下，通过控制面消息 ESM 数据传输来发送或接收 IP 数据

（2）用户面传输 IP 数据

用户面传输 IP 数据的测试如表 9.18 所示。

表 9.18　用户面传输 IP 数据的测试

项目	说明
测试目的	验证 UE 在建立 DRB 的情况下，是否能通过用户面来传输 IP 数据
测试条件	1）UE 驻留在 NB-IoT 小区 1（网络设置 UP 模式优先） 2）UE 已注册，并处于 EEMM-Registered 状态或 EMM-Connected 连接状态模式
测试步骤	1）触发 UE 发起 IP 数据传输业务 2）网络通过挂起进程让 UE 进入 EMM-IDLE 模式挂起指示状态 3）再次触发 UE 发起 IP 数据传输业务
预期结果	UE 能够在建立 DRB 的情况下，通过用户面来传输 IP 数据，并且支持挂起/恢复过程

（3）控制面传输 Non-IP 数据

控制面传输 Non-IP 数据的测试如表 9.19 所示。

表 9.19　控制面传输 Non-IP 数据的测试

项目	说明
测试目的	验证 UE 在不建立 DRB 的情况下，是否能通过控制面来传输 Non-IP 数据
测试条件	1）UE 驻留在 NB-IoT 小区 1（网络设置 CP 模式优先） 2）UE 已注册，并处于 EEMM-Registered 状态或 EMM-Connected 连接状态模式 3）UE 没有建立 DRB
测试步骤	1）触发 UE 发起 Non-IP 数据传输业务 2）EMM-Connected 连接状态下触发网络发送下行 Non-IP 数据传输业务
预期结果	UE 能够在不建立 DRB 的情况下，通过控制面消息 ESM 数据传输来发送/接收 Non-IP 数据

（4）用户面传输 Non-IP 数据

用户面传输 Non-IP 数据的测试如表 9.20 所示。

表 9.20　用户面传输 Non-IP 数据的测试

项目	说明
测试目的	验证 UE 在建立 DRB 的情况下，是否能通过用户面来传输 Non-IP 数据
测试条件	1) UE 驻留在 NB-IoT 小区 1（网络设置 UP 模式优先） 2) UE 已注册，并处于 EEMM-Registered 状态或 EMM-Connected 连接状态模式
测试步骤	1) 触发 UE 发起 Non-IP 数据传输业务 2) 网络通过挂起进程让 UE 进入 EMM-IDLE 模式挂起指示状态 3) 再次触发 UE 发起 Non-IP 数据传输业务
预期结果	UE 能够在建立 DRB 的情况下，通过用户面来传输 Non-IP 数据，并且支持挂起/恢复过程

（5）短信传输

短信传输测试如表 9.21 所示。

表 9.21　短信传输测试

项目	说明
测试目的	验证 UE 是否能够通过控制面来传输 SMS 数据
测试条件	1) UE 驻留在 NB-IoT 小区 1（网络设置 CP 模式优先，并且 UE 和网络都支持 SMS Transfer without Combined Procedure） 2) UE 已注册，并处于 EEMM-Registered 状态或 EMM-Connected 连接状态模式
测试步骤	1) 触发 UE 发起 SMS 数据传输业务 2) EMM-Connected 连接状态下触发网络下发 SMS 数据传输业务
预期结果	UE 能够通过上行 NAS 传输或下行 NAS 传输消息来发送或接收 SMS 消息，其中第一条 SMS 消息通过在控制面服务请求（包含在 RRC 消息 RRC 连接建立完成中）中包含 NAS 消息包含 IE 来传输

9.3.7　安全模式

（1）鉴权过程

鉴权过程测试如表 9.22 所示。

表 9.22　鉴权过程测试

项目	说明
测试目的	验证 UE 是否支持 EPS 鉴权和密钥协商（AKA）
测试条件	1) UE 驻留在 NB-IoT 小区 1 2) UE 已注册，并处于 EMM-Registered 状态或 EMM-Connected 连接状态模式（即已建立 NAS 信令连接）
测试步骤	1) 网络发起鉴权过程，向 UE 发送鉴权请求消息 2) UE 向网络回复鉴权应答消息
预期结果	用户终端完成鉴权过程，建立 EPS 安全上下文

（2）NAS 层安全模式控制

NAS 层安全模式控制测试如表 9.23 所示。

表 9.23　NAS 层安全模式控制测试

项目	说明
测试目的	验证 UE 是否支持 NAS 层安全模式控制
测试条件	1）UE 驻留在 NB-IoT 小区 1 2）UE 已注册，并处于 EMM-Registered 状态或 EMM-Connected 连接状态模式（即已建立 NAS 信令连接） 3）UE 已成功完成 EPS 鉴权和密钥协商（AKA）过程
测试步骤	1）MME 发起 NAS 层安全模式控制过程，向 UE 发送安全模式请求消息 2）UE 向 MME 回复安全模式完成消息
预期结果	1）UE 接收到受完整性保护的安全模式请求消息 2）UE 发送受完整性保护和加密的安全模式完成消息，随后所有 NAS 信令 UE 均进行完整性保护和加密

（3）AS 层完整性保护

AS 层完整性保护测试如表 9.24 所示。

表 9.24　AS 层完整性保护测试

项目	说明
测试目的	验证 UE 是否可以激活 AS 信令完整性保护
测试条件	UE 已注册处于 RRC_Idle 空闲状态
测试步骤	使用被测 UE 发起一个数据业务
预期结果	1）网络向 UE 发送安全模式请求消息，其中包含参数"integrityProtAlgorithm"，算法使用的是 EIA3 2）UE 向网络发送安全模式完成消息之后，AS 启动对 SRB1 和 DRB 的信令完整性保护

（4）AS 层加密/解密

AS 层加密/解密测试如表 9.25 所示。

表 9.25　AS 层加密/解密测试

项目	说明
测试目的	验证 UE 是否可以激活 AS 加密/解密
测试条件	UE 已注册处于 RRC_Idle 空闲状态
测试步骤	使用被测 UE 发起一个数据业务
预期结果	1）网络向 UE 发送安全模式请求消息，其中包含"cipheringAlgorithm"参数，算法使用的是 EEA3 2）UE 向网络发送安全模式完成消息之后，AS 启动对 SRB1 和 DRB 的加密/解密

（5）UE 识别过程

UE 识别过程测试如表 9.26 所示。

表 9.26　UE 识别过程测试

项目	说明
测试目的	验证 UE 是否支持 UE 识别过程,上报 IMSI
测试条件	1) UE 驻留在 NB-IoT 小区 1 2) UE 已注册,并处于 EMM-Registered 状态或 EMM-Connected 连接状态模式(即已建立 NAS 信令连接)
测试步骤	1) MME 发起 UE 识别过程,向 UE 发送识别请求消息,请求上报 IMSI 2) UE 向 MME 回复识别应等消息
预期结果	1) UE 接收到识别请求,其中识别类型指示请求 UE 上报 IMSI 2) UE 在识别应答中上报 IMSI

9.4　无线资源管理测试

1. 小区重选测试

在 NB-IoT 中,根据 NRS SNR(信噪比)的不同,覆盖模式可分为普通覆盖模式(Normal Coverage)和增强覆盖模式(Enhanced Coverage),覆盖模式会对 UE 的测量性能有影响,从而导致小区重选的指标也不相同,所以小区重选的测试用例可根据不同的覆盖模式区分。

普通覆盖模式下小区重选测试包含两个同频或异频 NB-IoT 小区,控制两个小区的功率,使 UE 满足重选条件,验证 UE 从服务小区重选到目标小区的时延是否满足要求。

增强覆盖模式下小区重选测试包含两个同频或异频 NB-IoT 小区,控制两个小区的功率,使 UE 满足重选条件,验证 UE 从服务小区重选到目标小区的时延是否满足要求。

小区重选的时延是从服务小区和目标小区功率满足 UE 重选准则的时间开始,到 UE 在目标小区发送 NPRACH 的时间。

小区重选时延主要包括服务小区的测量和评估、目标小区识别、目标小区测量和目标小区评估等几个部分。其中,测量和评估的时延都受覆盖模式的影响,增强覆盖模式下的时延要大于普通覆盖模式下的时延。

(1)同频小区重选

同频小区重选测试如表 9.27 所示。

表 9.27　同频小区重选测试

项目	说明
测试目的	验证处于 RRC_Idle 空闲状态的 UE 是否能够进行同频小区重选
测试条件	1) 两个同频小区:小区 1、小区 2 工作正常,属于同一个 PLMN 2) UE 已注册,处于 RRC_Idle 空闲状态,驻留在小区 1 上

续表

项目	说明
测试步骤	1) UE 处于小区 1,邻小区是小区 2 2) UE 在小区 1 中开机完成附着,处于空闲状态 3) UE 在小区 1 中进行 RRC 连接建立、无线承载建立等过程,确认成功后释放连接,进入 RRC_Idle 空闲状态 4) 将 UE 移动到小区 2(或通过调整信号衰减方式),确认 UE 是否小区重选到小区 2,并未出现脱网现象 5) 小区重选完成后 UE 在小区 2 中进行 RRC 连接建立、无线承载建立等过程
预期结果	UE 能够正确完成同频小区重选,并未出现脱网现象;在小区重选前后,UE 能成功进 RRC 连接建立、无线承载建立等过程

（2）异频小区重选

异频小区重选测试如表 9.28 所示。

表 9.28 异频小区重选测试

项目	说明
测试目的	验证处于 RRC_Idle 空闲状态的 UE 是否能够进行异频小区重选
测试条件	1) 两个异频小区:小区 1、小区 2 工作正常,属于同一个 PLMN 2) UE 已注册,处于 RRC_Idle 空闲状态,驻留在小区 1 上
测试步骤	1) UE 处于小区 1,邻小区是小区 2 2) UE 在小区 1 中开机完成附着,处于空闲状态 3) UE 在小区 1 中进行 RRC 连接建立、无线承载建立等过程,确认成功后释放连接,进入 RRC_Idle 空闲状态 4) 将 UE 移动到小区 2(或通过调整信号衰减方式),确认 UE 是否小区重选到小区 2,并未出现脱网现象 5) 小区重选完成后 UE 在小区 2 中进行 RRC 连接建立、无线承载建立等过程
预期结果	1) 用户终端能够正确完成异频小区重选,并未出现脱网现象 2) 在小区重选前后,用户终端能成功进 RRC 连接建立、无线承载建立等过程

（3）普通 TAU

普通 TAU 测试如表 9.29 所示。

表 9.29 普通 TAU 测试

项目	说明
测试目的	验证 UE 到新的跟踪区应发起普通 TAU 过程
测试条件	1) 存在两个小区,小区 1 和小区 2,属于不同的跟踪区 2) UE 已注册、处于 RRC_Idle 模式,且小区 2 所属的跟踪区不在用户终端的 TAI 列表中
测试步骤	1) UE 从小区 1 移动到小区 2,观察 UE 的状态 2) 在新的跟踪区中,使用被测 UE 建立 PS 域业务
预期结果	1) UE 在移动到小区 2 后触发了 TAU 过程并且没有出现脱网现象 2) 在新的跟踪区中成功建立相应的业务

（4）周期性 TAU

周期性 TAU 测试如表 9.30 所示。

表 9.30　周期性 TAU 测试

项目	说明
测试目的	验证 UE 在 T3412 定时器超时后发起周期性 TAU
测试条件	1）UE 已注册、处于 RRC_Idle 模式 2）网络侧 T3412 定时器超时时间设为 6 分钟（或网络支持的其他最短时间）
测试步骤	1）UE 在网络中开机，并进入空闲状态 2）等待 T3412 定时器超时，观察 UE 与网络交互的信令 3）再次等待 T3412 定时器超时，验证 UE 再次发起周期性 TAU，且与上次周期性 TAU 的时间间隔与网络侧设置的值（如 6 分钟）相同
预期结果	UE 在 T3412 定时器超时后应发送 TAU 请求消息，类型为周期性 TAU，更新时间为 6 分钟（或网络支持的其他最短时间）

2. RRC 重建测试

RRC 重建受不同覆盖模式的影响，所以 RRC 重建测试用例也可根据不同的覆盖等级区分。

普通覆盖模式下 RRC 重建测试包含两个同频或异频 NB-IoT 小区，验证 UE 在服务小区释放连接之后，重定向至目标小区的时延满足协议要求。

增强覆盖模式下 RRC 重建测试包含两个同频或异频 NB-IoT 小区，验证 UE 在服务小区释放连接之后，重定向至目标小区的时延满足协议要求。

RRC 重建的时延是从 NB-IoT 服务小区发送 RRC 连接释放消息的 TTI 开始，到 UE 在目标小区发送 NPRACH 的时间。

RRC 重建的时延包括所有已知目标小区搜索的时间、读取目标小区相关系统消息的时间、随机接入过程的时间和 100ms 的补偿。由于小区搜索时间的不同，RRC 重建的时延也受覆盖等级的影响，增强覆盖等级下的时延大于普通覆盖下的时延。

3. UE 发送定时精度测试

UE 发送定时精度测试在 RRC_Connected 连接状态下，验证 UE 是否具有跟踪 NB-IoT 小区帧定时的能力。其主要测试参数为 UE 初始定时精度，一次定时调整中的最大值，以及最大调整速率、最小调整速率。

UE 初始发送定时的偏移应不小于 $80T_s \sim kT_s$，其中 k 值待定；一次性最大调整的步长为 $58.33T_s$，每秒最小累计调整量为 $7T_s$。

4. UE 定时提前精度测试

UE 在 RRC_Connected 连接状态下，NB-IoT 小区向 UE 发送定时提前命令消息之后，UE 调整定时提前量的精度是否满足协议要求。

UE 需根据新配置的时间提前量数值调整发送定时提前量，调整后的定时提前量与目标提前量的误差应优于或等于 $\pm 13.33 T_s$。

5. 无线链路监测测试

UE 在 RRC_Connected 连接状态下，验证 UE 能够根据下行链路质量变化检测到失步，或者根据链路质量判断是否处于同步状态。

无线链路监测的性能取决于 NPDCCH 的性能，而最大重复传输等级（R_{max}）会对 NPDCCH 的性能有影响，所以 NB-IoT UE 的无线链路监测的指标会根据 R_{max} 的值分别制定。

9.5 功耗测试

9.5.1 测试设备

NB-IoT 功耗测试系统包括 UE、假电池、NB-IoT 系统模拟器、直流源和电流测试仪。NB-IoT 功耗测试系统连接示意图如图 9.4 所示。

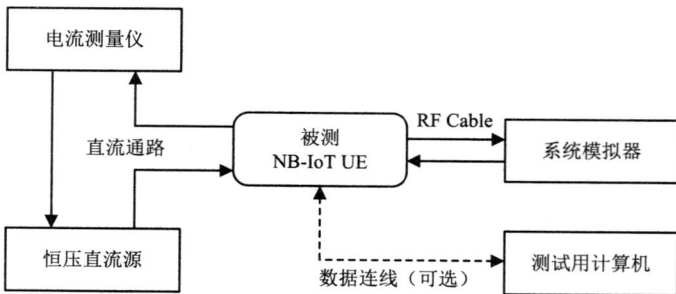

图 9.4
NB-IoT 功耗测试系统连接示意图

恒压直流源和电流测量仪可以是同一台设备，既能提供直流供电，又能测量显示当前 UE 的电流值。恒压直流源应具备以下几个特点：

1）输出电压可调，分辨率为 0.01V 或更小。

2）输出电压范围应能覆盖普通 UE 所需的电压，并且保有一定的余量（即正常电压 +5%）。

3）恒压直流源应有足够的电流输出能力，包括持续性和峰值供电，以满足 UE 各种测试的电流需求。

电流测量仪应具备足够的测量精度，应满足表 9.31 所列的电流测量能力。

表 9.31　电流测量仪的测量要求

参数	待机模式测量要求	传输模式测量要求	休眠模式测量要求
取样率	≥50KSPS	≥50KSPS	≥10MSPS
分辨率	≤0.1mA	≤0.5mA	≤0.1μA
测量精度	10%	10%	10%

功耗测试包括待机功耗测试、休眠功耗测试（PSM 和 eDRX）、UP 模式下的上下行功耗测试、CP 模式下的连接功耗测试（控制面上下行同时在 RRC_Connected 连接状态下完成）。

在对功耗要求较高的物联网应用场景，如智能抄表、野外部署、独立可穿戴智能设备等，对物联网终端的低功耗性提出了较高的诉求。物联网应用不仅包括室内可供电场景，也包括了下水道、野外等无持续供电的场景，在这些极端条件下，所需要的续航时长可达 10 年之久，这对于物联网技术本身及芯片、电池等元器件都提出了更高的要求。

9.5.2　待机功耗测试

待机功耗测试所需的承载配置如表 9.32 所示。部分承载参数应在推荐值中进行选择。这些参数和所选择的值应和测试结果一同上报。

表 9.32　NB-IoT 终端待机功耗测试参数配置

参数	推荐值	备注
服务小区绝对射频信道号 EARFCN	所支持的频段的中间部分的频点	UE 所支持的每个频段都需要进行测试；测试结果应注明是对哪一个频段的测试结果
相邻小区列表中描述的邻小区数目	16 个同频相邻小区，0 个异频相邻小区	尽管 UE 需要监测这些相邻小区，但实际上测试设备并不一定要发出这些相邻小区信号
DRX 周期	1.28s	测试结果应注明所使用的 DRX 周期
周期性 TAU	无	T3412 = 111*****
参考信号功率（RS EPRE）	−85dBm/15kHz	见 3GPP TS 36.521-1，C.0 采用 3GPP 中性能和信令测试中的默认配置
NPBCH 的 EPRE 比	PBCH_RA=0dB PBCH_RB=0dB	见 3GPP TS 36.521-1，C.2
NPSS 的 EPRE 比	PSS_RA=0dB	
NSSS 的 EPRE 比	SSS_RA=0dB	
PDCCH 的 EPRE 比	PDCCH_RA=0dB PDCCH_RB=0dB	
PDSCH 的 EPRE 比	PDSCH_RA=0dB PDSCH_RB=0dB	
服务小区带宽	200kHz	

续表

参数	推荐值	备注
eNB 基站的天线端口数	2	
循环前缀长度	常规	无扩展 CP
$Q_{rxlevmin}$	-120 dBm	小于期望的 RSRP 参考信号接收功率以保证 UE 能够正常驻留到目标小区
$S_{intrasearch}$	不发送	表示一直要做同频小区搜索
寻呼和在 NPDCCH 上通知系统消息改变	无	NPDCCH 上无 P-RNTI
系统消息接收	无	测试设备发送系统消息,但是 UE 在测试过程中并不接收

当未分配的区域在频域上是不连续的时候(被已分配的区域分为两部分,位于两边),使用 OFDMA 信道噪声发生器(OFDMA Channel Noise Generator,OCNG)样式填充下行子帧的空 PRB(未分配给数据或系统消息的 PRB),开始于 PRB 0,结束于 PRB NRB-1。

这些物理资源块分配给一些虚拟 UE,每个 UE 有一个 PDSCH。在这些 OCNG PDSCH 上传输的数据是一些非相关的伪随机数据,调制方式为 QPSK。参数 γ_{PRB} 用于归一化 PDSCH 的功率。

如果测试中使用到 2 个或更多的天线的 CRS,OCNG 应按照格式 2 在所有发射 CRS 的天线上发送给虚拟 UE。每个天线端口的参数 γ_{PRB} 相互独立,测试中所有发射 CRS 天线的功率是相互均衡的。

具体的耗电测试方法如下:

1)将假电池装入 UE。

2)将假电池与直流源和电流测量仪相连。

3)将直流源的输出电压保持在正常的电池电压通过假电池给 UE 供电。

4)UE 开机。

> **注意:**
> 该测试应在屏蔽的情况下进行,避免 UE 启动一些不必要的测量,导致功耗上升。

5)等待并确认 UE 的启动过程全部完成。

6)在空闲状态,连续记录 10 分钟的电流取样。

7)通过 10 分钟的电流取样值计算平均电流功耗。

8)使用 UE 电池标称容量除以平均电流值,获得 UE 的待机时间。

9.5.3 休眠功耗测试

休眠功耗测试包括 PSM 工作模式和 eDRX 工作模式的测试。

(1)PSM 工作模式测试

PSM 工作模式测试如表 9.33 所示。

表 9.33　PSM 工作模式测试

项目	说明
测试目的	验证 UE 是否能够正常工作在 PSM 模式
测试条件	配置系统模拟器或真实基站系统为常规长度 CP
测试步骤	1）UE 开机，发起附着过程，附着请求消息中，参数 T3324 的值设置为 1 分钟 2）网络回复的附着接受消息中，设置参数 T3324 的值为 1 分钟，参数 T3412 为 30 分钟 3）附着过程结束 3 分钟后，网络发起寻呼消息
预期结果	步骤 3 中，UE 不响应网络发送的寻呼消息

（2）eDRX 工作模式测试

eDRX 工作模式测试如表 9.34 所示。

表 9.34　eDRX 工作模式测试

项目	说明
测试目的	验证 UE 能够正常工作在 eDRX 模式
测试条件	配置系统模拟器或真实基站系统为常规长度 CP，网络支持 eDRX 能力
测试步骤	1）配置网络的 SIB1 中的 eDRX-Allowed-r13 为 True 2）UE 开机，发起附着过程，附着请求消息中，设置扩展 DRX 参数 "Extended DRX parameters" 3）网络回复的附着接受消息中，设置扩展 DRX 参数 "Extended DRX parameters" 4）网络在被测 UE 所对应的寻呼时刻发送寻呼消息 5）被测 UE 响应寻呼消息
预期结果	UE 响应网络发送的寻呼消息

9.5.4　电池和充电器测试

UE 如配备电池，其配备锂电池性能应满足 GB/T 18287—2013《移动电话用锂离子蓄电池及蓄电池组总规范》的要求，其他电池应满足 GB/T 18288—2000《蜂窝电话用金属氢化物镍电池总规范》或 GB/T 18289—2000《蜂窝电话用镉镍电池总规范》的要求，各种锂电池安全要求应满足 YD 1268.1—2003《移动通信手持机锂电池的安全要求和试验方法的要求》。

UE 如配备可充电电池，则充电器及接口特性应满足 GB 4706.18—2014《家用和类似用途电器的安全　电池充电器的特殊要求》、YD 1268.2—2003《移动通信手持机锂电池充电器的安全要求和试验方法》和 YD/T 1591—2009《移动通信终端电源适配器及充电/数据接口技术要求和测试方法》的要求。

9.6 OTA 测试

传统的终端 OTA 测试需要在微波暗室或混响暗室中完成，整个测试的复杂度高、测试周期长。考虑 NB-IoT 终端要求的低成本及测试时间短等要求，传统终端的 OTA 测试方案无法直接应用于 NB-IoT 终端的 OTA 测试。为此，需要在传统 OTA 测试基础上对方法做必要的简化。OTA 多探头暗室如图 9.5 所示。

图 9.5
OTA 多探头
暗室

1. 微波暗室环境测试

对于使用微波暗室的场景，通过减少天线方向图测试采样点数量的方式来减少测试时间。

可以直接减少测试位置数量的选项如下：

① 随机选择测试点；

② 在天线方向图上按照一定的间隔均匀选取测试点；

③ 基于具体的测试用例和无线传播环境选取常用的测试点。

在测试灵敏度时通过使用通过/失败门限的方式减少天线方向图的采样点数量，而不是做完整的有效全向灵敏度（Effective Isotropic Sensitivity，EIS）搜索。

1）只选取一定比例的点，这些点只需要满足 EIS 值最低要求即可。需要合理定义比例，因为某些点会因为天线方向图的变化导致测试失败。

2）如果去掉要获取最终 EIS 值的需求，可以显著减少总全向灵敏度（Total Isotropic Sensitivity，TIS）测试时间。

螺旋式总的辐射功率（Total Radiated Power，TRP）测试：通过连续移动转台并同时做频繁的功率测量以减少 TRP 测试时间。

2. 混响暗室环境测试

对于采用混响暗室的场景，通过以下方式降低测试时间。

1）在 TRP 测试中不断旋转反射器（可以使 TRP 测试完成的时间控制在 60～90s）。

2）在 TIS 测试中不断旋转反射器，由于快衰落的存在，测试结果不能等同于 TIS，但是用户可以给测试结果定义一个偏移值。

9.7　生产测试

终端生产测试主要包括校准和综合测试两部分。校准包括自动频率校准（Adjust Frequency Calibration，AFC）、自动接收功率/接收增益校准（AGC）、自动发射功率校准（APC）。综合测试需要综合考虑测试效率和成本，基本涵盖 3GPP 协议中规定的单台综测仪能够完成的射频一致性测试用例。

9.8　NB-IoT 终端认证测试

NB-IoT 物联网终端的测试，从 NB-IoT 芯片开发测试开始，经历芯片开发板阶段、芯片参考设计阶段、模组设计阶段，到达最终的终端产品阶段和完整组网运行阶段，完成第一个从设计和研发到生产和应用的大循环。在顺利的正式运行起来以后，进入运行中的维护验证测试阶段。

NB-IoT 物联网终端，具备蜂窝通信功能，同时具备与具体的物联方案业务需求结合的功能，且应满足特定应用领域的适应性需求。物联网还应满足存在着不同形态、用途、功能的物联设备之间相互通信的需求。因此测试的难度和广度都有很大的提升。

1. 国内进网认证

国内进网认证是指中国电信设备进网认证。依据《中华人民共和国电信条例》的规定，国家对电信终端设备、无线电通信设备和涉及网间互联的设备实行进网许可的制度。接入公用电信网的电信终端设备、无线电通信设备和涉及网间互联的设备，必须符合国家规定的标准并取得中华人民共和国工业和信息化部（以下简称工业和信息化部）颁发的进网许可证。

工业与信息化部根据《中华人民共和国电信条例》下发了《电信设备进网管理办法》

并于 1999 年 1 月 1 日起正式生效。根据该管理办法，对接入公用电信网使用的电信终端设备、无线电通信设备和涉及网间互联的电信设备实行进网许可制度。实行进网许可制度的电信设备必须获得工业和信息化部颁发的进网许可证；未获得进网许可证的，不得接入公用电信网使用和在国内销售。工业与信息化部电信管理局负责电信设备的审查和批准，并颁发电信设备进网许可证。地方电信管理部门负责对各地区电信设备的进网工作进行监督和管理。

《中华人民共和国电信条例》规定的进网认证设备中电信终端设备是指连接在公用电信网末端，为用户提供发送和接收信息功能的电信设备；无线电通信设备是指连接在公用电信网上，以无线电为通信手段的电信设备；涉及网间互联的设备是指涉及不同电信业务经营者的网络之间或不同电信业务的网络之间互联互通的电信设备。移动智能终端设备的特性符合《中华人民共和国电信条例》中对进网认证设备的要求，因此在接入国内公用电信网使用和在国内销售时，应通过国内进网认证。

2. 国内型号核准

无线电发射设备型号核准是指在无线电发射设备投入使用前的研制、生产、进口、购置等环节，对其频谱参数技术指标依法进行技术管理的制度。《中华人民共和国无线电管理条例》规定，研制、生产和进口无线电发射设备的工作频率和频段应当符合国家有关无线电管理的规定，并报无线电管理机构核准或备案。

型号核准的主要内容是对无线电发射设备工作的频率、频段、发射功率、频率容限、占用带宽（或发射信号的频谱特性）、带外发射及杂散发射等频谱参数进行核定。这些频谱参数直接关系到有限的频谱资源能否得到科学利用、空中电波秩序能否得到有效维护、无线电安全能否得到有力保障。

根据《无线电设备发射特性核准检测机构认定办法》中规定的检验机构认定条件和工作流程，国家无线电检测中心（the State Radio Testing Center，SRTC）自 1996 年开始被授权为无线电发射设备型号核准检测机构，依法向社会提供检测服务。

3. 国内强制性认证

中国强制认证（China Compulsory Certification，CCC）是国家认证认可监督管理委员会根据《强制性产品认证管理规定》（中华人民共和国国家质量监督检验检疫总局令第117号）制定的，是中国强制性产品认证制度的简称。

强制性产品认证制度，是中国政府为保护国家安全、防止欺诈行为、保护人体健康或安全、保护动植物生命或健康、保护环境，依照法律法规实施的一种产品合格评定制度。它要求列入《目录》的产品，通过实施强制性产品认证程序得到检测和审核，以符合国家标准和技术法规；没有获得指定认证机构的认证证书、没有按规定加施认证标志的产品，一律不得进口、不得出厂销售和在经营服务场所使用。

4. 国外强制认证

为了规范本国流通使用的产品，提高产品质量，世界各国都根据自己的特点建立了适合本国的强制性认证要求和流程。经过多年的发展，基本形成了两大主流认证（欧洲 CE 认证、美国 FCC 认证）及若干国家认证（德国 VDE 认证、加拿大 CSA 认证、日本 JIS 认证等）的形势。

（1）欧洲 CE 认证

CE 标志是欧洲联盟对产品提出的一种强制性安全标志。根据欧洲联盟理事会 1985 年 5 月 7 日《关于技术协调与标准新方法决议》（85/C 136/06）、欧洲联盟理事会《关于合格评定全球方法决议》（90/C 10/01）和欧洲联盟理事会 1993 年 7 月 22 日《关于技术协调指令的不同阶段合格评定程序模式及加贴和使用 CE 合格标志规则的决定》（93/465/EEC）的规定，所有相关指令覆盖的产品在投入欧洲联盟市场前，必须符合相关指令的基本要求、经过通过合适的合格评定程序评定并加贴 CE 认证标志。

只有符合欧洲的健康、安全与环境保护相关法律规定并贴有 CE 标记的设备，才能在市场上销售；如果缺少 CE 标记，欧洲联盟的海关、执法与监督机关可以依法将该产品没收。这种 CE 认证主要应用针对使用无线频谱的设备，以及所有连接到公共电信网络的设备。虽然欧洲联盟内部每个国家都有自己对于电信设备的监管体系，但在欧洲市场流通的电信设备必须首先要通过 CE 认证，CE 认证主要监测测试内容包括常规射频测试、电磁兼容性（Electro Magnetic Compatibility，EMC）、安全测试、人体比吸收率（Specific Absorption Rate，SAR）测试。

（2）美国 FCC 认证

美国政府虽然没有立法强制认证，但他们充分利用第三方权威认证机构及认证体系，开展对涉及安全、卫生、环保的产品认证，其中的 UL 认证就是最有代表性的一个。UL 是美国保险商实验室有限公司的认证标志，认证产品范围包括电器、防火设备、防盗和信号装置等众多产品。虽然美国联邦政府并未要求产品一定要达到 UL 标准，但美国联邦政府在调查安全案时用 UL 规定的标准进行检验，美国消费品安全委员会在裁决产品是否安全时，UL 的测试结果是他们的主要依据。

FCC 是美国政府的一个独立机构，直接对国会负责。FCC 通过控制无线电广播、电视、电信、卫星和电缆来协调国内和国际的通信。许多无线电应用产品、通信产品和数字产品要进入美国市场，都要求实施 FCC 认证。

（3）日本认证

日本通产省管理认证产品占全国认证产品总数的 90% 左右，其实行强制性和自愿性两类产品认证制度。强制性认证制度以法律的形式颁布执行，其认证产品主要有消费品、电器产品、液化石油器具和煤气用具等。

日本于 2001 年 4 月 1 日开始实施《电气用品安全法》采用 PSE 标志。将电气产品分为特定电气用品和特定电气用品以外的电气产品两类。特定电气用品包括软电线、温度熔丝等产品，特定电气用品以外的电气产品包括电热拖鞋、电冰箱、超声波加湿器等产品。

日本实施的《工业标准化法》采用了《日本工业规格 JIS》和《JIS 标记制度》，凡列入 JIS 规格的产品，必须有 JIS 标志。要得到 JIS 标志，必须由日本政府或政府指定的行业协会或专业团体对工厂的技术条件、生产条件审查，符合要求后才可批准使用 JIS 标志。目前，JIS 体系涉及机械、电器、汽车、铁路、船舶、冶金、化工、纺织、矿山、医疗器械等几十个行业。

9.9　通信一致性测试

在 UE 商用之前，一致性测试是终端通信功能非常重要的一项测试。根据通信国际标准，各种移动通信协议标准，都明确的定义了不同技术制式终端设备的物理层原理，技术指标，即射频指标（又称最小性能指标），以及在各种通信状态下通信终端和网络的行为和反应，即协议标准（又称信令标准）。通信终端产品应严格按照标准来设计、开发、制造编程和测试验证，才能够保障通信行为的正常进行。对被测样机进行射频、协议等方面的标准符合性验证，就是通信一致性测试，检查终端通信行为是否和标准规定的一致。通过一致性测试，通信终端产品可以发现自身表象和潜在的通信功能性能故障，并予以纠正和改善。通过了一致性测试的终端，可以理解为其设计研发制造已经达到了作为最基本通信能力的终端的要求。

NB-IoT 的一致性测试规范由 3GPP 维护，包括了 RF、无线资源管理（Radio Resource Management，RRM）、协议（Protocol）、机卡接口（UICC/USIM）、音频（Acoustic）这些方面。

一致性测试对温湿度、电压的要求可见每个测试用例的具体测试要求。一致性测试采用被测终端与系统模拟器通过射频线缆互联的测试方式，根据具体测试点不同，适当增加频谱仪、信道模拟器、干扰信号发生器等仪器设备以满足监测和测试条件的要求。

9.10　环境适应性测试

物联网终端的安全性和可靠性是保证物联网快速发展的根本，测试规定如下：

- 环境试验包括气候环境（高低温、湿热、温度循环、冷热冲击、温度快速变化、盐雾、防尘、淋雨、插拔寿命测试）和力学环境（振动、冲击、碰撞、跌落）试验。
- 可靠性试验包括可靠性试验、可靠性评估、可靠性验证。

- 电气安全依据 GB 4943.1—2011 进行安全评估。
- 能耗是测试各种状态下的能耗和续航时间。
- 材料方面是 ROHS 六种有害物质含量、废弃产品的回收处理方案建议。

环境和可靠性的测试方法见 YD/T 1539—2006《移动通信手持机可靠性技术要求和测试方法》的规定。

9.11　EMC 测试

EMC 测试是指设备或系统在其电磁环境中符合要求运行并不对其环境中的任何设备产生无法忍受的电磁干扰的能力。EMC 设计与 EMC 测试是相辅相成的。EMC 设计的好坏是要通过 EMC 测试来衡量的。只有在产品的 EMC 设计和研制的全过程中，进行 EMC 的相容性预测和评估，才能及早发现可能存在的电磁干扰，并采取必要的抑制和防护措施，从而确保系统的电磁兼容性。否则，当产品定型或系统建成后再发现不兼容的问题，需在人力、物力上花很大的代价去修改设计或采用补救的措施。这些措施往往难以彻底的解决问题，而给系统的使用带来许多麻烦。

NB-IoT 模式下的电磁兼容测试方法见 YD/T 2583.14—2013《蜂窝式移动通信设备电磁兼容性要求和测量方法　第 14 部分：LTE 用户设备及其辅助设备》。

比吸收率是指单位时间内单位质量的物质吸收的电磁吸收辐射能量，各类型 UE 应根据各工作状态进行比吸收率的测试，测试方法见 YD/T 1644.1—2007《手持和身体佩戴使用的无线通信设备对人体的电磁照射——人体模型、仪器和规程　第 1 部分：靠近身边使用的手持式无线通信设备的 SAR 评估规程（频率范围 300MHz～3GHz）》和 YD/T 1644.2—2011《手持和身体佩戴使用的无线通信设备对人体的电磁照射　人体模型、仪器和规程　第 2 部分：靠近身体使用的无线通信设备的比吸收率（SAR）评估规程（频率范围 30MHz～6GHz）》。

小结

一款成熟的 NB-IoT 商用系统，必须经过详细和严格的测试才能投入市场。不管是实验网络还是商用网络，不管是芯片、模块还是终端，都需要一系列的白盒测试、黑盒测试、系统测试、一致性测试、强制认证测试等环节，才能保证投放市场的是经得起考验的产品和系统。

第6篇 NB-IoT 版本演进

3GPP 蜂窝通信的魅力表现在长期持续性的演进，目的是符合业务发展的需求，并提前进行技术论证和业务规划，最终冻结成不同阶段的版本，促进产业链进行可落地的产品开发和应用部署。也许，Rel-13 版本的快速冻结给物联网产业链提供了一道曙光，但为了不同业务需求的迭代，今后将持续有一系列的版本演进过程。

第10章 NB-IoT 标准体系与规范

10.1 NB-IoT Rel-13 版本标准体系

3GPP 的协议规范有固定的编号方式，NB-IoT 系列规范主要集中在 36 系列。其中，36 系列的 TS 36.1**系列为射频相关规范，TS 36.2**系列为物理层相关规范，TS 36.3** 系列为 Uu 接口高层系列规范，TS 36.4**系列为各个接入网网元接口规范，TS 36.5**系列为终端一致性测试规范。

下面分别对相应协议的范围和内容进行介绍。物理层系列规范为 TS 36.2**系列，具体内容如表 10.1 所示。

表 10.1 物理层系列规范

协议编号	协议名称	协议简介
TS 36.201	LTE Physical layer General description 物理层总体描述	TS 36.201 协议是物理层协议的总体描述，主要包括物理层在协议结构中的位置和功能，包括物理层 4 个规范 TS 36.211、TS 36.212、TS 36.213、TS 36.214 的主要内容和相互关系等
TS 36.211	Physical Channels and modulation 物理信道和调制	TS 36.211 协议主要描述物理层信道和调制方式，主要包括物理资源的定义和结构，物理信号的产生方式，上下行物理层信道的定义、结构、帧格式，参考符号的定义和结构，下行 OFDM 和上行 SC-FDMA 调制方法描述，预编码设计、定时关系和物理资源映射等
TS 36.212	Multiplexing and Channel coding 复用和信道编码	TS 36.212 协议主要描述传输信道和控制信道数据的编码，主要包括复用技术、信道编码方案、层 1 和层 2 控制信息的编码、交织和速率匹配过程等
TS 36.213	Physical layer procedures 物理层过程	TS 36.213 协议主要描述物理层过程的特性，主要包括同步过程、功率控制过程、随机接入过程、物理层下行共享信道相关过程、物理层上行共享信道相关过程、物理层共享控制信道过程等
TS 36.214	Physical layer Measurements 物理层测量	TS 36.214 协议主要描述物理层测量的特性，主要包括 UE 和 E-UTRAN 中物理层测量、向高层和网络层报告测量结果、切换测量、空闲状态测量等

Uu 接口高层系列规范为 TS 36.3**系列，具体内容如表 10.2 所示。

表 10.2　Uu 接口高层系列规范

协议编号	协议名称	协议简介
TS 36.300	Overall description 总体描述	TS 36.300 协议是 E-UTRAN 无线接口协议框架的总体描述，主要包括 E-UTRAN 协议框架、E-UTRAN 各功能实体划分、无线接口协议栈、物理层框架描述、空口高层协议栈框架描述、RRC 服务和功能、HARQ 功能、移动性管理、随机接入过程、调度、QoS、安全、MBMS、RRM、S1 接口、X2 接口等
TS 36.302	Services provided by the Physical layer 物理层提供的业务	TS 36.302 协议主要描述物理层给高层提供的功能，主要包括物联网的服务和功能、共享信道、广播信道、寻呼信道的物理层模型、物理信道传输组合等
TS 36.304	User Equipment procedures in idle mode 空闲状态下的用户终端过程	TS 36.304 协议主要描述 UE 空闲状态下的过程，主要包括空闲状态下的功能和空闲状态下的 PLMN 选择、小区选择和重选、小区注册和接入限制，广播信息接收和寻呼等
TS 36.306	User Equipment radio access capabilities UE 无线接入能力	TS 36.306 协议主要描述 UE 的无线接入能力，包括 UE 等级划分方式、UE 各个参数的能力定义等
TS 36.321	Medium Access Control protocol specification MAC 子层协议规范	TS 36.321 协议主要描述 MAC 子层的协议功能，主要包括 MAC 子层框架、MAC 子层实体功能、MAC 过程、MAC PDU 格式和定义、RLC 子层 ARQ 功能等
TS 36.322	Radio Link Control protocol specification RLC 子层协议规范	TS 36.322 协议主要描述 RLC 子层的协议功能，主要包括 RLC 子层框架、RLC 实体功能、MAC 过程、RLC PDU 格式和定义等
TS 36.323	Packet Data Convergence protocol specification PDCP 子层协议规范	TS 36.323 协议主要描述 PDCP 子层的协议功能，主要包括 PDCP 子层框架、PDCP 结构和实体、PDCP 过程、PDCP PDU 格式和参数等
TS 36.331	Radio Resource Control protocol specification RRC 子层协议规范	TS 36.331 协议主要描述 RRC 子层的协议功能，主要包括 RRC 子层框架、RRC 对上下层提供的服务、RRC 测量、RRC 消息和参数等

接入网网元接口系列规范为 TS 36.4**系列，具体内容如表 10.3 所示。

表 10.3　接入网网元接口系列规范

协议编号	协议名称	协议简介
TS 36.413	S1 application protocol S1-AP 协议	TS 36.413 协议主要描述 S1 应用协议，是 S1 接口最主要的协议，主要包括 S1 接口信令过程、S1-AP 功能、S1-AP 过程、S1-AP 消息等
TS 36.423	X2 application protocol X2-AP 协议	TS 36.423 协议主要描述 X2 应用协议，是 X2 接口最主要的协议，主要包括 X2 接口信令过程、X2-AP 功能、X2-AP 过程、X2-AP 消息等

射频系列规范为 TS 36.1**系列，具体内容如表 10.4 所示。

表 10.4　射频系列规范

协议编号	协议名称	协议简介
TS 36.101	User Equipment radio transmission and reception UE 无线电发射和接收	TS 36.101 协议主要描述 E-UTRAN 终端的支持频段、最小射频特性要求、最小性能要求。发射机要求主要包括发射功率、输出功率动态范围、发射信号质量要求、输出射频频谱辐射和发射互调。接收机要求主要包括接收机灵敏度、阻塞等。性能要求部分规定了各种物理信道的解调性能要求和 CSI 反馈性能要求等

协议编号	协议名称	协议简介
TS 36.104	Base Station radio transmission and reception 基站无线电发射和接收	TS 36.104 协议主要描述 E-UTRAN 基站的支持频段、最小射频特性要求和最小性能要求，其中射频特性部分包括发射机要求和接收机要求两个部分，包括质量要求、频谱辐射、灵敏度、阻塞等。性能要求部分规定了各种物理信道的解调性能要求等
TS 36.141	Base Station conformance testing 基站一致性测试	TS 36.141 协议主要描述了 E-UTRAN 基站的射频测试方法和一致性要求，详细描述了测试方法、过程、环境和一致性要求等
TS 36.133	Requirements for support of radio resource management 无线电资源管理支持的要求	TS 36.133 协议主要描述了 E-UTRAN 系统中为了支持 RRM 功能的要求，既包括系统也包括终端，主要是时延和响应特性方面的动态行为，有小区重选要求、各系统间切换、RRC 重建、随机接入、测量性能等

业务层系列规范为 TS 24.***，具体内容如表 10.5 所示。

表 10.5　业务层系列规范

协议编号	协议名称	协议简介
TS 24.301	Non-Access-Stratum protocol for Evolved Packet System EPS 系统的 NAS 层	TS 24.301 协议主要描述了 NAS 层，NAS 层是 UE 和 MME 之间无线接口的控制面的最高层
TS 24.008	Mobile radio interface Layer 3 specification；Core network protocols 移动无线接口层 3 规范，核心网协议	TS 24.008 协议主要描述了无线接口的核心网协议过程

终端一致性测试系列规范为 TS 36.5**，具体内容如表 10.6 所示。

表 10.6　终端一致性测试系列规范

协议编号	协议名称	协议简介
TS 36.508	Common test environments for User Equipment conformance testing 终端一致性测试的公共测试环境	TS 36.508 主要描述终端一致性测试中的公共参数配置，包括小区频段、RRC/NAS 消息默认参数及基本测试流程
TS 36.509	Special conformance testing functions for User Equipment 终端的专用一致性测试功能	TS 36.509 主要描述 RF、RRM 及协议一致性测试中控制测试数据回环的功能
TS 36.521-1	User Equipment conformance specification Radio transmission and reception Part 1：Conformance Testing 终端一致性规范无线传输与接收　第一部分：一致性测试	TS 36.521-1 主要描述终端一致性测试中 RF 一致性相关测试，包含发射机特性、接收机特性、解调特性等性能指标测试
TS 36.521-2	User Equipment conformance specification Radio transmission and reception Part 2：Implementation Conformance Statement 终端一致性规范无线传输与接收　第二部分：实现一致性声明	TS 36.521-2 主要描述终端一致性测试中 RF/RRM 的应用一致性说明，针对每个测试例定义需要的终端测试能力
TS 36.521-3	User Equipment conformance specification Radio transmission and reception Part 3：Radio Resource Management conformance testing 终端一致性规范无线传输与接收　第三部分：无线资源管理一致性测试	TS 36.521-3 主要描述终端一致性测试中的无线资源管理功能，包含 IDLE 下移动性、重建立以及无线链路监测等性能测试
TS 36.523-1	User Equipment conformance specification Part 1：Protocol conformance specification 终端一致性规范　第一部分：协议一致性规范	TS 36.523-1 主要描述协议一致性测试规范的测试例，包含 IDLE、Layer2、RRC、NAS 等功能一致性测试

协议编号	协议名称	协议简介
TS 36.523-2	User Equipment conformance specification Part 2：Implementation Conformance Statement proforma specification 终端一致性规范 第二部分：实现一致性声明形式规范	TS 36.523-2 主要描述终端一致性测试中协议测试的应用一致性说明，针对每个测试用例定义需要的终端测试能力
TS 36.523-3	User Equipment conformance specification Part 3：Abstract Test Suites 终端一致性规范 第三部分：抽象测试套	TS 36.523-3 主要描述协议一致性测试中抽象测试套和测试套的测试模型、接口设计及一般性的测试原则

10.2　NB-IoT Rel-14 版本增强

　　NB-IoT 不再有 QoS 的概念，这是因为现阶段的 NB-IoT 并不打算传输时延敏感的数据包。为了应对更多的物联网使用场景，2016 年 6 月，3GPP 72 号会议批准了 Rel-14 NB-IoT 工作组，计划于 2017 年 9 月份之前实现 eNB-IoT（Enhancement of NB-IoT，增强版的 NB-IoT）。

　　在 Rel-14 的版本中，eNB-IoT 的功能增强主要如下：定位增强、多载波增强、多播传输增强、移动性增强、蜂窝物联网增强。

　　此外，为了降低时延和功耗，定义了新的 UE 类别增大了 TBS 并且引入了 2HARQ 进程。此外，为了小尺寸的电池，引入了新的功率等级（Power Class）。

10.2.1　NB-IoT 定位增强

　　NB-IoT 虽然非常适合固定节点的物联网终端设备应用场景，但在智慧物流和独立可穿戴设备的应用场景中，用户会关注智能终端的定位能力。

　　Rel-13 NB-IoT 不支持基站定位，Rel-13 定义的下行公共信号或信道是无法满足在边缘覆盖时的约 50m 定位精度要求的。Rel-14 计划做定位增强，支持增强版的小区标志（Enhanced Cell ID，E-CID）、上行到达时间差（Uplink Time Difference of Arrival，UTDOA）或观察到达时间差（Observed Time Difference of Arrival，OTDOA）。

　　E-CID 是 Rel-8 LTE 版本中存在的定位技术，主要使用蜂窝系统基站侧的信息和 UE 的辅助测量来实现，定位精度不高但实现简单。UTDOA 和 OTDOA 是基于到达时间测量的定位技术，时间测量信号使用蜂窝系统的自有信号。UTDOA 需要在多个基站测量 UE 的上行信号来实现定位，OTDOA 通过 UE 测量多个基站的下行信号来实现定位。

　　如果从 UE 复杂度角度考虑，UTDOA 更好，因为对其 UE 几乎没有影响，并且在覆盖增强情况下（地下室 164dB），UTDOA（上行）功耗更低；如果大部分场景不需要覆盖增强，从网络容量角度来看，OTDOA（下行）会更好。

为了提高精度，OTDOA 引入新的参考信号 NPRS。其导频图样重用 LTE 系统的 PRS，对于独立部署或保护带部署，填补了前三个符号的位置，以及 LTE 系统 CRS 碰撞的位置。

独立部署或保护带部署的 NPRS 导频图样如图 10.1 所示。

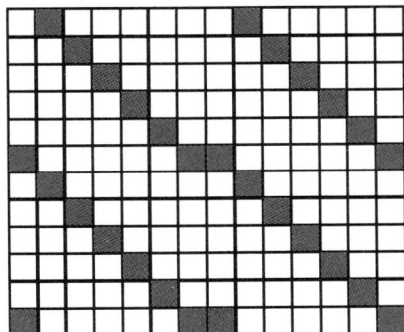

图 10.1

独立部署或保护带部署的 NPRS 导频图样

每个载波进行 NPRS 的配置，由以下两部分组成：

- Part A，通过 10bit 或 40bit 的位图（Bitmap）配置一个 NPRS 周期内的 NPRS 子帧。
- Part B，配置 NPRS 的周期，一个周期内 NPRS 子帧数，NPRS 周期的起始子帧偏移。

如果两个配置同时出现，那么只有在两种配置均指示 NPRS 存在才认为 NPRS 存在。如果仅 Part B 存在，那么当出现 NPRS 和 NRS 碰撞时，对第 5、6 个会传输 NRS 的整个 OFDM 符号进行打孔，因为 NRS 可能会存在功率增强（Power Boosting），因此即使 NRS 与 NPRS 并没有在同一个资源粒子上传输，也需要对 NRS 出现的 NPRS 的整个 OFDM 符号进行打孔。NPRS 的 muting 同样通过 Part A 和 Part B 来配置，支持 2、4、8、16bit 位串。

对于带内部署，NB-IoT UE 可以接受 LTE 系统 PRS 的信息，因此 NB-IoT UE 可以利用 LTE 系统 PRS 提高定位精度。此外，为了降低 UE 复杂度，在进行 RSTD 测量的时候，UE 无须接受与定位无关的任何下行信号和发送任何上行信号。

带内部署的 NPRS 导频图样如图 10.2 所示。

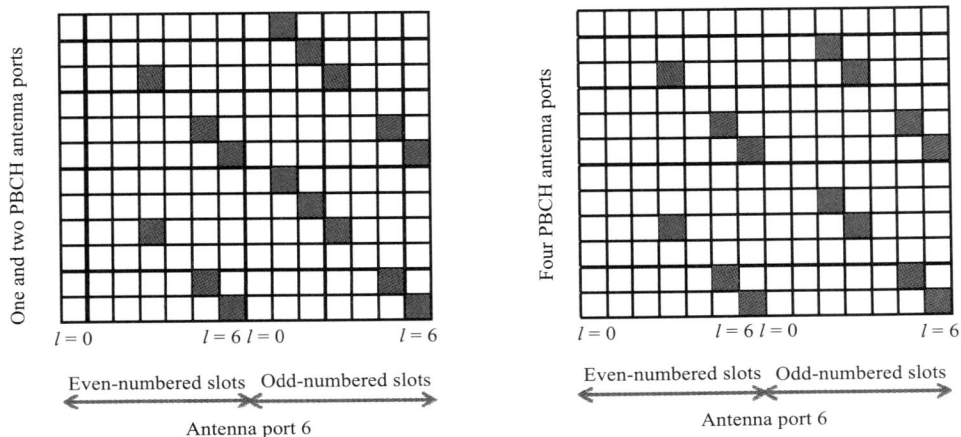

图 10.2

带内部署的 NPRS 导频图样

10.2.2　NB-IoT 多载波增强

Rel-13 NB-IoT 不支持多载波，但在初期讨论过这个问题。如果部署多个 NB-IoT 载波，各载波之间通过一定的协作管理来提升整体部署的容量和性能。

Rel-14 NB-IoT 将研究 NPRACH 和寻呼信号在非锚点载波上的传输。

为了更好地支持海量链接，Rel-14 版本的 eNB-IoT 对与非锚点的载波操作进行了增强，分为对寻呼信道的增强及对随机接入的增强，最多支持 16 个载波，通过新的 SIB 来配置。

Rel-14 版本的 eNB-IoT 支持非锚点的寻呼，其中，不同载波上可以配置不同的 NPDCCH 重复次数，但是其 DRX 周期（默认的寻呼周期）是相同的。此外，其还支持非均匀的寻呼负载分布，即在不同的寻呼载波上引入权重，因此基站及 UE 通过公式计算获得属于用户的一个载波；可以利用专属的下行载波配置信令（DL-CarrierConfig Dedicated-NB-r13）进行下行非锚点载波配置，达到基站可控的负载均衡效果。

对于随机接入过程，基站会配置对于所有载波通用的随机接入过程配置（RACH configuration），而上行载波或下行载波可以通过信令配置，其中，不同的 NPRACH 资源（上行非锚点载波）可能与同一个下行载波对应。而对于 UE 而言，仍旧采用锚点载波的 RSRP 测量结果进行 NPRACH 的覆盖等级选择。对于从 NPDCCH 出发的 NPRACH，在 DCI 中引入额外的域指示 NPRACH 载波信息。

总体而言，由于物联网非频繁小包传输的特征，相对于 Rel-13 仅能在 Msg4 配置非锚点操作，Rel-14 的非锚点载波操作增强可以从 PRACH 开始将 UE 分散到多个载波上，极大程度优化了非锚点载波的作用。从系统层面上看，Rel-14 可以更加灵活地聚合多个载波，为组网提供更灵活有效的部署。

10.2.3　NB-IoT 多播传输增强

Rel-13 NB-IoT 不支持多播，Rel-14 NB-IoT 将支持多播传输增强，以满足物联网 UE 的固件升级、软件升级和组播消息发送等应用场景。

Rel-14 NB-IoT 实现单小区多播（Single-cell Point-to-Multipoint，SC-PTM）增强，其流程基本重用 LTE Rel-13 中的 SC-PTM，重用 NB-SIB20 进行 SC-PTM 的配置，保留 SC-MCCH 和 SC-MTCH 逻辑信道。

从物理层角度，Rel-14 NB-IoT 分别为 SC-MCCH 和 SC-MTCH 新定义 Type1-MSS 和 Type2-MSS，其中 Type1-MSS 和 Type2-MSS 分别 Rel-14 NT-IoT 中的重用 Type1-CSS 和 Type2-CSS。此外，SC-MTCH 用 DCI 指示 3bit 的调度时延，SC-MCCH 采用固定 4ms 时延的方式。不同于 LTE 系统中的 SC-PTM，在用于 SC-MCCH 和 SC-MTCH 的 DCI 格式中，引入 1bit 来进行 SC-MCCH 的修改通知（Change Notification），以及在 SC-MTCH 的 DCI 中引入额外 1bit 来指示是否有新的 SC-MTCH 会话的传输。这样的设计可以尽量提高下行资源利用率，并且减少 UE 耗电。

　　此外，由于 NB-IoT UE 能力受限，无法同时支持两个信道的接收，因此 NB-IoT UE 仅支持在 RRC_Idle 空闲状态模式接收 SC-PTM。此外，Rel-14 中寻呼信道的优先级高于 SC-PTM 的优先级。在 NB-IoT UE 进行 NPDSCH 解码时，不要求同时监听 NPDCCH。

　　Rel-14 进一步增大了 TBS，其广播也同样受益于最大为 2356bit 的 TBS。

10.2.4　NB-IoT 移动性增强

　　NB-IoT UE 适合的应用场景主要是固定场合或低速移动应用场景，不支持连接状态下的移动性管理，为了兼顾 NB-IoT 的低复杂度与低成本的需求，在 NB-IoT Rel-13 版本中删除了小区切换的功能。取而代之的是当发生 NB-IoT UE 在不同小区覆盖范围之间切换时，会先进行 RRC 释放，再重新与新基站进行 RRC 连接。

　　Rel-14 NB-IoT 将支持连接状态下的移动性增强，支持约 300 公里/小时的移动速率，以更好地支持 UE 服务的连续性。

10.2.5　更低的时延及功耗

　　Rel-13 NB-IoT 由于定时关系（Timing Relationship）和 NPDCCH 搜索空间的限制，导致下行峰值速率仅为 24.3Kbit/s（带内部署、非锚点载波）和 26.2Kbit/s（保护带部署或独立部署、非锚点载波）。

　　带内部署下非锚点载波 Rel-13 NB-IoT 下行峰值速率示意图如图 10.3 所示。

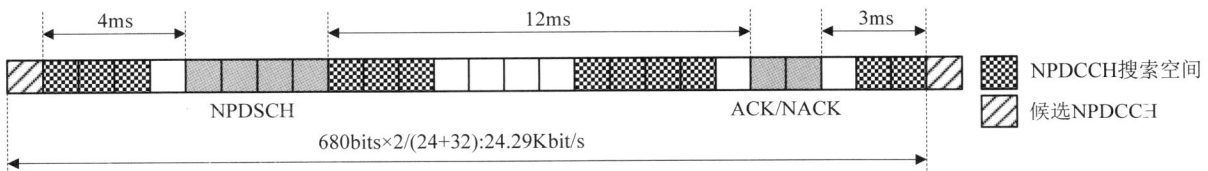

图 10.3　带内部署非锚点载波下行峰值速率示意图

　　保护带部署或独立部署下非锚点载波 Rel-13 NB-IoT 下行峰值速率示意图如图 10.4 所示。

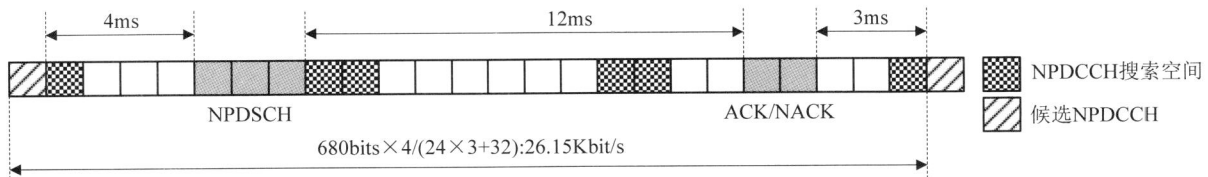

图 10.4　保护带部署或独立部署非锚点载波下行峰值速率示意图

　　由于最少有 4ms 的 NPDCCH 到 NPDSCH 的调度时延，以及最少 12ms 的 HARQ-ACK 反馈时延，Rel-13 NB-IoT 的峰值速率受到了很大的限制。虽然在一定程度上，这种设计减轻了 UE 实现复杂度，但从另外一个角度上来说，如果能够使得 NB-IoT UE 可以尽快完成传输，进入深度睡眠，可以更好地减小延时和降低 UE 功耗。

Rel-14 的 eNB-IoT 定义了更高能力的 UE 类别进一步增加了最大的 TBS 和支持 2HARQ 进程。Rel-14 重用 Rel-13 的定时关系，即保持相同的调度时延和最小 12ms 的 HARQ 反馈时间。不同于 Rel-13，新的 UE 需要可以进行 NPDCCH 盲检直到第一个调度的 NPDSCH 的前 2ms，此外，新的 UE 需要在 1ms 后进行上下行切换，如在发送 ACK/NACK 信息 1ms 后就继续监测 NPDCCH 搜索空间。

Rel-14 NB-IoT 下行峰值速率示意图如图 10.5 所示。

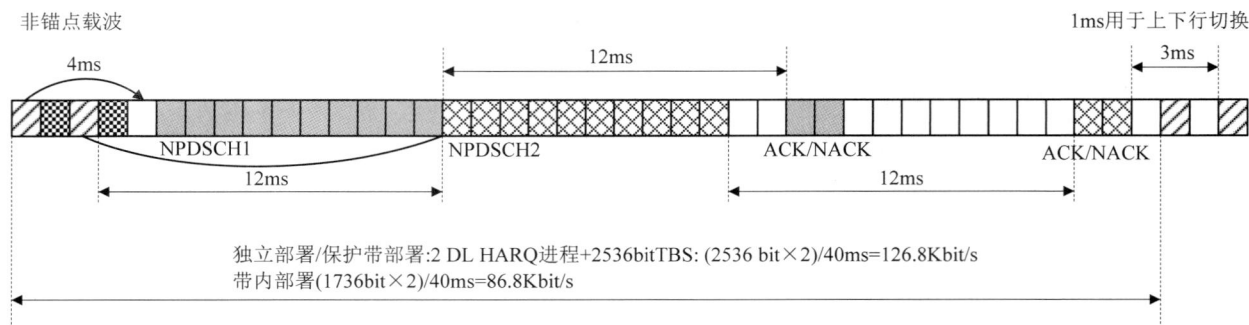

图 10.5　Rel-14 NB-IoT 下行峰值速率示意图

在非锚点载波上，带内部署可以支持 86.8Kbit/s 的下行峰值速率，独立部署和保护带部署可以支持到 126.8Kbit/s 的下行峰值速率。其带内部署的峰值速率主要由于一个 PRB 内可用资源粒子数目限制，仅支持到 MCS=10，无法支持更高的 MCS，而对于独立部署或保护带部署，Rel-14 进一步支持到 MCS=13，即 10 个 PRB 可以传输 2536bit 信息。

类似的，Rel-13 NB-IoT 的上行峰值速率在非锚点载波上为 62.5Kbit/s（1000bit/16ms），而 Rel-14 可以支持到 158.5Kbit/s。从峰值速率角度来看，Rel-14 版本的 NB-IoT 可以达到市场上大部分 2G 芯片可以达到的速率。

10.2.6　蜂窝物联网增强

计划研究的蜂窝物联网增强主要如下：

1）UE 和 SCEF 之间的可靠性传输。

2）NB-IoT 系统中的 MBMS 业务。

3）空闲状态下的移动性增强。

4）CP 模式的位置服务架构。

5）CP 模式的服务质量差异性。

6）CP 模式的核心网过载控制。

10.3　NB-IoT Rel-15 版本增强

在 2017 年 3 月 9 日的 3GPP RAN #75 次会议中，通过了 NB-IoT Rel-15 版本的增强的工作目标（RP-170836）。其主要演进方向包括：

- 支持基于 TDD 的 NB-IoT 部署。
- 进一步降低时延和功耗。降低物理信道功耗的措施包括：研究并标准化对空闲状态、连接状态 DRX 在监听 NPDCCH/解码 NPDSCH 前的新的物理信道或信号。研究并标准化上行/下行半静态调度。支持在 NPRACH 后，建立连接前的上行/下行数据传输。更快的 RRC 链接释放。放松用于小区重选的监听。支持物理层调度请求。在 Rel-14 SC-PTM 的基础上支持 RLC UM。
- 提高终端 RRM 测量精度。
- NPRACH 的可靠性和覆盖范围增强。
- 支持 NB-IoT Small Cell。
- 减小获取系统信息时延。
- 进一步对终端进行分类（UE Differentiation）。
- 接入拒绝的增强（Access Barring Enhancement）。
- Standalone 独立部署模式的增强，一种情况是支持 Standalone 独立部署是锚载波（Anchor Carrier），In-band 带内部署/Guard-band 保护带部署是非锚载波（Non-Anchor Carrier）。另外一种情况是支持 Standalone 独立部署是非锚载波，In-band 带内部署/Guard-band 保护带部署是锚载波。
- PHR（Power Head Room）反馈的增强。

有了 Rel-15 版本的进一步增强，NB-IoT 将支持更灵活的部署（TDD，Small Cell），提供更低的功耗，更短的时延，更好的性能。

10.4　5G 版本演进

3GPP 定义了 3 种重要的 5G 部署场景，即增强宽带移动通信、巨量机器类型通信、超可靠及低时延通信。

MMTC 将是 5G 的重要部署场景，主要涉及：

1）大连接密度，计划保证每平方公里部署 100 万个 UE，需要解决干扰消除、多址、控制优化等一系列问题。

2）终端功率消耗，进一步降低终端的功率消耗，并降低终端的成本。

3）覆盖增强，继续支持 Rel-13 开始支持的覆盖增强。

在 3GPP RAN #74 次会议中，已经同意 NB-IoT 是将来逐步演进到 5G 物联网应用的基础。

3GPP 的 IMT-2020 的自评中，将对 NB-IoT 且/或 LTE 的 eMTC 技术进行 mMTC 需求的评估。换句话说，NB-IoT 已经公认为是 5G mMTC 的一个候选技术。

小结

长期演进的结果就是与时俱进，现有的版本可满足较大规模的物联网部署，持续的功能迭代可以修正现有版本的不足，最终实现符合 LPWAN 市场需求的国际标准技术体系。

NB-IoT 是技术演进和市场竞争的综合产物，由于未来的物联网市场被一致看好，众多厂商在标准制定过程中展开了话语权的激烈争夺，通过 3GPP 可以协商出大家都相对能接受的国际标准。

第 7 篇　NB-IoT 应用领域

　　物联网经过多年的发展，从智能交通、智能安防，到智慧城市的大规模建设，是一个动态演进的过程。对于大多数的企业用户而言，推进物联网项目的主要驱动力是节约成本与提升效率。

　　现如今，物联网技术已经逐步应用到所有的传统行业领域，促进产业之间的相互渗透，激发产业链的功能升级，创新商业模式的重大变化，物联网技术在推动经济结构调整方面发挥着积极的重要作用。

　　NB-IoT 作为低功耗广域网的一项重要技术，具备突出的应用优点。其鲜明的技术特征适合于一些针对性很强的物联网垂直应用领域，例如：

　　智慧城市：智能路灯、智能窨井盖、智能垃圾桶、广告牌监管、文物保护。

　　智能交通：占道停车、场库停车、信号灯控制、公交电子站牌、交通诱导、共享单车。

　　智能表计：智能水表、智能电表、智能燃气表、智能热量表、智能工业表计。

　　智慧水务：智慧河流、立交积水监测、二次供水监测、智能消防栓。

　　可穿戴智能设备：智能血压计、智能药盒、老人儿童定位、宠物监管。

　　智能制造：管道管廊、油田物联网、风力发电、光伏发电、智能变电站、环境监测。

　　智能建筑：电梯物联网、能耗分项计量、中央空调监管、水箱监控、环境报警。

　　智慧物流：冷链物流、智能集装箱锁、贵重物品跟踪、快递物流。

　　智慧商圈：智能 POS 机、自动售货机、智能快递柜。

　　智能安防：智能摄像头、智能报警器、智能门锁、电动自行车防盗、人防工程。

　　智能家居：智能空调、智能冰箱、智能洗衣机、智能新风系统。

　　农业物联网：现代精准农业、温室大棚种植、智能节水灌溉、水产养殖、畜牧业养殖。

第11章 智慧城市

智慧城市（Smart City）就像一团泥，不同的人可以捏出不同的造型。

政府有政府的考虑，企业有企业的判断，从不同的角度出发，对智慧城市的关注点也有所不同。

目前城市发展的热点问题主要集中在十个方面，分别是交通拥堵、就医困难、环境污染、食品安全、就业服务、垃圾处理、公共安全、建筑安全、养老服务、行政服务。这些城市的基础功能都需要进行全面感知、可靠传输和智能处理，通过物联网技术来实现城市的精细化管理和服务质量的提升。

智慧城市（图11.1）的建设离不开物联网、云计算、大数据、互联网、移动互联网等技术的支撑，这些技术的不断发展也在极力地推动着智慧城市的发展。智慧城市具备非常鲜明的地域特性，通过物联网技术因地制宜地优化城市管理，从服务的角度出发，为城市居民提供一个日新月异的宜居城市，这是物联网助力智慧城市建设最大的贡献。

图 11.1
智慧城市

11.1 智慧城市概述

城市是一个庞大的综合体，包含了众多的组成部分，包括市民、政府职能部门、交通、医疗、电力、通信、安防、环保、消防、气象、水务、教育、金融、旅游、工业、物流、能耗、管线、食品安全、城市管理、贸易、建筑、政府、园区、商圈、社区、养老等。城市又是市民的聚居地，是一个不断衍变的生态系统，城市中的公共交通、公共卫生、基础通信、能源消耗、公共安全、社会服务、社区家庭等构成了一系列子系统，而这些子系统之间又形成了一个普遍联系、相互促进、彼此影响的整体。

当下，城市的发展日益受到土地、空间、能源、空气和水等资源短缺的约束，城市人口膨胀、环境保护等问题面临的压力也越来越大。在过去的城市发展过程中，由于科技力量的不足，这些子系统之间的关系无法为城市发展提供整合的信息支持。

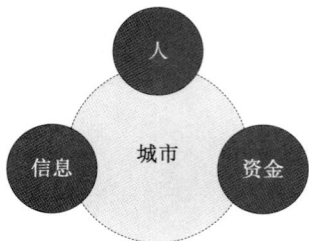

图 11.2
城市三要素

人、信息和资金是城市的三个基本要素，如图 11.2 所示。在城市里，伴随着人员流动、信息流动和资金流动，几个流动的要素组合在一起，就会让城市充满活力、充满想象。这三种流动性的交互作用，给城市管理和政府管理带来了极大的挑战。

人口流动具备聚和散的属性，如过去在深圳，春节期间就像个空城，而春节过后则会有源源不断涌入的人口。人口流动给城市带来了充足的人力资源，但同时也给社会治安带来了极大的挑战。

信息流动具备预期的属性，畅通的信息渠道是时代的必需品，同时政府又需要舆情分析和正确导向，确保社会的稳定。

在资本方面，资金流动具备杠杆的属性。有序的资金流动会给社会发展带来充足的资金支持，无序的资金流动将会给城市带来资产泡沫风险。要应对挑战，人们应从政府与城市自我能力的提高做起，这就是所谓的城市核心竞争力。

城市核心竞争力在于它所能提供的服务水平和环境支持，其中，服务水平事关政府的核心能力。服务和监管是城市并不矛盾的两个功能，双方相互依存，前台表现为服务，后台基于服务互动数据提供监管。城市自我能力的提高依赖于组织、人员、流程和技术，其建设需要建立在长期的公共服务运行实践当中。

未来，借助新一代的物联网、云计算、大数据、互联网、移动互联网等信息技术，通过智能化的感知方式，将城市中的物理基础设施、信息基础设施、社会基础设施和商业基础设施连接起来，成为新一代的智慧化基础设施，使城市中各领域、各子系统之间的关系显现出来，这就好像是城市的神经系统，使之成为可以指挥决策、实时反应、协调运作的系统。

11.1.1 智慧城市的概念

智慧城市是运用物联网技术手段对城市运行的关键部件进行全面感知、可靠传输和智能处理，从而针对城市需求做出智能响应，为市民创造出更美好的生活，促进城市的可持续发展的城市系统。

当前，智慧城市的热潮在很大程度上缘于政府的推动，智慧城市的建设正成为全球城市之间竞争的基础条件之一，是保持城市竞争力的重要手段。

智慧城市是不断发展的理念，物联网能使城市由"数字化"变成"智慧化"。人们通过物联网、云计算、大数据、互联网、移动互联网等技术的支撑，将更加广泛深入地推进基础性与应用型信息系统开发建设和各类信息资源的开发利用。

智慧城市以城乡一体化发展、城市可持续发展、民生核心需求为关注点，将先进信息技术和先进的城市经营服务理念进行有效融合，通过对城市的地理、资源、环境、经济、社会等系统进行网格化管理，对城市基础设施、基础环境、生产生活相关产业和设施的多方位数字化、信息化进行实时处理和利用，构建政府、企业、市民三大主体的交互、共享平台，为城市治理和运营提供更简捷、高效、灵活的决策支持和行动工具，为城市公共管理和服务提供更便捷、高效、灵活的创新应用和服务模式。

11.1.2 智慧城市的特征

智慧城市是人的智慧与信息通信技术紧密结合的产物，是信息化向更高阶段发展的表现。因此，它的重要特征主要体现在智慧城市具有更强的集中发现问题、解决问题的能力。具体来说，智慧城市有如下几个特征：

（1）更深入的智慧化

智慧城市拥有海量的信息资源，通过在城市重要基础设施和公共环境中部署的传感系统，以及分布在城市各区域的个人、组织、政府信息系统等，实现城市海量信息的实时收集与存储。

（2）更全面的互联互通

智慧城市通过无线网络、宽带网络等技术手段帮助用户从全局的角度分析并实时解决问题，使多方远程协作成为可能，从而彻底改变城市管理和运作的方式。

（3）更有效的交换共享

智慧城市通过管理体制的创新，构建身份认证、结算清分、信用评估等技术平台的体系，促进海量数据的流转、交换、共享、比对，为应用提供良好的协同工作环境。智慧城市通过数据的交换共享将极大推动城市治理运营的良性循环，实现主动发现问题，达到功能自动协调，最终及时处理问题。

（4）更协作的关联应用

在互联互通网络、数据交换和共享的基础上，智慧城市以政府、市民、企业的互动为核心构建公共管理和服务平台，可以为用户提供一站式的协同服务，从而为城市管理和运营提供更智能的决策支持系统，实现管理服务的创新。

11.1.3 智慧城市公共服务的运行体系

智慧城市公共服务的运行体系是围绕着基础设施、城市环境和政府服务来展开的，纵向、横向相互交织，如图 11.3 所示。

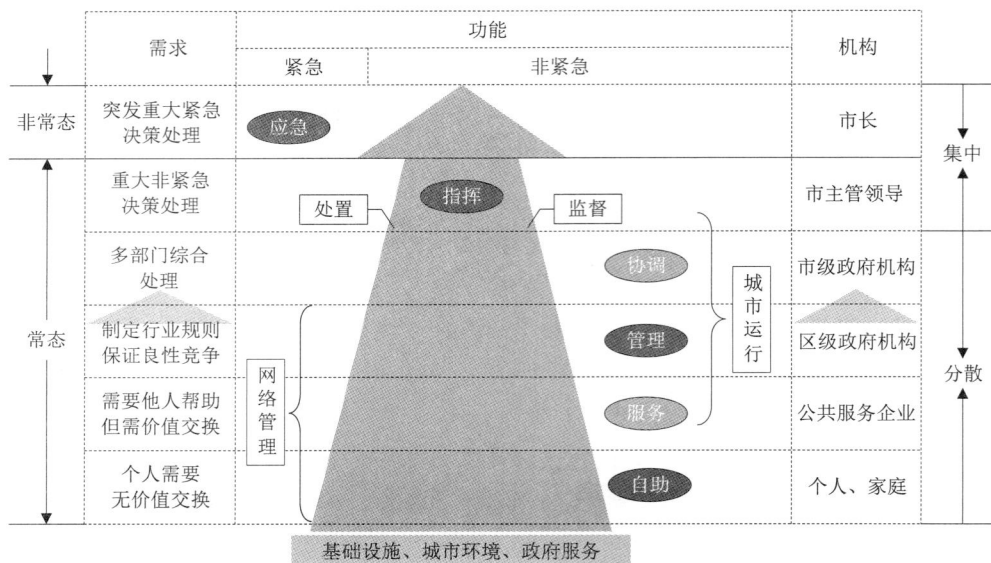

图 11.3
智慧城市公共服务的运行体系

图 11.3 的左侧部分从需求的角度进行区分，智慧城市公共服务的运行体系分为常态事件和非常态事件。突发性的重大紧急事件是非常态的，需要市长一级的领导进行应急指挥。常态事件则包括重大的非紧急事件、多部门联合办公、行业规则制定等。

图 11.3 的中间部分是从功能来进行区分的，智慧城市公共服务的运行体系分为紧急事件和非紧急事件。对于城市运行需要的指挥、监督、协调、管理、服务或自行处理的，都会根据不同的政府机构实现城市运行和网络管理。

图 11.3 的右侧部分是从机构处置来进行区分的，智慧城市公共服务的运行体系分为集中处理和分散处理。以应急事件为例，对于市长来说，是紧急的、非常态的、需要集中处理的；而对于个人来说，大多数属于自助服务，属于非紧急的、常态的、分散的事件。

11.1.4　智慧城市公共服务的新模式

现在的政府正在从审批式的模式向服务型的模式演变。智慧城市公共服务的新模式如图 11.4 所示。

智慧城市公共服务的新模式把一个城市分成四个主体，分别是管理主体、公共主体、责任主体和评价主体，包含规划、监管、运营、服务、协同、公示等多种模式，它们之间相互交织、相互支撑，同时也相互制约。

对于由职能部门组成的管理主体来说，依然存在着上下级的关系，但将行业管理简化为规划、特许和监管，少了很多直接的干预。

对于由企业和专业部门组成的责任主体来说，它向管理主体进行上报、反馈及寻求协同处理。

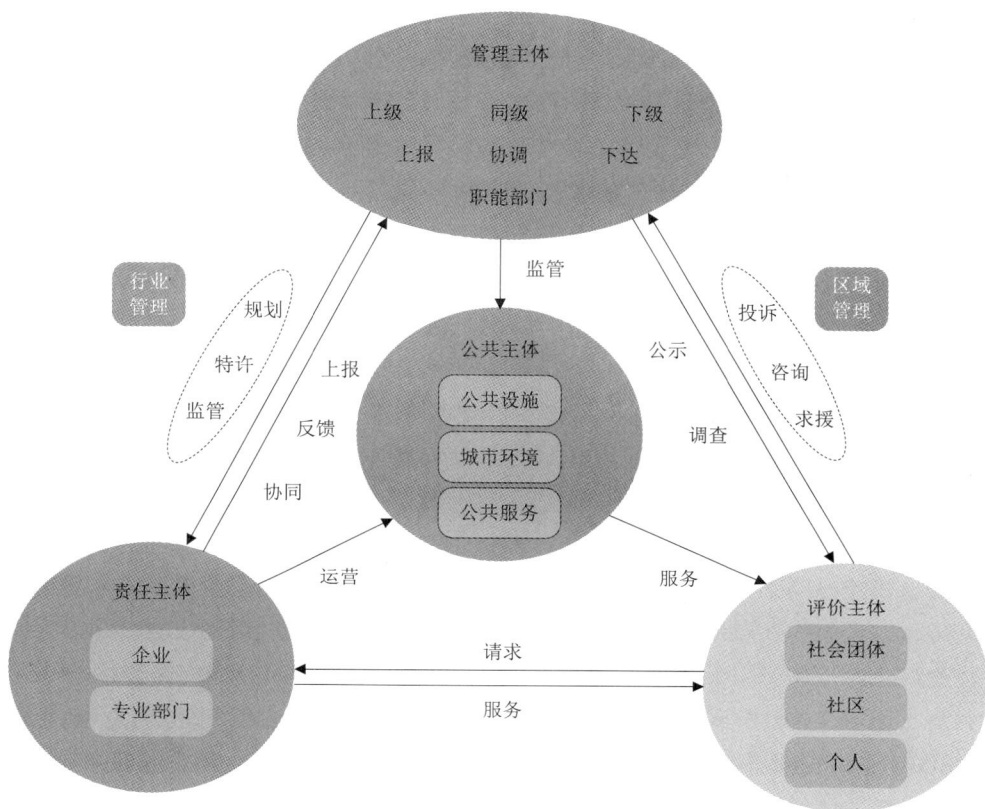

图 11.4
智慧城市公共
服务的新模式

　　评价主体由社会团体、社区和个人组成，可以向管理主体进行投诉、咨询和求援，也可以寻求责任主体提供服务。

　　公共主体包括公共设施、城市环境及公共服务，它接受管理主体的监管，由责任主体来运营，并服务于评价主体。

　　城市核心竞争力在于它所能提供的服务水平和环境支持，而服务水平又事关政府的核心能力。

11.2　智能路灯

　　城市中的每个路灯，都应实现自动化的单灯控制，具备依环境自动调光、遥控开关、参数监测、故障监测等功能。通过智能路灯系统可以实现对单灯的远程控制、实时监控、数据收集、自动调光、人工调光、灯具保护、动态节电等功能，进而节约城市路灯（图 11.5）的综合用电量，节省人力物力，降低维护成本。

图 11.5
城市路灯

11.2.1　城市路灯的管理现状

随着城市建设的不断发展，城市照明不仅是人们日常生活中必不可少的公共设施，更是展现城市景观、体现城市形象的需要，城市道路照明和景观亮化工程已经成为体现城市建设形象的标志。

目前，城市道路照明系统大多数采用高压钠灯和金属卤化物灯作为光源，部分路段使用 LED 灯作为光源。其中，因为高压钠灯具有光效高、寿命长、穿雾性能好等特点，所以绝大多数的道路照明仍在采用高压钠灯作为照明光源。在长期的运营维护过程中，传统的路灯管理控制方式逐步暴露了多个弊端，具体如下：

（1）手动、光控、钟控等传统方式导致管理滞后

大多数路灯照明系统的灯光控制采用手动、光控、钟控等方式，容易受季节、天气等自然环境和人为因素影响，经常该亮时不亮，该灭时不灭，造成能源浪费。特别是在集中亮灯时，电流、电压的瞬间剧烈变化对专用变压器和灯具造成了巨大的冲击，时常引起设备损害，大大缩短了设备的使用寿命，增加了城市照明的维护成本。

（2）超负载运行，增加电能消耗和降低灯具寿命

目前，路灯最主要的弊端就是后半夜超功率运行。由于城市电网具有较大的电压波动，许多地区的波动甚至超过额定电压的 15% 左右，特别是在后半夜，电网电压有时接近 245V，导致光源亮度不降反增，同时引起镇流器的损耗增大，严重过热，不但浪费了大量电能，而且缩短了光源和镇流器的寿命。

（3）缺乏实时监测功能，灯具无法按需调节亮度

传统的路灯管理控制方式不能根据实际情况（天气突变、重大事件、节日气氛）及时校时和修改开关灯时间。其故障依据主要来源于巡视人员上报和市民投诉，缺乏主动性、及时性和可靠性，不能实时、准确、全面地监控全城的路灯运行状况。95% 以上的照明光源依旧使用高损耗的传统电感镇流器，在整个照明时间段都是额定满功率照明。

因此，为切实提高城市照明的管理水平和管理效率，需要综合运用物联网等技术手段来实现全面可控的"按需照明"运行模式，提高城市智能照明系统管理水平，降低管理维护成本，实现在不降低城市照明设计标准、对照明设备光源无影响的前提下，避免照明能源浪费，节约照明能源，促进相关部门的职能转变和管理创新，为城市的改革发展创造良好的条件。

为了能够有效地对各种城市照明设施进行管理和控制，智能路灯系统可以解决城市照明统一的开启关闭、数据采集、故障报警等功能，提升了城市照明的监管水平，提高了照明系统控制的实时性，大大提升了城市的运行效率。

11.2.2 智能路灯系统

智能路灯系统通过物联网技术，将城市照明的路灯进行统一管理，基于 GIS 进行可视化管理，管理者可以清楚地了解每一个街区、每一盏路灯的状态信息；通过应用灵活的照明策略，可以对每一盏路灯的开关状态、照明亮度进行精准控制，真正实现按需照明。

在智能路灯系统中，每盏路灯都安装一个路灯控制器，用来控制开关和调光。在对路灯的控制上，照明策略可按照不同的规则进行动态调整，包括亮度、车流量、人流量、实时天气和环境状况等。在深夜车流量稀少的时候调低路灯亮度、间隔开灯，在光照条件不好的阴雨天气根据亮度感知及时开灯。

智能路灯系统可以对整个城市内所有照明设施设备（包括变压器、照明配电箱、节电器、单灯照明、配电电缆设备等）实施全面的联网监控，实现全面的工作状态感知，并实现相关数据处理、计划管理、控制方案编制、预案处理、辅助决策管理和城市照明能源综合控制管理等功能，是一个覆盖整个城市照明管理部门的全面信息化管理系统。

智能路灯系统主要特点如下：

- 实现城市照明设备的自我管理，通过城市智能照明节电设备、单灯智能节电器设备的应用，实现对城市照明能源的有效控制管理。每一盏灯具都是一个智慧的节点，可以按照需求进行自动监测、远程控制、实时报警等自我管理。人们可根据实际需要任意组合路灯的工作状态，如隔几亮几、一侧关闭、一侧开启、辅车道关闭、主车道开启、脉冲式开启等，最终实现"按需照明"的理想状态。
- 智慧路灯系统以 GIS 为基础，建立、完善静态的城市照明设施图形数据和属性信息，实现一图多层，显示单灯、电源、灯杆、节电器等设备的详细信息，操作人员可以在屏幕上实现图形的缩放、平移、导航及各种监视、操作、修改和定义功能，同时通过与动态实时数据的完美结合，为决策提供重要的依据。
- 自动巡检功能可以对终端周期巡检，也可以随时手动巡检和任意选择终端进行巡检，包括电压、电流、开关状态、故障信息等。当监控终端主动报警或调度端在巡测时发现有异常数据时，自动发出语音报警、自动存盘并在地图上显示相应的位置和故障类型，可通过设定的手机号码或手机 APP 向有关人员报警。

- 智能路灯系统将实现大数据分析功能，系统对实时监控数据、设施部件数据、维修事件数据、业务数据、基础地形数据和多媒体数据等大量数据进行处理分析，得出最优的照明方案，实现按需照明，同时结合历史数据的分析，做出预测和预警，保证路灯照明设备随时处于最佳工作状态。当出现紧急情况时，系统根据故障位置、人员位置等信息给出最优的处置建议，供管理和决策者参考。

11.2.3 智能路灯的物联网体系架构

智能路灯系统可实现城市照明物联网智能监控管理，从控制中心可以监控、智能感知到系统内部所有使用设备（包括供电变压器、照明配电箱、供电电缆、单灯照明电器设备、照明节电器设备等）的工作参数和工作状态，实现城市照明设备数字化、精细化监控管理，实现城市照明能源数字化控制管理，避免照明能源浪费，最大程度地节约照明能源。

智能路灯系统由中心管理系统、通信传输系统和单灯控制器组成。

（1）中心管理系统

中心管理系统是整个智能路灯系统的核心，包括数据的分析、汇总、存储和控制命令的发布等功能，同时具有路灯巡检、路灯设备管理、路灯运行维护管理和相关运行报表功能。中心管理系统由通信服务器、数据库服务器、工作站和相关网络设备组成。

（2）通信传输系统

通信传输系统是构建大区域跨平台的物联网通信平台，实现全城范围内照明设备的互联互通。从中心管理系统到低压配电柜（变压器、节电器）控制终端设备采用 NB-IoT、GPRS、LTE 等蜂窝网络。

（3）单灯控制器

单灯控制器可控制路灯开关、亮度调节、电流采集、电压采集、计算功率及功率因数等，可附加温度采集、灯杆倾斜监测等功能。

11.2.4 智能路灯的优势分析

智能路灯系统可以实现城市照明管理的数字化和智能化，实现对城市照明资源的科学有效管理，提高行业整体管理水平和城市照明管理单位对城市照明故障问题的响应处理能力，实现城市照明管理由被动管理型向主动服务型的转变，由粗放定性型向集约定量型转变，由单一封闭管理向多元开放互动管理转变。

传统的路灯管理系统一般采用集中控制的方式，在一定范围内配备网关，再利用 ZigBee、PLC、433MHz 等通信方式连接路灯，网关通过 GPRS 传输到云端。一旦网关出现问题或断网，路灯将不受控制。

采用 NB-IoT 技术可管理每一盏路灯，即使断网也能使路灯正常工作。对路灯进行分布式控制，可掌握每一盏路灯的工作状况、安装位置、功耗情况、自动报警等信息，不仅节省人力成本，而且提高了管理效率。数据的集中存储和统计使定量掌握城市照明管理动态信息成为现实，直接帮助管理者更加切合实际地进行决策，这种进步所带来的间接经济效益更加巨大和持久。

智能路灯的管理方式更加灵活，可有效节约能源。以往人们只能在箱式变压器处进行统一的控制处理，整条道路的照明要么全亮要么全灭。现在可以控制到每一盏灯，可以根据天气情况和实际光的照度，自动监控灯具的开/关和灯具的亮度，可以显著延长灯具的有效寿命，最大限度的实现节能。

智能路灯可提高服务效率，降低人力成本。以往发现照明设施的故障基本靠人力巡灯和热线电话报修，但是随着城市的加大，巡灯成本也越来越高，有些甚至不可能进行巡灯。现在通过智能路灯系统可实现过程可控，以监控中心为核心，发挥对事件的判断、分发、结案的管理能力。

智能路灯可变被动服务为主动出击。利用智能路灯系统可实时掌握城市中所有照明设备的工作状态，对日常积累的大量数据进行分析和挖掘，在设备尚未出现故障之前，就提前进行预警。同时通过对设备全生命周期进行统计，也可对维修备货、采购决策提供科学的依据。

总之，智能路灯系统可提高城市照明的整体管理水平、降低管理成本、提升照明故障问题的响应处理能力，对整体改善城市形象有着十分重要的意义。同时该系统还可以实现城市照明能源的有效控制管理，节约照明能源，实现城市整体节能减排。

11.3 智能窨井盖

窨井盖（图 11.6）是现代城市中重要的公共基础设施，星罗棋布，是管理和维护城市地下电力、通信、燃气、污水、供水等重要线路的通路。窨井盖的管理部门根据窨井里的管线或介质来决定归属进行分类，一般在窨井盖面标有责任单位的标志，这些窨井盖分属多个行业部门、权属复杂、管理难度非常大。

随着城市基础设施的大量建设，窨井盖的数量与日俱增，虽然窨井盖的破损和被盗是小概率事件，但时不时总有不幸的人员伤亡事故发生。另外，为了保障设备检修，以及确保施工人员的安全，需要及时掌握窨井盖下面的有毒有害气体，这也对运营管理和物联网技术提出了更高的要求。

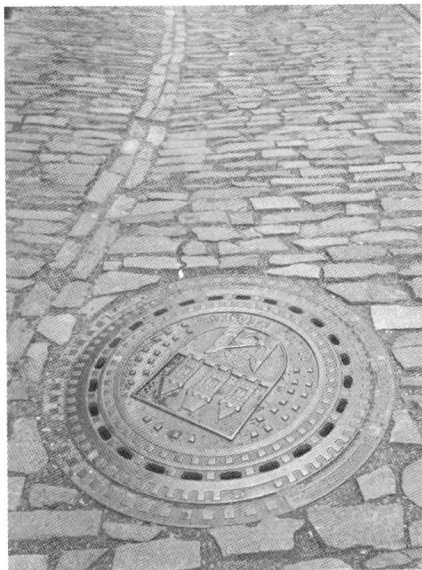

图 11.6
窨井盖

11.3.1 智能窨井盖的管理现状

就窨井盖监管设备市场而言，针对窨井盖的监管方法各行其道，良莠不齐，或加派人力增加频率进行巡视，或加强窨井盖自身防盗设计、加锁、加防护网；这些方法都花费人力物力，且造成了一定的重复建设、资源浪费现象。

由于对抗压强度要求较高，目前大部分道路窨井盖由金属制作，同时为了施工维护方便，窨井盖的外形和结构设计使之很容易被开启，这些特点往往引起违法犯罪人员的觊觎。针对窨井盖的违法行为一般表现为窨井盖偷盗和破坏城市地下线路。

近年来，因窨井盖丢失原因而导致人员伤亡的事件不断发生，窨井盖管理安全问题日益突出。2013 年 3 月 22 日晚发生长沙坠井事件，再一次让城市窨井盖管理问题成为社会关注的焦点。

另外，由于目前缺乏实时监测手段，若地下管道发生漏气、漏水等事故，管理人员往往要等到事态严重后才能发现，无法在第一时间采取措施并减少事故损失。实现对城市庞大数量窨井盖的实时监测，这是一个世界性的难题。

11.3.2 智能窨井盖实时监测系统

智能窨井盖实时监测系统可实现 24 小时无人巡检，并能在几分钟内对异常窨井盖做出报警和提醒责任部门进行处理，可最大程度地避免窨井吞人、伤人事件，保证人民群众生命财产安全和城市正常运行。

智能窨井盖实时监测系统采用在线实时监控模式，利用无线通信网络进行集中监控和管理，将每个窨井盖监控采集器进行编码，采集窨井盖开启和关闭信号后，后台服务器根据编码和开闭信号确定窨井盖的开启或关闭状态，使电力、通信和市政的管道管理从无序走向规范，从而更好地保护自身的核心资源。

一旦窨井盖被移动或破裂，窨井盖监控终端通过信息传输网络向后台服务器发送报警信号。服务器根据业务流程自动生成施工工单，对负责窨井盖管理和维护的相关工作人员发出信息，要求其立即赶赴报警窨井盖所处地点进行处理。

在窨井盖监控终端安装和更换时，施工人员使用作业维修设备，发送位置信息和窨井盖相关信息到后台服务器，与窨井盖唯一标志码管理数据进行绑定，以便后续窨井盖的地理化位置显示、日常维护使用。

11.3.3 智能窨井盖的监控终端

智能窨井盖为作为窨井盖异常状态检测设备，安装在窨井壁上，完成窨井盖状态检测和无线传输功能。由于其工作环境的要求，终端必须实现小型化、低功耗的要求，以保证易安装性和较长的续航时间。

智能窨井盖监控终端可接入多种传感器，包括位移传感器、温度传感器、液位传感器、管道压力传感器、甲烷浓度传感器、硫化氢浓度传感器、一氧化碳浓度传感器等，以便于侦测窨井盖和管道的状态变化。

智能窨井盖监控终端要做到：

- 低功耗，产品通过电池供电，所有环节尽量低功耗，减少更换电池的频率。
- 防水防尘，终端整体防水等级需达到 IP68，确保在两米的水下浸泡能正常工作。
- 防腐蚀，终端壳体的材料必须考虑耐腐蚀性，确保终端产品长期使用不损坏。
- 高精度，各种传感器均选用高精度的敏感元件。
- 多功能集成，具有液位、压力、温度、可燃性气体浓度等方面的采集能力，并且可根据实际需求进行更换和增减。
- 实时监控，实时监控管道窨井盖的开启情况，并上传至管理平台。
- 远程查询，定期对终端设备进行巡检，自动诊断链路故障和窨井盖情况。
- 通信方式，采用蜂窝无线网络，操作简单。
- 安装便捷，简单打钉安装，直接部署和测试。

11.3.4 智能窨井盖的物联网体系架构

智能窨井盖的物联网体系架构以物联网技术为基础架构，结合三维 GIS 可视化平台，对城市自来水、燃气、热力、排水等各种管线和管井运行状态及环境情况进行实时监测，主要监测水位、水压、气压、温度、气体浓度等指标，并结合巡检和各管线单位现有应用系统，建立城市公共安全隐患预警模型。当发现隐患后，应立即启动隐患处置流程，及时排查；一旦发生事故，立即启动城市公共安全应急预案，调动各种救援资源，并通过统一的公共服务门户为城市决策者、支撑服务者、参与者提供服务，从而实现决策科学、服务高效，降低城市安全事故，提升应急保障能力。

在智能窨井盖的物联网体系架构中，人们应建立一套能够自动记录城市窨井下重要信息，并将这些信息通过无线技术传输至数据中心的自动化智能设备。该设备既为预测由管线事故引起的地面塌陷、爆炸等灾害，排除隐患提供历史数据依据，又为管线有害气体泄漏、管线破裂引起的资源浪费，管线堵塞等提供实时数据支持；同时也为地下管网灾害或由此引起的其他损失发生后，追查责任单位或责任人提供有利的数据证据。

在智能窨井盖的物联网体系架构中，人们应为地下管网监管提供一体化的综合解决方案，从根本上帮助城市建立监测全面化、监控实时化、管理智能化的智慧城市地下管网综合监管系统，实现了城市相关需求的整合和提升。

智能窨井盖的物联网架构的应用服务平台基于前端传感器监测数据，整合其他管线既有监测系统应用数据，对城市地下管网安全进行综合监管。

城市管网综合管理与应急指挥系统包括管网三维地理空间信息管理、漫游和导航、地下管线监视管理模块、移动管线巡检、隐患处理模块、实时数据监测模块、管网综合分析模块、综合考评模块、基础信息管理模块、权限管理、应急指挥、统一工作台等。

数据交换和共享系统实现业务整合与数据共享，各类管线既有监测系统应用和数据统一整合交换，各类传感设备数据也能以相同信息格式交换到同一平台。数据分析系统统一存储各类数据，基于数据分析产品平台构建管网数据分析系统。

在智能窨井盖的物联网体系架构中，应建立基于一张图应用的窨井盖相关业务信息的综合查询和分析成果界面表现服务，实现多种业务信息（窨井盖状态和分布、维修人员队伍分布、备件备品物资仓库分布等）在全市电子地图展示平台上进行叠加，只需简单方便地选择，即可实现综合服务。

窨井盖业务管理主要对全市窨井盖设置、分布、设备安装、报修、遗失、人员队伍管辖范围等进行管理，为各级业务部门提供分级管理提供可能，以保证业务工作的正常进行，同时提供窨井盖移位时及时发出报警等功能。

总之，智能窨井盖可采集地下管网系统的重要信息参量，包括温度、管网压力、窨井可燃气体浓度、窨井液位等信息，并对这些信息做简单数据处理和存储，并通过无线通信方式可靠地传输到数据平台。

智能窨井盖采用 NB-IoT 技术，不需要太阳能供电、布线施工、中继器，结合一些传感器即可实现窨井盖是否被移位、破损、气体泄漏、后台服务器通知等功能，从而快速便捷地保护人民生命、财产和环境的安全。

11.4　智能垃圾桶

垃圾桶具有数量多、分布广、环境差、分类实施难等特点。每一个垃圾桶内的垃圾量都是个未知数，需要保洁人员挨个检查。

智能垃圾桶的目的是监测垃圾桶是否满箱，辅助指导垃圾车的行驶路线，以节省司机数量和车辆油耗。另外，利用智能垃圾桶还可以了解哪些区域和时间段产生的垃圾最多、清运是否及时、垃圾车行驶路径、垃圾桶分配比例是否合理等问题。智能垃圾桶的示意图如图 11.7 所示。

目前来看，对于人流量密度大、运输路线较长、人力成本较贵的城市，非常适合通过 NB-IoT 技术和传感器结合来实现垃圾桶的自动化管理。

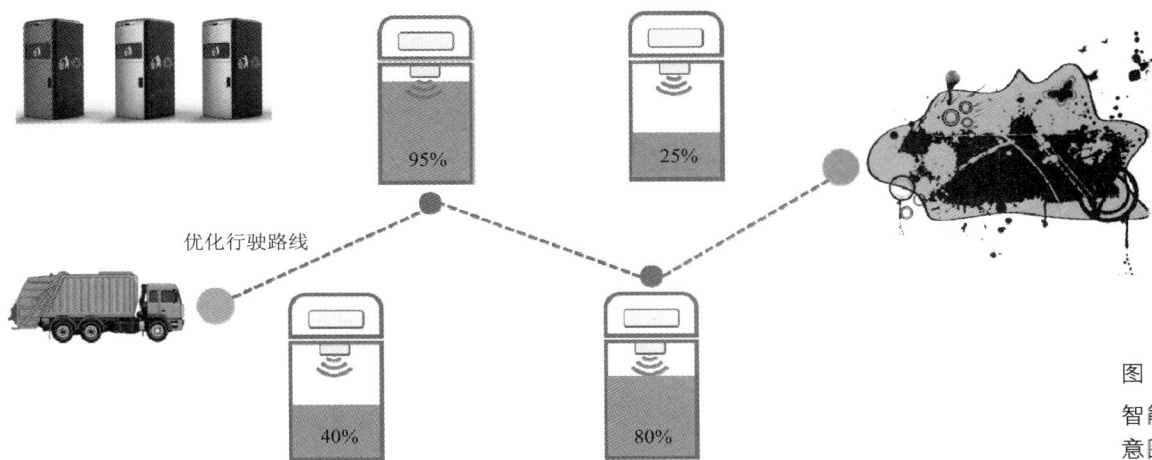

图 11.7
智能垃圾桶示
意图

11.5 广告牌监管

城市中有大量的广告牌（图 11.8），广告牌的移动倾斜或掉落现象虽然不是大概率事件，但是，一旦发生就是不可估量的事故，常规的人力监管不仅代价太大，而且效果不佳。另外，监管广告运营商的难度也较大，很多广告破损无人维护，有些广告过期无人更换，进而影响了城市的美观。

利用物联网技术，把加速度传感器和无线通信技术应用到广告牌中，管理部门可以非常清楚地了解广告牌的分布情况、广告内容的时效期限、广告牌的安全隐患等。

当广告牌一旦发生移动或倾倒时，传感器将采集到的信息通过 NB-IoT 网络传输到监控中心，如果附近有摄像头联动，也可以同步启动视频监控录像。

图 11.8
广告牌

由于广告牌分布范围非常广泛，对于耗电的无线网络终端并不适合，而利用 NB-IoT 网络的广覆盖能力，非常低的功耗，几年不用更换电池等优势，结合无所不在的广告牌管理，将会保障市民的人身安全。

11.6　智慧城市的创新诉求

　　智慧城市建设是促进新一代信息技术成长的一个重要发展契机，将会带动一大批具有广阔市场前景、资源消耗低、产业带动大、就业机会多、综合效益好的产业发展。

　　在智慧城市定位层面，政府的定位是城市发展的战略，是为了满足城市的经济建设。企业的定位是为了企业的市场策略，是用来寻找企业的发展空间的。

　　智慧城市建设的目的也有所不同，政府的目的是城市发展，争取产业发展和信息安全的主动权，企业的目的是为企业赢利，实现技术输出或市场的战略控制。

　　在具体内容方面，政府是为了智慧产业的发展、城市管理和服务的提升。企业是为了实现智慧化的功能，提升企业的投资能力和销售产出能力。

第12章 智能交通

当人们习惯使用智能手机查看交通拥堵路况的时候，或者偶尔收到电子警察开具罚单的时候，就表示已经离不开智能交通提供的各种便利服务了。

当人们对物联网、云计算、大数据、电子地图、无人驾驶、车路协同、智能汽车、移动支付等概念不再陌生的时候，就表示智能交通已经完全渗透到人们的日常生活当中了。

智能交通系统（Intelligent Transportation Systems，ITS）是指将先进的物联网、云计算、大数据、通信传输、传感器、远程控制和计算机技术等有效地集成运用于整个交通管理系统而建立的一种在大范围内、全方位发挥作用的，实时、准确、高效的综合交通运输管理系统。公共交通如图 12.1 所示。

图 12.1
公共交通

12.1 智能交通概述

随着现代城市规模的快速扩张，市民对城市交通运输的需求越来越大，带来的是机动车保有量迅速增长，原有的交通供需平衡被打破。同时，目前城市的基础设施、交通管理设施和管理能力的提高跟不上交通需求的发展速度，原有基础设施的缺陷和弊端不断暴露出来，导致城市道路出现交通拥堵、环境污染、事故频发、停车困难、应急和突发事件预案匮乏等一系列交通问题。

智能交通系统是智慧城市运行的命脉，作为当今世界交通运输发展的热点和前沿，在支撑交通运输管理的同时，更加注重满足市民出行和公共交通的需求。

任何一个国家或城市，都由一套错综复杂的路网组成，包括城市道路、轨道交通、高架道路、高速公路、隧道大桥、省级公路、村镇公路、河道运输等。

公共交通方面涉及公交、出租、地铁、轻轨、民航、高铁、航运、长途客运、旅游大巴、班车、校车、共享单车等。

运输工具包括乘用车、公交车、出租车、地铁、轻轨列车、长途汽车、旅游巴士、危化品车辆、救护车、环卫车、警车、消防车、船舶、土方车、武装押运等特种车辆。

目前，多种技术也广泛应用于交通领域，包括电子地图、位置服务、车牌识别、交通诱导、电子警察、车路通信、车车通信、无人驾驶、人工智能、电子车牌等。

智能交通是面向交通运输领域的服务系统，涉及众多的行业领域，对交通信息进行收集、处理、发布、交换、分析和利用，是社会广泛参与的复杂巨型系统工程。它包括城市交通综合信息平台、交通港航管理系统、公安交通监控系统、交通信号控制、交通流量监测、交通事件监测、高清电子卡口、高清电子警察、智能公交系统、出租车服务管理系统、城市客运枢纽系统、移动警务执勤系统、交通信息采集和发布等领域。

1. 智能交通的发展现状

目前，大多数城市对固定式的交通监控设施进行了大规模的投入，基本实现了市政道路管理、交通设施管理、车辆管理、GIS 地理信息系统等多种信息化系统，实现了红绿灯系统、视频监控、电子卡口、电子警察、交通诱导、停车管理等交通服务，具备了城市综合交通管理的雏形，为智能交通的综合运用奠定了坚实的基础。但是，基础设施建设的投入并没有形成合力。例如，视频监控针对社会治安，电子卡口针对车辆抓拍，电子警察针对交通违章，三套系统相互割裂，没有有效整合和实现信息的共享联动，当然也无法达成全局的应急指挥。

2. 智能交通的基本特征

智能交通以构建和完善交通信息化体系为核心，应用物联网技术全面提升交通运输行业的智能化水平，发挥交通智能化对综合交通组织、运行、管理的支撑作用。

智能交通系统采用先进的数据采集手段、综合的数据处理方式、强大的信息处理平台，再结合有效的商业模式，能够有力地推动智能交通系统产业的蓬勃发展。基于物联网技术的智能交通系统可以实现交通管理的动态化、全局化、自动化、智能化。

交通信息采集的方式分为人工采集和自动采集。自动采集方式包括磁性检测器（包括感应线圈检测器、磁阻传感器等）、光学检测器（包括视频检测器、激光检测器等）、微波检测器（包括微波检测器、雷达测速仪等）、路面情况和测重传感器（包括雨雾检测器、路面结冰检测器、轮/轴重仪等）。

不同的交通采集方式采集的参数种类有限，例如，感应线圈只能采集到交通流量、占有率、速度等固定地点的截面交通参数，视频检测器只能采集到交通流量、速度、占有率、排队长度等固定地点的交通参数。随着多种交通采集方式的组合，人们可以获得交通流量、速度、占有率、排队长度、行程时间、区间速度等截面和路段交通参数，丰富了交通信息采集内容的同时也提高了采集地理范围的广度。

随着磁性和光学传感器工艺的提高、图像处理技术和定位技术的发展，交通信息的采集精度也在不断地提高。

3. 智能交通的应用体系

智能交通的应用体系包括交通实时检测系统、路口信号协调控制系统、实时信息发布系统、重大事件智能交通系统等。

（1）交通实时检测系统

道路上安装着大量的高清摄像头，可以自动计数、统计交通流量。当道路上发生事故、拥堵、路面积水、道路遗洒等意外事件时，系统便会自动对意外事件进行全程录像、自动报警。在快速路、主干路网中，检测线圈可以埋在接近路口的地面以下，通过电子感应传递到检测器，24 小时自动采集路面交通流量、流速、占有率等运行数据。

（2）路口信号协调控制系统

在各个路口，通过流量检测器采集到的即时车流信息，传输至路口信号机，再通过通信线路传输到交通指挥中心，指挥中心进行大数据分析之后再发送信号给路口的信号灯，进而调节红绿灯的变化，这个过程瞬间即可完成。通过交通信号控制系统，信号灯根据实时路况自动控制路口的放行速度，缩短车辆等待时间、减少停车次数、提高通行效率。

（3）实时信息发布系统

在主干道上容易发生拥堵的点位，设置室外可变情报信息板，实时显示路况信息。这些信息板根据交通自动检测系统提供的数据发布道路流量，帮助司机选择畅通路段；当发生事故等突发情况或出现恶劣天气时，信息板可以自动实时发布路况信息和管制信息，诱导车辆避开拥堵和意外事件路段，实现对车辆的全程诱导。为了配合道路信息发布，交管部门结合气象监测系统，提供能见度、路面温度、地面摩擦系数、覆盖物（如雨、雪）、平均风速等天气信息，让驾驶员能够及时了解天气对交通的影响。

（4）重大事件智能交通系统

几乎每年都会有一些特殊管制时期，如重大会议、大型展会等，需要第一时间发现交通事故、路面积水等意外事件。因此根据路网结构和行人、机动车、非机动车混合的交通特点，构建智能控制的区域信号系统，对路口交通信号实施优化，可以实现单点的感应优化控制、干线绿波协调控制和区域优化协调控制，使路网综合通行能力更加稳步提高。

12.2 交通数据采集技术

受到城市路网结构的复杂性、交通流变化的动态随机性影响，以及设备布设和数据采集方式的制约，单一交通检测方式已无法完全满足信息服务对稳定、准确的交通状态信息的诉求。

互联网的快速发展使得信息的发布不再是瓶颈，路边发布、手机发布、互联网发布、车载终端发布等，都具有巨大的应用市场。可见，要实现交通信息应用的爆发增长，如何获取原始交通数据并处理成精准的交通信息是其关键。

数据采集技术广泛应用于智能交通的数据获取之中，一种是静态交通检测方式，另一种是动态交通检测方式。动态交通检测方式是基于位置不断变化的车辆或手机来获得实时行车速度和时间等交通信息的数据采集方式。

动态交通信息获取通常采用地感线圈、高清视频、超声波、微波雷达、红外检测、地磁感应、车载 GPS 终端、智能手机等技术，如采用压电传感技术动态检测车辆质量，采用超声波、视频检测等技术检测停车场库的使用情况，采用红外辐射技术检测路面的状态，采用红外散射技术检测环境的能见度，采用红外技术检测空气中的一氧化碳浓度，采用光纤传感器检测隧桥道路的火灾情况等。

对于固定式的动态交通检测手段，微波检测、视频检测、红外检测、感应线圈检测、地磁感应检测的优缺点对比如表 12.1 所示。

表 12.1　数据采集技术对比表

数据采集技术	优点	缺点
微波检测	全天候工作，可检测静态车辆，在车型单一、车流稳定、车速分布均匀的道路上准确率较高	在车流拥堵及大型车较多、车型分布不均匀的路段，由于遮挡，测量精度会受到比较大的影响，价格昂贵
视频检测	可为事故管理提供可视化的图像，可提供大量交通管理信息，单台摄像机和处理器可检测多车道	大型车辆遮挡，随行小型车辆、阴影、积水反射或昼夜转换可造成检测误差
红外检测	可以准确实现车辆分离等功能	穿透灰尘、云雾、雨滴和雪花的能力很弱，这些环境条件下无法检测
感应线圈检测	线圈电子放大器已标准化，技术成熟、易于掌握，计数准确	安装过程对可靠性和使用寿命影响很大，修理或安装需中断交通，影响路面寿命，易受重型车辆、路面修理损坏
地磁感应检测	检测准确率高、设备安装简单、对路面破坏极小、工作寿命长、可检测各种车辆、设置灵活、可全天候稳定工作	当道路下有地铁通过时，容易受到地铁信号干扰

1. 地感线圈

地感线圈是传统的交通流检测器,是目前应用最为广泛的检测设备。地感线圈由两部分组成:埋设在路面下的环形线圈传感器和信号检测处理单元组成,其中信号检测处理单元包括检测信号放大单元、数据处理单元、通信接口和馈线。

地感线圈是磁性检测器的一种变形,通常是一种环形线圈,埋设在路面之下,通有一定的工作电流,当车辆通过地感线圈或停在地感线圈之上时,车辆自身铁质切割磁通线,引起线圈回路电感量的变化。检测器通过检测该电感变化量就可以检测出车辆的通过或存在。地感线圈的使用现场如图 12.2 所示。

地感线圈的检测有两种方式:一种是利用相位锁存器和相位比较器,对相位的变化进行检测;另一种方式是利用由环形地埋线圈构成回路的耦合电路对其振荡频率进行检测。

图 12.2
地感线圈

地感线圈技术已经非常成熟,工作稳定并且精度较高,适用于交通量较大的道路。然而,其缺点也非常明显,线圈必需直接埋入车道,施工时会造成交通暂时受阻;埋线圈的切缝软化了路面,容易使路面受损,尤其是有信号控制的十字路口,路面损坏更为严重;感应线圈容易受冰冻、路基下沉、盐碱侵蚀等自然环境的影响。

2. 浮动车检测技术

浮动车(图 12.3)是指安装了车载 GNSS(北斗、GPS、GLONASS 等)定位装置并行驶在城市道路上的公交车和出租车。浮动车提供实时的车辆位置、速度等运行状态信息,应用于检测和估计实际的道路交通状态。浮动车除了内部装备有定位和无线通信设备之外,运行方式和普通车辆并没有区别。

图 12.3
浮动车

浮动车检测技术的特点是可以获取整个路段或路网的状态,而不是一些断面或节点,需要足够的 GPS 定位覆盖率和采样率,成本低,覆盖面广。其可广泛应用于实时交通状况监控、城市交通诱导、交通管理和控制、交通广播、动态导航、社会公共出行服务、道路检测、不同时段路网交通状况对比分析、路面 LED 交通诱导等。

3. 地磁车检器

传统公路交通系统对车辆的检测主要采用地感线圈，缺陷是地感线圈损耗率高，不能大面积布设，并且无法实现交通信息的全面动态采集。

地磁车检器利用车辆对其存在区域地磁场产生的影响，从而感知车辆运行状态变化的信息流，实现对布设区域内的车辆检测。

图 12.4
地磁车检器

在十字路口的红绿灯控制系统中，通过地磁车检器（图 12.4）可实时准确地感应车道上经过的车辆，并将采集到的信息通过无线网络发送至接收机，完成红绿灯控制的前端信息采集，接收机再将相关信息传输给信号控制机，信号控制机通过获取的车流量信息来分析当前车道的占有率，从而智能分配红绿灯的开启时间，达到真正的智能控制效果。

相对于传统的地感线圈、高清视频、微波雷达、红外线等检测技术，地磁感应的主要特点如下：

1）安装简单方便，无线传输，无电源线，无数据线，用水钻在路面钻一圆洞埋入即可，安装一个车道不超过 15 分钟。

2）产品小巧，对路面破坏极小。

3）自适应、自学习能力较强，即使经常过大型卡车、客车等引发路面塌陷、变形，也不会损坏检测器。

4）检测精度高，无论车辆是高速行驶、缓行，甚至静止不动，都可以精确检测。

5）环境适应性强，能够全天候（风、雨、雪、雾）、全天时（昼夜）正常持续工作。

6）准确率高，工作稳定，完全可以替代"线圈＋线圈检测器"。

7）稳定持久，功耗低，可连续工作 5 年以上（按日流量 10000 辆车设计）。

8）设置灵活方便，检测范围 0～2m（半径）可调。

9）可检测卡车、拖车、客车、轿车等各类常见车型，自行车和行人不检测。

10）实时动态对车道的车辆经过信息进行有效采集和统计。

在路网范围内的所有路段安装地磁车检器，可实时采集道路交通信息，为智能交通信号控制系统和机动车流量统计系统提供全面的信息来源。

4. 数据采集利用 NB-IoT 实现创新

很多人已经意识到地磁车检器的多方面优势，但现有无线通信技术的缺陷也给运营带来了很大的压力，例如，电池的工作时间较短，几个月或者最多一年就得更换电池，通常是整个设备换新。无线网络中继器的架设和维护工作量大，各种非授权频谱的小无线，都需要中继器进行中转来接入运营商网络。

传统的地磁车检器（图 12.5）采用两跳技术将车辆占用信息上报给运营商网络，车检器通过小无线技术将信息上报给中继器，中继器再通过 2G、3G、4G 网络上传到后台服务器，然后通过停车管理平台进行智能管理。由于小无线采用非授权频谱，需要私建无线局域网，存在信号干扰问题、网络稳定性安全性较差、中继器的覆盖范围有限、供电方式需要解决、需要前期一次性投入较大等弊端。

NB-IoT 网络采用星形网络，不需要中继器，不存在选址问题，不存在频谱干扰问题，不需要前期大规模投入，用多少买多少，电池供电高达 10 年之久，即使在地下车库、地下室等普通无线网络信号难以到达的地方也容易覆盖到。

图 12.5
地磁车检器
部署场景

12.3 智能停车

智能停车是智慧城市规划的一部分，是智能交通不可或缺的一环。只有通过无处不在的无线网络，将城市的停车场连接起来，并全面整合停车场数据资源，通过城市级的管理平台实时采集和发布泊位信息，并通过服务平台和手机 APP 提供停车诱导服务，才能大幅减少寻找停车位的无效交通流，提高流转效率。

随着城市车辆保有量的快速膨胀，城市停车难的问题越来越突出。如何解决城市的停车难题，已经引起政府、市民的广泛关注，停车难题已经成了影响市民生活的重要问题。但是从投入公共资源后，到产出效果的流程要远比一个家庭做出一个买车的决定要复杂和缓慢，因此有限的公共资源应对源源不断增长的车辆数量，会显得力不从心。停车场如图 12.6 所示。

智能停车系统利用无线网络技术、车辆探测技术，改善了城市停车难的现状，从宏观角度引导车辆进行泊车，提高停车场信息化水平，将停车场管理从点的高度，提升到面的高度。

智能停车包括场库停车、占道停车、开放式停车场、立体停车场等多种使用场景。场库停车已经有很多技术手段在广泛应用，各有特色，目前难题是通信网络覆盖问题。占道停车方便了车主停车，但不利于道路通行，超大城市的占道停车位置呈现减少的趋势。占道停车通常采用人工收费、POS 机收费、地磁车检器辅助收费等方式。占道停车示意图如图 12.7 所示。

图 12.6
停车场

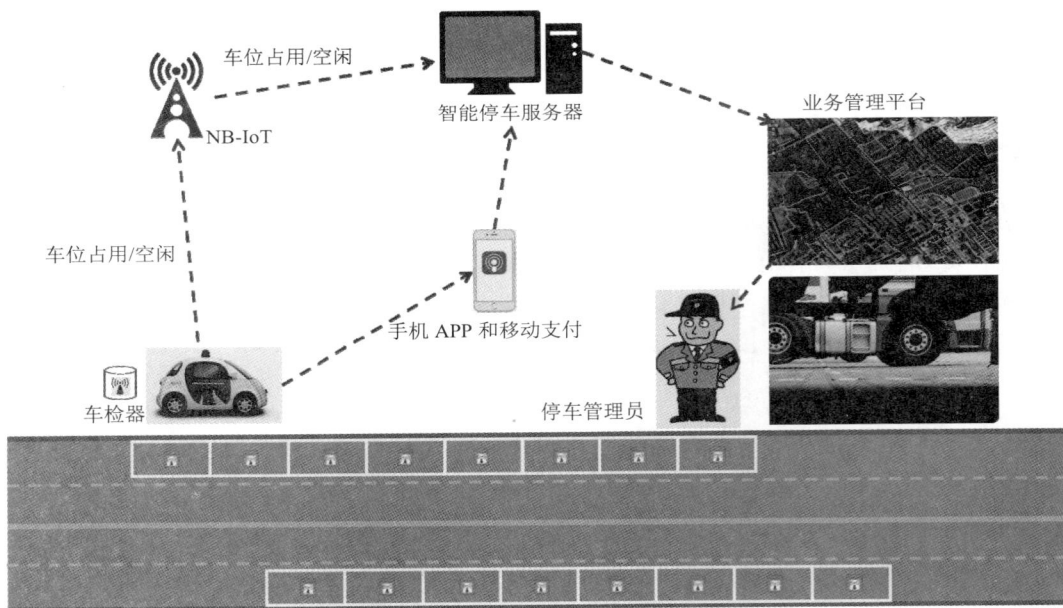

图 12.7
占道停车示意图

传统停车场若想升级成智能停车场，必须依赖物联网技术和相应的商业模式。表面上看，目前市场上对停车场的互联网改造都加入了支付体系，或者是开发手机 APP 进行剩余车位的实时查询。但多数只是传统模式＋互联网，注定是过渡状态，真正的智能停车场一定要基于物联网技术，才有发展前途。

例如，在大学校园，由于车位有限，老师经常在上课之前无法及时找到车位。如果停车场与课程系统打通，便会知道某个老师在什么时间段有课程，停车场自动为其预留车位，当车辆驶入时，自动放行并加快车辆的进出速度。

又如，在超市停车场，停车场系统和会员系统打通，便能知道他购买的价值是否达到免费停车的标准，在出口处对已满足免费条件的车辆自动放行，而不用在出口处停车并出示购物小票。

NB-IoT 技术用于地磁车检器、地锁、地桩等停车位设施，具备几年不用更换电池、网络覆盖到位、节省人工成本、减少道路拥堵、培养良好的停车习惯等优势。

智能停车支持灵活的车位查询、车位预定、车位诱导等，真正实现便捷停车，可使车主找寻车位时间减少约 40%；支持自动支付、APP 支付和现场支付等多种缴费手段，车主使用更便捷，收费员工作量减少 60%。

智能停车的全无线结构安装简单，平均部署 100 个车检器仅需 2 人/天；地磁车检器抗干扰能力强，结构可拆卸，电池通用容易购买，寿命可超过 5 年；一旦电量低于阈值，主站会发出报警通知，维护人员使用定制工具即可方便取出对应内胆更换电池，平均更换 200 个地磁车检器的电池仅需 1 人/天。

通过数据挖掘技术对海量停车数据的有效整合，支撑管理部门实现停车资源的统一规划和管理，并可有效杜绝漏收费和私吞费用等情况的发生。

用户可以在手机上实现车位查询、预定、导航、移动支付及停车场管理等功能，解决了找车位难的问题，并一定程度缓解了交通拥堵。基于运营商提供的无处不在而又安全可靠的 NB-IoT 网络，车检器即装即用，部署成本大幅下降，并支持长达数年的使用寿命。

物联网技术是一个没有时空界限的传统产业和互联网技术相结合的应用，在潜移默化中给人们的生活带来翻天覆地的变化。

12.4　综合交通信息服务平台

综合交通信息服务平台将传感器、RFID 电子标签、无线通信、数据处理、网络通信、自动控制、视频检测、位置服务、信息发布等技术运用于整个交通运输管理体系中，从而建立起实时的、准确的、高效的交通运输综合管理和控制系统。

综合交通信息服务平台通过整合交通管理各业务系统和静态交通数据和动态交通数据，深入挖掘各种交通数据在交通管理决策中的应用，拓展交通指挥调度和事故应急处理的系统功能，提高交通指挥协调能力和交通智能诱导能力，提升交通管理水平。综合交通信息服务平台如图 12.8 所示。

综合交通信息服务平台通过监控、监测、交通流量分布优化等技术，完善公安、城管、公路等监控体系，建立以交通诱导、应急指挥、智能出行、出租车和公交车管理等系统为重点的、统一的智能化城市交通综合管理和服务系统，实现交通信息的充分共享、公路交通状况的实时监控和动态管理，全面提升监控力度和智能化管理水平，确保交通运输安全和畅通。

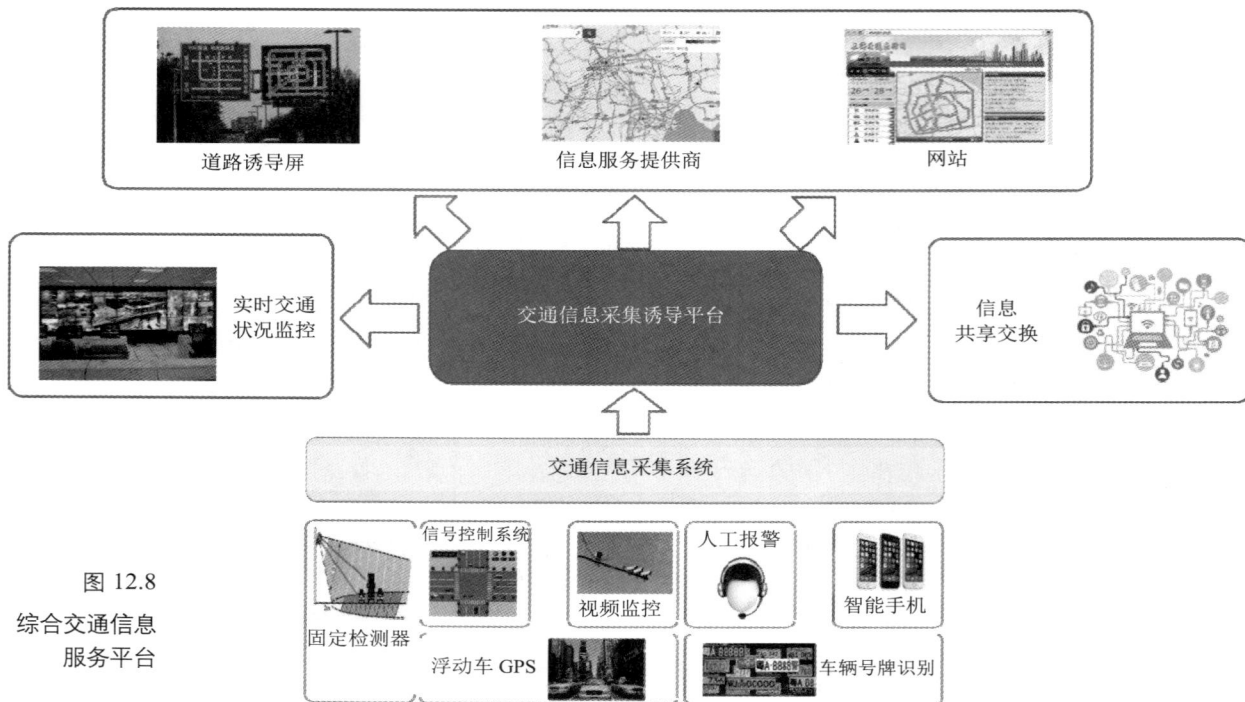

图 12.8
综合交通信息
服务平台

综合交通信息服务平台对海量交通信息进行采集、汇聚、存储和共享，包括地感线圈、GPS 浮动车、车牌识别、SCATS 信号控制路口等，实现多源交通信息融合处理和分析，实现了高速公路、地面道路和快速路三张路网交通状态全面自动判别。其面向政府决策的交通综合研判分析，采用密集型特大客流动态采集、分析和预警技术。

12.5　交通诱导系统

城市动态交通诱导系统由交通信息采集平台、交通数据综合处理平台和交通信息动态发布平台组成，系统组成和结构如图 12.9 所示。以下对交通信息采集平台和交通信息动态发布平台进行介绍。

1. 交通信息采集

交通信息采集包括实时交通参数的采集和交通事件的采集。实时交通参数（流量、占有率、平均车速）的采集主要通过各类车辆检测器实时采集道路上通行车辆的流量、占有率和平均车速等交通负载数据；交通事件主要包括交通事故、道路施工、车辆抛锚等引起的交通拥堵事件，以及重大活动时的交通管制和保卫措施。

其中，交通拥堵事件可通过专用的交通事件检测设备或人工进行采集，交通管制和保卫事件可由人工输入到交通诱导系统的事件库中。

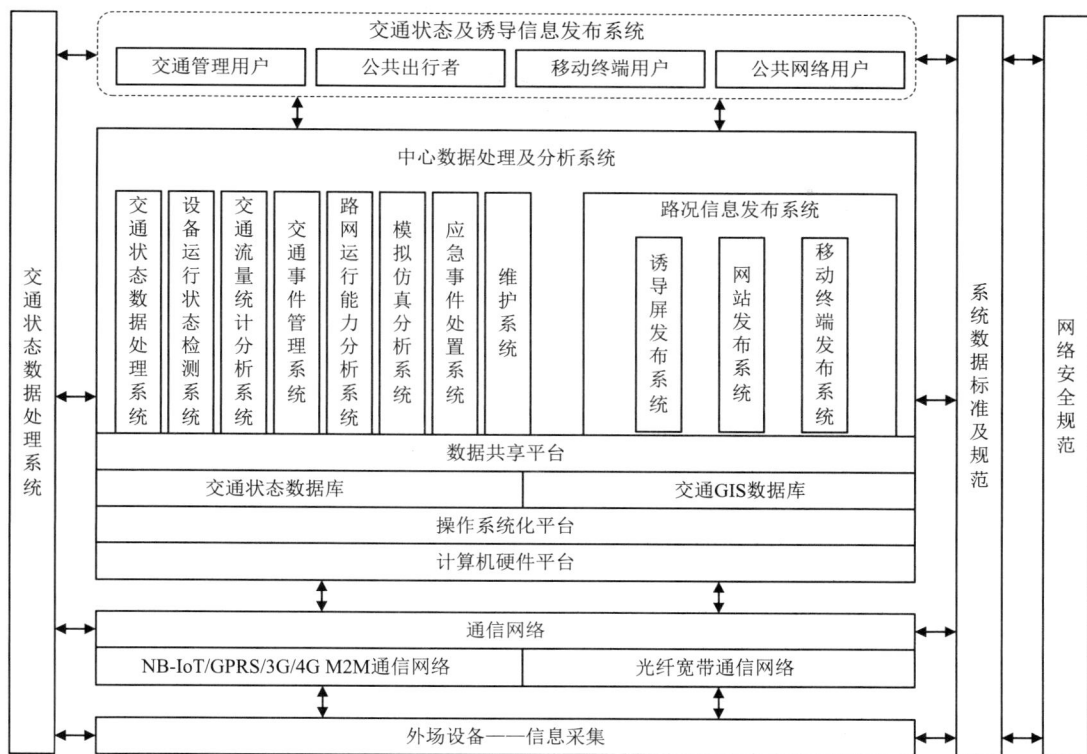

交通状态及诱导信息发布系统

| 交通管理用户 | 公共出行者 | 移动终端用户 | 公共网络用户 |

中心数据处理及分析系统

交通状态数据处理系统 / 设备运行状态检测系统 / 交通流量统计分析系统 / 交通事件管理系统 / 路网运行能力分析系统 / 模拟仿真分析系统 / 应急事件处置系统 / 维护系统

路况信息发布系统

诱导屏发布系统 / 网站发布系统 / 移动终端发布系统

数据共享平台

| 交通状态数据库 | 交通GIS数据库 |

操作系统化平台

计算机硬件平台

通信网络

| NB-IoT/GPRS/3G/4G M2M通信网络 | 光纤宽带通信网络 |

外场设备——信息采集

交通状态数据处理系统 | 系统数据标准及规范 | 网络安全规范

图 12.9
交通诱导系统的系统架构图

　　交通数据综合处理主要完成实时路况的生成、交通事件的生成，通过对采集的实时交通参数进行处理，生成路网中各路段的实时交通状态并保存在实时交通状态数据库中，一般分成畅通、缓慢和拥堵三个等级，也可根据实时交通参数（流量、占有率、平均车速）根据一定的事件判定算法生成交通拥堵事件。交通事件也可由专用的交通事件采集设备生成或人工输入到交通事件数据库中。

2. 交通信息发布

　　人们应根据城市路网的交通流分布特征，制定常发性交通堵塞和突发交通事件时的交通流组织及疏导预案，针对不同的系统采用不同的发布方式。

　　交通诱导信息屏（图 12.10）主要对出行车辆进行群体性交通诱导，由出行车辆根据诱导信息自主选择出行路径，采用绿、黄、红分别表示路段畅通、拥挤、堵塞。

　　面向车载和移动终端的信息发布通过移动终端发布实时路况及实时交通事件信息，可结合车载导航系统，为车辆提供更为先进、复杂的动态交通诱导服务。

　　面向公共网络用户的发布可以通过 Internet 网络以 GIS＋实时交通状态＋实时交通事件的形式发布城市路网的实时交通状态。

图 12.10
交通诱导信息屏

12.6　公交乘客信息服务系统

公交车还有多久到站？是否还有末班车？公交线路是否改道？

绝大部分市民都可能在日常生活中遇到这些问题，这也是目前政府迫切需要解决的出行难问题之一。

在城市化高速发展的今天，乘客的心理预期成为另一个影响出行方式选择的重要因素。以乘客候车为例，车辆到达时间越清晰、越准确，候车人的心情越淡定，到点挤上了车，会感觉很便捷；如果车辆到站信息缺失，则大多数候车人的心理会变得浮躁、焦虑，即使只需等候三五分钟，也会觉得很漫长，上了车也会感觉很痛苦。

为了实现"公交优先、以人为本、和谐交通、服务创新"的现代公交理念，公交乘客信息服务系统通过调度中心将公交线路上的车辆位置、车辆运行时间等信息快速、准确地显示给正在候车的乘客。在市区主要街区中途站设立电子站牌（图 12.11），为乘客提供实时、准确、便捷、高效的动态和静态导乘信息和其他相关信息，大大地方便出行者的计划安排。

公交乘客服务系统采用语音、文字、图像等方式向在站台候车乘客、车上乘客、所有乘客提供静态的和动态的信息，信息包括各线路经过的站点、首末班时间、线路所处的大致地理位置等、车辆到达本站的剩余时间、本方向沿线所有车辆的运行位置、与其他公交线路的换乘信息、到站站名、离站站名、天气道路紧急情况、所处的当前站

图 12.11
公交电子站牌

点和下一站要到达的站点等，方便乘客制订出行计划和优化出行线路。公交乘客信息服务系统如图 12.12 所示。

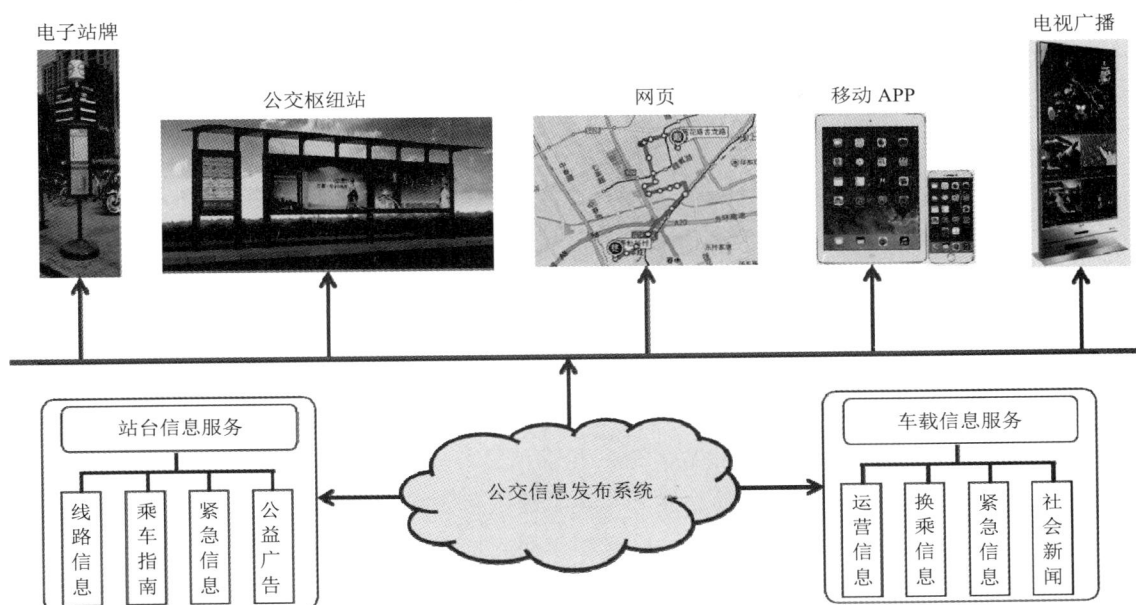

图 12.12 公交乘客信息服务系统

公交乘客信息服务系统主要提供乘车信息服务、资讯服务和应急服务。乘客信息服务在站台和车辆上通过多种方式（图片、语音、视频）持续地向乘客提供公交车辆到达预告、换乘信息、导向及时间等和乘车有关的信息服务；资讯服务可以播放重要新闻、天气预报、娱乐、广告等资讯信息；应急服务可用来传递紧急救灾、安防反恐信息，在发生紧急情况时，可立即中断正常信息发布，并通过声音和图像报警的形式，提醒乘客紧急避险。

站台信息服务是乘客信息服务的重要组成部分之一，该服务主要为乘客提供快捷的、有效准确的、利于乘客出行的静态和动态的导乘信息。其通过语音、文字、图像三种方式向乘客提供信息服务。语音服务通过数字语音广播系统向乘客发送服务信息、应急信息，文字服务通过站台 LED 显示屏进行信息发布，图像信息服务通过静态印刷图板展示线路、换乘等信息。

车载信息服务通过语音、文字、图像三种方式向车上乘客提供信息服务。语音服务通车载语音报站系统向车上乘客提供预到达信息、到站信息、离站信息、换乘信息等服务，驾驶员人工对车厢内外广播；文字服务通过数字移动电视进行信息发布，通过站节牌进行车辆信息发布；图像信息服务通过数字移动电视播放媒体信息。

公交电子站牌通过车载智能终端设备，实现对公交车辆的动态信息监控和定位跟踪，实现各类公交信息实时、准确地采集、通信传输、分析和存储处理，实现公交信息的及时采集和准确发布，为市民导乘提供服务。

公交电子站牌系统利用车载终端采集车辆实时运行位置，通过无线通信方式将感知数据实时传送到云监控服务平台。云监控服务平台对公交线路进行相应地定位和数据采集，并实现与电子站牌的即时通信，通过车载智能终端设备自身的精确定位功能和内嵌的软件系统，自动测算到达前方各公交站点的距离（站数），并将计算结果实时发布到公交电子站牌，为市民提供公交信息服务。

后台监控系统对公交线路的车辆信息（包括进出站信息、始发站、终点站、GPS 实时定位信息等）进行相应的定位和数据采集，通过与车载智能终端的即时通信，接收终端按程序设定的定时、定距采集模式上传的时间、位置、速度等参数，自动测算到达前方各公交站点的距离（站数），实现对公交车辆的动态信息监控和定位跟踪，并将计算结果实时发布到公交电子站牌。同时，系统定时采集站牌设备、电池的电压、电流和温度数据并监控，实现异常报警，保障公交信息发布的动态、实时、准确、完整。

公交电子站牌内置 NB-IoT 通信功能，带有电子线路牌、静态路网和换乘图的指示牌。电子站牌可以接收调度中心发来的相关信息。电子站牌主要显示的内容如下：

- 显示所有在线车数量，方便乘客了解运营信息。
- 显示下班次车辆距离本站距离和预测到站时间，乘客可以做好候车准备。
- 显示道路拥堵信息，以便使乘客做出合理换乘选择。
- 显示调度中心发布的紧急信息。
- 显示全线站点设置和站间距。
- 首末车特别提示和票价。
- 公交换乘提示。
- 中心发布的紧急信息。
- 社会新闻和广告信息等。

12.7 共享单车

12.7.1 共享单车概述

共享单车（图 12.13）改变了很多人的出行方式，环保、便捷、经济。与其在风中、在烈日下苦苦等待，不如扫一辆共享单车，让骑行者一下子感觉到生活还可以变得更美好一些。

分享经济有很多种理解，一种是网约车的模式，如滴滴、UBER 等，自己不拥有产品，没有车，也没有开车的人，就是牵线搭桥的一个平台，把两端匹配起来提供平台服务，赚的是平台的中介费。类似的模式有 Airbnb，其提供房屋分享租赁。

图 12.13
共享单车

另一种是共享单车的模式，如摩拜、OFO 等，自己制造自行车，但不卖自行车，而是卖自行车的服务。这种模式充分利用资源，做分时段租赁，消费者可以不求拥有，但可以使用。类似的模式是 WeWork，其实现共享办公室。

城市公共自行车通常是有桩自行车，政府主导实施，市民办证不方便，停车桩又难找，还出不了一个区，彼此不互通。

共享单车采用无桩自行车模式，可以实现随停随取，可有效解决最后一公里的通行难题。从世界范围来看，它是全新的自行车共享模式。伴随着城市地铁大规模的布局，围绕地铁站形成"骑—乘—骑"的新型出行模式。

目前全球城市都在向绿色转型，可以看出阿姆斯特丹、哥本哈根、纽约、伦敦、东京、上海等城市，都在往这个方向转，交通转型也势在必行。

12.7.2 共享单车的工作模式

共享单车的外观有很多种，大街上可以看到很多种颜色的共享单车，运营方为了给骑行者带来良好的使用体验，在开锁方式上面大胆创新，常用的方式包括 GPRS 长链接模式、GPRS 休眠模式、GPRS 关机模式、蓝牙模式、密码锁模式。由于蓝牙模式和密码锁模式不使用蜂窝网络，在此不做描述。

（1）GPRS 长链接模式

目前，GPRS 长链接模式通常采用 GSM 网络和 GPS 定位技术，设备一直处于在网状态，固定时间发送心跳包，以免长时间不用时被网络踢网。其时间可以自行设置，有的是 5 分钟，有的是 3 分钟。具体工作流程如下：

- 骑行者通过手机 APP 扫描自行车身上的二维码，将自行车的 ID 通过手机 APP 发送到后台服务器。

- 后台服务器收到 ID 后通过 GPRS 网络发送开锁信息给自行车电子锁的 GSM 模块。
- 电子锁收到开锁信息后进行开锁，同时将 GPS 位置信息和其他状态信息发送到后台服务器。
- 不管是开锁状态，还是关锁状态，GSM 模块都会定期上报 GPS 位置信息给后台服务器。
- 在关锁状态下，为了达到省电的目的，会延长心跳包的时间间隔。
- 在开锁状态下，GSM 模块处于休眠状态，保持长链接，也就是说 GPRS 链接一直存在。

这种方式的优势是可以准确地定位自行车的真实位置，实时性好，开锁时间短；劣势是系统耗电，通常采用太阳能供电、骑行时通过花鼓自发电等方式给锂电池充电。

（2）GPRS 休眠模式

目前，GPRS 休眠模式也是采用 GSM 网络和 GPS 定位技术，但是 GSM 模块通常处于休眠状态。具体工作流程如下：

- 骑行者通过手机 APP 扫描自行车身上的二维码，将自行车的 ID 通过手机 APP 发送到后台服务器。
- 后台服务器收到 ID 后通过短信发送开锁信息给自行车电子锁的 GSM 模块。
- 电子锁收到短信后唤醒 GSM 模块，主动和后台服务器建立 GPRS 连接，同时进行开锁，并且将 GPS 位置信息和其他状态信息通过 GPRS 网络发送到后台服务器。
- 不管是开锁状态，还是关锁状态，GSM 模块都会定期上报 GPS 位置信息给后台服务器。
- 在关锁状态下，GSM 模块处于休眠模式，后台服务器定期发送短信唤醒 GSM 模块，同时模块建立 GPRS 连接并上报位置信息。
- 在开锁状态下，GSM 模块处于休眠状态。

这种方式的优势是可以准确地定位自行车的真实位置，相对于长链接的方式会更加省电一些；劣势是实时性不好，因为短信在高峰期容易堵塞，开锁时间有时可能会比较长。

（3）GPRS 关机模式

目前，GPRS 关机模式是采用 GSM 网络、GPS 定位技术和 BLE 蓝牙技术，GSM 模块通常处于关机状态，通过蓝牙进行开锁。具体工作流程如下：

- 骑行者通过手机 APP 扫描自行车身上的二维码，将自行车的 ID 通过手机 APP 发送到后台服务器，同时启动自行车的蓝牙模块。
- 后台服务器收到 ID 后发送蓝牙匹配密码给手机 APP，APP 会自动完成手机和自行车之间的蓝牙匹配，并进行开锁。
- 完成开锁后，将 GSM 模块开机并建立 GPRS 连接，定期上报 GPS 位置信息。有些应用是 GSM 模块开机之后只上报一次 GPS 位置信息，然后直接关机。有些应用是后台服务器获取手机 APP 的 GPS 位置信息，如果使用手机开锁的人和真正使用自行车人的不是同一个人，那么后台服务器的位置就不一定准确。

- 在关锁状态下，GSM 模块通常处于关机状态，但是 GSM 模块会定时开机并上报位置信息给后台服务器。

这种方式的优势是开锁时间最快、用户体验好、维护方便、并且更加省电；劣势是需要增加 BLE 蓝牙功能，成本相对高一些。

12.7.3　共享单车利用 NB-IoT 实现创新

大家会发现，随着共享单车的数量快速增长，同一地方停靠的单车数量也越来越多，但想开启某一辆单车的成功率也越来越低。

目前，由于大多数的共享单车采用 GSM 网络，而 GSM 网络基站的承载有限，在网络拥塞的情况下，GSM 网络会优先保证通话质量，对于 GPRS 通信存在踢网的可能。

对于电池的工作时间，也是一种考验，有些采用花鼓自发电，有些采用太阳能电板，有些干脆采用定期人工更换和维护，对长期运营带来了很大的挑战。

由于共享单车是满足人们便捷出行的目的，分布范围很广，需要广域网通信技术的支撑。

NB-IoT 由运营商承建网络和运营，具有广覆盖、低功耗、低成本、大连接等特点。目前，有些运营商已经开始逐步关闭 2G、3G 网络，正在大规模启用 NB-IoT 网络。

NB-IoT 网络具备广覆盖能力，即使在地下车库、地下室等普通无线网络信号难以到达的地方也容易覆盖到。有些人把共享单车放到地下室，也便于运营方能找到。

NB-IoT 终端的功耗非常低，即使让设备一直在线，使用电池供电也可以运行几年。共享单车不用采用外部供电的方式，把从几个月就要更换电池的工作量延长至几年的周期。

NB-IoT 基站具备大连接的特性，每个小区可支持 5 万个用户，比现有 2G、3G、4G 移动网络有 50~100 倍的用户容量提升，不用担心被踢网的可能。

随着 NB-IoT 技术的规模化使用，共享单车可以利用 NB-IoT 技术进行多种创新。也许，其中一项创新，就能带来用户体验的终极提升！

第13章 智 能 表 计

智能表计是"互联网＋能源"的重要入口，常用的表计包括智能水表、智能电表、智能燃气表和智能热量表，以及形形色色的工业计量用表。这些表计的特点通常是固定式安装、分布面积广、数据通信量低、功耗要求高。

不同的领域需要不同的表计，不同的表计也需要不同的技术来支撑。远程抄表已经发展了 20 多年的历程，层出不穷的技术都想满足智能表计的诉求，NB-IoT 技术也是如此。

13.1 智能表计概述

智能表计也称为高级计量体系（Advanced Metering Infrastructure，AMI），为用户和后台服务器系统之间提供双向通信功能，不仅可以测量、收集、储存、分析和运用用户对水、电、气、热等能源的使用情况，也可以向用户提供分时计价信息和远程切断供应服务。用户可以根据智能表计提供的即时信息，如低峰时期的低价优惠，改变能源消费习惯。智能表计可以实现能源阶梯定价、平抑能源消费高峰，将用户和公共事业服务公司紧密相连。

智能表计可以节约人工抄表成本、减少产销差、实现调峰错谷。阶梯定价是智能表计渗透率提升的巨大驱动力。目前水、电、气、热等领域均已大范围实行阶梯定价制度，而传统仪表无法满足在计算阶梯价格关键时间点上同时抄收全部数据，因此其在阶梯价格政策下计量手段的落后促进了智能表计的推广和使用。

利用智能表计的远程抄表功能，就可以对消费者使用的水、电、气、热等数据进行大数据分析，便于政府职能部门和相关运营企业掌握详细的数据曲线，根据实际情况进行科学的规划和调度，最终达到节能减排的目的。工业表计如图 13.1 所示。

智能表计可以实现自动计量和收费，改变了传统的"人工抄表—计费—收费—催费"的管理模式，减少漏抄、少抄、误抄等机械计量仪表的弊端，节省人力成本提高效率，同时保护居民生活的私密性。

智能表计的控制部件可以中断能源供应，解决长期欠费问题。智能表计还可以实时监控被测对象的能源使用量，快速定位管网漏损点，改变传统逐一稽查的方式，减少人力消耗，避免能源浪费。

因此，智能表计广泛应用于国民经济生活的各个领域，包括自来水公司、电力公司、燃气公司、供热公司、房地产公司、物业公司、大型工矿企业、学校和酒店等单位。

图 13.1
工业表计

13.2　远程抄表服务体系

为推动智慧能源建设，改善家用能源管理现状，水、电、气、热等计量表计都可以通过物联网技术来实现远程抄表。不管是智能水表、智能电表、智能燃气表，还是智能热量表，这些表计都具备对应的感知功能和控制功能。

智能表计的感知功能能够对各自的能源计量、自身状态、使用环境等信息进行感知，并将感知信息通过通信传输功能上传到综合管理平台、能源服务平台和用户服务平台。

有些智能表计具备控制功能，可以进行预设的自我控制，也可以根据用户平台和管理平台的控制命令来执行控制。例如，用户欠费时的自动关阀、跳闸功能，磁干扰环境下的强磁锁定功能以及执行远程实时调价、远程阀控等命令的功能。水表远程抄表如图 13.2 所示。

综合管理平台包括了用户管理、远程抄表管理、远程阀控管理、远程调价管理、远程阶

图 13.2
水表远程抄表

梯价格管理、运营维护管理、信息安全管理、通信设备管理、感知控制信息数据管理、系统升级管理等功能。

能源服务平台包括能源公司服务平台、政府服务平台和社会公共网络服务平台。能源公司服务平台是由对应能源公司主导的为能源用户提供感知信息服务和控制信息服务的平台。政府服务平台是由政府主导的为社会企业、公众提供信息资源、市场资源、法规监管、公共数据等服务的平台。社会公共网络服务平台是实现社会信息资源开放共享的平台，政府、企业、公众均可以将其想要开放的信息投放到该平台，实现信息的共享。

用户服务平台为各种用户提供网络查询、网络支付、网络提示、网络预期、服务数据下载、在线业务申报等服务。

1. 智能表计的技术方式

目前，智能表计技术主要采用 IC 卡表、光电直读、无线远传三种技术。

IC 卡表按卡的类型不同，可分为存储卡、逻辑加密卡和 CPU 卡；其按卡的接触方式不同，又可分为接触式 IC 卡和非接触式 IC 卡。IC 卡表优点是先交费再用能，保证交费率，缺点是耗电量大，电池、卡片、卡座、磁阀维修更换频繁。

光电直读表自带的光电直读组件读数后通过计量仪表总线上传至数据采集器，再通过有线/无线方式上传至数据集中器，进而通过通信网络上传至管理机终端。光电直读表的缺点是总线布设成本高，适用于新区建设而非老区改造。

无线远传表自带数据采集器，直接通过无线网络上传至数据集中器。无线远传表成本较高，依赖无线信号的稳定性。无线抄表方案由直读远传表、无线采集器、抄表服务平台组成，方案结构简单，维护方便。

2. 远程抄表的采集方式

远程抄表一般来说由智能表计、通信网络、现场工程三部分组成，其中，设备调试和现场工程最为复杂。通信网络如果采用运营商的网络，则会具备网络传输可靠、数据保密性强等优点。客户也可以自行通过后台服务器定义抄表频次和数据上传频次，用于满足不同业务的需求。

远程抄表的采集方案共分为三种。

（1）一体式智能表计

一体式智能表计安装使用简单，用户可以像使用普通表计一样安装使用，没有任何现场工程，适用于安装在无线信号覆盖较好的环境。其可以用于新建小区和旧改小区，特别适合于旧小区改造、别墅区、绿化用表、快速干道表等相对分散的环境。其采用电池供电，可根据需求自行在后台服务器设置抄表的频次和数据上传的频次。

（2）分体式智能表计

如果表计安装在地面以下或者安装在密闭空间，无线信号覆盖不好，通过分体式的安装将通信部件移到地面以上或有信号的地方，这样就不用改变安装位置来解决信号传输问题。分体式智能表计比较常见的应用环境为大口径表计。其采用电池供电，可根据需求自行在后台服务器设置抄表的频次和数据上传的频次。

（3）表井集中采集

表井集中采集将一个单元或一栋楼的表计通过总线连起来完成数据采集和通信控制功能。其最大限度地减少了现场工程量，适用于新建小区，更适各种老旧小区改造，以管道井为单元，最大限度地兼顾了成本和工程量。

13.3　智能水表

智能水表（图 13.3）可实现集中抄读、远程抄读和实时抄读，数据客观、准确，既可实时读取、实时监控表计的运行状况，又可加载水质、水压等监测，方便水务公司进行数据分析和加强用水管理，还可以提供智能收费等管理和服务，融入智慧城市建设，解决了机械水表人工抄读效率低、抄录数据误差大、自来水公司长期垫资运营等状况。

受安装环境、测量介质等诸多因素影响，智能水表不像智能电表可以实现精准计量。智能水表长期运行在潮湿、生锈环境中，电控模块极易发生故障。由于南北水质、地表水、地下水等指标不一致，水表口径、安装方式和安装环境都不尽相同，因此无法建立统一的技术路线和标准。

相对于智能电表的无线通信具备完善的规范体系，而智能水表没有完善的无线接入标准体系，很多小无线的射频性能不稳定，通信频谱资源紧缺，较难形成大面积的无线抄表系统。

图 13.3
智能水表

1. 水表分类方式

水表按照计量方式来区分，包括纯机械式水表、机电结合式水表、全电子式水表。只要有运动部件的就算机械式水表。机电结合式水表是在有运动部件的机械结构上加装电子采样和计量功能。全电子式水表没有运动部件，包括超声水表、电磁水表等。

水表按照量程来区分，包括 R50～R1250；按照精度来区分，包括一级和二级。水表一般为二级，但现在随着电子技术的发展，也出现了一级精度的水表。纯机械式水表不可能达到一级。量程比是在约定范围内其计量精度都能达到规定的二级或者一级计量精度，量程越宽，就说明表计线性越好，质量越高。

水表按照抄表方式来区分，包括人工抄表、有线抄表、无线抄表。人工抄表需要人工进行抄表，最难的是入户，极大地增加了人工和安全隐患。有线抄表需要布线，对施工要求太高。随着无线通信技术的成熟，特别是运营商网络的大面积使用，才使得水表智能化真正的发挥了作用。

2. 水表机电转换技术的发展历程

1990 年左右，水表计量是通过干簧管进行脉冲转换来实现机电转换。

1995 年左右，水表采用霍尔元件替代干簧管以降低外部磁场干扰和防抖动。

2000～2005 年，百花齐放时代，出现了光电直读技术、摄像式直读技术、电阻触盘式技术，其中光电走读技术也产生了透射式、对射式、反射式等类型。

2006～2012 年，市场对一些不成熟的产品进行了淘汰，远传水表开发更趋理性，更强调稳定可靠，计数要求准确。在大面积使用过程中光电式对射直读技术和产品趋于成熟并得到了用户的一致认可。

随着客户对水表计量精度要求的提高，原有的机械计量技术已经不能满足用户的需求，电子计量技术得到了快速的发展。目前，超声计量技术、电磁计量技术、速度感应技术已经广泛应用到水流量计量产品中，在始动流量、量程比、计量精度方面相比传统的机械计量技术有较大的优势。

3. 水表通信技术的发展历程

1990 年左右，智能水表行业借鉴电表、安防等行业经验，采用 RS-485 总线技术来解决自动抄表的功能。

2007 年左右，智能水表企业在欧洲 Mini-BUS 总线的基础之上演变了国内的 M-BUS 总线。但各企业的 M-BUS 总线电平处理方式有细微差别，各厂家的产品之间兼容性较差。总线通信技术方案由于存在大量工程布线工作，因此主要用于新建楼盘和小区，必须在弱电建设时期介入预留布线管道，不适用于旧小区改造等不方便布线的环境。

2010 年左右，随着智能抄表在水行业的广泛应用，部分城市除了新建楼盘采用智能水表，周期更换项目也开始采用智能水表。旧小区无法布线，原有总线通信方案的弊端暴露出来，在这种背景下小无线通信技术开始在智能水表上应用，包括 ZigBee、FSK、LORA 等。无论哪种小无线通信技术在实际应用过程中都无可避免出现信号干扰、穿透能力有限，无法保证无线水表大面积应用过程中信号的有效覆盖和通信稳定性。

2013 年左右，随着 GPRS 流量费用的大幅下降，原来只用在集中器之类设备上的 GPRS 技术开始向智能水表终端转移。

2014 年左右，物联网水表将智能水表在水司应用趋向于简单化，供水公司可以像普通水表一样去安装和维护。为周期更换水表业务提供了一种更简便的智能化手段。但是也存在一些问题：第一，由于水表安装位置一般在角落或比较密闭的管道井，部分水表的位置基站信息并不好，在大面积使用过程中总会碰到一些点信息不好无法保证通信稳定性；第二，采用 GSM 模块通信功耗过大，无法进行实时双方通信，只能采取定向唤醒通信的方式。

民用无线抄表解决方案发展历程经历了四个阶段：

第一阶段是采用集中器和采集器树形组网模式。其优点是解决入户难、调价难、监控难问题，缺点是采集器需求量大、维护难、采集器覆盖范围有限、采集器和集中器均需市电供电。

第二阶段是采用无线自组网模式。其优点是表计承担路由，不需要采集器设备，缺点是路由采集层级过多时通信延时大大增加、成功率下降、表计功耗增大，表计节点会影响路由的可靠性。

第三阶段是采用扩频集中器星形组网模式。其优点是集中器直接抄收大部分终端、个别死角通过中继器路由，星形网络简单可靠、中继器电池供电，缺点是需要安装集中器和少量中继器。

第四阶段是采用 NB-IoT 低功耗广域网直联模式。其优点是前期投入低，用户无须自己建设基站，设备商无须维护基站，缺点是需要长期资费和依赖运营商的网络覆盖范围。

4. 智能水表的通信方式

智能水表需要低功耗、低成本、数据安全可靠、不需自组网络、数据双向传输、网络接入方便的无线通信技术。

目前，智能水表的数据传输和网络接入技术包括总线组网（M-BUS、RS-485）+GPRS网络、无线自组网络（局域、广域网）+GPRS 网络、终端表计+GPRS 网络、无线自组网+城市光纤/铜线接入网络。

智能水表对无线通信的基本要求为通信功耗低（电池供电、长期工作），模块和资费低（水表产品售价低），双向通信、工作可靠、数据安全（工作环境恶劣）。

智能水表的发展趋势是需要电池供电、传感器增多、通信频次增加、表计具备自检自校报警等功能，终端厂家不必自己组网等。

智能水表安装和使用便捷、环境适应能力强、具备大数据采集能力、拥有实时控制和预警、较低的功耗和较大的社会效益。

13.4　智能电表

目前，智能电网建设已经全面展开，可以充分挖掘能源的利用率，包括发电、蓄电、输电、配电、用电及终端用户的各种电气设备和用能设施，通过物联网技术有机地连接在一起，为电力终端客户提供全面服务，最终实现节能减排，促进低碳经济发展。

智能电网包括 AMI、高级配电资产运行（Advanced Distribution asset Operation，ADO）、高级输电运行（Advanced Transmission Operation，ATO）和高级资产管理（Advanced Asset Management，AAM）四大模块。其中 AMI 是智能电网的关键体系，而智能电表又是 AMI 的核心。

智能电表作为核心设备主要实现电能计量、阶梯电价、需量测量、费率和时段、冻结、预付费功能、参数设置、事件记录和上报、远程通信、本地通信、数据采集存储、编程、电价计费等功能。

耗电量作为经济运行的重要指标，智能电表每日采集的大量数据，可以精准还原每个家庭的用电习惯和生活习惯。每只智能电表都有唯一的身份编码，不仅监测每只电表，而且每天采集电流、电压等各类数据，通过对海量数据的智能分析，可以对异常用电情况实施跟踪和报警。

智能电表是智能电网的智能终端和数据入口，为了适应智能电网，智能电表有双向多种费率计量、用户端实时控制、多种数据传输模式、智能交互等多种应用功能。

智能电表需要较高速率的数据传输、频繁的通信和较低的延迟。由于电表是由电源供电的，因此并没有超低功耗和长电池使用寿命的需求（除经常断电的区域，该场景需要电池供电）。并且还需要对线网进行实时监控以便发现隐患时及时处理。

大数据带来的效果，是可以将预警工单和抢修工单实时推送给相关人员，变以往的被动抢修为主动修理，将设备缺陷消除在萌芽状态。

智能电表由测量单元、数据处理单元、通信单元等组成，具有电能量计量、信息存储和处理、实时监测、自动控制、信息交互等功能的电能表。单相、三相智能电表都是多功能意义上的电能表，是在电能计量基础之上重点扩展了信息存储和处理、实时监测、自动控制、信息交互等功能。

智能电表的工作原理是采用计量芯片或 A/D 转换器对用户供电电压和电流实时采样，通过 MCU 进行处理计算，完成峰谷、正反向或四象限电能的计量，并将电量信息等通过显示或通信的方式输出。

目前，采用智能电表不仅可以实现对电能质量进行监测，而且可以通过仪表的网络通信接口实现双向数据远程传输，组成分布式测控网络系统。

智能电表不但能显示用电量，而且能显示电能价格，能实现连续的带有时标的多种间隔用电计量，而且具有电量冻结功能，可以存储特定时刻的电量数据，如设定存储月末零点时刻的电量数据，为实行居民用电阶梯电价收费奠定基础。

先进的智能电表还代表着未来售电市场最终用户智能化终端的发展方向。随着售电侧改革的不断推进，智能电表公司将有机会进入售电市场和能源互联网这一新领域。

13.5　智能燃气表

天然气市场的快速发展，主要得益于目前全球范围内对清洁能源的大力支持，催生市场需求，这也成为智能燃气表应用迎来蓬勃发展的机遇。天然气计量每提升 0.1%准确度，就能减少 1.8 亿立方米的天然气损失，间接带来巨大的经济效益。

近年来我国大力发展城镇居民天然气普及工作，给智能燃气表行业带来了很大的希望。随着燃气的普及和燃气公司运营管理水平的提升，智能燃气表的基数和比例均将稳定上升。

燃气表相较于电表和水表，出于安全性的考虑，安装稍显麻烦，而且需要 1~2 年的测试时间。

传统燃气表通常是机械式膜式燃气表，采用机械计数器字轮得到燃气计量数据，使用较为广泛。

智能燃气表一般以膜式燃气表为计量基表，加装流量信号采集模块、无线传输模块等，除具燃气体积计量功能外，还具有计量数据机电转换、无线射频数据传输、阀门遥控等功能，适用于居民小区等用户的燃气远程集中自动抄表系统。

智能燃气表主要包括 IC 卡燃气表和无线远传燃气表两大类，IC 卡燃气表始终带电，对电池要求较高，适用于宾馆、酒店、学校食堂、机关单位和商业网点等不好集中管理的零散用户使用。

13.6　智能热量表

智能热量表主要集中在需要集中供暖的地区和一些工业领域。

智能热量表的功能包括供热计量、分户控温、系统控制，实现从热源、换热站、管网到热用户的整个供热系统的监控，达到供热计量智能化、住户用热自主化、系统调控自动化、政府监管科学化，提高供热系统的管理手段，实现供热系统的整体节能，调高调度效率，便于管理决策，从而实现节能降耗效果。

智能热量表是用于测量和显示热交换回路中载热液体所释放（吸收）的热量的仪表，其工作原理是当水流经热交换系统时，根据流量传感器给出的流量和配对温度传感器给出的供回水温度，以及水流经的时间，通过计算并显示该系统所释放或吸收的热量。

智能热量表系统实现的功能如下：

- 集供热计量、管理、计费、节能等多功能于一体。
- 直接计量用户实际耗热量，直观准确，避免了热量分摊法、热量分配法带来的不透明性。

- 定时远程抄取热量表运行数据，实时远程监控、管理供热系统和用户供热运行状态。
- 具备异常报警功能，监视功能保障系统安全稳定。
- 热量表可以本地显示用户用热量和供热数据，数据采集器配置本地显示屏，实现用户供热其他信息、缴费信息的现场查询，方便调试、运行和维护。
- 数据远距离传输至管理平台服务器，可与供热管理部门金融收费部门实现数据共享，易于管理、收费等。

13.7 远程抄表利用 NB-IoT 实现创新

NB-IoT 技术应用于智能表计示意图如图 13.4 所示。

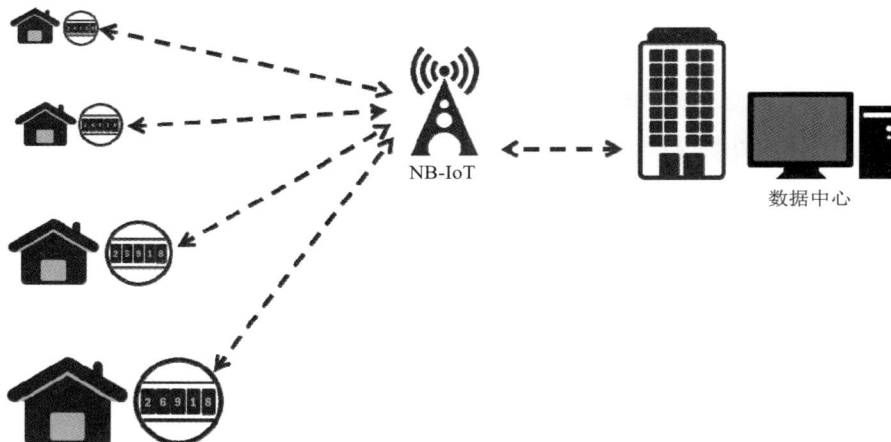

图 13.4
NB-IoT 智能表计

对于不同的智能表计，表 13.1 列出了使用 NB-IoT 技术的优势体现。

表 13.1　不同的智能表计使用 NB-IoT 技术的优势体现

智能表计	优势体现
智能水表	电池供电，NB-IoT 信号覆盖范围广，数据通信量低，降低工程施工和日常维护工作量
智能电表	NB-IoT 信号覆盖范围广，数据通信量低，降低工程施工和日常维护工作量，个别经常性停电的区域需要电池供电，可自动搜集停电供电的运行状况
智能燃气表	电池供电，NB-IoT 信号覆盖范围广，数据通信量低，降低工程施工和日常维护工作量，有些地区需要具备远程关闭闸门的功能
智能热量表	电池供电，NB-IoT 信号覆盖范围广，数据通信量低，降低工程施工和日常维护工作量，有些地区需要具备远程关闭闸门的功能
智能工业表计	电池供电，NB-IoT 信号覆盖范围广，数据通信量低，降低工程施工和日常维护工作量，适合于大型工业区、郊野环境等其他无线信号难以覆盖的区域

　　NB-IoT 技术将助推智能表计的快速演进，这些智能表计在数据传输方面不需要任何中间环节，从仪表直达数据平台，所有的调试完全在后台服务器完成，方便实现直接控制和阶梯定价。由于 NB-IoT 是基于运营商的可运营网络，其信号相比小无线更加稳定，兼容性更高，抗干扰能力更强。

　　物联网技术的应用已经成为传统行业发展的必然趋势，是智能表计发展的重要技术支持，可以为仪器仪表行业拓展出许多新的市场，创造出更大的价值，像节能减排、城市规划、环境监测等领域都可以通过智能表计作为源头实现进一步的完善。

第14章 智慧水务

　　某城市，许多小区的水量突增，持续长达两个月，后恢复正常。水司人员经过大量排查，发现既没有管网漏水，也没有大面积盗水情况，并且水量突增的现象是发生在晚上 8 点 15 分左右，持续时间只有 5～10 分钟。

　　经过一系列的分析和论证，结论是一部热播电视剧在插播广告期间，多数电视观众上洗手间导致该时段的水量突增。

　　智慧水务是现代信息技术与水务过程控制和内部管理系统深度融合的一种业务新形态。通过挖掘和运用水务信息资源，提升管理效率，从而科学地管理城市供水、用水、排水、污水处理、再生水利用等工作。

14.1　智慧水务概述

　　水是人类生活的源泉，随着城市的发展，智慧水务是一项基本的民生工程，包含水资源调度、水环境治理、饮用水安全监测、水表抄表、防汛抗旱、管网维护、污水排放监测、地下水监测、山洪灾害监测等需求。为了实现水资源、水环境、水安全的系统化管理，每个城市都需要利用物联网、互联网、大数据等技术来实施智慧水务系统工程，旨在提升水务行业社会管理和公共服务能力、保障水务可持续发展。

　　水务行业生产管理技术和运营理念普遍较为陈旧，缺乏翔实的数据支撑，导致了不合理的生产调度、过高的资源消耗和浪费。常见的现象如下：

- 水表抄表是一项巨大的工程，大量抄表员需要挨家挨户进行数据采集和整理。
- 一场不知多少年一遇的暴雨，可以让当地的水务、防汛、应急部门手忙脚乱。
- 消防栓的跑冒滴漏，供水管网的不及时巡检，能漏掉 1/3 的饮用水。
- 水污染问题日益严重，水源地、地下水、饮用水、农田庄稼等都是被害对象。

　　水务系统需要监测的要素包括横断面水位、流量、流速、压力、水质、pH、压力、浊度、总氯、氨氮、总磷、溶解氧（DO）、化学需氧量（COD）、生化需氧量（BOD），并且要做到间隔 15 分钟采集一次，需要实现水资源管理的定量监管、信息共享、业务协同和辅助决策；优化供水调度监测预警体系，完善监测预警、综合评估、智能分析功能，探索城市供水智能调度，实现对供水安全突发事件的预警联动、智能响应和快速应急处置。

智慧水务实时感知城市供排水系统的运行状态，将物联网、大数据、云计算和移动互联网等新技术融入水务的各个环节，动态管理水务系统的整个生产、管理和服务流程，实现智慧化决策、水务管理和服务协同化运作。除此之外，还可以进一步分析出不同群体的用水习惯，从而更加科学合理地指导给水管网建设和改造，具有全面感知、互联互通、智能决策、主动服务等特点。

14.2 水务行业现状分析

供水行业必须具备不可间断运行的高安全可靠性，配水管网覆盖区域庞大而且结构复杂，水资源普遍不足，水源地水质不佳甚至恶化，常规净水处理工艺难度大，供水量容易受到随机因素干扰，供水管线设施具有隐蔽性、管材多样性、年久失修等特点，并且具有天然的区域性因素。

供水行业的工艺特征主要体现在用水量的波动性，供水量要满足用户实时动态和随机的消耗，并且确保 7×24 小时有水，水产品没有被召回的可能，必须达标，工艺具有系统性失联，各种参数相互影响，某一个局部问题甚至会影响全局，监测的实时性差，有许多水质指标参数还无法在线监测，需要到化验室检测，检测结果有时会达数天甚至更长。

因此，自来水生产和配送过程具有多参数、非线性和大时滞的特性。这些因素导致自来水的生产和输配送过程错综复杂，依靠人力运营带来了许多不便和困难。智慧水务建设的一个根本需求就是要辅助企业进行高效的管理和运营。

例如，污水厂的出厂水中 COD 指标有突变时，一般业务人员可能会从进水情况、BOD、在线监测设备比对，并从生化池中含氧量等方面去着手检查。但在实际过程中，很有可能不是这些因素，而是在线监测时段之外的重金属离子超标抑制菌种或是难以生物降解的 COD 进入等原因，那就很难根据历史经验来进行判断。如果智慧水务中的感知层比较发达，对污水厂集污管网中有一个系统的在线监测布局，那么就能够做出一个相对比较正确的判断。

水务模型在实际应用的过程中，很少得到用户较高的评价。这主要是因为在实际应用过程中，没有起到实效。例如，当管网压力降低，流量突增时，我们有理由判断，存在管网爆裂发生漏损所致，但要明确漏点在哪个地方，或者定位误差必须在直径 1 米范围以内，这就需要靠智慧水务的手段，依靠智慧水务软件、传感器等，由面及线（先判断哪个区域及区域中的哪条管网），再由线及点（管线上的哪个点），明确推断出漏点在哪。反之，如果推断不出具体漏点的，那么就要排除漏损存在的可能，应从其他方面找到判断结论。

智慧水务有时用否定的形式来突破经验的局限，从而提示答案的更多可能性。这就是用智慧的确定性来解决经验的模糊性问题，这也是智慧水务的价值所在。

14.3　智慧水务的需求分析

飓风起于萍末，大风暴是从一个个小风波而来的。当一个水司漏损率呈增长趋势时，必然存在许多因素，而且"冰冻三尺非一日之寒"，可能是在水管材料上出现了问题，也可能是管道施工的质量有问题，或者是计量表计上有较大的误差，也有可能是新拓展的供水区域出现了问题，有些可能是物理漏损，也有些可能是管理漏损。

智慧水务就是通过一个系统，从具体中抽象出规律，从规律中推断出一些具体的结果，从而达到预测、预警，提供多个具体操作方案。以上是对智慧水务的一个实用性层面上的要求。如果智慧水务系统中没有突发事件，那将是一个很高的境界。

在完善的智慧水务系统中，水务公司的任何一项经营指标都不会是没有原因的变化。如果涉及自来水业务中的几项重要指标：单位能耗、药耗、制水损耗、管网漏损、水费回收率、水质指标、水压指标等，这些都应该在智慧水务系统中能够得到即时反映或及时反馈，形成一个良性的闭环系统。这是智慧水务现实中的根本需求。

显然，智慧的成分更多的是建立在一个大数据的基础上，找到大数据的相关性，然后得出一些人们没有意识到的结论，或者用来验证逻辑思维得出结论的准确度。人们用以判断的基础和手段就是对水务大数据的分析和挖掘。

在智慧水务中的大数据主要来自在线监测数据的硬件设施，质的要求主要是速度和精度的要求，量的要求主要是纵向的历史数据和横向的相关数据。数据挖掘的目的就是让现象如何更接近于真相。大数据在有足够数据量的支撑下，可以引起质变，接近真相只是一个水到渠成的结果。

14.4　智慧河流实时监测系统

智慧河流的目的是提升旱涝预警、水生态监测、水利工程设施监控、水资源监控、水土保持监测等智能化水平。但是，为了满足高安全性、高可靠性、高稳定性、高全面性、高时效性的河流智能化管理要求，目前仍需解决以下问题：

- 监测手段落后，不能全面捕捉所需的调度信息，而且各种监测仪器之间缺乏关联，没有进行很好的布点方案设计，难以捕捉整个观测区域的有效信息，信息传送速率慢。

- 现有自动化系统设计中被动地执行智能调度系统发送的控制指令，没有自身的控制模型，在对某个监控站和调度系统失去联系时，联合控制或应急控制会产生问题。

- 感知系统会产生大量的多源异构数据，随着系统运营时间的增加，数据量会高速膨胀，并且不可避免地会存在无意义的冗余，这将很大程度上制约数据信息的充分运用。

- 目前业务系统重在对水利模型的研究，很少考虑对影响河流管理的安全风险因素进行综合诊断分析和联动预警，侧重于常规状态的业务管理方案编制和正常状态下实时调度方案的生成，尚没有考虑对突发事件和安全隐患的智能处置。

- 现有的预警发布手段方法单一，没有充分利用先进的技术和多种终端设备，让更多群众参与应对各种突发事件避免损失。

智慧河流的感知技术包括传感器对信息数据的采集及无线通信技术。其具体感知内容包括河流的基本信息、气象信息、水雨情信息、水质信息、引水退水信息、旱情信息和工情信息等。

- 基本信息包括干流水系情况、支流水系情况、重点河段情况，帮助水量调度人员能准确了解河流各段的自然情况。

- 气象信息包括天气现象、温度、相对湿度、风向、风力、大气压力、紫外线指数等。

- 水雨情信息包括时段雨量、日降雨量、次降雨量、水库水位、河道水位、堰闸水位、潮位水位、雨量监视、水位监视、累计雨量分析、等值线分析。

- 水质信息用以表示水环境质量优劣程度和变化趋势的水中各种物质的特征指标，包括水的混浊度、透明度、色度、嗅、味、水温、pH、BOD、COD、DO、微量有害化学元素含量、农药和其他无机或有机化合物含量、大肠杆菌数、细菌含量等。

- 引水退水信息包括引水日均流量、水库的入库流量、泄流量，引水退水工程保障灌区正常引水，减少灌排渠系淤积，严格控制退水含沙量，严防浑水淤积排水河道。

- 旱情信息包括降雨量、蒸发量、地下水位、蓄水量、土壤墒情、缺水率等。

- 工情信息作为描述和反映水利工程运行状况的手段，是抗洪抢险指挥决策的重要依据，包括各类防洪工程主体实时工作状态，堤防工程发生的决口、漫溢、漏洞、管涌、渗水、淘刷、浪坎、滑坡、裂缝、沉陷、护坡（护岸）损坏，涵闸等穿堤建筑物发生的闸体滑动、渗水、管涌、裂缝，水库工程发生的坝体裂缝、渗漏、管涌、塌坑、滑坡、坝坡冲刷、决口、漫顶、漏洞、闸门启闭失灵等。

智慧河流感知的具体数据格式包括文本、语音、图像、视频和相关遥感数据采集技术。采用传感、遥测等技术构建河流流域水资源信息采集系统，实现对水量、水质等信息的自动采集和实时传送，实时感知水量变化，对水质污染程度进行全程的定量、定位的跟踪监控。在整合利用现有信息系统的基础上，构建统一的水资源信息管理系统，实现对数据资源的汇总、分类、处理、交换和共享，为水资源智能化管理提供数据支持。

14.5　立交积水实时监测系统

随着城市热岛、极端天气的影响，暴雨、台风，特别是局地强暴雨时有发生，造成城市内涝、道路积水，尤其是车流人流密集的城市下立交、下穿地道、铁路高速涵洞、下穿孔等最容易积水，给城市安全稳定运行造成了极大危害，城市内涝等自然灾害给特大城市管理敲响了警钟。

立交积水实时监测系统依托物联网技术，在中心城区、城郊结合部的立交处建立积水信息采集设施，通过信息系统实时将数据发送给防汛指挥部门，并通过政务网实时共享给公安交警、市政部门，以及防汛排水等单位，为防汛指挥调度、交通引导等各项工作提供信息支撑。

立交积水实时监测系统在暴雨、台风等城市内涝灾害发生期间可以发挥重要作用，起到实时监测、及时报警、快速处置的效果。政府防汛指挥部门能够实时了解到汛情灾情，及时调动抢险物资和人员抢险；交通指挥部门可以及时封闭积水处交通，防止人员和车辆通过；同时市民可以及时了解立交积水情况，合理安排出行路线或适时躲避灾害区域，最大程度地降低了灾害影响，减少了人民生命财产损失。

14.6　二次供水实时监测系统

二次供水实时监测系统的目的是了解二次供水水质情况，尤其是水箱或水池供水水质的具体情况，以加强居民供水水质的实时监测，及时掌握和监控与供水水质相关的参数变化，为居民二次供水水质监测及应急处置提供科学依据。

有数据表明，水在水池中停留时间过长会造成二次污染。根据有关监测部门监测结果表明：自来水在水箱中储存 24 小时后，余氯迅速下降甚至为零，特别是在水温较高的夏天更为严重。当水温低于 10℃时，滞留时间超过 48 小时；当水温在 15℃时，滞留时间超过 36 小时；当水温大于 20℃时，滞留时间超过 24 小时，细菌、总大肠菌群指标明显增加。

根据城市二次供水设备（水箱或水池）的特点，二次供水实时监测系统主要监测指标为余氯、总氯、pH、浊度、电导率、水温、溶解氧等。

二次供水实时监测系统是运用现代传感器技术、自动监控技术、专用数据分析软件和通信网络等构成的多点多层次多参数水质在线自动监测仪。

14.7　智能消防栓

消防栓（图 14.1）作为城市安全管理中不可回避的问题，是城市安全保证系统的基本组成部分，目前由于消防栓长期不用造成的功能失效、锈死现象十分普遍，大量的消防栓巡检工作都是由人工监测是否损坏，每年耗费大量的人力、物力成本。

供水企业需要承担消防栓的供水责任，但是大部分消防栓的用水处于失控状态，居民、施工工地、绿化养护公司、道路养护公司等用户完全可以自己取水，因为供水企业缺乏相应的手段来监控，这将导致紧急情况下专业消防人员的取水存在压力不足等重大消防隐患。

图 14.1
消防栓

智能消防栓不仅可以保证消防栓处于良好的运行状态，而且可以降低供水公司的损失，同时监控信息可以接入到城市网格化管理中心实现数据共享，具备重要的社会效益和经济效益。

传统的消防栓压力测试仪主要由人工在现场将压力测试仪连接到消防栓上进行测试，主要进行数据记录，由计算机串口取出数据并进行分析。

由于消防栓多为全封闭的铁质系统，地下管线供水，平时栓内无水，因此根据不同应用需求，部分消防栓的压力传感器安装在大栓盖内。如果压力传感器的防水性能要求较高，部分消防栓的压力传感器安装在底端的供水管线上。智能消防栓示意图如图 14.2 所示。

智能消防栓通常采用电极传感器、压力传感器和倾角传感器，所有传感器位于 100 毫米大栓盖中。这些传感器采集到的状态给前端处理系统进行计算，实时监测消防栓供水压力、漏水情况和用水情况，可以判断是人为撞击损坏、漏水故障，还是非法用水。有些产品包含 GPS 定位功能和 RFID 电子标签，便于消防部门和供水主管部门的管理，既可以实时监测消防水压和位置信息，又可以达到"防盗水、报故障、保安全"的目的。

在消防栓自动监控中，消防栓监控管理平台可设置监控周期，自动上报监控状态信息。在消防栓使用监控中，消防栓授权使用，记录使用起止时间和压力状态。消防栓非法使用和损坏后，记录使用起止时间和压力状态。

目前，消防栓的智能化程度相对比较低，有些智能消防栓采用 GPRS 通信方式实现远程监测和管理，但是 GPRS 终端的功耗较大，受限于电池的因素，通常几个月就需要更换电池，维护工作和管理难度都很大。

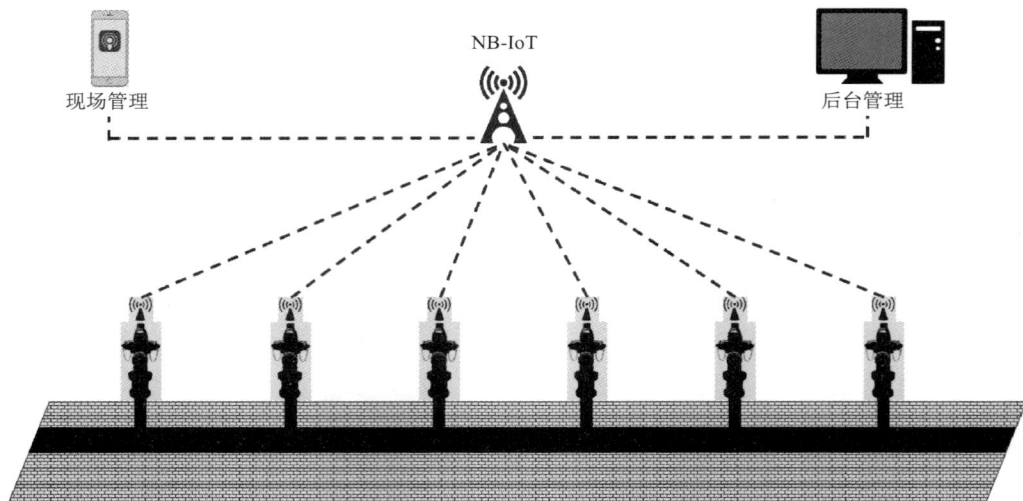

图 14.2
智能消防栓

NB-IoT 具备分布范围广、数量规模大、无电源供电、非连续数据、使用周期长等特点，NB-IoT 技术非常适合智能消防栓的应用场景。

加装了报警装置的消防栓，当有人拧开消防栓盖盗水或消防栓漏水时，设备中的倾斜开关发生位置偏离并导通，触发报警装置，将报警信息通过 NB-IoT 技术传输到监控中心，实现及时报警，包括压力监测、撞倒、开盖、破坏和出水等各种异常报告，降低了消防栓的管理和维护成本。

同时，水务公司可以减少人员现场巡视管理，辅助决策城市消防栓的合理布局，在有火情发生时快速定位消防栓，通过消防栓水压远程监测，提高消防队救火的成功率，避免了因消防栓不可用而造成的生命财产损失。

14.8　智慧水务利用 NB-IoT 实现创新

水务系统是一个相对传统的行业，既面临着大体制的制约，也遇到了小环境的困扰；既有高层管理者的认知问题，也有中层人员的执行力问题。随着智慧水务的建立，对水质的监测和公告、社会公众的监督、舆论影响的逐步加大，水务行业管理的难度也必然上升。

对于水务企业而言，智慧水务的实质是管理理念的扭转，也是管理手段的创新和发展。由于水务企业有行业的垄断性、价格的稳定性、服务的社会性，必然是"百年老店"，其对智慧水务追求的动力，多数来自管理的提升及更好的服务。

第 15 章　可穿戴智能设备

可穿戴智能设备在实现各种功能的同时，解放了使用者的双手，在不影响人们正常工作生活的情况下，辅助使用者获得期望的功能和数据。

可穿戴和可携带是两种不同的概念。例如，大家常用的智能手机，虽然功能很强大，但只能称之为可携带产品。

15.1　可穿戴智能设备概述

最早的可穿戴智能设备，大多数是体现在电影桥段里面，如超人、蜘蛛侠、007 等。从概念到现实，军事装备的发展促进了可穿戴智能设备的实际应用，包括 GPS 位置跟踪、带摄像头的头盔、海拔高度、士兵组网等。可穿戴智能设备从军事到民用，一般是先给一些运动爱好者使用的，如带摄像头的眼镜、海拔高度、心率监测、速度监测、电传导服装等。

可穿戴智能设备是可以连续性地穿戴在人体上，或是整合到服装和配件中，可对采集到的信息进行智能化处理，把传感器、无线通信、云计算结合起来的微型系统。

可穿戴智能设备具备物联网的所有基本特征，即全面感知、可靠传输和智能分析。

随着技术的提升和用户需求的变迁，可穿戴智能设备不只是局限在眼镜、手表、服饰等方面，在可预见的未来，它将用于娱乐、运动、健康、办公等领域，这也是可穿戴设备市场为什么看起来非常诱人的原因。

可穿戴智能设备的一类代表产品是智能眼镜，也是科技含量相对较高的。与虚拟现实相比，智能眼镜的最大作用是增强与现实的连接，让用户和现实世界进行交互时可以看到环境信息。

智能手表，不仅收集信息，还要显示信息。随着智能手机的屏幕越来越大，随时把玩手机就是件很困难的事，智能手表将会减少用户强迫式查看手机的习惯。

在健身领域和医疗领域的应用，使得智能手环暂据可穿戴设备市场的主导地位。而智能手环应用领域是否在将来会更大，这需要依赖应用场景的扩张。

除了我们常见的智能眼镜、智能手表、智能手环，还有很多新鲜、奇怪、特别的可穿戴设备。

可穿戴智能设备是下一轮工业革命浪潮的核心，连接着物联网、云计算、移动互联、大数据、智能处理、3D 打印等技术。伴随着可穿戴智能设备的应用，产业链的延伸和商业模式的升级将成为必然。

IT 巨头争夺的不仅是可穿戴智能设备市场，他们更看重在硬件背后如何创造出一个新的生态系统，融合视频、摄像、导航、购物、通信沟通，以及远程医疗的综合应用正在被秘密开发，可穿戴智能设备正在编织一条新的产业链，从而衍生出新的增值服务模式。

针对可穿戴智能设备，必须具备这四个显著特点才能成为热销产品，首先是可穿戴，其次是便捷的使用操作，第三是满足一些刚需，最后一个还要具备实用性。

一直以来，人类的感知是在传感神经的作用下，去解读和破译自身的触觉、味觉、嗅觉、听觉等。随着科技进步，人们要完成感知这一过程变得简单了很多，信息的收集过程可以利用各类传感器及为之设计好的逻辑判断来完成。不用再去记忆大量的地标，人们仍然可以到达想去的地方；不需要计算走过的步数，人们就可以可获知自己的运动量；不需要时刻观察体温、血压、血糖等，人们就能对自身的状况了如指掌。

传感器+智能，正在将人们从对某件事物的关注上解放出来。通过距离、温度、海拔、加速度、光学感应等这些物理传感器，加装上各种各样的奇思妙想，将带给人们的就成为一种种新鲜的体验。

可穿戴智能设备，这一目前看似新奇有余、实用性不足的设备，正是人们从纷繁事务中挣脱出来的勇敢尝试。可穿戴智能设备，是一个时尚的产业链！因为消费电子一直和时尚有关，但可穿戴智能设备既要时尚，又不能沦为玩具，而是生活必需品。

可穿戴的至高境界是"想穿戴"。可穿戴智能设备并未像智能手机那样颠覆业界格局和人们的生活习惯。消费者对可穿戴智能设备的依赖性并不强。用户体验差、缺乏突破性创新、产品同质化、产品售价过高是可穿戴设备市场目前面临的难题。

可穿戴智能设备企业还得培养用户的使用习惯，改变用户的心理定位。可穿戴智能设备的实用性不足、个人隐私保护和安全性问题等，都是亟待解决的问题。以下总结了可穿戴智能设备若想成为市场热宠的五个原则。

第一个原则是折返测试，就是当用户出门后发现设备忘在家里，会不会必须回去去拿。折返测试是衡量可穿戴智能设备是否成功的标准。

第二个原则是为用户解决一个日常问题，它需要尊重穿戴者的当前时刻，不至于让穿戴者分心，允许穿戴者保持注意力，在需要的时候可关注到设备提供的信息。

第三个原则是少而广，为软件服务，硬件应该尽量减到最小，而软件平台要不断扩张。人们可通过广阔的应用世界来实现可穿戴技术的影响和功用的最大化。

　　第四个原则是增强人的能力，但不要取代人，不要代替或干扰穿戴者的体验，让穿戴者对设备产生一种属于自己的自然延伸的感觉，而不应该让穿戴者去适应或强迫进行新的行为。

　　第五个原则是能减少问题，而不是增加麻烦，可穿戴设备为用户生活解决的问题应该要比它带来的问题要多。通过丰富的体验，替用户做脏活累活，为用户创造更多的时间去做自己热爱的事情。

15.2　可穿戴智能设备类型

　　目前，已面市的可穿戴智能设备产品形态多样，其中以智能手环、智能手表和智能眼镜最为常见。智能手环普及程度最高，功能简单；智能手表平台和方案众多，功能多样；智能眼镜技术门槛高，实现的功能也最为复杂。

　　（1）智能手环

　　智能手环是一种时尚的穿戴式智能设备，具有计步和测量距离、卡路里等计步器的基本功能，还具有活动、锻炼、睡眠等模式，可以记录营养情况，拥有智能闹钟、健康提醒等功能。使用智能手环，用户可以记录日常生活中的锻炼、睡眠和饮食等实时数据，并将这些数据与智能手机、平板电脑等同步，起到通过数据指导健康生活的作用。

　　（2）智能手表

　　智能手表是当前智能穿戴设备的主流产品之一。智能手表就是将手表内置智能化系统，连接于网络而实现多功能，可同步手机中的电话、短信、邮件、照片、音乐等。同时，智能手表还将成为保健设备，准确追踪走路的步数和消耗的能量；还可以通过内嵌的传感器，监测穿戴者的脉搏、心跳等身体状况的变化。

　　目前手表类产品，主要分为手机伴侣和独立手机两类，功能需求比手环复杂。手机伴侣主要提供信息查看、信息提醒、电话接听、环境显示、个人健康信息等功能，主要用途是管理简单信息的提醒和查看，减少接触手机次数，同时通过手机管理个人数据；独立手机，提供 SIM 卡槽，可作为第二手机拨打电话。其主要问题是外观设计不够新颖；方案不够成熟，功耗较大，续航不理想；缺乏刚需应用带动需求；产品设计和目标人群定位不够清晰。

　　（3）智能眼镜

　　智能眼镜具有独立的操作系统，可以由用户安装软件、游戏等软件服务商提供的程序，可通过语音或动作操控完成添加日程、地图导航、与好友互动、拍摄照片和视频、与朋友展开视频通话等功能，并可以通过移动通信网络来实现无线网络接入的这样一类眼镜的总称。

眼镜类产品,眼镜设计复杂度高于手表和手环类产品,主要提供摄像、3D 显示、虚拟现实 VR 等功能,面市产品如 GoogleGlass,OculusRift 等。其主要问题是技术门槛较高,国内玩家较少;价格昂贵,受众面较小;续航时间短;人机交互方式需要改善。

(4)其他智能穿戴设备

除了智能手环、智能手表和智能眼镜三大类可穿戴智能设备产品外,广义上的可穿戴智能设备还包括头盔、耳机、衣服、鞋、袜子、帽子、手套、首饰、纽扣、腰带等。

15.3 可穿戴智能设备的需求分析

随着社会经济的发展和现代健康观念的逐步形成,人们对健康越来越关注。当前医疗卫生体系却并不完善,医疗资源相对紧缺并且分布不均、70%的医疗资源集中在大城市的大医院,老龄化趋势日趋加剧,慢病人群和亚健康人群逐年增加。为了适应社会的需求,一大批企业正在积极探索市民健康服务新模式,逐步形成贯穿个人全生命周期的健康物联网服务体系,为市民营造良好的生活服务环境。

尽管各大机构均看好可穿戴医疗设备的发展前景,但是,目前由于受限于可穿戴智能设备的传感器精度、医疗器械认证、医疗体系独有的门槛等限制条件,医疗可穿戴在短时间内可能难有起色。这个市场的探索与前进不会停滞,终将取得突破。

健康管理面向公众,融合移动互联和物联网技术手段,通过健康管理平台、健康管理应用和高集成度健康终端等,为公众提供自我健康管理。健康管理促进了医生和市民之间的协作,为亚健康人群、慢病患者和老年人群提供及时的健康监护和干预,提高健康水平和生活质量。

目前,世界已有 1/3 的国家和地区步入老龄化社会,而大约 80%的老年人口至少患有一种慢性疾病,给如何预防和管理慢性疾病已经成为社会问题。通过健康物联网技术手段,个人健康指标可以自主监测,血压、血氧、体温等生理参数的定期监测和数据上传,并由健康服务团队进行分析和诊断,通过语音、视频等方式进行健康指导,避免医院就医的烦琐和麻烦。

(1)健康健身可穿戴式产品将继续流行

目前各类健身手环、腕带等产品,具有运动追踪器、睡眠检测、心率监测及计步器等功能,可以说是最受健身爱好者欢迎的可穿戴智能设备,而这种现象也将持续下去。首先,是因为现代人逐渐注重身体健康状况,通过此类产品可以方便地监控每天的运动量和睡眠状态,另外一个原因是因为它们功能简单、易于使用。随着新型传感器的出现,还有望出现更先进的设备,如无创类的血糖监测设备等。可以预见,未来可穿戴智能设备将与健康医疗进行更为广泛的结合，健康健身可穿戴式产品将是长期发展的一个主流趋势。

（2）老人和儿童将成为重要的用户群体

可穿戴智能设备的用户不仅仅是炫酷一族的年轻人，老人和儿童同样存在巨大需求。在婴儿看护领域，实时监控婴儿各种状况的可穿戴智能设备，具有广阔的市场需求。例如，具有生物传感功能的婴儿睡衣，当婴儿身体饿了需要进食、尿了需要更换纸尿裤时，监护者可以及时收到提醒，在最短时间内赶来处理。针对老年人研发的定位、健康监护可穿戴智能设备，存在很大市场。具有实时监测老人健康状况的可穿戴智能设备，让医生实时了解老人的身体健康情况，一旦出现问题及时到医院救治，必然受到老年用户群体的欢迎。

可穿戴设备不仅可以服务于病患，还可以为健康人士提供咨询和建议服务。伴随着技术的发展，人体健康状况的微小变化都将被及时发现，并得到及时的处理和解决，从而给人类带来一份更安心的健康。

15.4　可穿戴设备利用 NB-IoT 实现创新

可穿戴智能设备的电池分为两类，一类是传统纽扣电池，需定期更换，不可充电，成本较低，一些手环产品会采用，极低的功耗设计可以使更换周期保持在半年到一年；另一类是可充电锂电池，需要外配充电线、充电座，成本较高，大多数可穿戴智能设备均采用这种电池，充电周期虽不尽相同，但最长待机时间也仅为月余，并不理想。

可穿戴智能设备体积较小，受限于空间，智能手环电池电量为 50～150mAh（电池空间小于 1cm×2cm），智能手表为 200～500mAh（电池空间小于 2cm×3cm），这也是导致可穿戴智能设备待机时间短的根本原因。

可穿戴智能设备中应用最广泛的连接技术是 BLE 低功耗蓝牙和 WiFi。低功耗蓝牙由于其低功耗的特性在可穿戴智能设备中大量使用，包括手环、手表等。蓝牙连接的弊端有传输速率有限，传输距离短，并且不能主动联网。WiFi 具备主动联网、距离远、传输速率快等优点，但由于功耗较高，对功耗要求高的手环等产品则很少采用。

不管是蓝牙技术还是 WiFi 技术，都需要让可穿戴智能设备连接智能手机进行后台服务器通信。可穿戴智能设备若没电了，后台服务器存储的数据将中断。而大数据分析的前提是连续的真实的数据，如果数据不完整，即使再完美的算法也无法计算出接近真实的场景。

独立可穿戴智能设备采用 NB-IoT 技术，不需要智能手机作为中转，直接通过蜂窝网络和后台服务器通信，因为其非常低的功耗，可以在几年的使用期间都不需要充电，消费者也不需要时刻担心没电的情况，后台服务器数据还可以保持一个完整的连续性，为大数据分析和利用提供完美的数据基础。

第16章　智　能　制　造

智能制造、工业 4.0、中国制造 2025、工业物联网、工业互联网、智能工厂等，一系列的名词，内涵其实是一致的，代表的是传统工业的未来发展趋势。

制造业为适应市场，满足终端消费者需求的变化，必须从两个方面考虑：一个是传统要素，从成本、效率、质量的角度来考虑；另一个是新的考量因素，分别是资源效率、安全生产和可持续发展。

智能制造不仅是传统互联网在工业领域的延伸，而是开启了一个物与物、人与物相连接的全连通世界。其可根据整个价值链，自行配置集成化的生产设施；根据当前条件，灵活制定生产工艺，将要生产的产品包含了生产所需的全部信息。

16.1　智能制造概述

全球的工业巨头都在加速转型，向智能制造方向的转型是大势所趋。在工业 4.0 时代，未来的工厂是智能的，它能沟通、实时收集和分享数据。通过传感器、通信系统、控制系统、模型算法等，利用网络把物体、服务和人进行互联，并进行大数据分析、提高生产效率、增强可靠性、节省能源和成本，最后通过创新的业务模式产生新的收入来源。

例如，电机厂家，在现有产品基础之上增加无线传感器，把电机运行的实时状态数据通过网络传送至后台服务器。云服务器对收集上来的数据进行分析，产生有价值的信息，并将其直接发送到工作人员的智能手机或客户终端。这样，工作人员可以获得趋势数据、运行时间及负载数据等，用以优化运行维护计划。这些状态和性能数据可以帮助工厂降低电机整个生命周期的总体成本，从而延长电机的工作时间和使用寿命，并提升电机性能和效率。根据分析结果，这一解决方案将帮助用户降低近 70% 的电机故障停工时间，延长 30% 的使用寿命，同时减少近 10% 的能源消耗。

智能制造是在智能工厂的基础上加入了人的要素，形成人机一体化互动模式，对整个生产流程进行监控、数据采集和分析，不仅要有质量和效率，更要具备"做一件也能盈利"的能力。对于智能制造设计、工艺、供应链的配置效率等尤为重要。

16.2　工业物联网

工业物联网是从工业自动化行业分离出来的，使传感器经历着传统传感器（Dumb Sensor）、数字化传感器（Digital Sensor）、智能传感器（Smart Sensor）、嵌入式传感器（Embedded Sensor）内涵不断丰富的发展过程，逐步实现工业设备的微型化、智能化、信息化和网络化。工业物联网使传统企业信息化系统延伸到互联网，能够实现基于互联网的广域自动化，如远程监控、远程维护、工厂管理等。

工业物联网的核心理念是基于信息安全技术、网络通信技术和广域自动化技术的充分融合。工业物联网把新一代信息技术充分运用在各行各业之中，具体地说，就是把传感器嵌入和装备到电网、铁路、桥梁、隧道、公路、建筑、供水系统、大坝、油气管道等各种物体中，实现人类社会和物理系统的整合，对网络内的人员、机器、设备和基础设施实施实时的管理和控制，最终达到智能制造的状态，提高资源利用率和生产力水平。

1. 工业物联网的技术特点

嵌入式是工业物联网最主要的一个技术特点，它有两方面的含义，一是硬件的嵌入，二是软件的嵌入。工业物联网通过在工业设备终端嵌入形形色色的传感器来获取数据。这些传感器包括温度传感器、压力传感器、速度传感器、光敏传感器等。工业物联网的固件是一个工业物联网最基础最底层工作的软件。固件就是硬件设备的灵魂，决定着工业设备的功能和性能。

工业物联网的安全性原则保证了工业数据的安全互通。工业物联网强调专属性，只针对已授权的访问者提供服务，以防止"未授权访问"，具有动态性、时效性和专有性等特点。

工业物联网把智能终端采集到的数据传输到后台服务器，实现了工业传感网和互联网的巧妙连接。

目前我国的工业领域应用大多是局域网，如电力、石油、铁路、煤炭等领域。虽然局域网保密性好且便于管理，但是随着监控管理范围的扩大，局域网难以提供信息资源的及时有效传输及整合利用。随着 NB-IoT 技术的发展，使得廉价获取公用网络成为可能，工业物联网能够依托蜂窝网络资源提供局域网和广域网的完美衔接，在保证信息安全的前提下，提高资源整合和利用能力。

2. 工业物联网的应用领域

从当前技术发展和应用前景来看，工业物联网的应用需求主要集中在以下几个方面：

（1）供应链管理

工业物联网在供应链管理方面的应用，是以工业物联网技术为依托和基础，针对企业的输入和输出环节的供应链智慧化管理。工业智慧物流主要用于解决企业内部及企业与外界之间的物料流转、追踪、控制、调配、统筹和协调，例如，在石化企业中，石化原材料和半成品的运输追踪和总量控制等。

（2）生产过程工艺优化

工业物联网的生产过程工艺优化，是运用工业物联网技术，实现更大范围内的智慧引入，以帮助企业解决自身技术能力难以企及的技术难题。例如，在注塑机行业，一般企业难以解决良品率的问题，可以通过工业物联网，引入相关领域专家的在线参与，并且通过工业物联网的相关技术，为专家远程提供企业生产线现场的流程状态和实时数据，使专家能够直接对企业的难题进行远程分析，从而提出相应的解决方案。与此同时，由于专家通过工业物联网对企业进行指导而无须亲临生产现场，这就保证了专家能够高效地为多家企业提供技术服务，从而达到充分的智慧共享。

（3）产品设备监控维护

各种传感技术与制造技术融合，实现了对产品设备操作使用记录、设备故障诊断的远程监控。运用工业物联网技术，可以实现第三方代维服务，将企业从设备维护的泥潭中解放出来，将更多的精力投入业务领域，同时第三方代维服务商，可以通过工业物联网实现可靠有效的一对多的商业服务模式，最大限度上实现代维服务商和相关企业自身业务的精英化，整体功能的松耦合化。

（4）环保监测和能源管理

工业物联网在环保监测和能源管理领域的应用，是典型的行业运用。通过对企业共性因素的主题分析和管理，以工业物联网为技术依托和运营平台，引入工业物联网虚拟运营商，实现新的产业类型和商业模式。例如，在能源管理方面，通过工业物联网，将宏观层面的政府机关和微观层面的企业、节能供应商、高校和科研单位有机地进行互联互通，整合能源信息和数据，以工业物联网虚拟运营商提供的技术体系和平台为依托，实现各类服务和应用。

（5）工业和公共安全管理

工业物联网在工业安全和公共安全方面的运用，是指运用工业物联网技术，为相关的领域进行技术输出，从而实现相关功能的运行。例如，在城市公共安全方面，工业物联网技术能够解决跨部门跨行业的海量异构数据整合，并提供高效实时的支撑平台和总线技术，从而实现城市公共安全领域快速响应机制的功能。

16.3 管道管廊物联网

城市地下管网是城市的血脉和生命线，关乎公共安全和人民生命。随着城市化发展和建筑物的增多，地下管网系统日趋复杂，但由于缺少足够的设备和技术支撑，近年来不断发生爆裂、断水、起火、塌陷等各类地下事故灾害，地下管网频频受伤，保障地下生命线安全成为当务之急，智能化的地下综合监管与应急平台成为政府推动智慧城市建设中的重要和基础内容。

城市地下管网是智慧城市的基础和重要组成部分，智能化的地下管网综合监管系统是各地政府推进智慧城市发展的基础设施重点建设和投资领域。

目前，相关的城市市政管理系统上，地下管网监测管理相对缺乏，因此对地下管网实时数据的采集需要一些关键技术，需要比较大规模的具有成本效益的管网传感采集设备布设来取得实时监测，对实时管理进行支撑。传统的地下管网监测中，由于窨井条件下没有供电线缆和传输线缆，且长期处于高腐蚀气体、液体环境中，常规的自动传感器设备难以适应。

地下管道安全监测系统主要应用于燃气管道、通信管道、自来水地下管道的安全监测。燃气管道的安全监测对象主要是气体、流量、振动，通信管道的安全监测对象主要是火灾、振动，自来水管道的安全监测对象主要是水质、压力、流量，管道窨井的安全监测对象主要是窨井盖防盗、非工作人员进入。

随着城市化进程的不断加快，地下管网行业也面临着巨大的发展机遇。城市地下管网是城市基础设施的重要组成部分，是城市赖以生存和发展的物质基础。目前，城市地下管网包含给水、排水、燃气、热力、电力、通信、污水、综合八大类，随着电信、电力、市政、长输管道等行业的快速增长，管道管廊的安全性和条块分割的管理体制引起了诸多的矛盾。

当前管道管廊的安全建设滞后，地面道路的无序开挖等情况与现代城市化的地面建设形成了鲜明的反差，不仅直接影响城市景观，同样也严重阻碍着城市功能的正常发挥，并给人们的日常生活和生产安全带来不利影响。因此，进一步加强管道管廊的安全建设与管理已显得相当迫切。

无论何种建设项目，只要动土就会对埋于地下管道的安全造成威胁。各种地下管道遭到第三方破坏的事故时有发生。据统计，由机械施工和自然灾害所造成的管道事故占事故总数的 70% 以上，其中 90% 以上的重大事故是因为机械施工造成的，如水管被挖破、油气管道被打穿是经常发生的事情。水管破裂导致市民生产生活受到影响，给各用水企业生产带来损失。输油输气管道破裂会导致大面积泄漏，随时会造成火灾发生，有的甚至引起爆炸，人民生命财产安全将受到严重威胁，生态环境遭到巨大破坏，管道管廊安全问题早已成为全球瞩目的话题。

如何在地下管线设施遭受破坏之前就可预知危险的到来，并能及时通知应急维护人员，给他们争取时间，可使他们迅速采取措施，将危险消除在萌芽状态。

城市管理者迫切需要通过一种手段，将城市中所有地下管网管理起来，通过智能管理体系，对地下管网的空间位置、管线自身寿命、管线负载运行情况、外界对其影响情况等信息进行数据采集，并进行数据挖掘和分析，得出及时合理的处理维护措施。应用物联网技术使地下管线智能管理体系得以实现，并通过在监测目标上预先嵌入传感器，来使管理系统轻松获得有关地下管线自身和运行情况的关键参数，从而解决城市地下管线智能管理体系中的关键技术问题的实现方法。

管道管廊安全监测系统是通过埋于地下的各种地下管道无线监测传感器，采集处于地下燃气、通信、自来水等管线的相关信息，通过无线传输方式，将各种安全信息集中到一个综合地下管道安全信息管理分析平台上，为城市的规划建设和管理决策、应急处置提供信息服务。

近年来，由于城市地下管道的老龄化和第三方破坏形势的日益严峻，传统的泄漏检测技术已经不能够满足安全生产的实际需求，如何利用各种新方法、新技术能够在管道发生安全事件之前给出预警信息并准确定位，从而对安全事故防患于未然，是城市管道安全运行和发展所面临的重大挑战。

16.4　油田物联网

油田一般有开发井、采油井、采气井、注水井等。传统模式下的油田监控方案存在如下问题：

（1）油田井口数据实时采集比例低

传统油田一般位于地广人稀的偏远区域，自然和生产环境恶劣，部署的信息化技术参差不齐，技术手段老旧，主要依赖人工采集数据，存在采集比例低、效率低、周期长的问题，往往无法解决数据实时性需求。

（2）井口数据不能及时上报，造成的损失和浪费巨大

由于以上各种原因，导致管理效率低等一系列问题，无法及时发现和处理生产中的异常现象，往往由于天气恶化，巡检风险增加，造成油田的巨大损失和能源浪费。抽油机如图 16.1 所示。

常规的油田监控方案是，单井和计量站部分部署传感器和 RTU，其中各类传感器通过 RTU 进行数据汇总（油温、油压、流量计等），RTU 与示功仪之间采用小无线进行数据传输，传输距离大约 30 米，最终通过数传电台在计量站汇总。各计量站通过中继器将信息（液位、油压、油温等）回传到监控室，传输距离大约 30 千米。受限于覆盖能力，单井和计量站只能实现少部分近端单井和计量站的覆盖，可以说现有技术存在严重不足。

图 16.1
抽油机

　　传统技术覆盖能力受限这一致命问题导致网络覆盖成本高昂，而 NB-IoT 正是应对这一应用场景需求的关键技术，突破了传统技术的覆盖极限，将广覆盖能力发挥到极致。

16.5　风力发电物联网

　　风力发电如图 16.2 所示。

图 16.2
风力发电

风力发电物联网系统主要实现如下功能：

1）通过曲线展示风电场的当日实时负载、当日理论负载、风速。

2）通过曲线展示风电场的当年风速功率对比。

3）实时显示各风电机组运行情况，包括实时负载、实时风速。

4）实时统计该风电场所有风电机组的运行情况，包括正常运行台数、故障停机台数、待机台数、检修停机台数、通信中断台数、自身限负载台数、调度限负载台数、调度停机台数。

5）显示风电场所有风电机组运行状态台数百分比。

6）显示风电场装机容量、实时负载、实时负载率、实时风速参数。

7）显示该风电场远动率、发电量、弃风电量、弃风率、可利用率、等效利用小时的日值、月值和年值。

风电机集控平台主要实现如下功能：

1）实时显示风电机主要参数，包括运行状态、风速、机舱方位、错风角、变桨角度、发电机功率、当日发电量、功率因数、点击转速、齿轮箱油温。

2）实时显示机组故障报警信息，包括该故障允许强迫复位，即可执行操作；反之，则强迫复位按钮变灰，不允许操作。

3）显示风机理论电量和实际发电量，还可以显示性能差异损失电量、调度限负载损失电量、自身限负载损失电量、故障停机损失电量、调度停机损失电量、检修停机损失电量。

4）通过仪表盘直观显示风速、发电机功率、齿轮箱油温、发电机转速。

5）显示风电机运行状态年时间百分比。

6）显示风电机装机容量、实时负载、实时负载率参数。

7）现实风电机当年风速功率对比。

8）现实统计参数，包括远动率、发电量、弃风电量、弃风率、可利用率、等效利用小时、能量利用率的日值、月值和年值。

9）控制功能包括启动、停止、强迫复位、服务、功率控制、投/退集控。

升压站实时数据显示界面和风电场升压站监控系统界面一致，显示变电站电气主接线图和局部接线图，内容包括出线、母线和其有关的断路器、隔离开关、接地开关等，并表示出运行状态，测量参数 P、Q、$\cos\phi$、U、I、f，分接头挡位位置，动态无功补偿装置主要运行信息。其具备数据回放、事件反演功能，可以按照选择的时间点或时间段回放任意指定监视画面的数据变动过程，便于了解故障发生时的系统状态及对故障的响应和处理情况。

风力发电物联网系统可实时监视风机的各项运行数据，包括模拟量、状态、报警、故障等各种数据；能够对风机的运行数据如变桨系统、变流系统、机舱等分类进行显示。

风力发电物联网系统可展示箱式变压器运行数据，包含高低压侧电气量、开关量和变压器本体信号。

该系统可接收、汇总显示和记录各风电场上传来的风电功率预测系统功率结果数据，并可进行数据存储和查询等功能。其提供次日 96 点单个风电场风电功率预测数据，每

15 分钟提供一次未来 4 小时单个风电场风电功率预测数据，预测值的时间分辨率为 15 分钟；显示系统预测曲线、实际功率曲线、理论功率曲线，统计预测误差带，所有的表格同时支持打印输出和电子表格输出。其还可以风电场真实功率和预测功率对比曲线、对比表，提供指定日期的功率预测误差表（差值平方、差值绝对值）。

16.6 光伏发电物联网

太阳能光伏电站的现场设备主要包括光伏电池阵列、汇流箱、低压直流柜、逆变柜、交流低压柜、升压变压器等，产生的高压交流最后并入电网。针对光伏发电（图 16.3）的每个环节，需要进行电力参数的监测，光伏汇流采集装置用于汇流箱，直流检测仪表用于直流柜，电力质量分析仪用于交流柜，通过光伏电站电力监控系统实现后台服务器集中监控。

图 16.3
光伏发电

光伏发电物联网的功能如下：

1）监控光伏阵列现场环境并进行实时监测和显示，包括室外温度、风速、风向、光照强度等。

2）分区域实时监测各光伏阵列的充电电压和电流、蓄电池电压和温度等信息，并对故障点进行异常显示和报警提示。

3）绘制逆变器电压-时间曲线、功率-时间曲线、直流侧输入电流实时曲线、交流侧逆变输出电流曲线，并采集和显示各逆变器日发电量等电参量。

4）针对光伏发电现场的各种事件进行记录，包括通信采集异常、开关变位、操作记录等，时间记录支持按类型查询，并可对越限报警值进行更改设置。

5）提供实时曲线和历史趋势两种曲线分析界面，可以反映出每天 24 小时内光伏发电量和该日日照强度、环境温度、风速等的波动情况。

16.7　智能变电站

随着城市建设的发展，电力用户为了满足用电容量的需要，在电力公司的公建电网外的用户侧，自建了一批 10～35kV 的高电压等级的变配电站来承接公建电网的供电。随着用电量的上升，近年来还出现了 110kV 的超高压用户自建变配电站。变电站如图 16.4 所示。

图 16.4
变电站

由于高压电力设备的运行维护操作的高危险、高技术性，以及对用户的重要性，需要具有高压电工技能资质的专业技能高技术人员来对用户自建电站设备进行专业化的维护操作和管理。因此随着用户自建高压变配电站的数量增加，产生了对高压供电设备专业化服务管理的巨大市场需求。

目前，用户自建电站的运行维护管理包括以下两种模式：

一是用户交给物业公司管理。物业公司招聘拥有相关电工资质的人员，实施对变配电站内的电力设备的 24 小时不间断的巡查管理。为了保持 4 班 3 运转，并且每班不少于 2 人的值班，至少需要配备 8 名值班人员。此外还要承担每年梅雨季节的电力设备防雷接地绝缘例行测试，以及故障电力设备的检修维护等专业化技术工作。因此，物业公司除了要承担对这些专业人员的繁杂人事管理工作外，还要承担非常专业的技术操作责任。

二是用户把所有的电站运行维护工作全部外包给专业化服务公司。为此应运而生了一批专为用户自建变配电站提供专业化运行维护管理的技术服务企业。技术服务公司为用户自建变配电站提供 24 小时的高压电力设备全天候专人巡检值班服务，还为用户提供电力设备的故障检修服务，并且为用户提供电力设备安全运行保养维护检查的服务。这就需要一大批具有高压电工资质的技术人员。由于受人员数量质量和服务地域距离的影响，这类专业技术服务公司存在着运行维护人员专业化技术水平参差不齐，所提供的运营技术水平、服务水准、服务内容无标准，全天候巡检值班服务存在人员费用高、利润少、人为差错风险大等问题，且存在服务覆盖用户自建变配电站数量有限、规模小、效益低等的不足。

因此，为了确保电力用户安全节能低成本的用电，使提供用户自建变配电站专业运行维护管理的服务企业，能以有限的资源为用户提供更专业的服务，取得更好的效益，满足电力公司的智能电网建设，需要设计一种能够发挥各方优势，满足各方需求的用户自建变配电站的运行维护服务管理商业模式和技术手段，为用户自建变配电站提供技术专业化、服务标准化、营运规模化的服务。而物联网技术的发展，就为这种运营模式的实现提供了技术手段和服务模式的创新。

通过采用温度、压力、电流、电压、放电、气体、图像等各类传感器，替代人工值班完成变电站常规巡检，提高了电力设备监测的自动化程度。当发现变电站电力设备的故障时，提供早期预警、中期报警、后期追索的专业服务手段。

安装在配电台区低压侧的第一级剩余电流动作保护器（简称总保），负责整个台区分路出线的剩余电流（负载电流、三相电压、其他异常等）监测；安装在总保和安装在用户进线的剩余电流动作保护器之间的低压干线或分支线（引下线）的剩余电流动作保护器（简称中级保），每 5~10 户安装一台中级保（含三相、单相中保）；家保每户都需要安装一台。

目前变电站主要以 GPRS、电力线载波、小无线集抄等通信方式为主。实际应用中，中级保护和中继器使用 GPRS＋RS-485 的通信方式，信息必须通过中继器采集，再通过GPRS 网络发送到台区适配器，再由适配器跟终端级联连接上传主站，无法实现真正意义上的信息采集跟异常主动报警上送，影响了系统数据的实时性，采集器通信故障多，安装调试复杂，故障点查找难度大，加装的通信设备造成现场安装困难。

通过 NB-IoT 技术在剩余电流动作保护器里的应用，能够对当前可能存在的故障隐患提出预警，减少故障发生的概率，能够快速确定故障区域范围并判断故障类型。

在停电跳闸后，通过数据分析故障电流大小、故障类型、故障区域，实现故障区域的快速检修和非故障区域的快速供电恢复，缩短抢修时间，减小停电范围。

对于发生故障的部分，能协助运维人员分析故障原因，快速查找和排除故障，缩短停电时间，提高系统供电可靠性和供配电系统的自动化水平，实现可靠、安全、先进、高效的供配电的管理目标。

16.8　智能环境监测

大家都喜欢在好的环境下工作和生活，智能环境的目的是实现环境的综合监管，实现对环境质量、污染源、环境风险源等要素的全面感知和综合评估，提升对空气特征污染的预警监测和应急监测能力，显著提升环境监管和科学决策能力。

为了全面评估排放源对周边环境的影响，提高对空气特征污染的预警监测和应急监测能力，空气污染自动监控系统对空气特征污染物排放和区域环境空气质量进行在线监控，主要包括空气特征污染物自动监测系统、气象参数自动监测仪、数据采集和传输系统、辅助配套设备、站房和信息管理平台。

空气污染自动监控系统采集空气质量监测站的站内实时监测数据、设备参数和运行数据，通过对数据进行分析处理和汇总，分析环境监测设备运行情况，并对设备进行统一的远程管理，以保障空气质量监测站的长期稳定和安全运行，保障实时监测数据能够及时传输和准确发布。气象站如图 16.5 所示。

图 16.5
气象站

空气污染自动监控系统通过对企业的现有污染源在线排放数据、雨水在线监控数据的整合，再按照环保部相关要求进行汇总、整理和有效性审核的，提供实时准确的企业主要污染物排放量信息，以及对企业排污超标进行的报警，为主要污染物减排的统计、监测、考核提供基础数据，最终为环境执法提供依据，加强环境管理服务。

空气污染自动监控系统可实现典型区域大气污染事件溯源，确定事故源位置和源强度，为环境执法和事故救援提供技术支持；结合空气环境质量综合评价指标体系的构建，实现对空气质量的量化评估和综合分析。

空气污染自动监控系统根据污染物扩散模型，以地形、地表粗糙度、气象条件，污染源分布，空气质量的数据为基础，最大限度地考虑污染物扩散影响因素，模拟并预测特征污染物泄漏排放（包括正常工况排放和非正常工况排放）对周边地区的浓度贡献。

当空气质量监测数据超标或周边居民投诉等环境污染事件发生时，该系统结合实时在线的环境空气质量设备采集的数据和气象数据，以及地形地貌、环境风险源常规信息和企业原辅料普查信息，采用事故源强反演技术并结合大气污染事故风险动态模拟技术对环境污染事件源信息进行动态反演，迅速地确定事故源位置和源强值，为执法和事故救援提供依据。

环境质量综合评价从评价目的出发，以污染源、空气质量监测数据和其他环境要素数据为基础，结合空气环境质量综合评价指标体系的构建，实现空气质量的量化评估和综合分析。

目前，我国工业大气污染源监控系统存在着监控点分布不广、监控频次较少、监测内容有限等问题，物联网工业大气环境感知节点和智能管理软件平台应用可以很好地解决这些问题。大气污染源就是大气污染物的来源，主要包括：

- 工业生产：工业生产排放到大气中的污染物种类繁多，是大气污染的一个重要来源，有烟尘、硫的氧化物、氮的氧化物、有机化合物、卤化物、碳化合物等。

- 生活炉灶与采暖锅炉：城市中大量民用生活炉灶和采暖锅炉需要消耗大量煤炭，煤炭在燃烧过程中要释放大量的灰尘、二氧化硫、一氧化碳等有害物质污染大气。
- 交通运输：汽车、火车、飞机、轮船是当代的主要运输工具，它们烧煤或石油产生的废气也是重要的污染物。
- 森林火灾：会产生大量的烟雾和粉尘。

面对人们环保意识的提高和环保政策日趋严格，环境质量监测显得尤为重要。如何对环境进行实时、连续、准确、大量监测，为环境治理和监督提供依据，必须借助物联网环境监测等手段。

工业大气污染源监控中采用基于物联网技术的意义在于：

- 减少工业大气污染源监控中复杂的布线，减低建造成本。
- 实现工业大气污染源监控信息采集自动部署、自动传输和智能控制。
- 提高工业大气污染源监测控制系统组网的灵活性和可扩展性。
- 实现全方位、全时空、全天候监控环境的变化，最大限度地满足现代各种环境信息进行收集和分析的需要。

物联网大气环境感知节点可实时提供大气中的 NO、NO_2、NO_x、CO、CO_2、SO_2、HF、碳氢化合物、可吸入颗粒（PM2.5）等环境参数及温度、相对湿度、动态参数。

物联网大气环境节点对水、大气等与人类生活环境紧密相关的各种资源进行信息实时采集和监控，及时发现和处理各种污染事件；借助先进的数据挖掘、数学模型和系统仿真，提升环境管理决策水平，达到节能减排，同时提升经济效益和社会效益的目的。

物联网大气环境节点可拓展环境质量监测范围，完善城市环境质量监测网络建设和布局，推进大气污染预报预警系统建设，向公众提供空气质量预报预警动态信息服务；提高饮用水水源地水质在线监测水平，提升水功能区在线监测能力，加强中心城区泵站和污水厂溢流管放江实时监测。

物联网大气环境节点可加强环境污染源管理。运用物联网技术，可实现危险废物产生、运输、处置、监管等全过程信息化，整合污染源管理业务系统，实现各监管环节协同联动、数据共享，面向企业、公众公开相关信息，提高污染源管理效率；建设有害生物监测防控和综合指挥信息系统，形成快速准确的信息采集、传输、处理和决策反馈机制，实现对有害生物的全方位监测、有效防御和及时处置；提高环境服务能力，综合环境监测数据，建立统一的环境信息服务门户，提升对公众的环保信息公开和服务能力。

运用物联网技术可实现水资源自动监测、空气质量自动监测、城市污染源自动监测、环境噪声和振动自动监测、电磁辐射等环境无线传感监测系统，利用物联网的技术优势建立实时、在线、自动、智能、快速的城市环境监测网络，为构建城市环境无线传感监测系统。

同时，运用物联网技术可连续监测和实时无线传输 NO_2、SO_2、臭氧、CO、PM2.5、负氧离子等多个环境参数。

第17章 智能建筑

智能建筑（图17.1）是以建筑物为平台，兼备信息设施系统、信息化应用系统、建筑设备管理系统、公共安全系统等，集结构、系统、服务、管理及其优化组合为一体，向人们提供安全、高效、便捷、节能、环保、健康的建筑环境。

目前，智能建筑的实时主要体现在节能减排、设备管理、便捷控制等方面。智能建筑是建筑艺术和物联网技术相结合的产物，通过对设备的自动监控、对信息资源的管理、对使用者的信息服务，以及和建筑功能进行优化组合，最终实现理想的办公居住环境。

图 17.1
智能建筑

17.1 电梯物联网

17.1.1 电梯物联网概述

城市建筑越长越高，上上下下的安全很重要。电梯是一种特殊的垂直交通工具，这么多的电梯每天要运送数千万的乘客上上下下，电梯的安全可靠运行已经成为社会关心的一大话题。

目前，90%以上电梯企业的售后维修保养、巡检方式，依靠一支笔、一张纸，例行保养往往"打个勾、画个叉"，这些用笔和纸记录的信息无法实现快速查询、检索和分析。

电梯物联网是电梯技术和物联网技术的完美结合，电梯物联网由电梯制造商、电梯维保服务商、政府相关监管部门、电梯运营部门等多方组成。参与各方通过对电梯安全、质量、服务等实现各自管理和共同管理相结合的方式，共同参与电梯管理。

一部电梯（图17.2）运行时，成百上千个部件相互配合、协同工作。以往电梯是单独运行的，一旦出现问题，只能是维修人员到现场一项项检测，应急维修后电梯暂时正常使用了，如果其中暗藏安全隐患，是很难检查出来的。

现在，一旦某台电梯出现故障，立刻会体现在远程监控中心的大屏上，中心服务器第一时间完成故障远程诊断，让维修人员足不出户也能快速了解电梯的问题。

图 17.2
电梯

另外，电梯定期向远程监控中心传输自己的健康状况，包括电梯开关门次数、钢丝升降次数等电梯日常健康指标。通过大数据分析，帮助技术人员充分了解这部电梯近来的健康趋势，什么时候该更换哪些零部件等。

电梯物联网正在改变维修保养作业的传统模式，可以让电梯开口报错，维保人员通过智能手机就能和远程监控中心保持同步，第一时间知晓所辖区域的电梯故障，并接受系统派发的作业包。与此同时，远程监控中心还能及时监督维保现场，电梯维修是否按部就班，安全规程是否一一落实等。

17.1.2 电梯物联网的特点

电梯物联网的发展依赖于技术的进步和整个电梯行业的发展需要，通过协议方式采集电梯控制器的信息，再通过物联网通信方式传输到后台服务器，对电梯本身无任何影响，具有安装简单便捷、误报率低等优势。其中，整梯企业负责按照政府有关标准将电梯基本信息转换成物联网统一的标准协议信息代码。标准协议以外的信息，整梯企业通过加密通道透传到整梯企业自己的信息处理平台。

电梯物联网是一个提升电梯安全管理的平台，各角色根据国家标准和法规，各自享受相关的数据服务，这些服务都受到信息授权的保护。电梯物联网中各相关角色通过信息授权浏览权限内的信息服务，未授权的内容无法浏览。

由于电梯加入了物联网，各整梯企业可以通过物联网的设施获取自己分布在各地每台电梯的运行信息。当电梯发生批次性元器件故障或设计问题时，整梯企业可以及时获知该电梯和故障的相关信息，定位故障原因和故障配件。电梯物联网还可以帮助整梯企业用户迅速定位这些电梯的地址，同时获取这些电梯的使用单位、维修保养单位、安装单位、物业公司等相关单位的名称和联系方式，知道电梯年检情况、电梯保养情况、电梯运行情况等信息。

17.1.3　电梯物联网产业链

电梯物联网产业链涉及政府质监部门、电梯整梯企业、维修保养企业、物业企业和电梯乘客。

（1）政府质监部门

电梯物联网可以提升政府管理电梯运行安全的水平，提高政府管理电梯安装、维修保养的效率，及时获取电梯关人故障和电梯事故的报警信息。

质监部门通过搭建电梯应急指挥中心，第一时间可以获知电梯事故，实时监控电梯的运行状况，实现电梯、企业、员工的登记和注册，加强对电梯维修、保养、年检和更换配件的管理，自动提醒使用单位和维修保养企业电梯年检，可以在线提交电梯检验申请，网上生成电梯检验派工单，自动提醒使用单位和维修保养企业约检时间，也可以现场给出检验结果和整改通知。

（2）电梯整梯企业

电梯整梯企业通过电梯物联网，可以掌握所有自身品牌电梯在市场上的分布和实时运行信息，可以关注电梯整个生命周期的信息管理，能够长期跟踪产品和零部件质量并加以改善，提升产品质量、品牌影响和市场竞争力。

整梯企业可以掌握自己所有电梯的全部信息，包括电梯交易信息、电梯出厂信息、电梯安装地点信息、安装验收日期信息、网上申请安装开工、网上申请安装检验、电梯调试日期，电梯调试报告、电梯运行控制柜内部参数、电梯内部验收日期及验收报告、质监局开工批文、质监局安装检验报告、免保期电梯运行状况、免保期电梯保养状况、免保期电梯年检信息、免保期后电梯运行状况（故障清单、急修清单、保养记录等）、年检报告、更换零部件记录、大修记录、电梯重大故障记录、运行时间累计、免保期后电梯维修保养单位更换历史记录、电梯运行状况、电梯维修保养情况、电梯实时监视。其还可以获得物业对电梯评估信息、物业对维修保养评估信息、业主对电梯评估信息、业主对电梯维保评估信息、电梯更换零部件预警信息、企业的电梯产品信息、企业的服务类信息（安装、改造、保养和装潢等）。

整梯企业可获得的各种统计报表包括故障分类统计、配件故障分析、配件过期报警、过期未保电梯、到场速度统计、维修用时统计、维保满意度、二次维修率统计等信息。

以上信息的取得，一部分由物联网公共信息自动生成，一部分靠整梯企业的加密信息自动生成，还有一部分由整梯企业对自己公司平台进行日常维护产生。

这些信息可以帮助整梯企业创造条件实时掌控自己生产的所有电梯的情况，帮助电梯整梯企业建立起电梯全生命周期的完整档案。整梯企业可以通过物联网了解自己电梯的运行情况、保养情况，以及其他有用的信息。

对于整梯企业自保的电梯，可以掌握电梯运行的运行和维保情况。对于非整梯企业保养的电梯，若电梯发生故障或事故，系统可以迅速定位问题根源，明晰责任，避免因无历史记录而产生的责任混淆现象发生。

电梯物联网有关电梯维修、保养及更换配件的记录，为电梯整梯企业的产品设计人员进一步提升产品质量和产品性能提供了有力可靠的事实依据。一旦产品出现批次质量问题：如元器件批次质量问题或设计批次质量问题，整梯企业可以第一时间快速定位该批次所有电梯的安装地点、保养单位、维修保养人员和物业联系方式；以便在最短时间内联系相关人员，迅速解决问题，排除安全隐患，避免事态的进一步恶化。

随着政府关于电梯使用寿命的政策和法规出台，进入电梯物联网的电梯运行状况处于实时监视状态，安全运行、可靠运行有充分的保障，有利于电梯整梯企业的品牌提升。

（3）维修保养企业

电梯物联网有助于提升电梯的维修和保养效率，第一时间获知电梯故障信息，提升管理水平，提升维保质量，降低维修保养成本/人工成本，为电梯维修和保养业务的量化考核提供客观数据。

维修保养企业可以浏览和查阅电梯的详细档案、监视电梯运行状况、提醒维修保养员工处理电梯故障、提醒维修保养员工维保电梯、提供维修参考解决方案、对维修保养员工维修和保养的工作进行考勤等。

维修保养企业可获得的各种统计分析结果包括故障分类统计、配件故障分析、配件过期报警、电梯工程统计、维修保养满意度、过期未保电梯、接警率统计、急修到场速度统计、维修用时统计、二次维修率等。

（4）物业企业

电梯物联网可以帮助物业企业第一时间获知电梯关人故障信息，提升服务质量，可以监视物业管辖电梯的运行情况和状态，监督电梯维保公司的日常工作情况，查询电梯使用记录（急修记录、维修保养记录、工程记录、年检记录、更换配件记录和故障记录等）。

另外，电梯物联网可提醒物业企业过期未处理项目，帮助物业企业加强对电梯监管的力度，包括过期未检电梯、过期未保电梯、过期未换配件、过期未接警电梯、过期未到场电梯、过期未完工电梯、评价电梯维修保养公司的日常工作情况等。

（5）电梯乘客

电梯乘客可以利用智能手机等免费接入电梯物联网，可以远程呼叫电梯，了解电梯行业的各种信息，学习电梯的使用常识，浏览小区物业的通知和公告，了解近期的天气状况，了解当日的实事咨询和头条新闻，浏览周边出行信息和生活设施等。

总之，基于电梯物联网的维修保养服务信息系统的建立，在满足维修保养单位和业主单位之间的一些需求的同时，也对电梯原厂商、用户和质监机构提出了新的挑战。

目前的相关法规强制要求电梯作为特种设备必须接受每月两次的定时保养，而由于电梯所在楼宇的不同用途和工况，导致电梯的使用程度也不一致，有的电梯存在过度保养、浪费资源，而有的电梯使用频繁、工况恶劣，一个月两次保养也不能完全满足正常使用需求。

电梯物联网技术的应用能够帮助维修保养机构及时掌握电梯的真实运维状况，很多原来需要到现场人工确认的工作可以省略。在电梯故障隐患的排查工作中，远程的智能数据分析比起维修保养人员赴现场查看确认，效率更高、数据更准、反馈更及时。电梯物联网的应用将有助于提高维修保养人员的现场维修保养效率，节约社会资源。

由于电梯分布非常广泛，并且具备 CAN 总线通信机制，只需要接入电梯控制系统，通过 NB-IoT 网络把安装在不同位置的电梯数据传输到后台服务器，就可以实现对电梯的单独管理和控制，做到量体裁衣式的贴身服务。

电梯物联网应用已悄然成为行业内部技术和市场竞争的重要砝码，在电梯安全运行被广泛关注的当前，更逐步受到电梯使用单位的信赖和推崇。

17.2　能耗分项计量

目前，在能耗结构中，建筑所造成的能耗，约占总能耗的 30%。而建筑运行的能耗，包括建筑物照明、采暖、空调和各类建筑内使用电器的能耗，将一直伴随建筑物的使用过程而发生。在建筑的全生命周期中，建筑材料和建造过程所消耗的能源一般只占其总能耗的 20% 左右，大部分能耗发生在建筑物的运行过程中。

能耗监测和分项计量不仅可以实现能耗数据远程传输功能，对既有监测建筑进行能耗动态监听，及时发现问题、完善用能管理；也可以通过对建筑实际用能状况的定量分析及对同类建筑的能耗指标进行比较，评估和诊断建筑的能耗水平，充分挖掘被监测建筑的节能空间，提供有效的节能改造方案。分项计量的好处是可以明确能耗在用能终端的分配情况，从而有利于加强管理，发现节能潜力所在，检验各项节能措施的效果等。对于节能策略的制定、实施和检验，具有重要的意义。

1. 系统功能

主动节能策略，实现持续的节能增效，是管理节能的有效手段。能耗分项计量流程图如图 17.3 所示。

建筑能效监控平台是指通过在建筑物内安装分项能耗计量装置，采用远程传输等技术手段实时采集能耗数据，实现对区域建筑用能总量、能耗指标、能效指标等全方位监

管，同时实现对重点建筑能耗的在线监测、动态分析和节能运行调节等功能的软硬件系
统的统称。

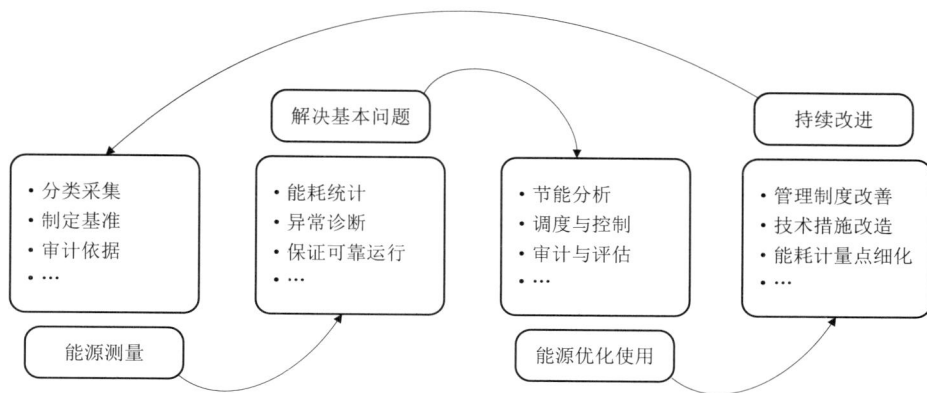

图 17.3

能耗分项计量
流程图

2. 实施效果

平台的应用可为下列需求方带来切实的效果：

- 为政府有关职能部门建立按不同条线（经济楼宇、商业、旅游宾馆）划分的大型
  公建节能云计算服务平台，为开展国家机关办公建筑和大型公共建筑能耗统计、
  能源审计、能效公示等提供技术手段，为相关部门研究制定用能标准、能耗定额
  和超定额加价制度提供科学依据。

- 为建筑业主、建筑的管理者和建筑的使用者提供本建筑各类用能状况的统计分析
  数据、同类型建筑的平均能耗数据和建筑间能耗成本比较等信息，可通过量化指
  标将建筑管理者的利益与节能降耗挂起钩来，推动物业考核制度的改革。

- 为大型公建节能运行管理提供最有效的解决方案。运行管理是大型公建节能的重
  要环节，使用者通过使用建筑节能云节能专家诊断系统，提高建筑节能运营管理
  水平，通过节能云获得耗能设备运行策略，最大限度地获得节能效果。

- 对各种节能技术或产品及节能措施的实施效果进行客观反映与评价；为节能量的
  计算、认证提供科学手段；为业主提供评价和衡量的便利条件，从而可以引导各
  类节能技术、产品和市场的健康发展。

- 极大提高硬件、软件资源使用率。分享各类大型建筑海量的实时、历史能耗数据、
  室内环境参数、机电设备运行等实况参数，为建筑节能科研人员提供数据样本和
  第一手研究资料。

- 依托平台整合能力，提供技术、产品、项目、资金等"一站式"综合服务，实现
  节能供需双方的无缝对接，引导和促进区域化低碳节能服务产业发展。

通过对大型公共建筑安装分类和分项能耗计量装置，采用远程传输等手段及时采集
能耗数据，实现重点建筑能耗的在线监测和动态分析功能。图 17.4 描述了能耗的在线监

测和动态分析功能的关联图。

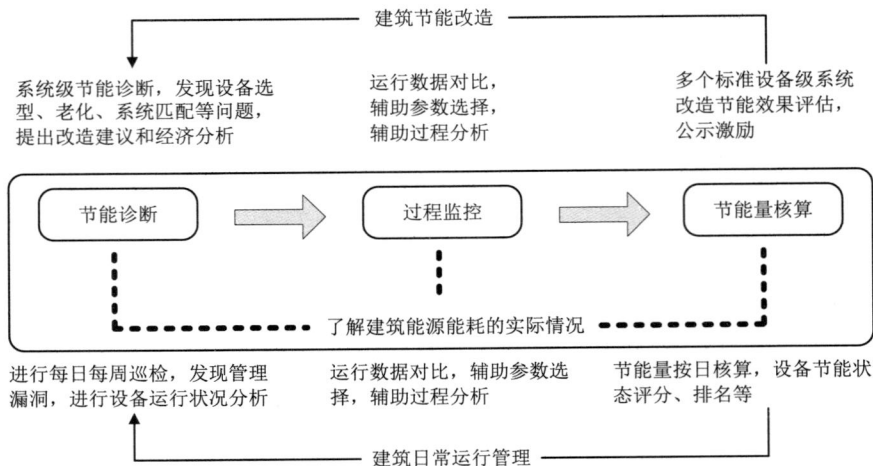

图 17.4
能耗在线监测

3. 数据采集

智能化能源管理系统的能耗数据采集方式包括人工采集方式和自动采集方式。

- 通过人工采集方式采集的数据包括建筑基本情况数据采集指标和其他不能通过自动方式采集的能耗数据，如建筑消耗的煤、液化石油、人工煤气等能耗量。
- 通过自动采集方式采集的数据包括建筑分项能耗数据和分类能耗数据，由自动计量装置实时采集，通过自动传输方式实时传输至数据中心。

系统提供标准的手工信息输入界面，可对各栋监控建筑的基本信息进行整理和输入，并支持手工输入历史能耗数据的功能。

系统采集站定时采集各监控点的仪表参数并上传至本地智能化能源管理系统数据库，用户可于当地实时查询能耗监测情况。

4. 建筑分类能耗分析

系统在完成数据处理和上传的同时，将建筑能耗进行分类分析，分为如下 6 类：

- 耗电量。
- 耗水量。
- 耗气量（天然气量或者煤气量）。
- 集中供热耗热量。
- 集中供冷耗冷量。
- 其他能源应用量（如集中热水供应量、煤、油、可再生能源等）。

5. 电量分项能耗分析

关于电量的分项计量包括：

- 照明插座用电：为建筑物主要功能区域的照明、插座等室内设备用电。其主要包括照明和插座用电、走廊和应急照明用电、室外景观照明用电。
- 空调用电：主要包括冷热站用电、空调末端用电。
- 动力用电：主要包括电梯用电、水泵用电、通风机用电。
- 特殊用电：主要包括信息中心、洗衣房、厨房餐厅、游泳池、健身房或其他特殊用电。

总之，通过建筑能效监控平台，可对用能单位建筑能源使用状况、使用效率、消耗水平进行客观考量；通过能耗监察，可对区域用能趋势进行预测，及时掌握能耗的异常变动；通过对楼宇能耗的在线监测和定量分析，及时发现可能存在的能耗漏洞和节能潜力；通过平台的公共服务功能，可为楼宇业主、物业管理单位、合同能源公司等各类需求方提供基于分项计量数据分析的各种应用服务。

在实时能耗分项计量的过程中，最大的投入是把建筑物内分布在各个角落的传感器信息采集并进行传输。不管是楼顶的中央空调，还是地下的控制机组，不管是每个回路的电表计量，还是每个房间的温湿度控制，这些都可以简单地通过 NB-IoT 技术把数据传递到后台服务器，经过大数据挖掘和分析之后，再来反馈给控制系统进行优化管理。

第18章 智慧物流

物流从来没有离开过智慧，从古至今，金字塔的巨石开凿和运输、京杭大运河的南粮北运、丝绸之路和茶马古道，以及现今的一带一路，智慧物流一直贯穿其中。世界上很多城市的兴衰都是由物流引起的，在物流经济地理格局重塑的过程中，城市有无限的发展机会。

智慧物流是将物联网技术应用于物流行业之中，实现物流的自动化、可视化、信息化等，从而提高资源的利用率。

物流行业是将运输、包装、储存、装卸、配送、信息处理等基本功能根据实际需求进行高效的整合。智慧物流是利用信息采集、信息处理、信息交互、信息管理、智能分析等技术，智能化地完成物流行业的多个环节，并能实时反馈物品的流动状态，进而达到加速物流周转、降低物流成本、提升企业竞争力。

智慧物流涉及快递物流、零担物流、冷链物流、危化品物流、集装箱物流、大宗商品物流等，也带动了很多城市、物流企业和物流园区的发展。

从企业层面看，智慧物流是一种创新模式；从技术层面看，智慧物流是新技术改变行业的驱动；从行业层面看，智慧物流是一种社会化物流的颠覆性系统；从时间层面看，智慧物流是一种可持续发展的螺旋式物流状态。

18.1 智慧物流的需求分析

智慧物流具有灵活、可视、同步、风险低、以客户为中心等特点。从整个物流产业链和社会效率的角度来分析，智慧物流可以解决当前物流企业各自为营的弊端，整合行业信息资源，改善物流链整体绩效，提升产业竞争力。

随着国家产业结构调整和经济一体化、国际化进程的日益深化，物流效率已直接关系到经济和物流业的健康发展。利用现代信息技术，包括物联网、互联网、云计算等技术，通过建设物流公共信息平台和专业平台，既可以实现区域内及区域间物流园区、配送中心、物流中心、交易中心、物流企业等的横向整合，确保区域物流资源的信息共享，最大限度地优化配置社会物流资源，降低社会物流成本，提升物流全过程的整体运作水平，又可以促进物流链上下游企业间通过互联互通，实现纵向协同作业，优化流程，提高整体运作效率。

实现信息资源的充分共享和交换是当前物流信息化的核心与关键，通过建立智能物流体系，实现物流产业所涉物流主体间的信息转换、流转和信息共享，从而让采购商、供应商、物流服务商、承运人、金融服务等机构都可以进行不同系统数据信息的交流和整合，最终实现资源整合，降低成本，提高物流运作效益，规避重复建设，减少资源浪费的目的。建设智慧物流是发展低碳经济、节约型社会的需要。

18.2 冷链物流

随着我国经济的发展和人们生活水平的提高，消费者的消费理念有吃饱穿暖转变为对食品等各种消费品的安全性和新鲜度的要求。如今新鲜的蔬菜、水果和肉类等农产品在人们食物结构中的比例越来越高。例如，在超市购物，消费者已经习惯到生鲜柜台购买新鲜食品。这些新鲜食品的背后，涉及食品冷冻、食品保鲜等诸多环节的冷链物流（图 18.1）。

图 18.1
冷链物流

冷链物流（Cold Chain Logistics）泛指冷藏冷冻类食品在生产、储藏运输、销售前的各个环节中始终处于规定的低温环境下，以保证食品质量，减少食品损耗。目前，我国农产品物流主要以常温物流为主，由此导致的蔬菜、水果损耗率均在 10% 以上。约有 80%的水果、蔬菜、肉类和水产以传统的车厢（常温和保温车）进行运输。如果采用冷链物流，可以使冷冻类食品在生产、储藏、运输、销售前的各个环节中始终处于规定的低温环境下，能有效保证食品质量。

冷链物流，也叫低温物流（Low-temperature Logistics），是一种特殊的物流形式，其主要对象是易腐食品（包括原料和产品）。冷链物流是以冷冻工艺学为基础，以人工制冷技术为手段，以生产流通为衔接，以达到保持食品质量完好与安全的一个系统工程。

冷链物流涉及温湿度传感器、电子标签、蜂窝网络、卫星定位、后台服务器等，实现智能化的生产流程监控、运输流程监控、仓储流程监控、使用流程监控及预警监控中心，可以实现：

- 生产流程监控——生产车间、原料仓库、成品库、半成品库、实验室等实时温湿度监控。
- 运输流程监控——实时车辆温湿度监控、车辆 GPS/北斗定位、历史轨迹回放、异常预警。
- 仓储流程监控——实时仓库温湿度监控、本地声光预警与报警等。
- 使用流程监控——使用单位（生鲜超市、医院药房、疫苗冰箱）等温湿度实时监控。
- 预警监控中心——对生产环境、运输状态、仓库状况等提供 7×24 小时实时监控和报警通知服务。

冷链物流可以应用在很多领域，包括：

- 食品行业——生鲜食品冷链监控管理、冷冻食品冷链监控管理、奶制品冷链监控管理、酒类防伪追溯管理、连锁食品冷链运输管理、仓库和零售资产管理等。
- 药品行业——疫苗冷链监控管理、药品全流程追溯管理、冷库温湿度监控管理、车辆温湿度监控管理、生物制品冷链监控管理等。
- 信息增值服务——冷链实时监控报警和预警服务、网络和信息系统监控报警服务、监控视频和安全操作监控服务、数据存储和数据安全管理、统计报表图形分析报告等。

无线温湿度监控器基于无线物联网技术实现采集现场环境温湿度数据，可实现温湿度的实时监测和外部显示，主要特点包括：

① 系统实时检测和记录，能够收集、处理记录，具备报警功能；

② 监测终端实时采集周边环境温湿度，能够传送和报警；

③ 监测终端测量范围-25～+40℃，误差为±0.5℃，相对湿度误差为±3%；

④ 监测终端采集间隔为 10 分钟，报警采集间隔 30 秒，最短支持 15 秒；

⑤ 监测终端支持温湿度超标、断电报警，通过报警灯、短信送达；

⑥ 采集数据不可更改，设备保存数据 3 个月。

目前运输环节对温度的监控基本上都是采用温度记录仪来记录数据的。不可否认，温度记录仪在提升我国冷链物流整体水平上做出了很大贡献，但是它在要求精确的温度控制方面还难以满足要求。其主要原因在于它在交货时才能导出最终的温度数据，而不能实时记录和反映整个过程的温度数据，记录的是整个车厢的温度，并不代表食品本身的温度。

在食品的包装箱到运输车厢的车门之间，温度能相差多少？经专家测试，可能相差5～10℃，尤其在冬、夏两季。而温度记录仪自身是有温度偏差的，品质不过硬的，自身偏差就能达到 5～10℃。尽管国家出台的有关规定中明确要求，温度记录仪必须每隔一年就拿到相关监督单位进行校验，但因为需要花费校验费，实际上很少有企业会送去校验。

18.2.1　疫苗冷链

为了保证疫苗质量，避免因疫苗失效而产生的一系列预防接种安全问题。疾病预防控制机构、接种单位、疫苗生产企业、疫苗批发企业应当遵守疫苗储存和运输管理规范。疾病预防控制机构、接种单位应按要求对存储疫苗的温度进行监测和记录，疾病预防控制机构对运输过程中的疫苗进行温度监测并记录。

疫苗冷链需要利用多种物联网技术，包括温湿度传感器、RFID 电子标签、无线通信技术、国家商用密码算法技术、云计算技术等，实现对疫苗冷链环节中的固定节点和移动设备进行管理，并通过监测平台实现统一管理。

各固定疫苗监测点的监测信息通过宽带网络传输到疾控中心网络，冷藏车的监测信息通过蜂窝网络传输到疾控中心网络，疾控中心网络负责接收监测信息，并提供疫苗冷链监测系统的应用服务。温湿度智能监测终端采集疾控中心冷库、接种点和运输疫苗的冷藏车中的环境信息，通过蜂窝网络上传至疾控中心网络。疾控中心通过云平台汇集个监测点信息后，归纳并处理后，将监测信息向各疾控中心进行发布。

18.2.2　奶制品冷链

随着人们生活水平的提高和健康意识的加强，饮用更有营养价值的牛奶成为大多数消费者追求的目标。近年来，消费者对于牛奶的需求量呈直线上升，采用低温灭菌技术的巴氏奶不仅能保证牛奶的营养成分而且能保持新鲜，成为了鲜奶的发展趋势。奶制品冷链对于冷链技术要求比较高，目前国外发达国家在奶制品冷链方面已发展得较为成熟，巴氏奶占据了 95%的鲜奶市场。

巴氏奶冷链要求从源奶的取得，到奶站集中检测、杀菌、加工，直至最终的消费，在生产、运输、销售和存储的全过程中，都将牛奶温度控制在 0～4℃范围内，以此来保持牛奶的新鲜口味和营养价值。

为了迎合消费者的健康意识，同时契合奶制品的发展趋势，奶企竞相研究和实施能够实现巴氏奶冷链要求的应用方案，在一定程度上推动了奶制品冷链的发展。但目前仍然存在一些不足和问题，主要体现在监测的非实时性和单品的不可溯源性。实际问题包括冷库故障无法及时被发现、在途运输监测存在盲区、无法察觉的习惯性人为操作失误或隐患、问题产品无法追溯责任等。

奶制品从生产到最终消费的过程分为三个环节，分别是针对固定点冷藏设施的奶制品存储管理、针对在途冷藏设备的奶制品运输管理、针对奶制品本身的标志身份管理。

固定点冷藏设施的奶制品存储管理主要是指奶制品从流水线上生产完成后存放在冷库中等待配送或销售的监测管理过程。这个环节采用固定温度监测设备实时记录和采集冷库内的环境温度，同时实时上传到冷链监管数据中心，当发生温度超限情况时，监管中心将发出警报通知相关人员到现场处理。固定温度监测设备要求具备实时温度采集功能及无线通信上传功能。基于这样的前提，将能够彻底解决冷藏容器故障无法被及时发现的问题。

在途冷藏车辆的奶制品运输管理存在两个环节，一个环节是制造商采用冷藏车将奶制品从工厂配送到中转站冷库的监测管理过程，另外一个环节是配送员采用人力三轮保温车将奶制品从中转站冷库配送到住户奶箱的监测管理过程。

前一种情况在监测过程中不仅关心冷藏车的车厢温度，还关心车辆的运输路线，因此需要采用车载温度监测设备实时记录、采集车厢内温度信息和车辆 GPS 坐标信息，同时实时上传到冷链监管数据中心，监管中心结合 GIS 地图跟踪服务能够实时动态地了解车辆实际运行路线及车厢温度，当发生温度超限或行驶路线大幅度偏离目标的情况时，监管中心将发出警报通知车辆司机及时处理。车载温度监测设备要求具备实时车厢温度采集功能、GPS 定位功能及无线数据上传功能。

后一种情况采用人力或助力三轮车，车厢整体体积有限，另外，挨家挨户的配送必然导致频繁的开启保温箱，因此在考虑前者关心的问题外还需要考虑设备本身的体积问题，以及感知开启保温箱的状态及持续时间问题。因此需要采用便携式温度监测设备实时记录和采集保温箱内温度信息、箱门开启状态信息、三轮车 GPS 定位坐标信息和设备电量信息，同时实时上传到冷链监管数据中心，监管中心除了能够掌握温度和位置信息外还能了解箱体开启状态、持续时间、设备剩余工作时间等信息。

采用这两种监测设备能够使冷链监管数据中心实时掌握奶制品配送环节的保鲜情况，以及及时送达情况，发现并缓解人为配送环节中所发生的各种问题，例如，人为配送缓慢、配送路线不合理、开启保温箱后不及时关闭而导致箱体快速失温等。

奶制品本身的标志身份管理主要是指对奶制品的产品编码、赋码及识别的管理过程。编码精度可以为一个生产批次、一个车厢、一个托盘、一箱甚至到每盒，标志身份管理是实现奶制品溯源的基础和前提。这个环节可以采用的信息化技术手段包括使用一维码、二维码、RFID 电子标签等技术，结合信息化查询平台，奶制品的标志身份管理能够解决问题产品责任追溯、产品批次快速定位等一系列的产品溯源问题。

18.2.3 农产品冷链

目前，国际上最典型的农产品冷链物流是蔬菜物流，蔬菜从采收到消费者始终处于所需的生理低温条件，形成一条田间采后预冷—气调冷藏—冷藏运输—冷藏批发—超市冷柜—消费者冰箱的冷链。

农产品冷链物流的效率取决于各节点的有效衔接。其主要节点情况：上游有养殖或种植基地、冷藏仓库、生产加工基地、冷冻冷藏食品生产加工企业等，中游有冷藏仓库、产地批发市场和销地批发市场、配送中心、中间商和供应商等，下游有农贸市场、超市、零售商、餐饮、家庭等。由这些节点连接构成冷链物流网络。

农产品冷链物流主要包括冷冻加工、冷冻储藏、冷藏运输及配送、冷冻销售四个环节。

1）冷冻加工：包括肉类、禽类、鱼类、蛋类的冷却和冻结，以及在低温状态下的加工作业过程；也包括水果、蔬菜的预冷。这个环节上主要涉及的冷链装备是冷却、冻结和速冻装置。

2）冷冻储藏：包括农产品的冷却和冻结储藏，以及水果、蔬菜等的气调储藏。在此环节主要涉及各类冷藏库/加工间、冷藏柜、冻结柜及家用冰箱等。

3）冷藏运输：包括农产品的中、长途运输及短途配送等物流环节。此环节主要涉及铁路冷藏车、冷藏汽车、冷藏船、冷藏集装箱等低温运输工具。在冷藏运输过程中，温度波动是引起农产品品质下降的主要因素。所以运输工具应该具有良好的性能，在保持规定低温的同时，更要保持稳定的温度。这一点，在长途运输中尤其重要。

4）冷冻销售：包括各种冷链农产品进入批发零售环节的冷冻储藏和销售。此环节主要涉及冷藏/冷冻陈列柜和储藏柜。

农产品冷链物流的参与者众多，物流市场空间范围大，常常形成众多不同类型的物流链条，系统较复杂，表现出链条多元化共存的特点。生鲜农产品时效性强，一般要求物流环节和物流交易次数少，较短的物流链往往更加适合农产品冷链物流。

与常温物流相比，农产品冷链物流投资规模大，资产专用性高，市场不确定性大，要求更加复杂。农产品冷链物流环节的管理和操作难度较大，物流技术和设备要求较高，常常需要专门设备和设施，而且配送中心的建设投资较大、回报期长。由于生鲜农产品生产和消费分散，市场供求及价格变化较大，天气、交通等各种不确定的影响因素较多，因此容易发生因资产高专用性和不确定性造成的沉淀成本和机会成本现象，从而增加物流链的运作费用。

农产品冷链物流具有精益性和敏捷性的双层特征，既要求着眼于各物流环节综合成本的最小化，又要求物流速度快、市场反应灵敏；而农产品物流体系复杂，参与主体多，信息不对称程度较高；物流过程中需要基于安全性的质量监控或实时跟踪，从而需要高度的信息化技术支撑。

鲜活农产品的易腐性和时效性要求冷链物流的各环节具有更高的组织协调性。

此外，农产品冷链物流还有物流损耗大、逆向物流的生成率高，以及市场力量不均衡、农户或个体储运者在物流链中的利益难以得到保障等特点。

冷链物流业蕴含着巨大的市场潜力。从初级农产品如蔬菜、水果、肉、禽、蛋，到各类水产品、速冻食品、包装熟食、冰淇淋和奶制品、快餐原料等，这些冷冻冷藏类食品在生产、储藏、运输、销售等环节中，都需要处于规定的低温环境下，才能保证质量，减少损耗。

18.3 智能集装箱锁

目前，集装箱（图 18.2）运输是现代货物运输最安全的载体，全球每年集装箱运输超过 3000 万个。集装箱制造商和集装箱运输管理企业承担了大量的生产运输、成品运输和堆放存储等繁重的管理工作。安全是集装箱运输的生命线。

图 18.2
集装箱

集装箱锁是必需品，否则海关不允许报关进口，也不会允许出口。对于没锁的集装箱，码头不允许集装箱入港，船舶也不允许装船。因为这中间涉及多个承运方的完好性交接，有锁可以证明收到和交出去的货物是完好无损的，撇清运输过程中的各种问题。

对于集装箱运输，货物在装箱的时候必须有人监督，海关收到理货公司的理货单据才能接收报关，而且在报送时该集装箱已经铅封，封号报送海关。沿途的海关不会上船来查验货，更不会开箱检查。到了目的港之后，海关发现有问题的情况才会查验货物。

集装箱锁，不是一般的锁，只能锁不能开，要开只能强行破坏，而且每个锁具备独一无二的编号。一旦锁被破坏，就证明箱里货可能不完整，完全可以拒收。

集装箱在上船之前一定要铅封，有货时是必需的，俗称重柜。当然，空柜也要上锁，可以防贼、防走私、防偷渡，以及满足检验检疫卫生要求。

集装箱锁有以下三种。

第一种是符合 ISO 17712 标准的封条，集装箱到目的港后如果封条跟提单上的记录不一致，收货人可以拒收集装箱。

第二种是商检锁，带一条小钢绳，也叫线锁，安全性能基本为零，只是用来交收证明货物是否符合标准，也就是说只在买卖双方之间有效。

第三种是客户自己定制的锁，主要用于高价值货品的集装箱。

由于集装箱的体积庞大、数量众多、分布很广,导致了集装箱的运营管理具备很多挑战。

在集装箱出厂后,不能实时知道集装箱的位置和状态,是否安全到达堆场。除此之外,在面积庞大的堆场上找出指定集装箱非常困难,不仅浪费时间而且容易出错。由于无法实时了解堆场上的集装箱的数量和位置空缺,无形中造成堆场利用率低,浪费了企业资源。

在集装箱运输时,发货方和收货方都想实时了解货柜的位置,好决定什么时候报关和收货,减少协调时间,加快周转效率。使用蜂窝网络、GPS 定位和 RFID 电子标签之后,可以方便跟踪集装箱的位置和实现溯源管理。

集装箱电子锁功能如下:

- 集装箱电子锁具备防拆报警功能,内有光感报警功能。当非授权人员撬动拆开锁体时,电子锁会启动报警功能,实时通过内置的通信模块把被拆的信息反馈到平台,保障了承运人运输货物的安全。
- 集装箱电子锁启动后会将当前最新的地理坐标、电子锁状态等通过无线网络上报给平台。
- 电子锁在没有无线网络时,会将锁的开、关、是否被拆、电量等状态信息进行本地保存,网络恢复后会自动补传给后台服务器。
- 通常是内置超过 5000 毫安时的高容量锂电池。若 3 分钟上报一次位置信息,通过 GPRS 网络的续航时间大约在 30 天,而通过 NB-IoT 网络的续航时间可超过 5 年。
- 用户可通过手机 APP 对电子锁进行管理。
- 用户可以通过有源 UHF 读写器或手持 PDA 实现对电子锁的施封、解封操作。

集装箱远程监控系统,实现了集装箱位置、箱门开关状态、空重载状态在网络上的可视,为提升集装箱管理效率和货运服务水平提供数据依据。用户可通过登录系统进行航线运输状态查询。通过系统的应用,达到以下目的:

- 使箱主能及时掌握集装箱的状态,提升集装箱的周转率,优化集装箱的调度。
- 货主可登录系统,查询货运进展,享受更高质的货运服务。

18.4 贵重物品跟踪

随着人们生活节奏的加快,促使了物流行业突飞猛进的发展,在快速发展的过程中也导致物流过程出现了一系列的问题,如快递贵重物品时经常发生丢失、危化品运输需要全程监控等。

利用物联网技术可以动态采集物流过程中物品的变化信息和地理位置信息,无须人工操作。当物品发生丢失或出现异常替换时,实时报告给监管平台,对物流环节中的物品进行全程追踪。这可以有效解决贵重物品和危化品物流过程中信息不能实时采集和物品丢失、掉包的问题。

利用 RFID 电子标签和 GPS 技术实时采集物流过程中的物品的具体信息,包括地理位置信息、物品变动信息等。利用 M2M 模块将信息传输到监管平台。若物品出现异常的变动、物流车偏离路线等情况,跟踪器向平台实时报警。

消费者可以通过智能手机查询货物的实时状态信息,取代目前只有中转站信息的情况,既节省了人力物力,又确保了物流信息的准确性,更重要的是能够防止贵重物品的丢失和掉包,减少危化品出现事故的危害程度。

物流车接到运输任务后就通过车载终端的人机界面和按键启动车载终端并与监管平台连接,进行登记。在装载过程中读取所有物品标签并与监管平台进行校对;再在运输过程中与监管平台不断进行通信传输平台需要的信息。

18.5 智慧物流利用 NB-IoT 实现创新

跟踪器基本上都带有定位和通信功能,内置天线和电池,对体积要求较高。其最主要的瓶颈是电池工作时间。

跟踪器的数据上传频率在分钟级别或更长时间,数据量较小,移动速率要求不高,但需要广域网信号覆盖和省电,这些特性正适合 NB-IoT 技术在物流领域的应用。

当消费者快递高价值物品时,告知快递员在快递包裹里放入 NB-IoT 跟踪器,并愿意为之多付一些物品保值费用。当货物接收时,快递员回收 NB-IoT 跟踪器,便于重复使用。由于 NB-IoT 跟踪器体积较小,并且几年都不需要充电,方便快递公司管理和使用。

快递公司提供了附加服务,快递员增加了收入,发货方和收货方都可以通过手机 APP 实时了解货物的运输路线,达到多方的利益诉求。

第19章 智慧商圈

智慧商圈向来是商家的必争之地，随着移动 POS 机、移动支付、自动售货、外卖、排队、促销等新型商业模式的快速发展，在提升消费者体验式消费的同时，刺激着商圈经济的服务转型。

智慧商圈不是 APP，而是充分融合了互联网、移动互联网、物联网、大数据、云计算等技术，为消费者提供更加快捷、愉悦、实惠的消费生活。

19.1 智能 POS 机

19.1.1 智能 POS 机概述

在互联网金融界，许多人正在抢占移动支付这块巨大的蛋糕。就目前的发展趋势而言，现在已经出现了很多的支付方式，包括卡支付、NFC 支付、微信支付、支付宝、闪付、Apple PAY 等。传统的 POS 机正在受到新的支付方式的挑战和颠覆。在线上线下商业融合的大潮流下，人们的消费认知也在不断发生变化。

智能 POS 机基于移动互联网与云平台的智能金融终端，融合银行卡、二维码、NFC 等支付方式，创新整合会员营销、订位预约等 APP 实用功能，旨在帮助餐饮、零售、服务等诸多商户升级支付体验，以收银为起点，创造更多价值。

传统 POS 机的出现是为了解决现金交易的问题，对广大普通消费者而言，无疑是非常方便的，人们可以不用携带大量现金，同时消费会有账单记录，月底可以看到自己在哪里什么时候消费了什么，而商家使用 POS 机，无非是为消费者提供了多一种付款的选择，自己没有太多的好处，所以传统 POS 机更多是服务于广大普通消费者的。

传统 POS 机经过这些年的发展，已经出现了很多局限性，包括系统升级比较麻烦，涉及终端支持、通信报文、POSP 等；对于非标准金融类业务的扩展性支持较差；终端互动性较差，操作较为麻烦；与商家其他业务系统集成较为麻烦。传统 POS 机虽然也能通过自定义菜单来支持一些增值业务，但其通信协议主要基于 ISO 8385 报文，导致扩展、升级都较为麻烦。

智能 POS 机就是升级版的收银机。除了实现传统收银机的收银、打印小票、扫码等功能外，智能 POS 机还提供了整合的支付解决方案，支持多种收款方式，包括现金、刷卡、扫码支付（微信/支付宝）、第三方支付等；可以实现 CRM 会员管理功能，包括会员卡、券管理、会员维系等功能；可以实现营销管理，包括广告、传单、促销活动管理等；可以实现各种便民服务，包括手机充值、信用卡还款、公交卡充值等。

智能 POS 机可以实现一系列的大数据服务，如有了会员资料后，可以挖掘用户的喜好，根据所谓的场景进行个性化推荐；有了商户交易数据后，可以做征信、信贷、保理等业务；可以帮助银行、银联等金融机构进行营销活动和持卡人维系。

智能 POS 机具备华丽的外表，不仅可以实现普通 POS 机的所有功能，更多的是可以储存消费者的消费行为数据，以及消费者的属性数据，而且第三方平台可以对商户进行精准营销和线上引流。智能 POS 机的功能迎合了商家的需求，具备由线下发展成一个具备完整商业生态链的线上平台，具备强烈的市场需求。

19.1.2　POS 机的安全问题

现如今的商业交易已经离不开移动 POS 机的支持。POS 机虽然给人们的消费带来了诸多便利，但是其仍然存在较多的安全隐患。

POS 机保证安全的措施如下：

1）通过金融级安全规则监控全部交易行为，严控商户资质，杜绝违法商户。

2）通过技术手段防控异常交易，高度提升用户的资金安全系数和风险控制力。

3）通过数字证书、手机验证、芯片加密等技术和验证措施，保护账户安全。

4）支持各大银行互联网支付业务，打造跨银行、跨地域、跨网络的信息化平台。

现在，POS 机领域有很多行话，包括一清机、二清机、三清机、套码、刷机、切机等。

一清机由银联、银行、支付公司把钱直接转到商户账户，有自己的独立后台服务器，有官方的后台服务器，安全机制较全。

二清机是刷的钱是先转到别人的账户，再转给商户账户，也就是二次清算。二清机没有自己的独立后台服务器，只有官方的后台服务器，具有一定风险。

三清机就是有两个中间账户，经过三次转账过程。

在 POS 机行业中，各类商户有自己的专门代码，简称 MCC 码，一般是以 4 位阿拉伯数字体现，如百货、服装、五金、餐饮、KTV 等，代码都不同，行业又分为一般类、餐娱类、民生类、批发类等，其中民生类手续费最便宜，一般类其次，餐娱类最高，批发类可做封顶机。

手续费的多少直接关系商家的利益，商家都想装手续费便宜的 POS 机，在这种情况下就有 POS 机行业操作者从中做手脚、拉客户、赚利润，因为 POS 机的安装机构是以刷卡量及次数赚取相应的手续费，在竞争日益激烈的环境中，难免没有动歪脑筋者偷梁换柱。

有些不法分子通过刷机、切机实现套码。其中，一种是大套小，把符合 1.25% 或 0.78% 费率的商户通过伪造或收单方提供便利直接提供更低的费率；另一种是大套封，即按照大额交易套成封顶交易来赚取最大化的利润。

套码严重扰乱 POS 收单行业的金融秩序，让 POS 收单行业滋生不安全因素，是二次清算的病因毒瘤。套码损害正规商户权益，当商户刷卡出具的小票上面 MCC 码和实际经营项目不符时，会导致机具被封甚至资金被冻结；同时也损害银行利益、损害持卡人部分利益，包括信誉等级、积分获取等。

19.1.3　POS 机利用 NB-IoT 实现创新

在移动支付领域，目前用户关注的首要核心是使用的安全性，其次才是支付的便捷性。

智能 POS 机通常采用 LTE 通信方式，在机器里内嵌 NB-IoT 网络，可以实现很多附加功能，包括：

1）在一些场合没有 4G 信号，可以切换到 NB-IoT 网络实现暂时的通信。

2）不法分子在切机的过程中，运营方立刻知道机器的位置和设备信息。

3）移动 POS 机通常具备地域特性，为了防范安全隐患，NB-IoT 实时通信可以保障安全。

4）即使 POS 机的电池没电，给 NB-IoT 通信的备用电池可以工作好几年，减少设备丢失和损坏的概率。

5）为第三方支付公司提供一套自己的安全服务体系，不受其他非法因素的影响。

收单从现金交易，发展到收银台的 POS 机，再发展到移动 POS 机，若想让消费者爽快付费，就要把收单的能力延伸到消费者随时可以付费的地方。

19.2　自动售货机

现代社会里的人们正在变得越来越焦虑，对于每一个需求都在寻求得到最快的满足，所以自动售货机（图 19.1）越来越受欢迎，也是意料之中的事。从最开始的投币模式，到接受移动支付、银行卡支付、互联网支付等，自动售货机的运行方式变得多样，贩卖的东西也更是五花八门，除了常见的饮料、包装食品、药品、面包、匹萨、化妆品、电子产品，还有黄金、汽车等特殊品，几乎可以囊括生活中的所有必需品。

自动售货机是商圈典型的自助终端，利用移动支付或现金支付来实现自动售货的机器。其不受时间和地点的限制，节省人力和方便交易，还能及时补货。这是一种全新的商业零售形式，也被称作 24 小时营业的微型超市。

图 19.1
自动售货机

从自动售货机的发展趋势来看，它的出现是由于劳动密集型的产业结构向技术密集型的产业结构转变。自动售货机可以充分补充人力资源的不足，适应消费环境和消费模式的变化，24 小时无人售货的系统可以更省力，运营时需要的资本少、面积小，有吸引人们购买好奇心的自身性能，可以很好地解决人工费用上升的问题等。

现如今，自动售货机采用 GPRS 网络和后台服务器进行通信，将贩卖机的库存信息实时通知服务器，确保待售商品的补货，包括系统状态、系统故障、料道故障、缺货情况、销售数据等，运营人员可及时掌握自动售货机的工作状况和补货信息。

由于自动售货机分布在商圈的各个地方，有些在地下，有些在角落，有些地方没有 GPRS 网络信号。NB-IoT 的信号覆盖优于传统的蜂窝网络，在自动售货机断电的情况下，也能通过内置电池进行工作，并及时通知维护人员进行现场施救。

19.3　智能快递柜

近年来，随着电子商务的迅猛发展，快递业务呈高速增长趋势，但快递末端最后一公里投递问题却成为快递发展的瓶颈。智能快递柜（图 19.2）将快件暂时保存在投递箱内，并将投递信息通过短信等方式发送用户，为用户提供 24 小时自助取件服务，这种服务模式较好地满足了用户随时取件的需要，受到快递企业和用户的欢迎。

智能快递柜利用物联网技术，能够将快递包裹进行识别、暂存、监控和管理。智能快递柜通常采用蜂窝网络进行通信，集成了工控机、条码扫描器、触摸屏、摄像头、GPS 定位、电子锁等功能。

快递员将快件送达指定地点后，只需将其存入快递投递箱，系统便自动为用户发送一条短信，包括取件地址和验证码，用户在方便的时间到达该终端前输入验证码即可取出快件。该产品旨在为用户接收快件提供便利的时间和地点。

图 19.2
智能快递柜

工控机主要将智能快递柜采集到的快件信息进行整理,实时在网络上进行数据更新,分别供网购用户、快递人员、系统管理员进行快件查询、调配快件、维护终端等操作。

快递员派件的流程如下:

1)快递员到达终端网点投件时,必须先确认其身份信息。

2)确认完毕身份信息之后,开始输入快件信息(快递单号、收件方手机号码等)。

3)选择该快件将使用的箱格大小。

4)确定箱格大小之后,系统自动弹开相应空闲的柜子。

5)快递员将快件放入箱格里,关门。

6)系统自动发送信息提示收件人(含网点地址、验证密码、24 小时有效)。

收件人取件的流程如下:

1)收件人收到短信之后,在空闲时间到快递柜取件。

2)到达短信指定网点后,在终端输入,其手机号码后四位和收到的验证码(收到短信超过 24 小时未取件的,系统将重发验证码给用户,并提示过期,请输入最新验证码)。

3)系统检测无误时,弹开相应箱格的门。

4)用户取件,验货,关门。

智能快递柜大量分布在社区街道、高等院校、写字楼等区域,给收件用户提供了一个自由便捷的快递服务。NB-IoT 网络科技服务大范围的覆盖面积,也可以结合带有 NB-IoT 跟踪器的快递包裹实现精细化的增值服务。

第 20 章 智 能 安 防

智能安防是物联网领域的一项重要应用,大多数人理解的安防是视频监控,但是视频监控只是智能安防的一部分。智能安防包括视频监控、防盗报警、出入口控制、巡更报警、周界防范、110 报警联动等系统,这些系统可以独立运行,也可以通过控制中心进行集中监控和运营。

智慧城市最大的一项物联网应用就是视频监控报警系统,这使得城市从简单的安全防护系统向综合管控体系演进。城市安防涉及众多领域,包括交通监控、治安监控、卡口监控、办公楼宇、小区社区、银行邮局、运营车辆、船舶航道等,特别是重要场所,包括机场、地铁、公交、码头、桥梁、水厂、电厂、管道管廊等重要基础设施。

20.1 智能安防概述

通常,视频监控是对外界影像的一个忠实记录,主要进行实时监控、录像和报警时的图像复核,不能主动反映监管对象的状态变化,往往需要在事件发生产生重大事故后再回调监控录像,海量的视频数据也只能起到分析事故原因及取证的作用。

视频监控报警系统的前端是各种摄像头、视频检测报警器和相关附属设备,后端是屏幕显示、硬盘录像机和相关操控设备,大多数采用独立的视频监控中心或监控报警中心控制台。

目前,实现视频监控的智能化有两种途径,一种是基于图像的智能分析,另一种是传感器和视频监控的联动。

基于图像的智能分析利用后台服务器运行功能强大的智能分析算法,根据摄像头采集的原始视频数据找出匹配某种预设模式的记录。该途径虽然不需要增加额外的终端设备,但是对服务器要求较高,并且误判率较高,在大规模的监控中心较难达到理想的效果。

采用传感器和视频监控联动的方法能够准确地反映监管对象的状态变化,摄像头根据传感器网络采集的数据有选择有重点地进行监控,提高了事件响应速度,扩大了摄像头的监控视野，有力地提高了大规模监控中心的安全事件防范能力和高效应对决策。

20.2 智能摄像头

如果要判断一个城市的治安状况，可以通过观察该城市居民小区安装防盗窗的比例，就可以大致判断，这间接反映了这个区域的安全状况和市民对安全的防范心态。

随着智能家居产品的边界延伸，基于家庭安全的智能摄像头越来越被广泛接受。现在大多数的无线摄像头是基于 WiFi 的通信模式，摄像头采集的视频数据存储在本地 SD 卡或云端，当消费者想调看视频或实时连线的时候，通过智能手机的 APP 软件就可以方便操作。摄像头如图 20.1 所示。

对于有些场景，使用者只想看到变化的场景，或者只想看到异常的报警状态，不需要常规的状态下的视频信息，或者根本就不想回看和存储。

假设，设备分布范围很广、没有 WiFi、没有光纤、不需要实时传输现场视频、只需要保存异常的报警状态、可以本地 SD 卡存储、要省电、要便宜、断电也能工作、要能及时通知业主，要满足这些应用场景，只有利用 NB-IoT 技术。

图 20.1
摄像头

对于家庭监控来说，要求没有市电也能工作，存在异常报警时即使没有 WiFi 也能告知业主。

对于环保或野外监控来说，要求信号覆盖范围、有效存储、电池供电、及时报警是其必备条件。

20.3 智能报警器

在历年火灾案例的大数据分析结果表明，绝大多数的火灾都发生在各类小场所，包括老旧市场、集体宿舍、养老院、文物古建筑等场所，而这些场所是消防安全监管的盲点，业主的安全意识非常薄弱。

市场上有许多独立式的烟雾报警产品和智能报警器产品，大多是使用电池供电的声光报警产品，其质量参差不齐，不到一年或两年就形同虚设，要么是电池没电，要么是设备故障无人知晓，产品也没有互联互通的功能，业主以为有保障，但真的发生了火灾这些设备却起不了任何作用。

另外一个方面，这类小场所如果要安装火灾联动报警系统，其安装和后期维护保养成本较高，一般小业主无力承受。

无线智能报警器（图 20.2）不用布线，避免对建筑物和公共设施的破坏，7×24 小时全天候系统监控，断电、断网等故障都会及时报警通知，无须担心设备是否正常工作。

图 20.2
智能报警器

智能报警器在触发报警后，除了实现本地蜂鸣报警之外，系统会立即自动拨打用户绑定的手机号码进行语音报警，并同时向管理员或家人等绑定的手机号码群发警报。当报警终端出现断电断网时也会及时向用户通知。

NB-IoT 的低功耗技术可保证设备可以长时间工作，并可提醒传感器失效或者电池缺电，在提供全天候安全监管服务的同时，让业主不用感觉到设备的存在，提供安全放心的便捷手段。NB-IoT 的广覆盖技术可以让智能报警器安装到更多的场景，而不需要担心信号的覆盖范围。NB-IoT 设备的低成本可以让消费者普遍接受，如在超市或电商平台就可以轻松买到，并且无须专业人员的维护和安装就可以使用。

20.4　智能门锁

智能门锁系统包括三个部分，分别是智能电控锁、手机 APP 软件、电子钥匙管理平台。其支持密码开锁、手机 APP 开锁、远程开锁等方式。和传统的机械锁相比，不需要金属钥匙，使用便利，安全性强。

目前，智能门锁通过 MCU 控制，配以相应的硬件电路，实现暗码的设置、存储、识别和显示，驱动微型电机执行，检测驱动电流值，接纳传感器的报警信号，发送数据等功能。

MCU 把接键的代码和存储的暗码进行比对，若暗码正确，则驱动微型电机开锁；若暗码错误，则提示操作人员从头输入暗码，最多可输入三次；若三次都不正确，则 MCU 向智能监控器报警。

智能门锁在使用过程中，通过上提内侧把手可以锁主舌，下压内侧把手可以开锁，上提外侧把手可以锁主舌，不需要使用钥匙。

锁密钥在初始化时写入锁中，密钥是长度为 16 字节（由手机终端将随机生成的 UUID 转化而成）。对称加密采用 RC4 加密算法，通过会话密钥（每次钥匙插上锁，锁都会随机产生一个 8 字节数组会话密钥）对锁密钥进行加密。

图 20.3
智能门锁

智能门锁（图 20.3）需要经过一系列的测试，确保锁具使用寿命大于 20 万次，通过高低温测试，通过 72 小时以上的盐雾测试，通过 EMC 测试。

　　智能门锁给消费者带来的最大困惑是心理压力。在便捷使用的时候，担心被网络攻击。长时间习惯智能门锁后，通常都不带钥匙。在使用一段时间之后，发现要经常性更换电池。如果消费者在长时间出差回来的时候，发现没带钥匙，此时电池也没电了，那后果可想而知。

　　智能门锁不仅适用于家庭，也同样适用于办公室、租房或共享房屋等。在租房过程中，房东可以远程管理密码钥匙，可以随时创建和修改密码，便于无人值守式的房屋管理。

　　智能门锁在大规模发展的过程中，势必会出现不法分子的网络攻击。如果利用 NB-IoT 技术实现智能门锁的远程通信，一方面设备功耗非常低，另一方面依赖运营商的网络安全可降低被攻击的可能性。

20.5　电动自行车防盗

　　电动自行车不仅是市民的一种简单代步工具，它早已渗透到一些与市民生活息息相关的商业活动中，如快递、报纸、公园、社区等领域。电动自行车不仅能够保障市民的生活便利，也让市民享受到高性价比的生活。

　　电动自行车（图 20.4）归属非机动车管理范畴，同时具备以下 5 个特征：具备脚踏行驶功能，蓄电池只作为辅助能源；必须具备两个车轮；设计车速不大于 20 公里/小时；整车质量不大于 40 公斤；轮胎宽度（胎内）不大于 54 毫米。

　　目前，我国的电动自行车保有量超过 2 亿辆，年均增量超过 3000 万辆。但是，每年约有 500 万辆电动自行车被盗，很多地方电动车被盗案件占公

图 20.4
电动自行车

安案件总数的 30% 左右，成为总量最大的一类案件。电动车被盗案件涉及价值虽小，却侵害百姓的切身利益，为群众所痛恨，而在案件侦破中往往又面临警力不足、线索少、破案率低、追赃难、返还难等问题。电动自行车被盗案件已成为严重影响群众安全感和满意度的社会突出问题之一。

　　电动自行车防盗系统和 110 指挥中心互联互通，对纳入系统管理的电动自行车进行全天候 24 小时监测，实时记录每辆电动自行车出行的轨迹信息，当发生车辆丢失、车主报警后，系统从接警处理、被盗车辆轨迹分析、协调出警，实时处置等环节实现体系化运作模式，辅助指挥中心协调执勤民警。

　　电动自行车防盗系统需要具备以下的功能：

（1）电动自行车信息化管理功能

电动自行车信息化管理功能指在数据中心记录电动自行车的车辆信息、车主信息等，实现从车辆购置、使用、过户、报废、安全的全生命周期管理。

（2）电动自行车实时监测功能

电动自行车实时监测功能指对电动自行车实施全天候 24 小时的监测，实时记录每辆电动自行车出行的轨迹信息，并保存一定期限，为侦破案件提供有效信息。

（3）电动自行车自动报警功能

当车主停放电动自行车时，通过手机 APP 给电动自行车加上电子锁，需要骑行时解锁。一旦出现异常出行，系统将自动向车主发送异常报警提醒信息，车主可及时发现车辆丢失，解决了及时报警的问题。

（4）日常巡查功能

执勤民警在日常走访、巡逻、检查工作中，随身携带手持定位仪，在居民小区、公共场所、车辆交易市场、出城检查站、高发案区域等场所对电动自行车进行自动监测、自动排查、自动报警，可根据车辆照片和详细信息定位、查获被盗车辆。

（5）指挥调度平台功能

指挥调度平台主要实现电动自行车被盗警情处置的实时指挥和调度。平台根据用户报警情况，实时收集监测到被盗车辆的信息，并协调出警。系统将报警信息和有关数据等推送到执勤民警的手持定位仪，指挥执勤民警进行现场排查并拦截抓获现行。

（6）案件管理、分析平台功能

案件管理、分析平台可对车辆被盗案件进行全生命周期管理。其集成地理信息平台对大量被盗车辆轨迹数据的分析和处理，能获知逃匿路线、高发案区域、销赃窝点等，辅助民警及时破获车辆被盗案件；通过对某一时间段案件的统计，民警能掌握发案规律和趋势，进而及时防范和处理。

智能电动自行车的工作模式同样适用于摩托车的管理，目前采用的模式包括 GPRS+GPS 模式、RFID 电子标签模式。共享单车面临的问题，同样在智能电动自行车的运营管理中存在，而 NB-IoT 技术可以满足很多场景的使用。

通常电动自行车的使用寿命在 3～5 年，NB-IoT 终端的功耗非常低，可以隐蔽在自行车身的内部，既可以通过蓄电池供电，也可以锂电池供电。NB-IoT 网络具备广覆盖能力，即使在地下车库、地下室等普通无线网络信号难以到达的地方也容易覆盖到。车主通过手机 APP 查找位置或者搜寻被盗后的位置，都会相对方便。

20.6　人防工程物联网

人防工程就是人民防空工程，是指为保障战时人员和物资掩蔽、人民防空指挥、医疗救护而单独修建的地下防护建筑，以及结合地面建筑修建的战时可用于防空的地下室。战时保护人民，平时造福人民。

人防工程（图 20.5）是防备敌人突然袭击，有效地掩蔽人员和物资，保存战争潜力的重要设施。人防工程按平时用途分为地下宾馆、地下商场、地下餐厅、地下文艺活动场所、地下教室、办公室、会议室、试验室、地下医院、地下生产车间、仓库、电站、水库、地下过街道、地下停车场、地下车库等。

图 20.5
人防工程

人防工程利用信息化手段和移动通信技术手段来处理、分析和管理整个城市的所有防空防灾业务和突发事件信息，促进城市管理现代化的信息化措施。人防工程物联网包括环境监测传感器，如温湿度传感器、气压计、氧气浓度传感器、一氧化碳浓度传感器、风速传感器、烟雾传感器、光照度传感。电气数据采集传感器如多功能电表、能耗传感器、断相传感器。给排水监测包括水压传感器、液位传感器、浸水传感器。

目前，民防部门对地下空间的监管主要采用网格化人力巡查来进行。这种做法的不足是无法对地下空间进行实时有效监管，人为定时巡查所产生的周期性漏洞，使各种意外可能发生的情况无法避免。目前大力推进的地下百万摄像头计划，也无法满足对地下空间，特别是战备地区和人员密集场所实时监控的要求，同时，温度和各类气体也无法通过视频技术来进行监控。

一旦检测到环境发生变化超过正常阈值，即可通过无线通信技术开启相应位置的喷淋、风机、开闭逃生门、开启应急灯、启动声音报警装置等一体化处置系统，并通过手机 APP 通知各相关管理单位和责任人。

利用物联网技术，对城市地下空间形成全天候实施监管，使所有地下空间处于无人值守监管系统自动监管，确保城市运行安全有序，确保一方平安。

通过在人防指挥所、疏散基地、疏散地域等人防重要相关场所中，安装配置视频监控系统、环境和设备状态感知和采集设备，将人防工程内和主要出入口的图像、环境参数、设备设施运行状态及人员进出情况进行采集和融合，从而对人防指挥所、人防工程的内部环境、各种物联网智能设备、服务器等需要重点关注的设备和软件的运行状态进行监控。

人防工程都是在地下，2G、3G、4G 的网络覆盖不可能全部优化，而 NB-IoT 技术的覆盖能力给很多传感器的部署提供了一个非常好的无线网络环境。

人民防空是国防的重要组成部分，是军事斗争准备的重要方面，在保护国家和人民生命财产安全方面负有重要责任。

第 21 章 智 能 家 居

智能家居的出路在管理需求。

智能家居发展受限主要是因为家庭网络覆盖问题。NB-IoT 技术可摆脱家庭网关的依赖，独立终端加上城市网络覆盖到位，会衍生出较好的智能家居产业。其比较适合白色家电厂家对自身产品的全生命周期管理。

21.1　智能家居概述

2014 年以来，自 Google 收购 Nest 之后，智能家居便迎来投资的热潮，包括互联网企业（阿里巴巴、腾讯、百度、京东、小米、360 等）、家电企业（海信、海尔、格力、美的、长虹等）、通信设备企业（华为、中兴等），以及众多的智能家居创业公司。

截至目前，智能家居行业即便巨头如云，却仍不见领头羊，而他们大多数都在大打生态牌，建立控制中心。例如，苹果的 iOS 10 中增加了 Homekit 平台，iPhone 智能手机成为它的控制中心，可惜即便承载了苹果布局智能家居生态的全部野心，但消费者依旧情绪不高。

现在市面上有很多智能家居系列产品，包括电视、空调、插座、电饭煲、摄像头、灯泡、窗帘、门锁等，大多数需要连接家庭路由器，通过智能手机 APP 进行控制。除了给消费者带来操控便利之外，企业主要关注流量入口、控制中心、生态系统等，主要目的是搜集消费者的使用信息来进行大数据分析和二次变现。

21.2　智能家居的"死胡同"

智能家居在概念到落地的过程中，消费者的反应并不太乐观。

到目前为止，市场上较早的智能家居产生大多数都已经被放弃，而消费者真正认可的产品更是屈指可数。到底是什么原因让整个智能家居行业步入"死胡同"？未来将何去何从？令行业盼望已久的风口到底又会在何时出现？

智能家居平台的意义在于连接更多产品。平台上产品的多寡则取决于用户的选择。因此，在平台的建设中，用户是最核心的因素，产品是厂商争取用户最重要的筹码。

单纯把某个智能硬件作为智能家居的入口，这与用户体验相悖。例如，用户在厨房做饭或休闲娱乐的时候，不可能随时随地把手机握在手里。智能电视是家庭娱乐的中心，但电视只有在人们需要它时才处于工作状态。只有那些具有高频、随时可连接、操作极简单的单品才可能承担入口的重任，但"有可能"不代表"一定会是"。

多数人误读了生态和产品体验的关系。互联网公司过分注重生态的原因是因为他们并不擅长做产品，而只关心的是用户的数据，他们只是打着生态的幌子在收集数据，一旦把所有的数据交换都放到云端，其结果却是用户体验的下降，如延时、不能断网等。

目前最大的问题仍然是好产品的稀缺。市面上的产品虽然层出不穷，但好产品少之又少。产品留不住用户，用户在新鲜期过后，很容易就将所谓的智能家居产品弃之不用，而平台如果没有产品入驻和用户体验不佳的产品入驻就只能是海市蜃楼。

智能家居未来的趋势更不在于控制中心，物联网技术发展到后面就是设备实现智能连接，而不需要通过 APP 软件进行操作和设置，随着人工智能的发展趋势，物联网的未来就会脱手机化、脱中心化，形成真正意义上的智能连接。

因此，缺乏核心产品、依靠大数据、只强调 APP 功能强大的模式，与物联网的初衷背道而驰。

21.3　爆款和生态链

爆款是电商平台的思维，通过较低的门槛来吸引大量用户使用，从而产生海量的数据并吸引用户进行二次传播或二次消费。很多具备互联网基因的公司目标就是打造越来越多的单品爆款。

实际上，单品沿袭工业时代点对点的竞争模式。未来是链条对链条、生态对生态的竞争，单品虽然可以打"爆"，但不可避免地会造成产品单一、跟其他产品关联性较少等后果，这样就很难给用户带来系统级的智能家居体验。如果扩充产品线，又因为不同的产品多是不同的团队来做的，就会导致在系统层的互联互动上出现短板。

单品难以平衡利益分配问题，智能家居生态链涉及许多利益相关者，包括芯片公司、终端设备制造商、软件供应商、平台提供商、服务提供商和大数据提供商等。每个环节的诉求都会有所不同。若是押注某个单一产品，就很难协调整体系统的利益关系，而只有全面整合、重新分配利益才可能做到利益均衡。

未来的盈利模式不再是依赖单品，"硬件＋服务"的模式将成为主导。这意味着智能硬件的销售只是起点，后续服务才是主角，包括嵌入 APP 应用、构建家庭入口、收集大数据，并伺机将数据和流量进行变现等。在这种模式下，硬件不再是利润的实现点，而是价值链的基本环节和载体，而后续服务才是整合能力的比拼。

整合就是希望摆脱对爆品的过度依赖，快速实现从点到面的覆盖，在行业内形成影响力和竞争力。但是，整合仍需要重视一些现实问题，如谁来安装？谁来售后？另外，目前智能家居行业最大的问题是产品场景不够，整合需要支撑完整的物联网应用，如从家庭到社区、从社区到车联网的互通以及场景利用，这恰恰考验的是整合能力的修炼。

21.4　智能家居的糟糕体验

人们对智能家居不感兴趣本质上是自己用着不好，他们才不在乎有没有标准。

当下智能家居产品智能化炒作现象频现，形式大于内容，与用户需求不匹配，再加上高成本导致价格虚高，市场接受程度低。目前，用户对智能家居的感兴趣程度高达 90%，但有 80% 的用户对智能家居现状不满，表示跟预期完全不符或低于预期。

智能家居的智能化不应只是停留在家庭设备的联网协同上，而应该是全方位地提升人们的生活体验。人们需要智能家居的实用性，而不是远程遥控，也不是炫酷的操控界面，高效、便捷、节能才是用户所需要的。智能家居需要自动感应环境和人的诉求，并进行自我学习、自我调整。

目前，每个智能家居企业都有自己的想法，产品之间不能实现互联互通。缺乏互动标准实际上是因为布局不完善并采用封闭的方式在做，伤害了用户体验。这种封闭的智能家居系统，一旦没准备好，就变成了绑架用户。

苹果的 HomeKit、亚马逊的 Echo、华为的 HiLink、阿里的 YunOS、百度的 Dulife、海尔的 U＋、美的的 M-Smart 等都打着开放的旗帜，但他们多是系统内部的协同。未来能成功的智能家居平台一定是自身技术实力强，具备丰富的产业链资源，具备持续创新的商业模式。

21.5　智能家居的安全问题

不少行业内人士把消费者不买单归结于风口未到，却没有反思自己的产品是否真的足够好，尤其是最低层次的安全性考量，这是消费者购入的第一前提。

当前智能设备几乎都采用基于 Linux 的安卓系统，系统漏洞多、安全性差。智能家居企业基本无安全防御技术，这意味着智能家居系统更容易被黑客攻击，导致智能门锁、室内监控失效，还有大量潜在的危险，如窃取摄像头内容、泄漏用户隐私等。

最近陷入舆论漩涡的三星 NOTE7 爆炸事件更是给我们做智能硬件产品的当头一棒，再好的概念，再厉害的技术，安全永远是最核心最底层的诉求。

21.6 智能家居利用 NB-IoT 实现创新

智能家居可以让企业出于自身管理诉求，进行全生命周期的管理。

家庭需要无线通信的全覆盖，对于边缘角落，WiFi 较难胜任。

消费者需要无感的智能设备，当其知道你搜集了他的使用信息，并且不能给他带来价值的时候，他就会考虑是否让设备进行联网。

断断续续的数据对大数据分析来说毫无价值。

智能家居的基础是技术运用，如物联网技术、信息技术、数字技术、语音技术、感应技术等。长此以往，整个行业也会和智能手机一样，必然有一个洗牌的过程，无技术基因、产品不过硬、靠营销炒作的企业必将率先出局。

有些企业是转型进入智能家居领域，如家具企业、卫浴企业、门窗企业，包括互联网企业等。这些并不是技术型公司，产品本身对创新技术的运用也不多，其产品的智能化程度可想而知。智能家居短期看营销概念，长期拼研发专利技术。唯有技术才是核心竞争力。

过去几年，一方面人们看到了智能家居火热的发展势头和值得期待的发展前景。但另一方面，又不得不面对智能家居产品惨淡的市场现状。当行业泡沫期过去，各家企业都应该沉下心来把自己的产品做好，才有资本和更多的平台连接，让产品真正实现智能连接，这样用户积累就是自然而然的事情，所谓的整合、生态，也是锦上添花，顺理成章。

第 22 章　农业物联网

但凡要分析物联网应用场景，都必然要提到智慧农业，或者农业物联网。只有真正在渗透农业领域的物联网企业，才知道农业物联网大面积推广使用有多难。

如何从农业领域的实际情况和思维模式出发，因势利导、潜移默化地进行农业物联网的渗透？

智慧农业通过生产领域的智能化、经营领域的差异性及服务领域的全方位信息服务，推动农业产业链升级改造，实现农业精细化、高效化和绿色化，保障农产品安全、农业竞争力提升和农业可持续发展。

农业物联网通常采用 M2M、ZigBee、433MHz、WiFi、有线等方式，主要问题集中在网络覆盖、供电和成本方面。NB-IoT 技术和传感器结合，全密封外壳，低成本，散布在田野、水下、山林，只要网络覆盖到位，可辅助农业生产上升一个大台阶。对于城郊和一些覆盖到位的区域，NB-IoT 可大大提升水产养殖、大棚、花卉等高附加值的农业生产流通领域。

22.1　农业物联网概述

传统农业是在自然条件下的农作物生长。人们获取农田信息的方式很有限，主要依靠人为判断、靠天吃饭。因此，农作物的生长条件难免会出现一些误差，一旦形成灾害，还需大量人工和时间来弥补和处理。

农作物的生长主要依赖于土壤水分、土壤温度、空气温湿度、土壤 pH、氮浓缩量、光照强度、降雨量等环境因素，多项条件的有机组合可以促进农作物的生长，以及提高农作物的品质。若某一环节缺失，则会造成农业自然灾害，形成大规模的损失。

针对大规模成片种植的农场，所处环境复杂多变，有些是温室大棚，有些地处丘陵或深山中，自我调节能力较弱，易受自然气候、病虫害等自然因素的影响。因此，在农场种植过程中，如何才能做到恶劣天气提前预警？面对病虫害、气候异常、土壤生态变化等环境因素变化时如何应对？这些都是生态农场所要考虑的问题。

在工厂化程度较高的食用菌基地，管理者开始注意到 CO_2 浓度、温湿度对食用菌的生长起到关键作用，但是不舍得在传感器和自动控制领域进行投入，采用安排工人每天去每个房间用检测仪检测 CO_2 浓度，并根据情况开启和关闭风机。

22.2　现代精准农业

在现代精准农业中，大量的传感器节点构成了一张张功能各异的监控网络，通过各种传感器采集信息，可以帮助农民及时发现问题，并且准确地捕捉发生问题的位置。这样一来，农业逐渐地从以人力为中心、依赖于孤立机械的生产模式转向以信息服务为中心的生产模式，从而大量使用各种自动化、智能化、远程控制的生产设备，促进了农业发展方式的转变。

现代精准农业包括温室大棚种植、家禽畜牧养殖、水产海鲜养殖、智能节水灌溉、生鲜冷链运输等，涉及农、林、牧、副、渔等多个应用场景。

传感器采集到的数据通过网络传输到云服务平台，对这些数据进行挖掘和分析，为管理者提供数据显示、数据分析、历史查询、数据保存等管理功能，同时可根据监测的信息对环境进行控制，使农作物生长在合适的环境中。

22.3　温室大棚种植

在温室环境里单个温室即可成为无线传感器网络一个测量控制区，采用温度传感器、湿度传感器、pH 传感器、光传感器、离子传感器、生物传感器、CO_2 传感器等设备节点构成无线网络来测量土壤湿度、土壤成分、pH、降水量、温度、空气湿度和气压、光照强度、CO_2 浓度等来获得作物生长的最佳条件，同时将生物信息获取方法应用于无线传感器节点，为温室精准调控提供科学依据，从而达到增加作物产量、改善品质、调节生长周期、提高经济效益的目的。

在作物的生长过程中还可以利用形状传感器、颜色传感器、质量传感器等来监测物的外形、颜色、大小等，用来确定作物的成熟程度，以便适时采摘和收获；可以利用 CO_2 传感器进行植物生长的人工环境的监控，以促进光合作用的进行。温室大棚如图 22.1 所示。

图 22.1
温室大棚

22.4　智能节水灌溉

图 22.2
智能喷灌装置

自动灌溉系统利用传感器感应土壤的水分，并在设定条件下和接收器通信，控制灌溉系统的阀门打开和关闭，从而达到自动节水灌溉的目的。由于无线网络的覆盖，使灌区面积和节点数量不受限制，可以灵活增减轮灌组，加上节点具有的土壤、植物、气象等测量采集装置，可以构建高效、低能耗、低投入、多功能的农业节水灌溉平台。自动灌溉系统可在温室、庭院花园绿地、高速公路中央隔离带、农田井用灌溉区等区域，实现农业和生态节水技术的定量化、规范化、模式化、集成化，促进节水农业的快速和健康发展。智能喷灌装置如图 22.2 所示。

22.5　智慧农场

物联网的实质是把农场的各种信息通过传感器、智能设备等采集数据后，传输到云计算平台，再通过高性能的计算、海量数据挖掘、智能分析等技术，对数据进行有效处理，为业主提供一个智能化管理手段的完整服务。

在农场选择合适的监测点，安装智慧农业物联网监测成套设备，其中包括多种传感器、微型气象站、网络摄像头、无线通信设备、物联网网关等设备，全天候 24 小时实时传送数据到云计算中心，对采集到的数据进行科学分析。农场管理者可通过计算机或手机等通信设备随时随地进行查看和管理。

通过以上的部署和实施，智慧农业可实现：

- 实时掌握农作物的生长情况，远程指导工人进行有效施肥和病虫害防治。
- 实时采集农场的土壤湿度、pH、环境温湿度、氮浓缩量等环境信息。
- 实时观测农场的大气压力、光照强度、风向、风速和降水量等环境信息。
- 监控农作物病虫害防治情况，现场采集信息后可通过专家进行会诊。
- 大幅降低人工巡查的工作量，实施土壤墒情检测、自然灾害预警等。
- 通过全面的数据采集，形成科学种植的数据库，精确调控农作物的生长环境。

当农场采用了物联网技术，通过这些精密的数据监控和后台服务器数据系统的计算，实现了环境数据采集、处理、分析及信息传递的即时化，一旦有异常情况发生，管理员可实时、直观地了解农场翔实、多维的动态信息，便于进行快速的处理和布置。这样不仅保护了农场的生态环境，农作物的品质也将会得到更好的保障。

无论是在家里，还是在旅途中，都能实时掌握农作物的长势和土壤气候指标，不再时刻惦记着现场情况，逐步改变生活方式，真正从土地解放出来。

22.6　和农业相关的传感器

和农业领域相关的传感器包括土壤水分传感器、土壤温度传感器、气体温湿度传感器、光照传感器、风速传感器、风向传感器、雨量传感器、百叶窗防护罩、网络摄像机等组成，如图 22.3 所示。

图 22.3
农业物联网

（1）土壤水分传感器

水分是决定土壤介电常数的主要因素，测量土壤的介电常数，能直接稳定地反映各种土壤的真实水分含量，与土壤本身的机理无关，是目前国际上最流行的土壤水分测量方法。土壤水分传感器采用先进的时域反射原理，杆式设计，适用于测量任何类型土壤的体积含水量，测量精确，性能稳定可靠。

（2）土壤温度传感器

土壤温度传感器体积小，使用方便，测量精度高，功耗低，可广泛应用于固体、液体等温度的测量。

（3）气体温湿度传感器

气体温湿度传感器采用光刻铂电阻作为感应部件，感应部件位于杆头部，外部有一层滤膜保护。其精度高、功耗低、体积小，可实现温湿度值的一体化测量，可配专用的防辐射罩，保护传感器免受太阳辐射和雨淋。

（4）光照传感器

光照传感器采用对弱光有较高灵敏度的硅兰光伏探测器作为传感器，具有测量范围宽、线性度好、防水性能好、使用方便、便于安装、传输距离远等特点。其可测量以 lx 为单位的照明光，采用光敏探测器，将光照强度转换为电流信号，再经过运算放大器转换为标准信号输出。

（5）风速传感器

风速传感器采用传统三风杯结构，利用风杯部件作为感应部件，其感应部件随风旋转并带动风速码盘进行光电扫描，输出相应的电脉冲信号，从而计算出环境瞬时风速。

（6）风向传感器

风向传感器是用于测量风的水平风向的专业气象仪器。风向传感器的感应部件为风向标部件，经格雷码盘、光电器件等将风标的角位移转换成相应的格雷码，以电信号输出。

（7）雨量传感器

雨量传感器用来遥测降水量、降水强度、降水起止时间，用于防洪、供水调度、水情管理等方面的水文自动测报系统。

22.7　农业物联网利用 NB-IoT 实现创新

从农业环境现场部署的情况来看，存在供电困难、布线困难、大面积部署和维护工作量大的情况。NB-IoT 技术可以有效解决现有的困难，运营商的网络覆盖范围趋于全网覆盖，终端功耗又非常低，不需要额外的风光互补供电方式，大大方便运营管理人员的安装和维护。

以往，农场主要采用"拍脑袋种植法"，即凭自己的感觉来决定什么时候施肥、什么时候浇水等，并且要经常到田间地头现场观察和处理，而对究竟在怎样的条件下种出来的农产品质量最好，缺乏系统的研究和科学的指导。

通过智慧农业的物联网整体解决方案的实施，可全面提升农场生产管理水平，减少了生产成本，改善了农作物生长的状态，减少了病虫害的发生，提高了农作物的色泽、口感、香气等整体品质，达到大幅增产、改善品质、调节生长周期、提高经济效益和种植水平的目的。

附录 1　术语与解释

简称	全称	中文含义
3GPP	3rd Generation Partnership Project	第三代合作伙伴计划
ACK	Acknowledgement	确认
ACLR	Adjacent Channel Leakage Ratio	邻道泄漏抑制比
ACS	Adjacent Channel Selectivity	相邻信道选择
AEP	Application Enablement Platform	业务使能平台
AM	Acknowledgement Mode	确认模式
API	Application Programming Interface	应用程序编程接口
APN	Access Point Name	接入点名称
ARQ	Automatic Repeat reQuest	自动重传请求
AS	Access Stratum	接入层
BB	BaseBand	数字基带电路
BBU	Building Base band Unit	室内基带处理单元
BCCH	Broadcast Control Channel	广播控制信道
BCH	Broadcast Channel	广播信道
BI	Business Intelligence	商业智能
BOSS	Business & Operation Support System	业务运营支撑系统
CA	Carrier Aggregation	载波聚合
CC	Chase Combine	软合并
CCC	China Compulsory Certification	中国强制认证
CCCH	Common Control Channel	公共控制信道
CCE	Control Channel Element	控制信道单元
CE Level	Coverage Enhancement Level	覆盖增强等级
CIoT	Cellular Internet of Things	蜂窝物联网

简称	全称	中文含义
CM	Connection Management	连接性管理
CMAS	Commercial Mobile Alert Service	商业移动预警业务
CMP	Connectivity Management Platform	连接管理平台
CP	Control Plane	控制面
CP	Cyclic Prefix	循环前缀
CPRI	Common Public Radio Interface	通用公共无线电接口
CRC	Cyclic Redundancy Check	循环冗余校验
CRM	Customer Relationship Management	客户关系管理
C-RNTI	Cell-Radio Network Temporary Identifier	小区无线网络临时标志
CRS	Cell-specific Reference Signal	小区专有参考信号
CSFB	Circuit Switch Fallback	电路域回退
CSG	Closed Subscriber Group	封闭用户群组
CSI	Channel Status Information	通道状态信息
CSI-RS	Channel State Information-Reference Signals	信道状态信息参考符号
CSS	Cell-specific Search Space	小区专有搜索空间
D2D	Device-to-Device	设备到设备
dB	Decibel	分贝
DCCH	Dedicated Control Channel	专用控制信道
DCDU	Direction Current Distribution Unit	电源分配单元
DCI	Downlink Control Information	下行控制信息
DDN	Digital Data Network	数字数据网络
DL	Downlink	下行
DL-SCH	Downlink Shared Channel	下行共享信道
DMRS	Demodulation Reference Signal	解调参考信号
DRB	Data Radio Bearer	数据无线承载
DRX	Discontinuous Reception	非连续性接收
DTCH	Dedicated Traffic Channel	专用业务信道
ECGI	E-UTRAN Cell Global Identifier	E-UTRAN 小区全球标识符
E-CID	Enhanced Cell ID	增强版的小区标志
ECM	EPS Connection Management	EPS 连接管理
eDRX	Enhanced Discontinuous Reception	增强型非连续接收
EIS	Effective Isotropic Sensitivity	有效全向灵敏度

简称	全称	中文含义
EMC	Electro Magnetic Compatibility	电磁兼容性
eNB	eNodeB	基站
eNB-IoT	Enhancement of NB-IoT	增强版的 NB-IoT
EPC	Evolved Packet Core	演进的核心系统
EPRE	Energy Per RE	每个资源粒子的能量
EPS	Evolved Packet System	演进的分组系统
E-UTRA	Evolved UTRA	演进的通用陆地无线接入
E-UTRAN	Evolved UMTS Terrestrial Radio Access Network	演进的 UMTS 陆地无线接入网
EVM	Error Vector Magnitude	误差矢量幅度
FCC	Federal Communications Commission	美国联邦通信委员会
FDD	Frequency Division Duplexing	频分双工
FOTA	Firmware Over-The-Air	固件空中升级
GBR	Guaranteed Bit Rate	保证比特速率
GMM	GPRS Mobility Management	GPRS 移动性管理
GMSK	Gaussian-shaped Minimum Shift Keying	高斯最小频移键控
GPRS	General Packet Radio Service	通用分组无线业务
GSM	Global System for Mobile communications	全球移动通信系统
GUMMEI	Globally Unique MME Identity	全球唯一的 MME 标志
GUTI	Globally Unique Temporary UE Identity	全球唯一临时 UE 标志
HARQ	Hybrid Automatic Repeat reQuest	混合自动重传请求
HD-FDD	Half-Duplex FDD	FDD 半双工
HeNB	Home evolved Node B	家庭演进基站
HSS	Home Subscriber Server	归属签约用户服务器
IMSI	International Mobile Subscriber Identification Number	国际移动用户识别码
IoT	Internet of Things	物联网
IR	Incremental Redundancy	增量冗余
ISD	Inter-site Distance	基站间距离
KHz	KiloHertz	千赫兹
KSPS	Kilo Samples Per Second	每秒千次取样数
Longer TTI	Longer Transmission Time Interval	更长的传输时间间隔
LPWAN	Low Power Wide Area Network	低功耗广域网
LSB	Least Significant Bits	最低有效位

简称	全称	中文含义
M2M	Machine to Machine	机器到机器
MAC	Media Access Control	介质访问控制
MBMS	Multimedia Broadcast Multicast Service	多媒体广播组播服务
MCL	Maximum Coupling Loss	最大耦合损耗
MCS	Modulation and Coding Scheme	调制与编码策略
MDT	Minimization of Drive Test	最小化路测
ME	Mobile Equipment	移动设备
MIB	Master Information Block	主消息块
MIB-NB	Narrow-Band Master Information Block	NB-IoT 主系统消息块
MM	Mobility Management	移动性管理
MME	Mobility Management Entity	移动性管理实体
MO	Mobile Original	终端发送
MSB	Most Significant Bits	最高有效位
MSC	Mobile Switching Center	移动交换中心
MSPS	Million Samples Per Second	每秒百万次取样数
MT	Mobile Terminated	终端接收
NACK	Negative Acknowledgement	否定确认
NAICS	Network Assisted Interference Cancellation and Suppression	基于网络辅助的干扰消除与抑制
NAS	Non-Access Stratum	非接入层
NB-IoT	Narrow Band-Internet of Things	窄带物联网
NCCE	Narrowband Control Channel Element	窄带控制信道单元
NCellID	Narrowband Physical Cell ID	窄带物理小区标志
NFV	Network Function Virtualization	网络功能虚拟化
NIDD	Non IP Data Delivery	非 IP 数据传输
NPBCH	Narrowband Physical Broadcast Channel	窄带物理层广播信道
NPDCCH	Narrowband Physical Downlink Control Channel	窄带物理层下行链路控制信道
NPDSCH	Narrowband Physical Downlink Shared Channel	窄带物理层下行链路共享信道
NPRACH	Narrowband Physical Random Access Channel	窄带物理层随机接入信道
NPSS	Narrowband Primary Signal	窄带主同步信号
NPUSCH	Narrowband Physical Uplink Shared Async Channel	窄带物理层上行链路共享信道
NRS	Narrowband Reference Signal	窄带参考信号
NRSRP	Narrowband Reference Signal Receiving Power	窄带参考信号接收功率

续表

简称	全称	中文含义
NRSRQ	Narrowband Reference Signal Receiving Quality	窄带参考信号接收质量
NSSS	Narrowband Secondary Synchronization Signal	窄带辅同步信号
O&M	Operation & Maintanence	运行和维护管理
OCC	Orthogonal Cover Code	叠加正交码
OFDMA	Orthogonal Frequency Division Multiple Access	正交频分多址接入
OTA	Over-The-Air	空中升级
OTDOA	Observed Time Difference of Arrival	观察到达时间差
PA	Power Amplifier	功率放大器
PAPR	Peak-to-Average Power Ratio	峰值功率比
PBCH	Physical Broadcast Channel	物理层广播信道
PCCH	Paging Control Channel	寻呼控制信道
PCEF	Policy and Charging Enforcement Function	策略及计费执行功能
PCG	Project Coordination Group	项目协调组
PCH	Paging Channel	寻呼信道
PCI	Physical layer Cell Identity	物理层小区标志
PCRF	Policy and Charging Rules Function	政策及收费规则功能
PDCP	Packet Data Convergence Protocol	分组数据汇聚协议
PDN	Packet Data Network	分组数据网络
PDU	Protocol Date Unit	协议数据单元
P-GW	PDN Gateway	分组数据网关
PMCH	Physical Multicast Channel	物理多播信道
PoC	Proof of Concept	概念验证
PRB	Physical Resource Block	物理资源块
P-RNTI	Paging-Radio Network Temporary Identifier	寻呼无线网络临时标志
PRS	Positioning Reference Signal	定位参考信号
PSD	Power Spectrum Density	功率谱密度
PSM	Power Saving Mode	功耗节省模式
PWS	Public Warning System	公共警报系统
QoS	Quality of Service	服务质量
QPSK	Quadrature PhaseShift Keying	正交相位位移键控
RACH	Random Access Channel	随机接入信道
RAT	Radio Access Technology	无线接入技术

简称	全称	中文含义
RA-RNTI	RACH-Radio Network Temporary Identifier	随机接入无线网络临时标志
RAN	Residential Access Network	居民接入网
RE	Resource Element	资源粒子
REG	Resource Element Group	资源粒子组
RF	Radio Frequency	射频
RLC	Radio Link Control	无线链路控制
RLF	Radio Link Failure	无线链路失败
ROHC	Robust Header Compression	可靠报头压缩
RPMA	Random Phase Multiple Access	随机相位多址接入
RRC	Radio Resource Control	无线资源控制
RRU	Remote Radio Unit	远端射频模块
RSRP	Reference Signal Receiving Power	参考信号接收功率
RU	Resource Unit	资源单位
RV	Redundancy Version	冗余版本
S1-AP	S1-Application Protocol	S1 应用层协议
SC-FDMA	Single-Carrier Frequency Division Multiple Access	单载波频分多址接入
SC-PTM	Single-cell Point-to-Multipoint	单小区多播
SCEF	Service Capability Exposure Function	业务能力开放单元
SCTP	Stream Control Transmission Protocol	流量控制传输协议
SDU	Service Data Unit	服务数据单元
SFBC	Space Frequency Block Code	空间频率块编码
SGSN	Serving GPRS Support Node	服务 GPRS 支持节点
S-GW	Serving Gate Way	服务网关
SIB	System Information Block	系统信息块
SIBs-NB	System Information Blocks NB	NB-IoT 系统消息块
SIM	Subscriber Identification Module	用户身份识别卡
SM	Session Management	会话管理
SNR	Signal-to-Noise Ratio	信噪比
SR	Scheduling Request	调度请求
SRB	Signalling Radio Bearer	信令无线承载
SRS	Sounding Reference Signal	探测参考信号
TA	Timing Advance	时间提前

续表

简称	全称	中文含义
TAU	Tracking Area Update	跟踪区更新
TB	Transport Block	传输块
TBCC	Tail Biting Convolutional Coding	咬尾卷积码
TBS	Transport Block Size	传输块大小
TDD	Time Division Duplexing	时分双工
TE	Terminal Equipment	终端设备
TIS	Total Isotropic Sensitivity	总全向灵敏度
TRP	Total Radiated Power	总的辐射功率
TSG	Technical Specifications Groups	技术规范组
TTI	Transmission Time Interval	传输时间间隔
UCI	Uplink Control Information	上行控制信息
UE	User Equipment	用户终端
UICC	Universal Integrated Circuit Card	通用集成电路卡
UL	Uplink	上行链路
UL-SCH	Uplink Shared Channel	上行共享信道
UM	Unacknowledged Mode	非确认模式
UP	User Plane	用户面
USIM	Universal Subscriber Identity Module	通用用户身份识别模块
USS	UE-specific Search Space	用户终端专有搜索空间
UTDOA	Uplink Time Difference of Arrival	上行到达时间差
ZC	Zadoff-Chu Sequence	ZC 序列

附录 2　部分参考标准

表名	描述
3GPP TS 36.300	演进的通用陆地无线接入（E-UTRA）和演进的通用陆地无线接入网络（E-UTRAN）；总体描述（Evolved Universal Terrestrial Radio Access（E-UTRA） and Evolved Universal Terrestrial Radio Access Network（E-UTRAN）；Overall description（Release 13））
3GPP TS 36.410	演进的通用陆地无线接入网络（E-UTRAN）；S1 一般方面和原则（Evolved Universal Terrestrial Access Network（E-UTRAN）；S1 General aspects and principles（Release 13））
3GPP TS 36.411	演进的通用陆地无线接入网络（E-UTRAN）；S1 层 1（Evolved Universal Terrestrial Access Network（E-UTRAN）；S1 layer 1（Release 13））
3GPP TS 36.412	演进的通用陆地无线接入网络（E-UTRAN）；S1 信令传输（Evolved Universal Terrestrial Access Network（E-UTRAN）；S1 signaling transport（Release 13））
3GPP TS 36.413	演进的通用陆地无线接入网络（E-UTRAN）；S1 应用协议（S1AP）（Evolved Universal Terrestrial Access Network（E-UTRAN）；S1 Application Protocol （S1AP）（Release 13））
3GPP TS 36.420	演进的通用陆地无线接入网络（E-UTRAN）；X2 一般方面和原则（Evolved Universal Terrestrial Radio Access Network（E-UTRAN）；X2 general aspects and principles（Release 13））
3GPP TS 36.421	演进的通用陆地无线接入网络（E-UTRAN）；X2 层 1（Evolved Universal Terrestrial Access Network（E-UTRAN）；X2 layer 1（Release 13））
3GPP TS 36.422	演进的通用陆地无线接入网络（E-UTRAN）；X2 信令传输（Evolved Universal Terrestrial Access Network（E-UTRAN）；X2 signaling transport （Release 13））
3GPP TS 36.423	演进的通用陆地无线接入网络（E-UTRAN）；X2 应用协议（X2AP）（Evolved Universal Terrestrial Radio Access Network（EUTRAN）；X2 application protocol（X2AP）（Release 13））
3GPP TS 36.424	演进的通用陆地无线接入网络（E-UTRAN）；X2 数据传输（Evolved Universal Terrestrial Access Network（E-UTRAN）；X2 data transport（Release 13））
3GPP TS 36.425	演进的通用陆地无线接入网络（E-UTRAN）；X2 接口用户面协议（Evolved Universal Terrestrial Access Network（E-UTRAN）；X2 interface user plane protocol（Release 13））
3GPP TS36.508	通用终端一致性测试环境（Common test environments for User Equipment （UE） conformance testing）
3GPP TS36.521-1	《一致性测试：射频发射与接收第 1 部分一致性测试》（Conformance specification；Radio transmission and reception； Part 1：Conformance testing）
3GPP TS36.521-3	《用户设备一致性规范：射频发射与接收第 3 部分无线资源管理测试》（User Equipment（UE） conformance specification；Radio transmission and reception；Part 3：Radio Resource Management（RRM） conformance testing）
3GPP TS36.523-1	《演进通用陆地无线接入系统和演进分组核心网：用户设备一致性规范第 1 部分协议一致性规范》（Evolved Universal Terrestrial Radio Access（E-UTRA） and Evolved Packet Core（EPC）；User Equipment（UE） conformance specification；Part 1：Protocol conformance specification）

续表

表名	描述
3GPP TR 23.720	Study on architecture enhancements for Cellular Internet of Things（Release 13）[S]. 2016
3GPP TR 23.770	Study on system impacts of extended Discontinuous Reception（DRX）cycle for power consumption optimization（Release 13）[S]. 2015
3GPP TR 36.802	Narrowband Internet of Things（NB-IoT）：Technical Report for BS and UE radio transmission and reception（Release 13）[S]. 2016
3GPP TR 36.888	Study on provision of low-cost Machine-Type Communications（MTC）User Equipments（UEs）based on LTE（Release 12）[S]. 2013
3GPP TR 37.869	Study on Enhancements to Machine-Type Communications（MTC）and other Mobile Data Applications；Radio Access Network（RAN）aspects（Release 12）[S]. 2013
3GPP TR 45.820	Cellular system support for ultra-low complexity and low throughput Internet of Things（CIoT）（Release 13）[S]. 2015
YD/T 2581.1	《LTE 数字蜂窝移动通信网通用集成电路卡（UICC）与终端间 Cu 接口测试方法》
YD/T 2583.14	《蜂窝式移动通信设备电磁兼容性能要求和测量方法 第 14 部分：LTE 用户设备及其辅助设备》

后　记

2016 年 10 月，在决定写书之前，感觉一切良好，激情满满。

最初，大家希望我打造一个 NB-IoT 微信公开讨论群，经过大约半年的积累，聚集了 2000 多位热情的物联网领域同仁，大家在群里讨论各种关于 NB-IoT 方面的话题，其中，有 NB-IoT 女神孙菲菲博士，也有 NB-IoT 劳模俞文杰老板，还有很多我能叫上姓名和公司的专家。

道理需要辩论，信息需要沉淀。

大量的讨论信息让我受益匪浅，习惯性地把有价值的信息重新记录下来，有时候太忙了顾不上翻阅群里的信息，就得在晚上睡觉前爬几百阶楼梯，总担心漏掉什么有价值的信息。

渐渐地，就有很多朋友给我反馈，能否把很多有价值的信息整理出来给大家分享。

由于都是碎片化的信息，不知道从何整理，而且平时还要组织大量的论坛、讨论和交流，时间确实有限。

我曾经在几年前坚持每天写一篇和物联网相关的文章，并通过微信公众号进行发布。这个习惯坚持了 18 个月的时间，最终决定放弃。其实，这是一种痛苦的放弃。由于微信公众号没有良性互动的机制，有很多人习惯用"艺名"，我根本无法知道是谁在发言，再加上必须用计算机登录才能看到大家的回复，极其不方便。

放弃，意味着重生！

两年后，被誉为最有价值的技术讨论群，即我们倾注了极大热情的 NB-IoT 微信公开讨论群又给了我重新启航的动力！

从此，写一本《NB-IoT 技术详解与行业应用》书籍，就成了我的情怀。我要让 NB-IoT 技术引领者理解物联网垂直应用领域的诉求，也要让富有创新精神的物联网行业真正掌握 NB-IoT 技术的独特魅力！

从此，我的空余时间全部都被这本梦想中的书籍占用。

现实，也许很会开玩笑！

在搜集整理资料的阶段，困惑、迷茫、无助，曾经无数次的放弃，曾经无数次的重拾梦想。

　　我开始和很多人交流，只要对方愿意，我都倍加珍惜难得的机会，聊热点技术、聊行业应用、聊商业模式、聊创新思维、聊资本热点、聊竞争对手，各种海阔天空地聊。

　　聊完之后我就总结，写成文字，写成 PPT，然后在不同场合验证我的观点。很多人喜欢参与我们组织的 NB-IoT 行业高峰论坛和线下交流活动，同时也要忍受我的演讲，辛苦你们了！

　　在我为了目标到处游说的时候，确实经历了名师指路、贵人相助、亲人支持，以及对手刺激。

　　孙霏菲博士、刘铮、张维良、孙英、周晓星等专家在 NB-IoT 标准方面给了我太多的支持。还有众多的编委朋友们，有些是提供材料，有些是审稿，有些是翻译，有些是校对，有些是润色，有些是画图，你们太给力了。

　　在我们组织的高峰论坛上，行业大咖们在台上激情的演讲，就相当于给听众插上了思想的翅膀。当大家齐刷刷地举起手机拍照，当大家愿意留在最后参与讨论，当大家根本不在乎是否有茶歇，当大家都在口口相传信息量很大的时候，我们的努力就是最值得的。

　　在大家的期待和鼓励中，我也受益匪浅。论坛之前我要和演讲嘉宾沟通，掌握其精髓，写主持稿，写新闻稿，聆听嘉宾的精彩言论，论坛结束后还会继续保持长期沟通。我从中吸取了许多知识和创新观点，都体现到了书籍当中。

　　我也遇到很多贵人相助，他们都是业内的卓越成就者，在此就不一一感谢了。有了你们的大力支持，我们才有机会给大家呈现更多的有价值的信息，才能走得更远。

　　当然，一定要感谢我的家人，我把空余的时间都用在写书上面了。开始的时候，我12 岁的儿子说我吹牛皮，竟然要写书。但是我用实际行动告诉他，老爸不是徒有虚名！

　　对手，当然，他不是我的对手，是 NB-IoT 的对手。我曾经想促成两种技术共同切磋一下，探讨行业应用的热点和各自的优劣势，但被无情地拒绝了。他让我更加坚信，我在走一条康庄大道。

　　今天，书稿终于可以收尾了！

　　支持我写书的人太多了，有些是不愿意署名，有些是我的疏忽，原谅我不能一一道出你们的无私奉献。

　　最后，借用一个微信常用的功能，给你们点赞！

　　物联网，

　　没有你想象中的那么复杂，

　　也没有你想象中的那么简单。

　　它就在你我的身边，

　　影响和改变着我们的生活！

解运洲